建筑围护结构保温隔热应用技术

徐　峰　周爱东　刘　兰　编著

中国建筑工业出版社

图书在版编目（CIP）数据

建筑围护结构保温隔热应用技术/徐峰等编著．—北京：中国建筑工业出版社，2010.10

ISBN 978-7-112-12507-4

Ⅰ．①建… Ⅱ．①徐… Ⅲ．①建筑物-围护结构-保温②建筑物-围护结构-隔热 Ⅳ．①TU111.4

中国版本图书馆 CIP 数据核字（2010）第 188251 号

我国强制实施建筑节能近年来已经取得重大实效，建筑围护结构节能措施已有成熟系统和配套技术，建筑门窗节能已得到足够重视。但是，在建筑物围护结构保温隔热技术的应用中，由于施工技术的普及性和工程质量管理的复杂性。使得建筑物围护结构保温隔热的应用技术仍然成为建筑节能的薄弱环节。本书根据这一实际状况而专门介绍建筑保温隔热的应用技术。内容包括外墙外保温技术、屋面保温技术和门窗节能技术等的保温隔热材料性能要求、施工技术、施工管理、实际中出现的质量问题和预防、解决措施等。全书分为六章，依次为：绪论、聚苯板和聚氨酯外墙外保温技术、保温砂浆、胶粉聚苯颗粒和其他外墙外保温系统、墙体自保温和外墙内保温技术、屋面保温隔热技术和建筑门窗保温隔热技术等。

本书可供从事建筑保温隔热材料施工、生产、检测和管理的工程技术人员阅读，也可供大专院校相关专业的教师、学生作为课外参考书阅读参考。

*　　*　　*

责任编辑：费海玲
责任设计：赵明霞
责任校对：张艳侠　刘　钰

建筑围护结构保温隔热应用技术

徐　峰　周爱东　刘　兰　编著

*

中国建筑工业出版社出版、发行（北京西郊百万庄）
各地新华书店、建筑书店经销
北京红光制版公司制版
北京建筑工业印刷厂印刷

*

开本：787×1092 毫米　1/16　印张：19¾　字数：492 千字
2011 年 1 月第一版　2011 年 1 月第一次印刷
定价：**48.00** 元

ISBN 978-7-112-12507-4
(19766)

目　　录

第一章　绪　　论

第一节　建筑节能概述

一、建筑节能的技术措施

我国是一个能源相对紧缺的国家，居住建筑和公共建筑耗能巨大。因而，实施居住建筑和公共建筑节能，意义重大，刻不容缓。我国近年来的强制实施已经取得重大实效。

建筑节能技术主要包括四个方面的内容，即节能与新能源开发利用技术、节能与地下空间开发利用技术、节材与材料资源合理利用技术和节水与水资源开发利用技术。

在节能与新能源开发利用技术范围内，大体上又包括建筑物围护结构保温隔热技术与新型节能建筑体系、供热采暖与空调制冷节能技术、可再生能源与新能源应用技术和城市与建筑绿色照明节能技术等方面的内容。本书主要介绍建筑物围护结构保温隔热技术。

建筑物围护结构保温隔热技术在建筑节能中非常重要。以北京市采暖居住建筑为例，围护结构热损失占77%，其中外墙25%，外窗24%，楼梯间11%，屋面9%，阳台3%，户门3%，地面2%，门窗空气渗透23%。由此可见，通过改善围护结构的热工性能，减少热（冷）损失，降低采暖空调系统能耗（在建筑中保持能源），是达到节能目的的重要途径。下面介绍我国不同气候区的气候特点、建筑要求和适宜使用的外墙保温隔热技术等。

1. 严寒地区

（1）气候特点　冬季严寒漫长，夏季短促；太阳辐射量大，日照丰富。

（2）建筑要求　建筑物必须充分满足冬季防寒、保温、防冻等要求，夏季可不考虑防热。

（3）技术优选要求　总体规划、单体设计和构造处理应使建筑物满足冬季日照和防御寒风的要求；建筑物应采取减少外露面积，加强冬季密闭性，合理利用太阳能等节能措施；房屋外围护结构宜厚重，屋面构造应考虑积雪及冻融危害；施工应考虑冬季漫长严寒的特点，尽量缩短工期。

（4）适宜技术　膨胀聚苯板（EPS板）薄抹灰、膨胀聚苯板现浇混凝土、面板浇注聚氨酯等外墙外保温系统；挤塑聚苯板（XPS板）、喷涂聚氨酯等屋面保温系统；塑钢、断桥铝合金、木中空玻璃外窗；集中供热系统技术；太阳能热水和采暖系统；土壤源热泵供热系统。

（5）慎用技术　应慎用现场施工保温层的浆体类外墙保温材料（如胶粉聚苯颗粒保温浆料、建筑保温砂浆）、地下水源热泵供热系统和无结构保温墙体的玻璃幕墙等。

2. 寒冷地区

（1）气候特点　冬季较长且寒冷干燥，夏季短促；气温年较差较大；太阳辐射量大，日照丰富。

（2）建筑要求　建筑物必须充分满足冬季防寒、保温、防冻等要求，夏季部分地区兼顾防热。

（3）技术优选要求　总体规划、单体设计和构造处理应使建筑物满足冬季日照和防御寒风的要求；建筑物应采取减少外露面积，加强冬季密闭性且兼顾夏季通风和利用太阳能等节能措施；房屋外围护结构宜厚重，屋面构造应考虑积雪及冻融危害；施工应考虑冬季寒冷期较长和夏季多暴雨的特点，尽量缩短工期。

（4）适宜技术　膨胀聚苯板薄抹灰、膨胀聚苯板现浇混凝土、面板浇筑聚氨酯等外墙外保温系统；挤塑聚苯板、喷涂聚氨酯、加气混凝土等屋面保温系统；塑钢、断桥铝合金、玻璃钢中空玻璃外窗；集中供热系统技术；太阳能热水和采暖系统，污水源、土壤源热泵供热（冷）系统。

（5）慎用技术　应慎用外墙保温浆体材料（如胶粉聚苯颗粒保温浆料、建筑保温砂浆）和地下水源热泵供热系统。

3. 夏热冬冷地区

（1）气候特点　大部分地区夏季闷热，冬季湿冷，气温日差较小；年降水量大，易有大雨、暴雨天气；日照偏少。

（2）建筑要求　建筑物必须满足夏季防热、通风降温要求，冬季应适当兼顾防寒。

（3）技术优选要求　总体规划、单体设计和构造处理应有良好的自然通风，建筑物应避免西晒，并满足防雨、防潮、防洪、防雷击要求；夏季施工应有防高温和防雨措施。

（4）适宜技术　加气混凝土自保温、膨胀聚苯板薄抹灰外保温、膨胀聚苯板现浇混凝土、墙体内外保温浆料、挤塑聚苯板、加气混凝土等屋面保温和热反射屋面隔热系统；塑钢、断桥铝合金、玻璃钢中空玻璃外窗；外窗遮阳技术、太阳能生活热水、水源热泵供热（冷）系统、温度、湿度独立控制技术等。

（5）慎用技术　应慎用燃煤、燃气集中供热系统。

4. 夏热冬暖地区

（1）气候特点　长夏无冬，温高湿重；气温年较差小；雨量丰沛，易有大暴雨天气；日照较小，太阳辐射强。

（2）建筑要求　建筑物必须满足夏季防热、通风、防雨要求，冬季可不考虑防寒、保温。

（3）技术优选要求　总体规划、单体设计和构造处理宜开敞通透，充分利用自然通风，建筑物应避免西晒，应注意防暴雨、防潮、防洪、防雷击；夏季施工应有防高温和防雨措施。

（4）适宜技术　加气混凝土自保温砌块墙体、墙体架空隔热技术；架空屋面、种植屋面、热反射屋面隔热系统；塑钢、断桥铝合金、玻璃钢中空玻璃外窗；外窗外遮阳技术；太阳能生活热水；水源热泵供热（冷）系统；温度、湿度独立控制技术。

（5）慎用技术　应慎用外墙外保温技术、集中供热和土壤源热泵供热（冷）系统。

5. 温和地区

（1）气候特点　大部分地区冬温夏凉，干湿季分明；常年有雷暴、多雾；日照较少，太阳辐射强烈；部分地区冬季气温偏低。

（2）建筑要求　建筑物必须满足湿季防雨和通风要求，可不考虑防热。

(3) 技术优选要求　总体规划、单体设计和构造处理宜使湿季有较好自然通风，主要房间应有良好朝向；建筑物应注意防潮、防雷击；施工应有防雨措施。

(4) 适宜技术　独立太阳能生活热水。

二、建筑节能设计

1. 我国建筑热工设计分区情况

《民用建筑热工设计规范》(GB 50176—93) 对全国建筑热工设计进行了分区，并对不同区域建筑的冬季保温、夏季防热提出相应的设计要求，如表 1-1 所示。表中的严寒和寒冷地区涵盖了西安、郑州、徐州及其以北的（例如北京和天津等）城市和地区。规范的主要目的在于降低建筑物的能耗，逐步提高建筑物室内的温度环境质量。

建筑热工设计分区情况和设计要求　　**表 1-1**

分区名称	分区指标		设计要求
	主要指标	辅助指标	
严寒地区	最冷月平均温度≤−10℃	日平均温度≤5℃的天数≥145d	必须充分满足冬季保温要求，一般可不考虑夏季防热
寒冷地区	最冷月平均温度（0～−10)℃	日平均温度≤5℃的天数90d～145d	应充分满足冬季保温要求，部分地区兼顾夏季防热
夏热冬冷地区	最冷月平均温度（0～10)℃，最热月平均温度（25～30)℃	日平均温度≤5℃的天数：0～90d；日平均温度≥25℃的天数：40d～110d	必须满足夏季防热要求，适当兼顾冬季保温
夏热冬暖地区	最冷月平均温度>10℃，最热月平均温度（25～30)℃	日平均温度≥25℃的天数100d～200d	必须充分满足夏季防热要求，一般可不考虑冬季保温
温和地区	最冷月平均温度（0～13)℃，最热月平均温度（18～25)℃	日平均温度≤5℃的天数0～90d	部分地区应注意冬季保温，一般可不考虑夏季防热

2. 不同气候区对节能居住建筑外墙的设计要求

按照我国目前建筑节能的要求，在各气候区的节能居住建筑的设计除应按照上述表 1-1 的要求外，还应该按照现行相关的节能设计标准要求，例如《民用建筑节能设计标准（采暖居住部分）》(JGJ 26—1995)、《夏热冬冷地区居住建筑节能设计标准（附条文说明）》(JGJ 134—2001) 和《夏热冬暖地区居住建筑节能设计标准（附条文说明）》(JGJ 75—2003) 等。建筑节能外墙的设计要求如表 1-2 所示。

不同气候区对节能居住建筑外墙的设计要求　　**表 1-2**

气候区	传热系数 K (W/m²·K)	防潮性	热惰性指标 D	隔热性
严寒地区（哈尔滨）	≤0.40～0.52	内表面温度与室内气温允许温差为 6.0℃	—	房间在自然通风下，建筑物东、西外墙的内表面最高温度应小于或等于夏季室外计算温度最高值
寒冷（北京）	≤0.55～1.16		—	
夏热冬冷	≤1.5 ≤1.0	室内空气温度与露点温度之差	≥3.0 ≥2.5	
夏热冬暖	≤2.0 ≤1.5 ≤1.0 ≤0.7		≥3.0 ≥3.0 ≥2.5 —	

3. 上海市《居住建筑节能设计标准》对围护结构传热系数的规定

随着建筑节能的发展，对建筑节能设计的要求也在不断改进和提高，有的地区还根据其具体条件编制更适合的节能设计标准。例如，上海市建设和交通委员会组织编制、并于2009年颁布了《居住建筑节能设计标准》。该标准对建筑物围护结构各部分传热系数的规定如表1-3所示。其中，还规定外墙的传热系数应考虑结构性冷热桥的影响，取平均传热系数 K_m，并计入热反射隔热涂料的作用。

上海市《居住建筑节能设计标准》对围护结构传热系数 *K* 值的规定　　表 1-3

建筑及围护结构部位		传热系数［W/（m²·K）］	
		轻钢、木及轻质结构[1]	普通结构[2]
3层以上	屋面	$K \leqslant 0.70$	$K \leqslant 0.80$
	外墙	$K \leqslant 1.0$	$K \leqslant 1.2$
	底面接触室外空气的架空或外挑楼板	$K \leqslant 1.2$	
	分户墙、采暖和非采暖空间的隔墙	$K \leqslant 2.0$	
	户门	$K \leqslant 2.5$	
	外窗（含阳台门透明部分）[3]	$K \leqslant 2.3 \sim K \leqslant 4.0$	
3层及以下	屋　面	$K \leqslant 0.50$	$K \leqslant 0.60$
	外墙	$K \leqslant 0.80$	$K \leqslant 1.1$
	底面接触室外空气的架空或外挑楼板	$K \leqslant 1.1$	
	分户墙、采暖和非采暖空间的隔墙	$K \leqslant 2.0$	
	户门	$K \leqslant 2.5$	
	外窗（含阳台门透明部分）[3]	$K \leqslant 2.3 \sim K \leqslant 4.0$	

注：1. 轻质结构指墙体单位面积质量小于200kg/m³。

2. 普通结构指各种混凝土框架、剪力墙、砌体结构（包括加气混凝土）等。

3. 根据不同朝向、不同窗墙面积比而变化。

4. 采暖居住建筑外墙在能耗中的比例

采暖居住建筑外墙的能耗在不同节能阶段由于节能要求的不同所占总建筑耗热量的比例是不同的。如果按照北京地区80筑2-4住宅建筑热耗指标为基线，节能50%按照标准JGJ 26—1995，预测节能65%，假设外墙传热系数的要求为0.537W/（m²·K），外窗传热系数的要求为2.7W/（m²·K），屋面传热系数的要求为0.445W/（m²·K），围护结构其他部位条件仍按标准JGJ 26—1995要求不变的情况下来计算围护结构各部位能耗的百分比，结果如表1-4所示[1]。

围护结构各部位耗热量的分布情况　　表 1-4

节能要求	建筑物结构部位耗热量分布				空气渗透（%）	总传热耗热量（W/m²）	耗热量指标（W/m²）
	外墙（%）	外窗（%）	屋面（%）	其他部位			
80筑2-4	25.5	23.7	8.6	19.2	23.0	27.43	31.8
节能50%	27.5	18.9	7.9	24.7	21.0	19.26	20.6
节能65%	16.8	16.9	5.9	32.6	27.8	13.32	14.6

注：其他部位包括楼梯间隔墙、户门、阳台门下部和地面等。

从表 1-4 中可见建筑物围护结构各部位的耗热量分布，在不同的节能阶段是不同的，随着对建筑物节能要求的提高，采取保温措施的部位与不采取保温措施部位的耗热量比例变化就越大。从外墙的传热系数和传热耗热量来看，节能效果是很明显的，如表 1-5 所示。

采暖居住建筑外墙在不同节能阶段中的节能率 **表 1-5**

外　墙	传热系数 K (W/m²·K)	传热耗热量 (W/m²)	节能率 (%)	占总传热耗热量百分比（%）	占总耗热量百分比（%）	总耗热量 (W/m²)*
80 筑 2-4	1.57	22.6	0	82.4	63.5	35.6
节能 50%	1.16	16.7	26.1	86.7	68.4	24.4
节能 65%	0.537	7.7	65.8	57.8	41.8	18.4

注：* 总耗热量为单位面积通过建筑物围护结构的传热量与单位面积的空气渗透耗热量之和。

从表 1-5 中可以看出，外墙的耗热量在整个围护结构的传热耗热量中占绝大多数，目前占总耗热量达 60%以上，即使在节能的第三阶段，也占 40%以上。显然，外墙的热工性能直接影响建筑物的耗热量。

5. 对公共建筑节能外墙的设计要求

2005 年，国家标准《公共建筑节能设计标准》GB 50189—2005（全国各地区），执行 50%节能规定。该标准按照建筑物围护结构能耗占全年建筑总能耗的比例特征，公共建筑划分为甲、乙两类：甲类建筑是指单幢建筑面积大于 2 万 m²，且全面设置空气调节系统的建筑，为大型公共建筑；乙类建筑是指甲类建筑以外的普通公共建筑。这两类公共建筑节能外墙的传热系数规定如表 1-6 所示。

公共建筑节能外墙的传热系数要求 **表 1-6**

建筑及围护结构部位	传热系数 K [W/(m²·K)]		
	甲类建筑	乙类建筑	
		体形系数 $S\leqslant0.3$	$0.3<$体形系数 $S\leqslant0.4$
外墙（包括非透明幕墙）	$K\leqslant0.8$	$K\leqslant0.6$	$K\leqslant0.5$
底面接触室外空气的架空或外挑楼板	$K\leqslant0.50$	$K\leqslant0.50$ (0.60)	$K\leqslant0.5$
非采暖空调房间和采暖空间房间的隔墙或楼板	$K\leqslant1.5$	$K\leqslant1.5$	

三、室内热舒适度及其影响因素

实施建筑节能的目的，一是节约能源，二是提高建筑物的居住舒适度，更主要的是提高热舒适度。

热舒适是人的感受，应用最广泛的热舒适性评价指标是预测平均投票数指标（PMV 指标）。PMV 指标是在大量试验数据统计分析的基础上，结合人体的热舒适方程，综合考虑室内空气温度、相对湿度、风速、热辐射、人体活动强度和衣着等六个因素的影响而得出的[2]。当接受外界的热量加上体内产生的热量与向外散发的热量保持平衡时，人感到舒适。反之，人就会感到“热”或“冷”。

1. 室内空气温度

人的体温变化幅度很小，基本上是稳定的。按人体皮肤平均温度约33～35℃的要求，室内热舒适环境中室内空气温度按标准要求，冬季采暖设计指标为16～18℃，夏季空调设计指标为26～28℃。

在不同气候区对建筑外墙按节能设计标准规定墙体传热系数的基本限值。外墙外保温在冬季采暖期间，高热阻的保温层增加了外墙整体的传热阻，减少室内热量通过外墙向室外传递，提高保温能力。在夏季，高热阻的保温层，外表面的蓄热系数小，传递给墙体的热量少，延迟了室外热流进入墙体。另一方面，重质材料的主体结构层热惰性指标高，具有很好的热稳定性，给人一种“冬暖夏凉”的感觉。

2. 相对湿度

冬季一般要关闭外窗，室内湿度主要来自人为因素，如起居、饮食和加湿等，夏季室内的湿度则主要来自室外降雨和室外空气湿度等。水蒸气可通过材料由蒸汽压高的一侧向蒸汽压低的一层转移。当室内水蒸气压大于室外时，水蒸气就会通过墙体向室外传递。

冬季采暖期间室内的水蒸气压大于室外，水蒸气通过墙体向室外传递。当水蒸气通过墙体时，在某一材料内部超出了某点结露的饱和蒸汽压力，该处就会出现结露现象。室内相对湿度越高，持续时间越长，结露可能就会越严重。但是，当建筑物内部发生少量结露后，水分在短时间内还能够传递出去的话，那么还是允许的。

外保温墙体的重质主体结构部分因处在室内一侧，内表面蓄热系数大，整个主体结构为暖体。通过主体结构与保温层的水蒸气压均小于会结露的饱和蒸汽压，因此保温墙体不产生结露。

当室外相对湿度较高时，有可能在外保温层的外侧出现少量结露现象，但是能够蒸发出去，加上室外经常受太阳辐射和风的影响，此处的水分较容易向室外转移而干燥，也就是室内的水蒸气能够通过墙体转移出去，对建筑物的热损耗影响不大。

内保温墙体的主体结构部分处于室外一侧，其温度接近室外温度，内保温层内表面蓄热系数小，水蒸气压超出结露的饱和压力，处在保温层及其以外的墙体产生结露。此处的结露会产生一些弊病，例如，结露如果发生在保温层，因室内相对湿度较高，空气流通性差，水分在整个采暖期可能保留在保温层中，引起保温层失效，使建筑物达不到保温效果，以及主体结构的温度低，结露水分很难蒸发，会因冻融造成结构的破坏。

在夏季多雨天气，室外的水蒸气压大于室内，在关闭窗户的空调室内，水蒸气可能由墙体外部向室内渗透，使室内的相对湿度增加。

对于空调房间，无外保温的墙体内外表面温差大，露点处在墙体内侧并向内侧扩散，造成内墙面潮湿发霉。在采用外保温系统时，主体墙体的内外表面温差较小，而外保温系统的内外侧温差较大。当阴雨天气时，露点处在保温层中；在晴天凝结在保温层中的水分会汽化形成水蒸气并向外部扩散。

在阴雨天内保温墙体和无保温措施的墙体与大气环境接触的是混凝土或砖石结构材料，会吸收大量的雨水，使墙体处于湿热状态。水蒸气还会通过墙体扩散进入室内，增大室内的相对湿度。夏天室内湿度过高，人体排汗的蒸发散热量降低，会使人感到闷热。

3. 热辐射

建筑物围护结构内表面温度的最高值如果不超过人体皮肤平均温度则较为舒适。高于此值，人会感受到明显的热辐射，尤其是在36℃以上，人体的热感很明显。

夏季白天太阳辐射是建筑物热负荷的主要来源，外墙的热工性能除了传热系数符合标准要求外，就是用来抵抗温度波和热流波的热惰性指标，降低太阳辐射热传入室内，减少室内热负荷。外保温措施能够降低围护结构的传热系数，增强隔热性能。

在夏季不开空调的情况下，外保温比内保温舒适（约低 2℃）。这是由于外保温层置于墙体外侧，传热系数小，外表面蓄热系数小，传递给墙体的热量少，有效延迟了室外热流进入墙体。

第二节　建筑物围护结构的保温隔热

一、建筑物墙体和屋面的保温隔热

1. 提高建筑物围护结构保温隔热性能的节能意义

如上述，建筑节能涉及很多方面，措施、技术很多。例如，国家标准《公共建筑节能设计标准》GB 50189—2005 规定，新建、改建和扩建的公共建筑与 20 世纪 80 年代的公共建筑相比较，全年在采暖、通风、空气调节和照明方面的总能耗减少 50%。而该节能 50%的任务将由建筑物围护结构、空调设备和照明设备 3 个方面的节能来分担。

但是，就节能的长期效益来说，建筑物围护结构的节能起着极其重要的作用，因为一旦建筑物建设完工后，建筑物围护结构的节能能力就很难再改变。相对而言，空调设备和照明设备的节能能力较易通过使用新的节能技术得到较快的提高。因此，建筑物围护结构的保温隔热非常重要。如果建筑的保温隔热性能不好，即使暖通、空调设备的效率再高，能耗也非常大，且室内的热环境无法达到基本舒适的要求。

从清华大学超低能耗示范楼围护结构的热工性能及其节能效果可看出建筑物围护结构对建筑节能的重要性。该楼选用近 10 种不同的外围护结构做法，包括由可控遮阳百叶、双层玻璃幕墙、高保温隔热墙体组成的智能化围护结构以及植被屋面设计、生态舱设计、相变蓄热地板和阳光传导系统。其热工性能十分优异，外墙、屋面等的传热系数不大于 0.3W/（m^2·K），这仅为目前北京地区节能建筑标准 0.82W/（m^2·K）的 1/2 以下。北京地区一般性的节能建筑冬季平均采暖负荷为 20.6W/m^2（大量非节能建筑的采暖能耗都在 40W/m^2左右）。超低能耗示范楼由于采取了上述热工性能优异的建筑物围护结构，整体示范楼冬季平均采暖负荷仅为 0.7W/m^2。最冷时，月平均采暖负荷也仅为 2.3W/m^2，基本能够实现冬季零采暖能耗[3]。

建筑节能的重点是建筑物外墙节能、新型节能门窗、低温地板辐射采暖等。而提高建筑物围护结构的保温隔热性能，是实现建筑物围护结构节能效果的最重要技术措施。

2. 墙体保温隔热

墙体保温隔热措施有外墙外保温、外墙内保温、墙体自保温和复合保温等几种形式。

（1）外墙外保温　外墙外保温是将保温隔热体系置于外墙外侧，使建筑物达到保温隔热效果的建筑节能处理方法。由于保温隔热体系置于墙体外侧，从而使主体结构所受温差作用大幅度下降，温度变形减小，对结构墙体起到保护作用，并可有效阻断冷（热）桥，有利于结构寿命的延长。因此，从有利于结构稳定性方面来说，墙体外保温隔热体系具有明显的优势，在可选择的情况下应首选外保温隔热。外墙外保温是建设部目前大力推广的提高建筑物围护结构保温隔热的措施。

然而，由于保温隔热体系被置于墙体外侧，要直接承受来自自然界的各种因素影响，因此对外墙外保温体系提出了更高的要求。就太阳辐射及环境温度变化对其影响来说，置于保温层之外的抗裂防护层为3～20mm，保温材料又具有较大的热阻，在热量相同的情况下，外保温抗裂保护层的温度变化速度比无保温情况时提高8～30倍。因此，抗裂防护层的柔韧性和耐候性对外保温体系的抗裂性能起着关键的作用。

（2）外墙内保温　外墙内保温就是在外墙的内侧使用聚苯乙烯泡沫板、保温砂浆等保温材料，使建筑物达到保温节能效果。内保温具有施工方便，对建筑物外墙的垂直度要求不高，施工进度快等优点。同时，外墙内保温对于外墙装修的影响不大，例如，外墙需要面砖、石材装修时，使用内保温则不再需要采取特殊措施。

外墙内保温明显的缺陷是：结构冷（热）桥的存在使局部温差过大导致产生结露现象。由于内保温保护的位置仅在建筑的内墙及梁内侧，内墙及板对应的外墙部分得不到保温材料的保护。因此，在此部分形成冷（热）桥，冬天室内的墙体温度与室内墙角（保温墙体与不保温墙板交角处）温度差约在10℃左右，与室内的温度差可达到15℃以上，一旦室内的湿度条件适合，在此处即可形成结露现象。而结露水的浸渍或冻融很容易造成内墙面的发霉、开裂等。

另外，在冬季采暖、夏季制冷的建筑中，室内温度随昼夜和季节的变化幅度通常不大（约10℃左右），这种温度变化引起建筑物内墙和楼板的线性变形和体积变化也不大。但是，外墙和屋面受室外温度和太阳辐射热的作用而引起的温度变化幅度较大。当室外温度低于室内温度时，外墙收缩的幅度比内保温隔热体系的速度快，当室外温度高于室内气温时，外墙膨胀的速度高于内保温隔热体系，这种反复的形变使内保温隔热体系始终处于一种不稳定的墙体基础上，在这种形变应力反复作用下不仅是外墙易遭受温差应力的破坏，同时也易造成内保温隔热体系的空鼓开裂。

（3）墙体自保温　墙体自保温技术是在外墙外保温技术因施工或材料因素而出现开裂和渗漏情况下而出现的一种建筑围护结构保温隔热技术。墙体自保温技术就是使用绝热性能较好的材料砌筑建筑物的结构墙体，墙体在承担结构作用的同时，还具有满足要求的保温隔热功能。

显而易见，墙体自保温技术具有与结构同寿命，在使用过程中基本上无需保养维修以及在成本上比外墙外保温有所降低等优点，但也存在着冷（热）桥需要处理、需要使用配套保温砂浆以及在有较多剪力墙的高层建筑上的应用受到限制等问题。墙体自保温技术目前刚开始受到重视，应用的不多，但可以预见，随着其优势被认识，其应用将会逐渐增多。

（4）外墙复合保温　外墙复合保温即是在外墙上同时采用不同的保温隔热方法。例如，有些建筑物使用保温砌块砌筑，能够取得一定保温隔热效果，但还不能够满足政府节能标准的要求，这时又采取外保温或者内保温的方法进一步提高；再例如，有时外墙表面采用面砖饰面，采用强度高、干密度大的建筑保温砂浆外墙保温体系，以降低增加粘贴面砖的安全费用，但同时因不能够满足政府的节能要求，而又采取内保温进行补偿等。

3. 屋面保温隔热

屋面保温机理与墙体保温相同，主要使用的保温材料为膨胀聚苯板、挤塑聚苯板、闭孔膨胀珍珠岩基保温隔热砂浆、聚苯颗粒保温砂浆、加气混凝土砌块、硬泡聚氨酯等。

屋面保温隔热措施主要有保温隔热板块类材料铺砌和现场施工保温层两类。板、块保温隔热材料如挤塑聚苯板、泡沫玻璃板、加气混凝土块、膨胀珍珠岩板、膨胀蛭石板和水泥聚苯泡沫塑料板等。

现场施工保温层如现喷硬质聚氨酯泡沫塑料、现浇水泥聚苯颗粒保温层和现浇加气（泡沫）混凝土保温层等。此外，仅以隔热为主要目的，如架空、蓄水、种植等这些属于使用普通建筑材料进行现场施工而得到的隔热结构，不在本书讨论范围。

二、我国建筑物围护结构保温隔热技术现状

目前，我国绝大多数大中城市处在实施住房和城乡建设部三步建筑节能的第二阶段，即节能 50％的阶段；而北京、天津等少数大城市已经开始实施或者试点建筑节能第三阶段，即节能 65％的阶段。

1. 外墙外保温系统

为了实现节能 50％或者 65％的目标，提高建筑物围护结构的保温隔热性能成为最重要的措施。这种情况下，我国在外墙保温方面做了大量工作，外墙外保温技术在我国的寒冷、严寒和夏热冬冷气候区得到普遍推广应用，施工了大量外墙保温工程，建成的大量节能建筑明显改善了居住舒适度和实现了一定的节能效果。寒冷和严寒气候区的节能建筑冬季平均室内温度提高到 18℃以上。外墙外保温做法由单一型逐步发展为多种各具特色的工艺做法。

2004 年我国颁布了《外墙外保温工程技术规程》JGJ 144—2004，该标准中规定了五种外墙外保温系统，近年来得到不同程度的应用。除此之外，陆续开发研制成功的还有胶粉聚苯颗粒粘贴聚苯板薄抹灰、聚苯板外墙外保温装饰一体化、聚氨酯外墙外保温装饰一体化、泡沫玻璃板、岩棉板等十几种外墙外保温系统。

（1）聚苯板（膨胀型、挤塑型）薄抹灰外墙外保温系统　外墙外保温做法中应用量最大，应用最广泛的是聚苯板（膨胀型、挤塑型）薄抹灰外墙外保温系统。该系统是直接将膨胀聚苯板或挤塑聚苯板用聚合物改性水泥胶粘剂粘贴在结构层的基底上（条、点粘法），厚度 3～5mm。表面用聚合物改性水泥抹面胶浆复合耐碱玻纤网格布薄抹灰（厚 3～5mm）。该类系统几乎适用于各种结构墙体，实用性极强。

（2）胶粉聚苯颗粒、保温砂浆和现场喷涂聚氨酯泡沫等外墙外保温系统　这几种外保温系统也得到不同程度的推广应用。特别是胶粉聚苯颗粒系统，前几年在夏热冬冷、夏热冬暖气候区得到普遍应用，由于节能标准的提高及工程质量问题较多，目前应用有所减少，在某些地区因政府部门停止其推广而呈现锐减状态。

建筑保温砂浆外墙外保温系统的耐老化好，和易性好、易批涂施工，强度高，与水泥基材料的粘结性能好，既可以做外保温，也可以做内保温，目前的应用处于增长阶段。

（3）现浇混凝土模板内置保温板做法　这是将保温层（聚苯板外附钢丝网架）和钢筋混凝土外墙浇筑在一起的工艺。聚苯板与钢丝网架由专业加工厂负责生产。该法最大的优点是能更好地把保温层与结构层紧紧锚合在一起，不存在保温层脱落问题，没有保温层下坠的风险，外饰面可以粘贴面砖。这种技术曾在北京较普遍使用[4]。

该技术存在的问题：混凝土结构施工时增加工序，掉落的聚苯颗粒在模板内不易清理

干净以及在浇筑混凝土时下部侧压力大（聚苯板压缩变形大），上部侧压力小，拆模后上部回弹小、下部回弹大，造成外侧面不平整，只能用外侧抹灰来找平，并且大面积外侧抹灰砂浆不容易粘结牢。往往容易使水泥砂浆开裂起鼓。

（4）夹心钢筋混凝土外墙工艺　这种工艺是将聚苯板泡沫保温层夹在钢筋混凝土外墙中间，聚苯内外两侧均为钢筋混凝土，外侧一般为 50mm，内侧为 150～250mm，如图1-1所示。

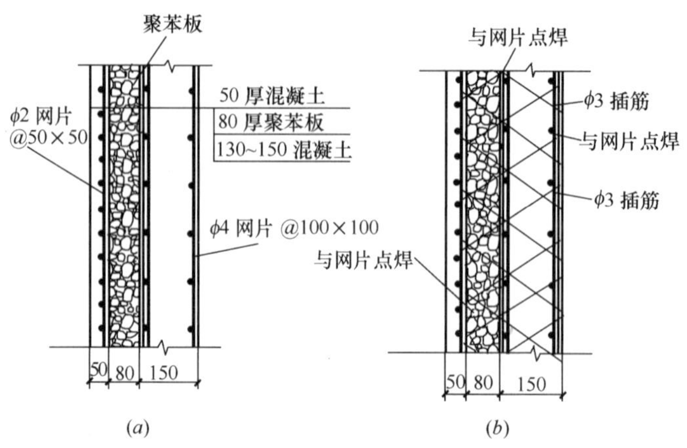

图 1-1　夹心钢筋混凝土外墙剖面与夹筋（单位：mm）

（a）外墙剖面；（b）外墙夹筋

夹心钢筋混凝土外墙工艺与现浇混凝土模板内置保温板相似，但省去了外墙外侧抹灰层，结构、保温、粗装修一次完成，且可以采用石材、面砖等类饰面。该方法工艺简单，三道工序合一，只需把聚苯板安装牢固，操作和工艺都较简单，不需要专业工种施工，可大大缩短工期；材料品种少，聚苯板带钢丝网片均由专业厂供应；特别是保温层质量有保证，与结构同寿命，不存在保温表面的保护层开裂、渗水等问题。

但是，该法在结构施工阶段会增添一道工序，浇注混凝土时难度较大，必须采用自密实混凝土。

（5）幕墙的保温隔热措施　公共建筑一般为框架剪力墙结构，石材、幕墙饰面较多。这类建筑的填充墙多使用轻质砌块，保温材料为岩棉类、聚苯乙烯泡沫类或喷涂聚氨酯等。装饰层固定在锚固于钢筋混凝土中的钢骨架上，保温材料填充于钢骨架（槽钢）内。

2. 外墙内保温系统

外墙内保温做法的主要应用技术为玻化微珠类保温砂浆和表面粘贴石膏防火板类泡沫聚苯板。外墙内保温的使用具有极强的区域性，仅用于夏热冬暖地区或者少量应用于夏热冬冷地区。

3. 墙体自保温技术

针对提高墙体保温隔热性能的墙体自保温技术的研究在很多地区都在积极进行，并形成多种效果显著的技术。例如，芯孔插聚苯乙烯泡沫板的多孔砌块、芯孔中高压灌注脲醛树脂泡沫以及膨胀珍珠岩水泥保温砌块等，都得到一定程度的推广应用。这类技术本身存在着无法应用于剪力墙、梁、柱等，以及在实际应用中还存在着需要系统配套的问题，但由于能够和结构形成一体并同寿命，能够消除外保温系统存在的开裂、渗水、脱落等问题，因而是一种有发展前景的节能做法，特别是和无机保温砂浆复合以满足节能要求，可以消除剪力墙、梁、柱等结构部位保温的问题，更有应用潜力。

4. 屋面

对有采暖要求的一般居住建筑来说，屋面热损耗约占整个建筑热量损耗的20%左右，因而屋面的保温隔热非常重要，降低屋面热量的损耗，是降低建筑总体热量损耗的一个重要环节。

屋面保温材料主要有水泥膨胀珍珠岩、膨胀蛭石板、泡沫玻璃板以及聚苯乙烯泡沫塑料板和现场喷涂硬质聚氨酯泡沫塑料等。近年来又开发出现浇泡沫水泥混凝土在屋面工程中的应用。这些屋面保温材料的特性各不相同，通过不同的应用，能够满足节能要求。例如，喷涂聚氨酯泡沫的保温性能最好，抗压强度高，吸水率极小，整体性能好，施工方便，但造价高。

做好屋面保温隔热，总体来说应选用热导率小、重量轻、强度高的新型保温材料、保证必要的保温层厚度，采用吸水率低的保温材料，以及做好防水层，降低保温层内的含水率和设置排汽屋面等。

三、我国门窗节能技术现状

由于门窗的建筑热损失非常大，在严寒和寒冷地区60%的热损失系通过门窗散失，因而门窗的节能一直很受重视，并取得一定成效。表1-7中概述了我国目前的门窗节能技术。

我国目前门窗节能技术　　表1-7

门窗节能技术	门窗制造方法或构造或功能
中空玻璃塑料平开窗	采用老化时间≥6000h的S类未增塑聚氯乙烯多腔体窗型材配中空玻璃制成
断热铝型材中空玻璃平开窗	用断热铝型材和中空玻璃制成
断热钢型材中空玻璃平开窗	用断热钢型材和中空玻璃制成
彩板型材腔内填充发泡聚氨酯中空玻璃平开窗	在彩板型材内腔填充发泡聚氨酯配中空玻璃制成
单扇平开多功能钢户门	可制作成同时具备两种功能以上的户门
建筑玻璃太阳隔热膜	玻璃贴膜是指粘贴于玻璃表面的一种多层的聚酯薄膜，具有对太阳辐射热控制的功能
PET Low-E膜双中空玻璃	集成了光谱选择性镀层PET薄膜的玻璃深加工产品
隔热中间膜夹层玻璃	具有对阳光热辐射红外波长的反射功能
真空玻璃	将两片平板玻璃四周密闭起来，将其间隙抽成真空并密封排气孔形成真空玻璃
多点锁闭结构的门窗五金件	提高了门窗框扇间的气密性，增加了门窗连接强度，有效提高门窗的保温性能
百叶中空玻璃（中空玻璃内置百叶）	将百叶窗帘置于中空玻璃内，使百叶中空玻璃具有遮阳性能

四、建筑保温隔热材料的种类与应用

从组成来说建筑保温隔热材料可以分为有机类和无机类。有机类保温隔热材料的主要优点是质轻，保温隔热性能好，强度高，吸水率低；缺点是价格高，耐火阻燃性差，与水泥基基层的粘结不良。

1. 有机类建筑保温隔热材料

有机类建筑保温隔热材料主要有聚氨酯泡沫、聚苯乙烯泡沫、酚醛树脂泡沫、脲醛树脂泡沫等。表 1-8 中概述了这几类保温隔热材料的性能特点和应用。

常用有机类建筑保温隔热材料的性能特点和应用概述　　表 1-8

材料名称		主要特性	应用特点
聚氨酯	现场喷涂	密度（35～55）kg/m³；导热系数≤0.028W/（m·K）；压缩性能（形变 10%）≥150kPa；闭孔率≥90%；吸水率≤3%；拉伸粘结强度（与水泥砂浆，常温）≥0.10MPa；尺寸稳定性（70℃，48h）≤1.5%	重量轻、热导率极小，吸水率低，强度高，但防火性差。由于可以现喷施工，更适用于体形复杂的屋面、墙体保温工程
	板材	密度≥35kg/m³；导热系数≤0.028W/（m·K）；压缩性能（形变 10%）≥150kPa；吸水率≤3%；氧指数≥26%；垂直于板面方向的抗拉强度≥0.10MPa	重量轻、热导率极小，可以像聚苯板一样粘贴用于外墙保温，也可以制成保温装饰一体化板
聚苯乙烯泡沫	挤塑型板	导热系数≤0.035W/（m·K）；表观密度 25.0～35.0（kg/m³）；垂直于板面方向上的抗拉强度≥0.25MPa；尺寸稳定性≤2.0%；燃烧性能不低于 E 级（B2 级）	强度高、导热系数低，但变形大，较适用于屋面保温和地板采暖保温
	膨胀型板	导热系数≤0.041W/（m·K）；表观密度 18.0～22.0（kg/m³）；垂直于板面方向上的抗拉强度≥0.10MPa；尺寸稳定性≤0.3%；燃烧性能不低于 E 级（B2 级）	强度相对偏低、导热系数偏大，但变形小，较适用于外墙保温和屋面保温
	颗粒	泡沫颗粒内部的孔隙为闭孔结构，吸水率特别低，密度虽然极低但强度很高，耐低温耐冻融性均好。用于胶粉聚苯颗粒保温胶料的保温隔热骨料结构稳定，几乎不吸水，因而绝热效果高且绝热性能稳定，成本低，结构密实，大量应用于外墙外保温	
酚醛树脂泡沫		导热系数（0.025～0.040）W/（m·K）；氧指数≥45%；燃烧性能为难燃 B_1 级；压缩强度（压缩 10%）≥0.12MPa；尺寸稳定性≤2%；体积吸水率（v/v）≤7%	导热系数低，耐火性能好；可在（140～160）℃下长期使用；成本低，可应用于外墙内保温、隔热顶棚、各类建筑物及吊顶隔板等
脲醛树脂泡沫		密度（10～15）kg/m³；导热系数≤0.034W/（m·K）；燃烧性能达到 E 级（B2 级）；尺寸稳定性［（100±2）℃］≤4%；憎水率≥85%	导热系数低，耐火性能好；产品为水性，施工时无火灾之虞，目前主要应用形式为填注外墙空心砌块的空洞

2. 无机类建筑保温隔热材料

无机类保温隔热材料的主要优点是价格低，耐火阻燃性好，与水泥基基层的粘结强度高，材料来源丰富；缺点是干密度相对较高，保温隔热性能差，吸水率大，吸水后保温隔热效果急剧降低等。

无机类建筑保温隔热材料主要有闭孔膨胀珍珠岩、膨胀玻化微珠、泡沫玻璃、泡沫水泥混凝土、加气混凝土等。表 1-9 中概述了这几类保温隔热材料的性能特点和应用。

常用无机类建筑保温隔热材料的性能特点和应用概述　　表 1-9

材料名称	主要性能	应用特点
闭孔膨胀珍珠岩	堆积密度 90～160g/m^3；吸水率 48%～84%；闭孔率≥94%；导热系数 0.047～0.054W/（m·K）；成球率≥85%；漂浮率 94%～96%；筒压强度（1MPa 压力下的体积损失率）32.5%～46.0%	保温隔热骨料，通常需要再加工才能用作保温隔热材料。例如，大量应用的建筑保温砂浆。与传统膨胀珍珠岩相比吸水率降低，密度稳定性高，流动性和施工性能提高。制成的保温砂浆防火阻燃、物理－化学性能稳定，但吸水率高，保温隔热性能不如聚苯乙烯泡沫类材料，更适合应用于内保温以及在夏热冬冷地区与反射隔热涂料配合使用应用于外墙外保温
玻化微珠	堆积密度 80～100kg/m^3；导热系数0.032～0.045W/（m·K）；漂浮率≥98%；表面玻化率≥95%；吸水率 20%～50%；筒压强度（1MPa 压力的体积损失率）38%～46%	
泡沫玻璃	密度 150～180kg/m^3；导热系数 0.0462～0.054W/（m·K）；吸水率 0.5%；抗压强度≥0.4MPa	特别适用于易燃易爆、潮湿及化学侵蚀等苛刻环境条件，安全、耐久。可应用于化工场合保温隔热、船舶、制冷业、冷库、地铁及恒温恒湿工程和一般工民建屋面、外墙保温隔热工程
泡沫水泥混凝土	干密度 350～950kg/m^3；导热系数 0.09～0.24W/（m·K）；吸水率 20%～30%；抗压强度≥3.5MPa；抗冻性：经 25 次冻融循环后，质量损失率≤5%，强度损失率≤20%	通过发泡机将发泡剂溶液发泡后与水泥浆混合，可现浇施工或模具成型，再自然养护形成轻质材料，具有保温隔热、施工方便、防火、与水泥基层结合牢固和耐老化等特点
蒸压加气混凝土	干密度 300～800kg/m^3；导热系数 0.10～0.20W/（m·K）；抗压强度 1.0～7.5MPa；抗冻性：经 25 次冻融循环后，质量损失率≤5%，冻后强度 0.8～6.0MPa；干燥收缩值≤0.5%	为保温隔热性能较好的砌筑材料，主要应用于框架结构的外墙和内隔墙，既能够起到结构墙体作用，又同时提供较好的保温隔热性能，但应用于外墙时对砌筑砂浆要求高，应用于内墙时对抹灰砂浆要求高

第三节　基本概念、术语和技术标准

一、热工概念和术语

1. 导热系数

导热系数也称热导率，通常以 λ 表示。导热系数的基本定义来自傅立叶定律："在稳定传热的情况下，通过材料单位面积传导的热量只与材料两个表面的温度之差成正比，比例系数称为导热系数"。习惯上，将导热系数小于 0.23W/（m·K）的材料称为保温隔热材料或者绝热材料，把导热系数在 0.05W/（m·K）以下的材料称为高效保温隔热材料或者高效绝热材料。

导热系数λ是材料的固有特性，与材料的成分、内部结构、孔隙率、孔隙特征和含水率等有关，而密度和湿度对材料导热系数的影响最大。

(1) 密度　由于材料中固体物质的导热能力比空气要大得多，因而材料越密实，其导热性越好，导热系数越大。对于密实性材料来说，导热系数随着材料的密度提高而提高。对于含有孔隙的材料，其导热性决定于材料的孔隙率与孔隙特征。由于静止空气的导热系数极小［约为0.023W/（m·K)］，因而一般情况下孔隙率越大，密度越低，导热系数越小。在孔隙率相同的条件下，孔隙尺寸越大，导热系数就越大；孔隙相互联通比封闭而不连通的导热系数要高，这是因为空气产生对流，会使材料的导热性提高。对于密度很小的材料，特别是纤维状材料（如超细玻璃纤维），当密度低于某一极限时，导热系数反而增大，这是因为孔隙增大且相互联通的孔隙增多，而使对流作用加强，导热系数增大。

(2) 湿度　由于水的导热系数［约为0.581W/（m·K)］比空气的大近25倍，因而当材料的含水率增大时，其导热系数随之增大。本来干燥的材料在受潮后导热系数随之增大；而受潮后再产生冰冻状况，导热系数会增加得更大。因为冰的导热系数为2.326W/（m·K)，远大于空气的导热系数。这就是吸水率较大、吸湿性较强的膨胀珍珠岩的保温隔热性能不稳定的原因之一。而像聚苯乙烯泡沫这类材料结构中充满大量微细而封闭的孔洞，其吸水率非常低，因而其保温隔热性能不会受到水侵蚀的影响，成为目前广泛使用的建筑保温隔热材料。

对于高吸水率材料来说，除了吸湿而使材料的保温隔热性能降低以外，蒸汽渗透也是值得注意的问题。水蒸气能从湿度较高的一边透入材料。当水蒸气在材料孔隙中达到最大饱和度时就凝结成水，积聚较多时在材料温度低的一边表面上会出现冷凝水滴，这不仅大大提高了材料的导热性，而且还会降低材料的强度和耐久性。因而应采取适当措施进行预防。

(3) 材料的温度　导热系数随材料温度的升高而增大，因为温度升高时，材料固体分子热运动增强，同时材料孔隙中空气的导热和孔壁间的辐射作用也有所增强。但这种影响在0～50℃温度范围内时并不大，只有处于高温或低温时才需要考虑温度的影响。

(4) 热流方向　对于各向异性材料，如木材等纤维材料，当热流与纤维延伸方向平行时，热流受到的阻力小；而热流垂直于纤维延伸方向时，受到的阻力大。因而，平行于纤维方向的导热性比垂直于纤维方向的导热性大。

2. 热容量与比热

材料在受热时要从环境中吸收热量，冷却时则会向环境中放出热量。这种吸热放热的性质称为材料的热容量。材料在温度变化时吸收或放出的热量为：

$$Q = c \cdot G(t_2 - t_1)$$

式中　G 为材料的质量。

比例系数 c 称为材料的比热，即

$$c = Q/[G \cdot (t_2 - t_1)]$$

比热系数 c 又称为热容量系数，也是材料的固有特性参数，决定着质量一定的材料在温度发生变化时吸收或放出热量的多少。

在通常的材料中，热容量最大的为水，其比热等于4.19kJ/（kg·k)，玻璃、黏土砖、水泥和混凝土等材料的比热介于0.75～0.92kJ/（kg·k）之间；木材及其他一些有机材料的比热为1.5～2.7kJ/（kg·k）；钢材的比热为0.481kJ/（kg·k）。

材料的热容量对保持建筑物内的温度稳定性具有很大意义。比热大的材料，能够在热流变动或者在采暖和空调设备不均匀时适当调节室内温度的变化。例如，在炎热的夏季，白天室外温度很高，如果建筑物围护结构材料的热容量大，升高温度所需要吸收的热量就较多，因此室内温度升高较慢；而在冬季，房屋采暖后，热容量较大的建筑物，其本身储存的热量较多，在短时间停止采暖后，室内的温度不会很快降低。

3. 导温系数

导温系数又可称热扩散率，当材料受热时，导温系数越大，则材料中温度变化传播的越迅速。因此，导温系数是绝热材料传播温度变化能力大小的指标，即表示材料在冷却或加热过程中各点达到相同温度时的快慢程度。导温系数愈大，各点达到相同的温度就愈快。

导温系数用 a 表示，单位为平方米/小时（m^2/h）。材料的导温系数与材料的导热系数成正比，与材料的体积热容量（$c \cdot \gamma$）成反比（c 为比热容），即

$$a = \frac{\lambda}{c \cdot \gamma}$$

影响材料导温系数的因素和导热系数相似，即材料的分子结构、化学成分、密度、湿度和温度等。

4. 材料蓄热系数（S）

建筑材料在周期性波动的热作用下，均有蓄存热量或放出热量的能力，借以调节材料层表面温度的波动。在建筑热工学中，把半无限厚物体表面热流波动的振幅与温度波动振幅的比值称为物体在谐波热作用下的"材料蓄热系数"，常用 S 表示，其单位为W/（$m^2 \cdot K$）。材料蓄热系数是衡量材料保温储热能力的重要指标，蓄热系数大的材料蓄热性能好，热稳定性相应也好。通常使用的是周期为24h的蓄热系数，记为 S_{24}。常用建筑材料的蓄热系数 S_{24}（下标24表示周期为24小时）值可以通过计算确定，或从《民用建筑热工设计规范》GB 50176—1993附录四附表4.1中查取。

5. 水蒸气渗透系数和水蒸气湿流密度

水蒸气渗透系数的定义为1m厚的物体，两侧水蒸气分压力差为1Pa、1h内通过1m^2面积渗透的水蒸气量，单位为kg/（m·h·Pa）或ng/（m·h·Pa）。水蒸气渗透系数也称透湿系数。

水蒸气湿流密度的定义为在单位时间内，流经单位面积的水蒸气湿流量，单位为kg/（$m^2 \cdot h$）或kg/（$m^2 \cdot s$）。

二、建筑保温隔热术语

1. 传热系数

（1）基本概念　建筑围护结构保温隔热性能的一个最重要的指标是传热系数，也称总传热系数，国家现行标准规范统一定名为传热系数，以 K 表示。一个物体的传热系数 K 的物理定义是：传热系数 K 值是指在稳定传热条件下，围护结构两侧空气温差为1度（K或者℃），1小时内通过1平方米面积所传递的热量，单位是瓦/平方米·度［$W/m^2 \cdot K$，

K 也可用℃代替]。

(2) 围护结构传热系数计算

根据保温材料实测厚度、实测导热系数值或热阻，采用如下公式能够计算外墙的传热系数

$$K=\frac{1}{R_i+\frac{d}{\lambda}+\frac{d_0}{\lambda_0}+R_e}$$

式中 K——传热系数，单位为 W/ (m^2 · K)；

d、λ——保温层厚度和导热系数实测值；d/λ 可用实测热阻代入；

d_0、λ_0——外墙基体的厚度和导热系数计算值；

R_i——内表面换热阻，取为 0.11 (m^2 · K/W)；

R_e——外表面换热阻，可近似取为 0.04 (m^2 · K/W)。

在建筑节能设计标准中，根据实际情况要求对保温材料的导热系数进行修正，并给出修正系数。例如，北京市居住建筑节能设计标准规定对膨胀聚苯板薄抹灰系统的修正系数为 1.2；有网大模内置聚苯板的修正系数为 1.5，无网时为 1.25；饰面或喷涂聚氨酯为 1.1。

2. 传热阻

传热阻也称总热阻，现统一定名为传热阻。传热阻 R_0 是传热系数 K 的倒数，即 $R_0=1/K$，单位是平方米 · 度/瓦 (m^2 · K/W)。传热阻 R_0 表征了物体阻止传热的能力。显然，建筑物围护结构的传热系数 K 值愈小，或传热阻 R_0 值愈大，保温性能愈好，通过围护结构的传热损失就越小。

与导热系数或传热系数不同的是，传热阻 R_0 与传热物体的厚度有关。例如，在建筑围护结构中，对同一种材料构成的墙体而言，墙体越厚，热阻越大。

3. 热桥

热桥也称冷桥，是指处在外墙和屋面等围护结构中的钢筋混凝土或金属梁、柱、肋等传热阻较小的结构部位。因这些部位传热能力强，热流较为密集，内表面温度较低，故称为热桥。在建筑物围护结构中常见的热桥有处在外墙周边的钢筋混凝土抗震柱、圈梁、门窗过梁，钢筋混凝土或钢框架梁、柱，钢筋混凝土或金属屋面板中的边肋或小肋，以及金属玻璃幕墙中和金属窗中的金属框和框料等。

三、保温与隔热的区别

保温与隔热有时是相同的，但有时是有区别的。例如，密闭静止的空气是最好的保温层，而流动的空气是良好的隔热层，由此可看出二者的区别。

保温层可产生一定的隔热效果，隔热层却不一定有保温作用（如架空屋面）。

围护结构的保温性能通常是指在冬季室内外条件下，围护结构阻止室内向室外传热，使室内保持适当温度的能力。

围护结构的隔热性能是指夏季自然通风情况下，围护结构在室外综合温度和室内空气温度波作用下，其内表面保持较低温度的能力。

对于外墙保温隔热系统来说，外保温隔热效果较好，内保温隔热效果较差。要使围护

结构保温层起到较好的隔热作用，除做外墙外保温外，保温层与结构层之间应有一定的间隙（空气层），并保持一定的空气流动。

根据保温与隔热的区别，可以分析出在夏热冬暖地区不适宜进行外墙外保温。因为保温层的作用是阻止热传递，在夏热冬暖地区，冬季室内外没有温差或温差很小，基本没有热传递，保温层就失去了意义。

另一方面，保温材料（如聚苯板）的生产能耗较高，其产生的隔热效果所节约的空调能耗，可能需要20年才能回收，而作为外保温，20年可能又该维修更换了。因此，在夏热冬暖地区这样的做法不但没有节能，相反可能还会浪费能源。因而，在夏热冬暖地区如确要进行墙体保温，因南方雨水多而潮湿，容易引起保温层失效，采用内保温是更好的措施。

四、有关建筑门窗用玻璃保温隔热的基本概念和术语

描述门窗热工性能的主要参数有可见光透射比（*VT*）、传热系数（*K*值或者*U*值）、太阳得热因子（*SHGC*）或遮阳系数（*SC*）、空气渗透率（*AL*）等。

1. 可见光透射比（visible transmittance，*VT*）

可见光透射比（*VT*）是指透过玻璃的可见光（波长380～760nm）通量的比率，*VT*的数值在0～1之间。*VT*越高，透过的可见光越多。太阳辐射大致有近一半能量是可见光，可用来补偿人工照明所需要的电力。

绝大多数建筑物内部尽量用日光补充人工照明需要。为了充分利用日光，开关电灯的时间必须认真考虑，更重要的是窗和房间都应设计成能获得日光照射的最佳尺寸和形状。窗的尺寸与房间的纵深有直接关系，还有窗的形状和透光性能，以及房间各个不同的表面反射日光的方式等都影响照明的质量。

可见光透射比不仅影响建筑的通透效果，还影响室内的照明能耗，所以在《公共建筑节能设计标准》GB 50189—2005中规定“当窗墙比小于0.4时，玻璃的可见光透射比不应小于0.4”。

2. 玻璃的传热系数（thermal transmittance，*U*或*K*）

玻璃的传热系数定义为“在规定的标准温度条件下，单位时间内从单位面积的玻璃组件一侧空气到另一侧空气所传输的热量”。按此定义透过玻璃组件传导的热量*Q*可用下式表示：

$$Q = 传热系数 \times (T_{in} - T_{out})$$

式中　T_{in}，T_{out}——玻璃两侧的温度，或室内、室外的温度，K。

玻璃的传热系数一般用*U*值或*K*值来表示，*K*值、*U*值本质上没有区别，都是玻璃组件的传热系数，但在数值上有区别。区别主要是由于来自不同的标准体系，中国在玻璃工业最早取用日本数据，所以中日两国用的*K*值是一样的，美国叫*U*值，欧洲也叫*U*值。但是，美国与欧洲的*U*值不一样，主要因测试环境不一样。欧洲测*U*值的测试环境为外部温度－10℃，内部温度15℃，室外气流为自然对流，无阳光直接照射（相当于夜晚环境）。美国分冬季*U*值与夏季*U*值。冬季*U*值的测试环境为外部温度－18℃，内部温度21℃，风速5.5m/s，相当于夜晚环境；夏季*U*值测试环境为外部32℃，内部24℃，风速2.8m/s，阳光照度为783W/m²，相当于有阳光照射下的环境。根据以上不同的测试

环境，中、美、欧有关传热系数对应关系如下：欧洲 U 值<中国 K 值<美国 U 值。

3. 遮阳系数或太阳得热因子（shading coefficient，*SC* 或 solar heat gain coefficient，*SHGC*）

遮阳系数指太阳辐射能量透过窗玻璃的量与透过相同面积 3mm 透明玻璃的能量之比，是建筑节能设计标准中对玻璃重要限制的性能指标。遮阳系数用样品玻璃太阳能总透射比除以标准 3mm 白玻璃的太阳能总透射比（GB/T 2680—1994 中理论值取 0.889，国际标准中取 0.87）进行计算，$SC=g/0.87$（或 0.889）。

遮阳系数越小，阻挡阳光热量向室内辐射的性能越好。但只在炎热气候地区和大窗墙比时，低遮阳系数的玻璃才有利于节能，在寒冷地区和小窗墙比时，高遮阳系数的玻璃更有利于利用太阳热量降低采暖能耗而实现节能。

我国目前计算和评价窗的太阳得热性能时使用的参数是遮阳系数（*SC*），但该系数仅考虑了窗中玻璃的性能，并未将窗框等其他组件由于吸收太阳辐射热量而向室内传热考虑在内。这将会导致建筑能耗计算的偏差。由于窗框会将吸收的太阳辐射热量向室内传递，且不同类型窗框材料的传热能力也不尽相同，因此准确的方法是将窗的玻璃及框作为整体来考虑其太阳得热情况。美国国家门窗评价委员会采用太阳得热因子（Solar Heat Gain Coefficient，缩写为 *SHGC*）作为评价窗太阳得热性能的指标。

4. 空气渗透率（air leakage，*AL*）

气密性能是指外窗在关闭状态下，阻止空气渗透的能力，主要指标为单位缝长空气渗透量 q_1［单位：$m^3/(m\cdot h)$］和单位面积空气渗透量 q_2［单位：$m^3/(m^2\cdot h)$］。国家标准《建筑外窗保温性能分级检测方法》（GB/T 8484—2002）中规定了建筑外窗保温性能以整窗传热系数 K 值作为分级指标，并在检测原理中说明“对试件缝隙进行密封处理”，在检测方法中要求“试件开启缝应采用塑料胶带双面密封，然后进行整窗的 K 值检测”。因此，该方法得出的建筑外窗的传热系数 K 值是整窗材料的传热系数。而实际使用中，因建筑门窗气密性能不良造成能源的大量浪费。

5. 相对热增量（relative heat gain，*RHG*）

相对热增量是指综合考虑温差传热和太阳辐射对室内的影响，通过玻璃获得和散失的热量之和。

相对热增量＝（室外温度－室内温度）×传热系数 K＋太阳照射强度×遮阳系数 $SC\times0.87$。

相对热增量大于 0 时，表示室内获得的热量越来越多；小于 0 时，表示室内向外散失的热量越来越多。

当天气炎热时，室外温度高，公式第一项为正值，向室内传热，此时 K 值和 *SC* 越小，玻璃相对热增量越小，有利于降低制冷能耗。天气寒冷时室外温度低，公式第一项为负值，向室外传热，第二项太阳辐射向室内传热，则 *SC* 越大，太阳辐射进入的热量越有利于弥补向室外散失的热量。所以在寒冷气候时，玻璃 *SC* 值越高，越能减少采暖能耗。

有上述 5 个指标就可以计算出窗户的净热流量，如果是正值，则表示获得的能量高于损失，负值表示热损失高于热获得。窗的节能技术就是对这些指标的改进。

能效指标关系式为：能效＝太阳能－传热损失－空气渗透热损失

在我国采暖住宅建筑中，通过围护结构门窗的传热损失与空气渗透热损失相加，约占全部热损失的50%左右，其中传热和空气渗透各占约一半。例如，典型多层住宅，北京地区窗户传热24%+门窗缝隙空气渗透热损失23%，合计约占全部热损失的47%；哈尔滨地区为28%+29%，合计约占全部热损失的57%。

6. 能效分级（energy rating，*ER* 或 *Rating*）

对于美国北部和加拿大通常的冬季气候条件，加拿大标准 CSA A440 规定了供暖期内窗的热流量净值计算方法，并引入单值参数——窗能效分级 *ER*（Energy Rating）。*ER* 的计算公式为：

$$ER = 57.76SHGC_W - 21.90U_W - 0.54(L_{75}/A_W) + 40$$

式中 ER——能效分级；

$SHGC_W$——窗的太阳得热因子；

U_W——窗的 U 值，W/（$m^2 \cdot K$）；

L_{75}——窗在 75Pa 压差下的总的空气渗透量，m^3/h；

A_W——窗的面积，m^2。

ER 越高，表示节能性能越好，年耗能就越低。

英国门窗评审委员会（BFRC）对在英国生产和使用的建筑门窗进行能效认定。BFRC 采用传热系数 *U* 值、太阳得热因子和空气渗透率三项节能指标对门窗的节能性能进行认定。但是，在 BFRC 门窗节能标识体系中，还采用了一个能效分级标签（A～G）对门窗的节能性能进行分级。BFRC 采用下面公式计算门窗的节能率：

$$Rating = 218.6 \times g - \text{value} - 68.5(U - \text{value} + L_{50})$$

式中 $g-$value——太阳得热因子，

$U-$value——传热系数，

L_{50}——空气渗透率。

由计算或测得的门窗的太阳得热因子、传热系数、和空气渗透率，通过上式可以计算出 *Rating* 值，然后按英国 BFRC 门窗能效标识的分级标准进行分级，得到其所属的级别（A～G）。最后，需要在 BFRC 标识上注明其所属的级别和 *Rating* 值[5]。

第四节　节能建筑门窗概述

门窗是建筑围护结构的重要组成部分，能够起到采光、通风和与环境交流等诸多功能。外门、外窗是热损失较大的结构构件，未执行节能标准前的外窗基本是钢窗、铝合金窗、木窗，单层玻璃，建筑热损失非常大，60%的热损失通过门窗散失。

窗的传热系数一般在（2.0～6.5）W/（$m^2 \cdot K$）之间，这与通常墙体相比，显然其保温隔热性能较差。由于现代生活的采光要求，窗的面积较大。因而，采取措施提高窗的保温隔热性能，成为提高建筑物节能不可忽视的重要工作。

建筑门窗节能技术，目前主要采用增加窗玻璃层数、加装建筑外门窗密封条、使用低辐射玻璃（Low-E）、采用导热系数低的门窗框和玻璃粘贴透明聚酯膜等，以降低室内外空气热传导。

一、限制和禁止使用的非节能建筑外窗产品和技术

在国家未强制实行建筑节能以前，我国使用的绝大多数是非节能门窗产品，这些产品

耗能极高。因而，限制或禁止这些非节能建筑门窗的使用，是提高建筑物围护结构保温隔热性能的极好措施。

1. 限制使用的外窗产品种类

限制使用的外窗产品种类包括：非中空玻璃单框双玻门窗（不得用于城镇民用建筑）、非中空玻璃单框双玻门窗（不得用于城镇居住建筑）、单腔结构型材的未增塑聚氯乙烯（PVC—U）塑料窗（不得用于城镇民用建筑）、32 系列实腹钢窗、25 系列、35 系列空腹钢窗（不得用于民用建筑）等。

2. 禁止使用的外窗产品种类

禁止用于房屋建筑外窗的产品种类有：非中空玻璃单框双玻门窗、框厚 50mm（含 50）以下单腔结构型材的塑料平开窗、手工机具制作的塑料门窗、主型材可视面壁厚小于 2.2mm 的推拉塑料窗、主型材可视面壁厚小于 2.8mm 的平开塑料门、主型材可视面壁厚小于 2.5mm 的平开塑料窗、主型材可视面壁厚小于 2.5mm 的推拉塑料门和型材老化时间小于 6000h（M 类）建筑用未增塑聚氯乙烯（PVC-U）塑料窗等。

二、金属类节能窗和实木节能门窗

1. 热断桥铝合节能金窗

建筑节能要求建筑物必须采用节能门窗。就节能外窗来说，按照窗框使用的材质不同，有金属类、塑料类、木质和复合类等多种。主要使用的玻璃有双（多）层中空玻璃、热反射镀膜玻璃和真空玻璃等。

金属类节能窗主要是热断桥铝合金窗。铝的导热系数很高，为 160W/（m·K)，普通铝合金门窗的保温性能很差。因而，节能铝合金窗必须采用热断桥型材，也称断热型材。

热断桥型材有穿条和浇注两种断桥方式，如图 1-2 所示。

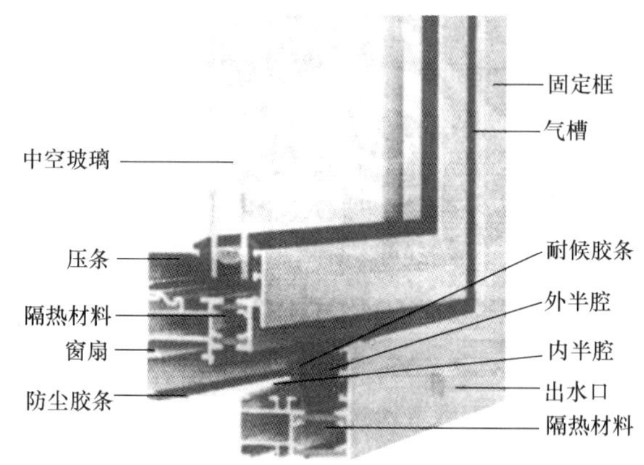

图 1-2 节能铝合金窗用断热型材

穿条式断热型材是由两个隔热条将铝型材内外两部分连接起来，从而阻止铝型材内外热量的传导。该种方法是我国目前生产断热型材广泛使用的方法。

穿条用的隔热材料是隔热条，目前正规的隔热条是聚酰胺 66（即 Polyamide66，俗称尼龙 66)，生产方法有硬顶法和牵引法两种。硬顶法产品结构紧、外观美观，但性脆；牵引法产品韧性好，但外观差，侧面有工艺凹陷。为了追求隔热条表面美观和精度，国外用

PA66 尼龙加强超细玻璃纤维（极少用其他材料）。由于用超细玻璃纤维，抗拉强度差，只有 60N/mm，而且价格昂贵。以泰诺风保泰公司生产的 926900（Ⅰ12）为例，1m 大约 2.5 元，一吨约 2.4 万米，一根 6m 长型材的隔热条成本约 30 元。

为了降低成本，国内研究用 PA66 加普通玻璃纤维。但有的用 PA6、ABS（苯乙烯一丙烯腈一丁二烯三元共聚物）、PP（聚丙烯），甚至用 PVC 塑料代替工程塑料 PA66 制造隔热条，甚至用严重影响环保的矿物纤维和石粉。

浇注式隔热节能技术是将聚氨酯隔热胶浇注到门窗用铝材中间进行隔热，其价格很高，目前主要是进口产品。

2. 实木节能门窗

实木门窗同其他材料相比，木材的导热系数很小，是铝合金的 1/1000，干燥松木或杉木的导热系数比 PVC 和玻璃钢的导热系数低，所以同样的玻璃配置的实木门窗的保温性能要优于断桥铝合金门窗、PVC 塑料门窗和玻璃钢门窗。

由于木材基本特性的决定作用，使木制门窗具有品种多样、加工制作方便、保温性能好、装饰性强等许多优点。但是由于木材本身存在尺寸稳定性差、防腐性差、易燃等缺点，所以做成的实木外门窗一般需要进行特别的表面处理，提高防腐能力。实木门窗造价较高，使用受到限制，一般仅适合用于别墅等高档低层住宅。

三、塑料类节能窗

1. 硬聚氯乙烯塑料（PVC）门窗

塑料门窗是以高分子合成材料为主，以增强材料为辅制成的一类新型材料的门窗。塑料门窗框的材质有硬聚氯乙烯（简称 PVC）、聚氨酯（PUR）硬质泡沫塑料、玻璃纤维增强不饱和聚酯（GUP）和聚苯醚（PPO）塑料等。其中，硬聚氯乙烯塑料门窗是目前发展较快，使用量最大的一类，约占塑料窗框市场的 90%以上。这是因为硬聚氯乙烯塑料具有硬度大、刚性和强度高，耐腐蚀、阻燃自熄、机械力学性能可靠、耐老化、使用寿命长等优点，能够满足建筑门窗的使用要求。聚氯乙烯树脂系人工合成，原料资源丰富，发展和使用 PVC 塑料门窗对平衡氯碱工业产品结构，节约木材资源，保护生态环境，节约能源都具有重要意义。

PVC 塑料门窗加工精度高，框、扇搭接装配，各缝隙处均装有耐久性橡塑弹性密封条或毛刷条和挡风板，整窗气密性能佳，防尘效果好。PVC 塑料门窗框材质吸水率小于 0.1%。框扇缝隙处均装有弹性密封条或阻风板，防空气渗透和雨水渗透性能佳。有因 PVC 塑料异型材为多腔式结构，设有独立的排水腔，并于窗框、扇适当的位置开设排水槽孔，能将雨水和冷凝水有效地排出室外。

PVC 塑料门窗材质的导热系数为 0.17W/（m·K），仅为钢材的 1/360，铝材的 1/1250。PVC 塑料门窗用的塑料异型材在结构上采用中空多腔式，内部被隔成多个充满空气的密闭小空间，使热传导率可相对降低，具有优良的隔热保温性能。

发展和使用 PVC 塑料保温门窗不仅在建筑长期使用中节省能源，而且生产 PVC 塑料门窗的能耗也是最低的，生产同样重量的 PVC 塑料的能耗，是生产钢的 1/4.5，生产铝的 1/8.8。“以塑代木”可以减少森林砍伐，有利生态平衡和环境保护

PVC 塑料门窗较木窗和钢窗耐腐蚀，不需油漆和维护保养；较铝合金和钢窗隔热性、

隔声性、密封性能好。使用PVC塑料门窗既能节省能源，又能节约能源。

我国能源供应紧张、木材资源贫乏、钢材和铝材紧缺，大力发展和推广应用PVC塑料门窗，将会产生显著的经济效益和社会效益。

2. 玻璃钢门窗

玻璃钢是性能优异的玻璃纤维增强塑料，玻璃钢门窗是玻璃纤维增强不饱和聚酯树脂为窗框的新型门窗，这种窗既有钢、铝窗的坚固性，又有塑钢窗的防腐蚀、保温、节能性能，还具有独特的隔声、抗老化、寿命长、尺寸稳定等特性。

玻璃钢材质具有较高的结构强度。因而，窗框型材的空腹腹腔内不用钢板作为内衬，不需要金属辅助增强。由于以玻璃纤维及其织物作为增强材料，经树脂粘接后无毛丝裸露，经机械拉挤热固化成型，因此抗折、抗弯、抗变形。玻璃钢属于优质复合材料。它对酸、碱、盐、油等各种腐蚀介质都具有特殊的防腐功能，不会发生锈蚀。玻璃钢寿命可长达50年，基本与建筑物同寿命。

3. 木塑门窗

木塑门窗的窗框材质是木塑复合材料（WPC）。WPC是用木纤维或植物纤维填充、增强的改性热塑性材料，兼有木材和塑料的成本和性能优点，经挤出或压制成型为型材、板材或其他制品，替代木材和塑料。

木塑门窗具有良好的保温、节能、隔声、阻燃、防腐、防老化、抗冲击、不变形、美观、高雅、华贵等特点，在美国和欧洲等国家已得到广泛应用，据美国门窗研究所介绍，每年美国门窗总用量为3000万套，其中塑钢门窗占48%，木塑复合门窗占31%。国内尚处于起步阶段，产品依赖进口。

四、复合类节能门窗

复合类节能门窗的窗框由两种或更多种材质复合制成，这类门窗主要有铝塑复合门窗、铝木复合门窗等。

1. 铝塑复合门窗

铝塑复合门窗的室外向阳面是铝合金型材，室内一侧是塑料异型材。由于采用外铝内塑结构，最大限度结合和发挥了铝合金型材及塑料异型材的性能优势。这类门窗结构强度高、抗老化，且隔热性能好。铝塑复合门窗主要应用于别墅、高档住宅楼及写字楼。

目前铝塑复合平开窗使用的铝塑复合型材主要有铝合金隔热断桥铝塑复合型材、铝合金隔热断桥迷宫式铝塑复合型材、铝合金腔室及塑料型材、腔式复合型材、塑料腔式型材装饰铝合金型材、铝合金腔室、中间塑料型材腔式、内铝合金腔室（铝塑铝）复合型材等。

由于铝塑复合型材的材料材质、型材腔室、复合的机械结构形式、相配套的五金件配置等都存在着差别，因而其成品窗的功能指标差别很大。

2. 铝木复合门窗

铝木复合门窗有木包铝门窗和铝包木门窗两种。

（1）木包铝节能门窗　木包铝门窗复合有节能铝合金门窗与木窗的优点，室外采用铝合金（或断桥铝合金），五金件安装牢固，防水防尘性能好，保留了铝合金门窗优良的耐候性及整齐精确的风格，历久弥新。室内侧采用经特殊工艺加工的高档优质木材镶嵌，颜色多样，便于搭配居室内装饰，提高了使用性与美观性，呈现高级木窗的各种特征。木包铝节能门窗具有如下性能优势：

1）保温隔热性能优异　运用等压原理，采用空心结构密封，提高了气密性和水密性，能够有效阻止热量传递。同时，由于室内侧窗框采用木材镶嵌，再配以热反射中空玻璃，进一步阻滞热量在窗体上的传导，因而保温隔热性能优异。

2）强度高　以闭合型截面为基础，采用内插连接件配合挤压工艺组装，窗体的机械强度高、钢性好。

3）不干裂、不变形　窗框采用高档优质木材和独特加工工艺内镶，不干裂、不变形。

4）外观美观　镶嵌的木材质地细腻，纹理样式丰富多样，外观采用流线型设计，加配圆弧扣条，门型、窗型自然秀丽，淳朴典雅。根据室内装饰要求，包 10mm 厚原木，与室内装饰浑然一体。

木包铝节能门窗型材及玻璃结构如图 1-3 所示。

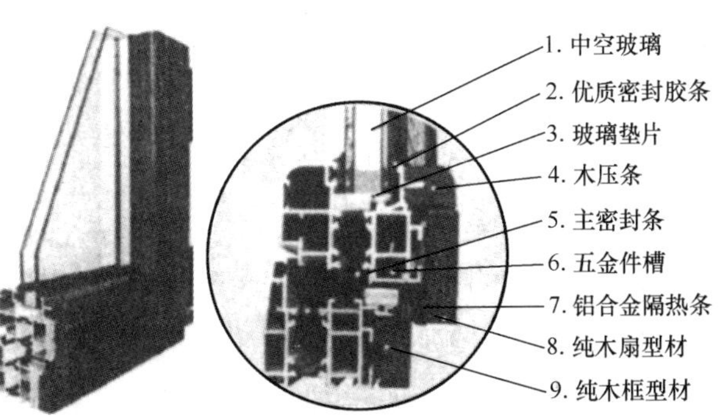

图 1-3　木包铝节能门窗型材及玻璃结构示意图

(2) 铝包木节能门窗　铝包木节能门窗是在纯木门窗外层增加铝合金保护层，既保留了纯木门窗的特性和功能，外层铝合金又起到了保护作用。

铝包木节能门窗将木质门窗与铝合金门窗合而为一，在保留纯木门门窗特性功能的同时其外部铝合金对内部的木质也起到很好的保护作用，可以更好地融洽家居与自然的沟通，安全系度高。

目前，市场上主要有以下铝包木门窗产品：铝包木平开门、平开窗、铝包木折叠门、铝包木内开内倒窗和外开上悬铝包木门窗等。

铝包木平开门窗有外开、内开、单扇、多扇，以及各类欧式风格种类，适用各类门窗同时使用，配置的三维可调节高强度专用链，开启方便，安全可靠，也可将自动感应门、闭门器等多种机构配置上，充分满足不同的需求。

铝包木折叠门有超强的灵活性能，可快速轻易开启，并可实现门的最大限度展开，最大时可连接 6 扇，从而根据不同的空间需求作出合适的折叠和伸展。

铝包木内开内倒窗可实现窗门的平开/上悬两种开启方式，与其他窗型相比，密封防水，安全可靠，更合理的排水结构及排水孔设计，防止风吹造成雨和灰尘的进入，在不占空间的情况下，可实现良好的通风效果。

外开上悬铝包木门窗的外部铝窗采用特殊铝型材，与木窗与卡扣连接，消除因不同热胀冷缩产生的应力。

铝包木节能门窗型材及玻璃结构如图 1-4 所示。

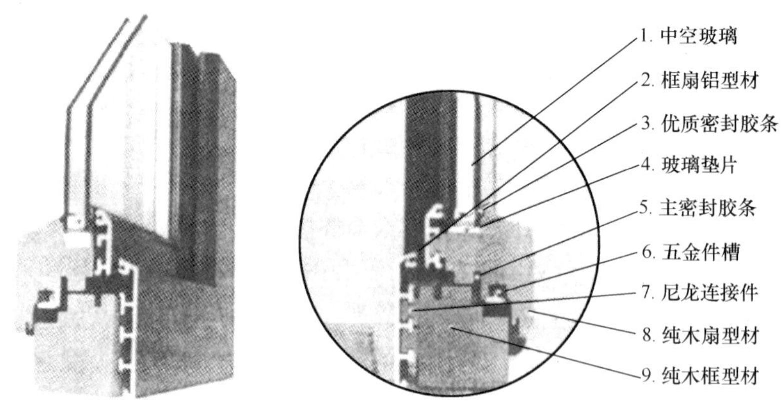

图 1-4　铝包木节能门窗型材及玻璃结构示意图

第五节　建筑能效测评与标识简介

一、基本概念与范围

能效测评与标识是一种能够明示建筑能耗状况，加强市场透明度，反映建筑物能耗差距，以及促进高节能建筑发展的一项建筑节能活动。同时，能效测评还能够对开发商起到管理和监督作用，也是实施建筑节能激励政策的基础。

1. 基本概念

（1）能效测评是指对建筑能源消耗量及其用能系统效率等性能指标进行计算、检测，并给出其所处水平的活动。

（2）能效标识　能效标识是标识用能产品能源效率、等级等性能指标的一种信息标识，它直观地明示用能产品的能源效率等级，属于产品符合性标志范畴。

建筑能效标识是指依据能效测评结果，对建筑能耗相关信息向社会或产权所有人进行明示，即将反映建筑物能源消耗量及其用能系统效率等性能指标以信息以标识的形式进行明示。建筑所有权人应将获得的能效测评标识在建筑物明显位置张贴。

（3）建筑物用能系统　与建筑物同步设计、同步安装的用能设备和设施。居住建筑的用能设备主要是指采暖空调系统，公共建筑的用能设备主要是指采暖空调系统和照明两大类；设施一般是指与设备相配套的、为满足设备运行需要而设置的服务系统。

2. 建筑能效测评与标识的范围

（1）新建（改建、扩建）国家机关办公建筑和大型公共建筑（单体建筑面积为2万 m^2 以上的）；

（2）实施节能综合改造并申请财政支持的国家机关办公建筑和大型公共建筑；

（3）申请国家级或省级节能示范工程的建筑；

（4）申请绿色建筑评价标识的建筑；

（5）其他居住建筑和一般公共建筑。

前四项为强制性标识，最后一项为自愿性标识。

3. 建筑能效测评机构

能效测评由建筑能效测评机构进行。所谓测评机构是指依据测评机构管理办法规定得到认定的、能够对民用建筑能源消耗量及其用能系统效率等性能指标进行检测、评估工作的机构。分国家级测评机构和省级测评机构。

二、能效测评内容

1. 建筑能效理论值与实测值

民用建筑能效的测评标识分为建筑能效理论值标识和建筑能效实测值标识两个阶段。

（1）建筑能效理论值　建筑工程竣工验收合格后，建设单位或建筑所有权人根据工程设计、施工情况，提出该建筑的建筑能效理论值。建筑能效理论值标识有效期为1年。

（2）建筑能效实测值　建筑项目投入使用一定期限内，建设单位或建筑所有权人委托有关建筑能效测评单位对建筑实际能效进行为期不少于1年的现场连续实测，对项目的采暖空调、照明、电气等能耗情况进行统计、监测，获得建筑能效的实测值。根据实测结果对建筑能效理论值标识进行修正，给出建筑能效实测值标识结果，有效期为5年。

民用建筑能效理论值标识测评报告能够详细准确地反映能效测评内容，测评报告包括以下内容。

2. 民用建筑能效测评标识内容

包括基础项、规定项与选择项。

（1）基础项　按照国家现行建筑节能标准的要求和方法，计算或实测得到的建筑物单位面积采暖空调耗能量。

（2）规定项　除基础项外，按照国家现行建筑节能标准要求，围护结构及采暖空调系统必须满足的项目。

（3）选择项　对高于国家现行建筑节能标准的用能系统和工艺技术加分的项目。

（4）民用建筑能效理论值标识测评内容。

民用建筑能效理论值标识测评报告能够详细准确地反映能效测评内容，测评报告包括以下内容：

①民用建筑能效测评汇总表；②民用建筑能效标识汇总表；③建筑物围护结构热工性能表；④建筑和用能系统概况；⑤基础项计算说明书；⑥测评过程中依据的文件及性能检测报告；⑦民用建筑能效测评标识联系人、电话和地址等。

（5）民用建筑能效实测值标识内容

民用建筑能效实测值标识测评报告能够详细准确地反映能效测评内容，测评报告包括以下内容：

①建筑和用能系统概况；②基础项实测检验报告；③规定项实测检验报告；④选择项测试评估报告；⑤测评过程中依据的文件及性能检测报告；⑥民用建筑能效测评标识联系人、电话和地址等。

3. 测评标识等级

民用建筑能效水平按照测评结果，划分为5个等级，并以星为标志。

建筑能效理论值标识阶段，当基础项达到节能50％～65％且规定项均满足要求时，标识为一星；当基础项达到节能65％～75％且规定项均满足要求时，标识为二星；当基础项达到节能75%～85%以上且规定项均满足要求时，标识为三星；当基础项达到节能85%以上且规定项均满足要求时，标识为四星。若选择项所加分数超过60分（满分100分）则再加一星。

三、建筑能效测评标识标准

目前进行建筑能效测评与标识工作依据的标准有《民用建筑能效测评标识技术导则》（试行）（建科［2008］118号）、建工行业标准《居住建筑节能检验标准》JGJ 132—2008、《公共建筑节能设计标准》GB 50189—2005、《公共建筑节能检验标准》JGJ/T 177—2009和《民用建筑能效测评机构管理暂行办法》等。

四、建筑能效测评证书

1. 我国建筑能效测评等级证书

我国建筑能效测评等级证书由住房和城乡建设部统一印制、核发，证书的有效期为5年，基本信息如表1-10所示。

我国建筑能效测评等级证书基本信息　　表1-10

类　别	信　　息		
证书基本信息	建筑名称、测评机构、测评等级、测评时间		
建筑基本信息	建筑名称、建筑类型、所属气候区、建筑所在地、施工时间、占地面积建筑面积、层数		
建筑能效理论值	基础项	规定项	选择项（加分）
	单位建筑面积采暖空调耗能量［kWh/(m^2·a)］节能率（理论值）	围护结构节能性能 □ 采暖空调节能性能 □	可再生能源 □ 自然采光与通风设计 □ 新型节能技术和产品 □ 用能管理 □
建筑能效实测值	基础项	规定项	选择项（加分）
	单位建筑面积采暖空调耗能量［kWh/(m^2·a)］节能率（实测值）	室内热舒适度 □ 采暖空调系统运行效率 □	可再生能源设备运行效果 □ 新型节能技术和产品应用效果 □ 用能管理 □

2. 国外建筑能耗证书

德国对于建筑节能非常重视，所有出租、出售的房屋必须进行建筑能耗评估才能进行出租或者出售活动。房屋经节能咨询公司按规范评估后，签发具有统一格式和标志的建筑能耗证书，证书首页要求公示于建筑显著位置。

若建筑达不到规定能耗指标，咨询公司出示节能改造意见，房屋租售单位按评估意见进行整改，达标后方可进行出租、出售活动。

德国建筑能耗证书共10页：

首页　建筑基本信息和能耗状况，色带绿一黄一红由0～550共11个标段，4项指标，代表零能耗、德国低能耗、欧洲低能耗、国家标准能耗。下面表格注明了建筑物基本信息。

第2页：建筑照片。

第 3 页：建筑能耗理论计算值。

第 4 页：节能咨询公司评估意见。

第 5 页：建筑实际运行能耗测量结果。

第 6 页：建筑能耗检测标准和方法，具体使用的能源。

第 7 页：术语解释。

第 8 页：改造后该建筑年节能量和减排指标。

第 9 页：节能评估公司名称和人员资质说明。

第 10 页：节能检测和计算依据标准法规索引。

第六节　维护结构保温隔热系统的防火问题

一、保温隔热材料的阻燃性要求

目前大量使用的保温隔热材料主要分无机和有机两大类，无机类具有良好的防火阻燃性，有机保温材料通常为易燃材料，其防火阻燃性较差。特别是鉴于成本要求，大量防火阻燃性能不能满足要求的保温材料应用于外保温工程中，以至于近年来引发了一些外墙外保温系统的火灾事故。这已引起对于外保温防火安全问题的重视。公安部、住房和城乡建设部于 2009 年 9 月发布《民用建筑外保温系统及外墙装饰防火暂行规定》（［2009］46 号），在规定中明确要求“民用建筑外保温材料的燃烧性能宜为 A 级，且不应低于 B_2 级”，并对建筑物的墙体和屋面等结构部位的外保温和装饰防火问题作出具体规定，下面介绍规定中对有关外保温的防火要求的主要内容。

二、墙体

《民用建筑外保温系统及外墙装饰防火暂行规定》对非幕墙式建筑和幕墙式建筑的外保温防火安全的规定如表 1-11 所示。

对建筑物墙体外保温防火安全规定　　　　**表 1-11**

建筑物种类	类　别	建筑物高度	保温材料燃烧性能要求	补　充　规　定
非幕墙式建筑	住宅建筑	大于等于 100m	应为 A 级	—
		大于等于 60m 小于 100m	不应低于 B_2 级	采用 B_2 级保温材料时，每层应设置水平防火隔离带
		大于等于 24m 小于 60m	不应低于 B_2 级	采用 B_2 级保温材料时，每两层应设置水平防火隔离带
		小于 24m	不应低于 B_2 级	当采用 B_2 级保温材料时，每三层应设置水平防火隔离带
	其他民用建筑	大于等于 50m	应为 A 级	
		大于等于 24m 小于 50m	应为 A 级或 B_1 级	采用 B_1 级保温材料时，每两层应设置水平防火隔离带
		小于 24m	不应低于 B_2 级	当采用 B_2 级保温材料时，每层应设置水平防火隔离带

续表

建筑物种类	类　　别	建筑物高度	保温材料燃烧性能要求	补　充　规　定
幕墙式建筑	大于等于 24m		应为 A 级	—
	小于 24m		应为 A 级或 B_1 级	采用 B_1 级保温材料时，每层应设置水平防火隔离带

对于非幕墙式建筑，同时还规定："外保温系统应采用不燃或难燃材料作防护层。防护层应将保温材料完全覆盖。首层的防护层厚度不应小于 6mm，其他层不应小于 3mm"。

对于幕墙式建筑，同时还规定："保温材料应采用不燃材料作防护层。防护层应将保温材料完全覆盖。防护层厚度不应小于 3mm"。

当需要设置防火隔离带时，应沿楼板位置设置宽度不小于 300mm 的 A 级保温材料。防火隔离带与墙面应进行全面积粘贴。

建筑外墙的装饰层，除采用涂料外，应采用不燃材料。当建筑外墙采用可燃保温材料时，不宜采用着火后易脱落的瓷砖等材料。

三、屋顶

《民用建筑外保温系统及外墙装饰防火暂行规定》对建筑物屋顶的防火安全规定如下：

1. 对于屋顶基层采用耐火极限不小于 1.00h 的不燃烧体的建筑，其屋顶的保温材料不应低于 B_2 级；其他情况，保温材料的燃烧性能不应低于 B_1 级。

2. 屋顶与外墙交界处、屋顶开口部位四周的保温层，应采用宽度不小于 500mm 的 A 级保温材料设置水平防火隔离带。

3. 屋顶防水层或可燃保温层应采用不燃材料进行覆盖。

四、建筑外保温系统施工及使用的防火规定

1. 施工防火规定

对建筑外保温系统的施工，有如下一些规定：

（1）保温材料进场后，应远离火源。露天存放时，应采用不燃材料完全覆盖。

（2）需要采取防火构造措施的外保温材料，其防火隔离带的施工应与保温材料的施工同步进行。

（3）可燃、难燃保温材料的施工应分区段进行，各区段应保持足够的防火间距，并宜做到边固定保温材料边涂抹防护层。未涂抹防护层的外保温材料高度不应超过 3 层。

（4）施工用照明等高温设备靠近可燃保温材料时，应采取可靠的防火保护措施。

（5）聚氨酯等保温材料进行现场发泡作业时，应避开高温环境。施工工艺、工具及服装等应采取防静电措施。

（6）施工现场应设置室内外临时消火栓系统，并满足施工现场火灾扑救的消防供水要求。

（7）外保温工程施工作业工位应配备足够的消防灭火器材。

2. 使用的防火规定

建筑外保温系统在日常使用中，也应注意防火安全问题，并应符合下列规定：

(1) 与外墙和屋顶相贴邻的竖井、凹槽、平台等，不应堆放可燃物。

(2) 火源、热源等火灾危险源与外墙、屋顶应保持一定的安全距离，并应加强对火源、热源的管理。

(3) 不宜在采用外保温材料的墙面和屋顶上进行焊接、钻孔等施工作业。确需施工作业的，应采取可靠的防火保护措施，并应在施工完成后，及时将裸露的外保温材料进行防护处理。

(4) 电气线路不应穿过可燃外保温材料。确需穿过时，应采取穿管等防火保护措施。

参考文献

[1] 建设部科技发展促进中心，北京振利高新技术公司. 外墙保温应用技术. 北京：中国建筑工业出版社，2005.

[2] 王甲春，阎培渝. 外墙外保温系统对室内热舒适性的影响. 新型建筑材料，2004，(11)：36～37.

[3] 泽雁. 清华大学超低能耗示范楼围护结构. 新型建筑材料，2005，(5)：12.

[4] 杨嗣信，吴琏. 关于外墙保温技术的现状及发展建议. 建筑技术，2007，38 (10)：728～731.

[5] 中国建筑材料检验认证中心、国家建筑材料测试中心组编. 门窗幕墙及其材料检测技术. 北京：中国计量出版社，2008：P176.

第二章 聚苯板和聚氨酯外墙外保温技术

第一节 概 述

一、引言

外墙外保温是将保温隔热体系置于外墙外侧，使建筑物墙体达到保温隔热效果的建筑节能处理方法。近年来，外墙外保温技术作为建设部的重点发展项目，得以在严寒、寒冷和夏热冬暖气候区普遍应用，在这些地区的应用量已占节能建筑物的80%以上。

外墙外保温系统是由保温层、保护层和固定材料（胶粘剂、锚固件等）构成、并且适用于施工或安装在外墙外表面的非承重保温构造的总称。外保温系统能够有效的提高围护结构的热工性能，而且因为结构墙体内外表面温差小、外保温系统内外侧温差大，使露点处在保温层中，基本消除露点对建筑物的影响问题。同时，外保温系统能够使主体结构受到的温差作用大幅度下降，温度变形减小，对结构墙体起到保护作用，并可有效阻断冷（热）桥，有利于建筑物的结构稳定和寿命延长。

外保温工程在欧洲使用已有40多年的历史。我国外保温工程的应用起始于20世纪末，初始是将国外的聚合物改性水泥胶粘剂粘贴聚苯板技术和我国自己研发的胶粉聚苯颗粒保温浆料在严寒和寒冷地区应用，一些技术在应用过程中不断成熟和完善。直至2005年国家开始动用政府力量强制实施建筑节能政策后，外墙外保温技术得到快速发展和提高，除了完善已有技术外，相继出现了一些新技术，如保温装饰一体化板、喷涂聚氨酯泡沫保温层、建筑保温砂浆、无机保温板、岩棉保温板等外墙外保温系统。

同时，由于对建筑节能标准的提高，胶粉聚苯颗粒保温浆料已经禁止在严寒和寒冷地区外墙外保温中应用（但可应用于楼梯间墙、地下室及架空层顶板），以及不能够在夏热冬冷地区的内保温中应用。

另一方面，随着外墙外保温的广泛、大量应用，关于外墙外保温技术的标准、规范不断制定、颁布或者修订，使得外墙外保温在设计、材料生产和施工验收等方面有章可循，有规可依。

不过，由于外保温体系置于外墙外侧，直接承受来自自然界的各种因素影响，因此对外墙外保温体系提出了更高的要求，在设计、材料和施工等任何方面出现问题，都可能导致系统的质量问题。正因为如此，我国一些外保温工程的竣工年限不长就出现质量问题，如保温层开裂、瓷砖脱落，也有整个外保温系统在突发大风或其他环境因素作用下从墙面整体脱落、雨水通过保温系统的裂缝渗透至内墙表面等严重问题，以及外保温系统发生火灾造成重大损失等。这些质量问题已受到社会的极大关注。

因而，必须像欧洲那样，将外保温系统作为一个整体考虑，这包括外保温系统的构造和设计、施工要点、系统和组成材料的性能以及材料生产、施工过程的质量控制等诸多方面。但是，鉴于我国的国情、建筑施工行业的习惯、材料供应商对设计、施工技术知识的相对缺失以及各方面利益的驱使，在2006年刚开始强制实施建筑节能时在这方面存在很大欠缺。经过政府职能部门、监管部门、设计等各方面几年来的共同努力，情况已经大为改观。

二、目前应用的外墙外保温系统概述

目前，我国已有十几种外墙外保温技术可供应用。其中，在严寒和寒冷地区，以聚苯板（包括膨胀型和挤塑型）薄抹灰外保温系统、膨胀聚苯板现浇混凝土外墙外保温系统应用得较多；在夏热冬冷地区，以聚苯板薄抹灰外保温系统、胶粉聚苯颗粒外保温系统和保温砂浆外保温系统等应用得较多。

表2-1中概述了我国目前常用的一些外墙外保温系统的特征，适用气候区和执行标准等。

外墙外保温系统的构成、特征、适用区域和执行标准　　表2-1

系统名称	结构或性能特征	适用地域	执行标准
胶粉聚苯颗粒外墙外保温系统	以胶粉聚苯颗粒保温浆料为保温层、以抗裂砂浆复合耐碱玻纤网布为抗裂防护层、以涂料或面砖为饰面层的外保温系统。具有一定的保温隔热性能、与基层墙体间无空腔、良好的抗裂、防火、抗风压和抗震性能以及耐候性好等，但施工复杂，工期长	主要适用于夏热冬冷地区，不适用于严寒或寒冷地区及节能要求高于65%的地区	JG 158—2004《胶粉聚苯颗粒外墙外保温系统》
膨胀聚苯板薄抹灰外墙外保温系统	使用胶粘剂并辅助锚栓固定膨胀聚苯板保温层、以抹面胶浆复合耐碱网布为薄抹灰防护层、涂料为饰面层的外保温系统。具有保温隔热性能好；强度不高、与墙体间有空腔；施工速度快，工程质量易于控制	适用于寒冷地区、严寒地区、夏热冬冷地区等，不适用于台风频发地区	JG 149—2003《膨胀聚苯板薄抹灰外墙外保温系统》
挤塑聚苯板薄抹灰外墙外保温系统	使用胶粘剂并辅助锚栓固定挤塑聚苯板保温层、抹面胶浆复合耐碱网布为薄抹灰防护层、涂料为饰面层的外保温系统。具有保温隔热性能好；强度不高、与墙体间有空腔；施工速度快，工程质量易于控制。挤塑聚苯板导热系数低，强度高，几乎不吸水，但易翘曲变形、且透气性差	适用于寒冷地区、严寒地区、夏热冬冷地区等，不适用于台风频发地区	一般参照JG 149—2003和GB/T 10801.2—2002《绝热用挤塑聚苯烯泡沫塑料（XPS）》制定企业标准
无机建筑保温砂浆外墙外保温系统	以保温砂浆为保温层、以抗裂砂浆复合耐碱涂塑玻纤布为抗裂防护层（保温层强度高、干密度大时可取消抗裂防护层）、以涂料或面砖为饰面层的外保温系统。具有和易性好、与水泥基材料的粘结性能好、与基层墙体间无空腔、良好的抗裂、防火、抗风压和抗震性能以及耐候性好等，但施工复杂，工期长	适用于夏热冬冷地区、夏热冬暖地区等，特别适用于内保温	一般参照GB/T 20473—2006和JG 158—2004制定企业标准

续表

系统名称	结构或性能特征	适用地域	执行标准
聚苯板外墙外保温装饰一体化系统	使用胶粘剂并辅助特殊锚固件将带有装饰面层（涂料、石材或金属饰面等）的膨胀或挤塑聚苯板保温层固定于外墙面的保温系统；具有构造合理、安装便捷、工期短、保温隔热效果可靠、饰面材料多样、装饰效果好、使用年限长等优点。工厂化生产质量易于保证；造价高，板间接缝处的绝热性能降低	适用于寒冷地区、严寒地区、夏热冬冷地区等	企业标准
聚氨酯外墙外保温装饰一体化系统	使用龙骨将聚氨酯保温装饰一体化保温板安装在基层墙体的保温系统；具有构造合理、安装便捷、工期短、保温隔热效果可靠、强度高、装饰效果好、使用年限长等优点。工厂化生产质量易于保证；造价高，板间接缝处的绝热性能降低	适用于寒冷地区、严寒地区、夏热冬冷地区等	JC/T 998—2006《喷涂聚氨酯硬泡体保温材料》、建设部《聚氨酯硬泡外墙外保温工程技术导则》
岩棉外墙外保温系统	采用机械安装方法将岩棉板保温层安装于外墙面，以抗裂砂浆复合耐碱涂塑玻纤布为抗裂防护层、以涂料为饰面层的外保温系统；岩棉保温系统的防火性能突出，也是绿色环保保温隔热材料，并具有良好的保温性能和耐久性能	适用于寒冷地区、严寒地区、夏热冬冷地区等，特别适用于有机保温板系统的防火隔离带	企业标准和中国标准化协会标准 CAS—126《胶粉聚苯颗粒复合型外墙外保温系统》
现场喷涂聚氨酯外墙外保温系统	在施工现场将发泡聚氨酯喷涂于墙面构成保温层，以涂料或面砖为饰面层的外保温系统；保温层绝热性能好、强度高、柔性好、整体性强和防水性好等优点，但现场喷涂质量难于控制、浪费	适用于寒冷地区、夏热冬冷地区、夏热冬暖地区	GB 10800—89《建筑物隔热用硬质聚氨酯泡沫塑料》和企业标准（如北京市地方标准 DBJ/T 01-102）
聚氨酯保温板外墙外保温系统	使用胶粘剂并辅助锚栓固定聚氨酯板保温层、抹面胶浆复合耐碱网布为薄抹灰防护层、涂料为饰面层的外保温系统。具有保温隔热性能好；强度高、与墙体间有空腔；造价高；施工速度快，工程质量易于控制	适用于寒冷地区、夏热冬冷地区、夏热冬暖地区	GB 50404—2007《硬泡聚氨酯保温防水工程技术规范》
胶粉聚苯颗粒粘贴聚苯板薄抹灰外墙外保温系统	使用胶粉聚苯颗粒保温浆料粘贴、并辅助锚栓固定将膨胀聚苯板保温层粘贴于基层墙体，以抹面胶浆复合耐碱网布为薄抹灰防护层、涂料为饰面层的外保温系统。能够提高系统的保温隔热性能，施工速度快，工程质量易于控制，消除聚苯板与墙体间的空腔，抗风压性能提高	适用于寒冷地区、严寒地区和夏热冬冷地区节能 65%的工程	企业标准和中国标准化协会标准 CAS-126《胶粉聚苯颗粒复合型外墙外保温系统》
泡沫玻璃外墙外保温系统	使用聚合物水泥砂浆将泡沫玻璃保温板粘贴于墙面，以聚合物水泥砂浆为防护层、涂料或面砖为饰面层的外保温系统；具有保温隔热性能好、不吸水、耐久性更优良，施工简便等优点；泡沫玻璃保温板的膨胀系数与墙体相近；彩色泡沫玻璃可直接作装饰层，装饰效果好，但成本高	适用于夏热冬冷地区、夏热冬暖地区	JC/T 640—2005《泡沫玻璃绝热制品》和企业标准

续表

系统名称	结构或性能特征	适用地域	执行标准
膨胀聚苯板现浇混凝土外墙外保温系统（无网现浇系统）	在混凝土外墙浇筑时，将两面预喷刷界面砂浆和带有辅助固定锚栓的膨胀聚苯板预置于外模板内侧而固定保温板；以抹面胶浆复合耐碱网布为薄抹灰防护层、涂料为饰面层的外保温系统；具有聚苯板薄抹灰保温系统的各种性能优势，且聚苯板沿水平方向开有齿槽，与基层墙体结合牢固，与基层墙体间无空腔，抗风压性能提高，系统耐久性提高	适用于寒冷地区、严寒地区	JGJ 144—2004《外墙外保温工程技术规程》
EPS钢丝网架板现浇混凝土外墙外保温系统（有网现浇系统）	在混凝土外墙浇筑时，将带有 $\phi6$ 钢筋辅助固定的EPS单面钢丝网架板预置于外模板内侧而固定保温板；以掺外加剂的水泥砂浆厚抹面层为防护层、涂料或面砖为饰面层的外保温系统；具有膨胀聚苯板薄抹灰外墙外保温系统的各种性能优势，与基层墙体的结合更为牢固；与基层墙体间无空腔，板表面有钢丝网架和凹凸槽，抹灰层与保温板粘结良好，可消除空鼓、开裂[1]。厚抹灰层防护性强，系统耐久性提高	适用于寒冷地区、严寒地区	JGJ 144—2004《外墙外保温工程技术规程》
机械固定钢丝网架聚苯乙烯保温板外墙外保温系统	将腹丝非穿透型钢丝网架聚苯板机械固定于基层墙体，以掺外加剂的水泥砂浆厚抹面层为防护层、涂料或面砖为饰面层的外保温系统；系统具有强度高、结构稳定、绝热性能可靠、耐火和安装施工方便以及保护层和保温层结合牢固、保护层的保护性能好、系统耐久性长等优点	适用于寒冷地区、严寒地区	企业标准和JGJ 144—2004《外墙外保温工程技术规程》

注：律设部［2007］124号文要求贯彻执行。

三、施工质量对外墙外保温工程的影响

从保温层的施工技术特征来说，外保温系统可以分成湿施工作业、粘贴作业、机械安装固定作业、混合施工作业和其他施工作业类型等几种，如表2-2所示。

根据保温层施工特征对外墙外保温系统的分类　　表2-2

保温层施工类别	外墙外保温系统
湿施工作业	胶粉聚苯颗粒系统和无机建筑保温砂浆系统
粘贴作业	膨胀聚苯板薄抹灰系统、挤塑聚苯板薄抹灰系统、泡沫玻璃系统
机械安装固定作业	聚氨酯外墙外保温装饰一体化系统、聚苯板外墙外保温装饰一体化系统
混合施工作业	胶粉聚苯颗粒粘贴聚苯板薄抹灰系统、聚苯板外墙外保温装饰一体化系统、机械固定钢丝网架聚苯乙烯保温板系统和岩棉外墙外保温系统
现场喷涂作业	现场喷涂聚氨酯外墙外保温系统
现浇板系统	EPS钢丝网架板现浇混凝土系统、膨胀聚苯板现浇混凝土系统

1. 湿施工作业系统

从施工特征来说，湿施工作业的外墙外保温系统施工工期长，劳动强度高、外保温工程的质量受施工技术、施工质量管理的影响因素大。这类系统的保温层通常采用手工抹涂方法施工，在夏热冬冷地区施工 30～40mm 厚度的保温层，工期需要两个星期以上。同时，这类工程常常因为施工质量的问题，产生保温层厚度不能够满足设计要求、不均匀、保温层出现蜂窝、空鼓和开裂现象，以及由于最后一道保温层的平整度差而导致后期抗裂砂浆层厚度不均匀，在较厚处出现裂缝等问题。为此，对这类系统，需要施工工人技术熟练、责任心强和较高的施工质量管理水平，同时由于施工周期长，涉及现场作业的许多问题，例如，工地管理、脚手架的使用等，更需要搞好工地各个方面的协调工作。而无机建筑保温砂浆系统由于需要的保温层更厚，施工周期也更长，其中影响工程质量的层次会更多。

2. 粘贴作业系统

相对于湿施工作业的系统来说，粘贴作业的外保温系统的保温层材料在工厂生产，施工速度快，外保温工程的质量受施工技术、施工质量管理的影响因素要小得多。例如，膨胀聚苯板薄抹灰外墙外保温系统，只要使用的材料（胶粘剂、抹面胶浆、膨胀聚苯板、锚栓和耐碱网格布等）的质量符合 JG 149—2003 标准的要求且材料之间相容，外保温工程的质量就容易得到保证。这种情况下外保温工程的质量主要是注意细部作业（如门、窗、洞周边及系统终端处理、阴阳角处的处理等）的控制。据认为，该类系统出现工程质量问题的主要原因是胶粘剂和抹面胶浆的质量差。

对于挤塑聚苯板薄抹灰系统来说，由于板材的强度高，板材在生产过程中因为挤压摩擦在板面层积聚有静电荷，因而与水泥基材料的粘结性更差。这样，要保证外保温系统的粘结破坏不处于界面，则对胶粘剂、抹面胶浆的质量要求更高。由于很多挤塑聚苯板粘贴时使用的是和膨胀板系统相同的胶粘剂和抹面胶浆，从而造成挤塑板系统的粘结破坏处于粘结界面，这就不能够满足实际工程鉴于安全需要的破坏不能够处于粘结界面的要求。据了解，这类问题在外保温工程实体检测中并不鲜见，应引起重视。

泡沫玻璃外墙外保温系统因成本高，使用的很少。当使用彩色玻璃时可直接作为外装饰，且装修档次提高，造价降低。由于玻璃是无机材料，粘贴使用的胶粘剂成本可相应降低，但不能像聚苯板那样与墙体间留有空腔，应满贴，因而对墙体基层的平整度要求严格，对粘贴技术要求也更严格。对表面用涂料饰面的工程，玻璃板粘贴后尚需和胶粉聚苯颗粒系统一样进行防护层的施工[3]，工序变多，施工质量控制要求也更严格。

3. 机械安装固定外墙外保温系统

聚氨酯保温装饰板属于机械安装固定作业的外墙外保温系统，施工时在墙面按要求安装龙骨，再将保温装饰板安装在龙骨上。全部为干作业，施工较简单，施工费用降低，施工质量对外保温系统工程质量的影响较小。

4. 混合施工作业

使用胶粉聚苯颗粒保温浆料粘贴聚苯板和机械固定钢丝网架聚苯乙烯保温板属于混合施工作业。前者是胶粉聚苯颗粒保温浆料和膨胀聚苯板薄抹灰系统的复合，其施工对外保温工程质量的影响基本上和粘贴作业系统相同；后者在保温板安装后尚需要施工 20cm 的

1∶3 水泥砂浆保护层。

机械固定钢丝网架聚苯乙烯保温板的机械固定有膨胀螺栓连接、连杆托架连接、植钢筋连接和粘钉结合连接等几种方法。例如，某系统利用密网植筋与钢筋网、钢板网连接的牢固性及钢板网抹灰技术，消除温差应力变形和裂缝；其结构层每层楼板的外挑沿与密网植筋结合应用，使保温体系分层卸荷，避免在风载、地震作用下保温层因自重荷载而产生墙体剥离、脱落和坍塌[4]。

除了保温板的安装质量外，砂浆保护层的质量也会影响外保温系统的质量。因而，该系统施工质量的控制环节多，对安装技术、抹灰作业都需要进行严格的质量控制，才能确保外保温工程的质量[5]。

岩棉外墙外保温系统的施工特征和机械固定钢丝网架聚苯乙烯保温板的特征相同，但岩棉保温板表面不宜采用水泥砂浆找平，可以采用胶粉聚苯颗粒保温浆料类轻质材料。因我国岩棉保温板的质量较差，该类系统目前在我国应用极少，且仅使用涂料饰面。在欧洲，为了满足外保温系统的防火要求，常常将岩棉保温板与聚苯板复合使用，即将岩棉保温板用于门、窗洞口周围，而其他结构部位使用聚苯板。我国这样使用的很少。

5. 现场喷涂作业

现场喷涂聚氨酯是施工质量对工程质量影响最大的外保温系统。目前现场喷涂聚氨酯发泡层的方法是在外墙面安装模板，以控制发泡聚氨酯保温层的厚度和平整度。此外，还有直接将聚氨酯发泡料喷涂于墙面，待聚氨酯发泡并凝固变硬后再刨平发泡层；或者使用胶粉聚苯颗粒保温浆料找平。

在喷涂作业中，环境温度、发泡料两组分的配比、风力和发泡层的密度、发泡均匀性等都会影响发泡层的质量，发泡料喷涂过程中的损失等都是影响外保温系统质量的重要因素，而采用刨平方法还会产生很大的浪费和刨屑的环境污染等问题。使用胶粉聚苯颗粒保温浆料找平时，保温浆料与保温层的粘结强度很关键，因聚氨酯发泡层不易粘结。

目前该系统还只能由专业的施工公司施工，可普及程度很小。

6. 现浇板系统

现浇膨胀聚苯板和膨胀聚苯乙烯钢丝网架板是在混凝土浇筑前安装模板时，将保温板置于模板适当位置，混凝土浇筑后，随着混凝土的凝结硬化，保温板和混凝土粘结在一起；保温板中的锚固件或预置结构筋与现浇混凝土形成整体。该类系统需要预先设计，并与土建施工一起计划、安排和布置。由于保温层在土建阶段施工，该类系统不属于外墙外保温系统专项施工技术。

四、外墙外保温技术应用中的几个实际问题

1. 外墙外保温的主体保温材料

表 2-1 中介绍了十几项外墙外保温技术，得到大量应用的系统都是以发泡聚苯乙烯作为保温材料的。其中岩棉类和泡沫玻璃类系统的应用极少，现场喷涂聚氨酯、聚氨酯保温装饰一体化等系统的应用量也很小。无机建筑保温砂浆系统在夏热冬冷地区和夏热冬暖地区的应用稍多些，但也远不能和发泡聚苯乙烯类系统相比。因而，我国目前外墙外保温的主体保温材料还是发泡聚苯乙烯（也称为聚苯乙烯泡沫塑料）。

2. 不同外墙外保温技术的应用

不同外墙外保温技术在我国的应用状况悬殊很大，有的几乎得到普遍应用（如胶粉聚苯颗粒系统、膨胀聚苯板薄抹灰系统），有的得到一定程度的应用（如无机建筑保温砂浆、挤塑聚苯板薄抹灰、聚苯板保温装饰一体化和机械固定钢丝网架聚苯乙烯板等系统），有的只有很少量的应用（如膨胀聚苯板现浇混凝土、聚氨酯保温装饰一体化和现场喷涂聚氨酯等系统），而有的应用极少（如岩棉板外墙外保温系统和泡沫玻璃系统）。

胶粉聚苯颗粒和无机建筑保温砂浆外墙外保温系统是两个具有相同施工特征的外保温系统，也是我国夏热冬冷和夏热冬暖地区外墙外保温的主要建筑节能系统，但同时工程中出现的问题也很多，很普遍。主要质量问题是保温层和抗裂层开裂、干密度大、吸水率高、防水性能差等，以及实际工程中保温层的导热系数高于标准规定值和设计选用值，因而使用中能够达到的实际节能效果达不到节能要求。

这两个系统的材料生产技术和施工技术目前都已趋于成熟，出现问题的原因是市场的恶性竞争导致产品质量降低，某些材料生产商未能真正掌握生产技术，组成系统的材料质量差以及一些施工操作工人未经施工技术培训而无证上岗和施工缺乏管理等。

膨胀聚苯板薄抹灰和挤塑聚苯板薄抹灰外墙外保温系统是寒冷和严寒地区以及实施节能 65％地区应用的主要外墙外保温技术，应用量相当于夏热冬冷、夏热冬暖地区的胶粉聚苯颗粒外保温系统，即市场份额在 65％以上。这两个系统的差别仅在于保温板的不同。但实际上挤塑板用于外墙外保温时存在着更易变形、表面光滑难于粘贴和透气性差等问题，是更适合于屋面保温应用的材料。但由于材料供应商的努力，也有一定的应用份额。

这两个系统在实际应用中的质量问题主要是防护层开裂和由此引起的渗水、漏水问题。其原因在于保温层表面，可能承受更高的温差和温度，若抹面胶浆质量差在遇到环境温变时可能会出现裂缝。

抹面胶浆与聚苯板的粘结强度必须高于板本身的内聚强度，才能保证破坏不出现在粘结界面并使复合有耐碱网格布的薄抹灰层具有抗裂性。当抹面胶浆中的聚合物组分（例如乳胶粉）达到一定比例时，能够具备这样的要求。此外，引起面层开裂的材料因素还有聚苯板收缩和耐碱网布强度的损失等[6]。

当然，施工方面可能引起质量问题的因素也很多。例如，粘贴面积不满足大于 40％的要求、抹面胶浆防护层较厚或较薄、锚栓锚固太紧会在其周围产生应力集中以及细部构造处理不当等。

聚苯板和聚苯颗粒保温浆料是主要的外墙外保温系统。而其他一些系统，如保温装饰一体化、机械固定或现浇的钢丝网架聚苯乙烯板等外保温系统，在这两类系统之上各有特征，往往能够满足一些特殊要求，或赋予特殊性能，但成本也都很高。通常是为了满足某些特殊性能要求或为了某种特殊需要而选用的。例如，不管是聚苯板类还是聚氨酯类保温装饰一体化系统，其保温效果可靠，装饰档次很高，绝大多数是档次要求高、有效使用期限要求长的公共建筑选用的。而有网或无网的现浇系统，可以使用更厚的聚苯板，绝热效果好（节能效果能够达到或超过 65％），与结构结合牢固，保护层保护性能好，特别适合于寒冷和严寒地区要求高时选用。

第二节 膨胀聚苯板薄抹灰外墙外保温系统

一、膨胀聚苯板薄抹灰外墙外保温系统的技术特征

膨胀聚苯板薄抹灰外墙外保温系统在新编制的国家标准征求意见稿中，考虑到该系统与有关聚苯板的现行国家标准《绝热用模塑聚苯乙烯泡沫塑料》（GB/T 10801.1—2002）密切相关，为与其协调一致，而将该系统更名为“模塑聚苯板薄抹灰外墙外保温系统”。由于该标准目前尚未颁布，因而本书仍沿用“膨胀聚苯板薄抹灰外墙外保温系统”。

建工行业标准《膨胀聚苯板薄抹灰外墙外保温系统》（JG 149—2003）已经颁布执行多年，这期间聚苯板薄抹灰保温系统大量应用，技术上有了新的发展，因而我国组织制定新的国家标准以代替原行业标准。目前，国家标准已经初步定型，因而本节在涉及技术要求、分类等内容方面，主要依据国家标准（征求意见稿）介绍。

聚苯板薄抹灰保温系统之所以成为应用最广泛、应用量最大的保温体系，主要在于其可靠的保温效果、安全的结构体系、良好的耐久性以及重量轻、施工简单易行和价格适中等特征。表 2-3 概述了膨胀聚苯板薄抹灰保温系统的这些性能特征。

膨胀聚苯板薄抹灰保温系统性能特征概述　　表 2-3

性能特征	意 义 述 评
保温效果	膨胀聚苯板的导热系数≤0.039W/（m·K），比绝大多数保温材料低，因而在我国大多数气候区都可以根据墙体传热系数或热阻的要求，确定板的厚度以满足节能设计要求
安全性和对建筑物的保护作用性	在使用质量合格的胶粘剂、抹面胶浆和正确施工情况下，聚苯板薄抹灰系统结构安全，很少会出现开裂、脱落等质量问题，并因降低了主体结构的温度变化幅度而能够对建筑物起到良好的保护作用
耐久性	聚苯板薄抹灰系统使用聚合物改性水泥砂浆并复合耐碱玻璃纤维网格布对进行护面保护，使得系统具有良好的耐久性。国外最早施工的系统已使用近 40 年，我国施工的质量良好的系统也有 10 年，这些外保温工程除饰面层更换外，主体保温层仍完好无损
单位面积自重	膨胀聚苯板的密度为 18～25kg/m^3，以 10cm 板厚计算，每平方米保温板的重量仅为 1.8～2.5kg/m^2，加上胶粘剂和抹面胶浆的重量，对于涂料饰面的体系，系统每平方米重量在 15～20kg/m^{2}范围；对于面砖饰面系统，系统每平方米重量可以控制在 35kg/m^{2}以内，因而单位面积重量轻，对建筑物几乎没有影响
施工性能	聚苯板薄抹灰系统由瓦工施工，对于胶粘剂涂抹、聚苯板粘贴、排板以及抹面胶浆批涂和网格布铺敷等，都是普通建筑施工作业，没有特殊的操作技能要求，普通建筑瓦工稍经训练即可作业，并能很快熟练，施工较易实施
价格状况	聚苯板比之聚氨酯发泡板、酚醛泡沫塑料板或其他塑料泡沫板以及泡沫玻璃板相比，价格适中，更能够为一般工程接受

二、系统构造和技术要求

1. 分类与标记

（1）分类　聚苯板薄抹灰系统按照饰面材料不同分为 T 型和 C 型两类：T 型为面砖

饰面，C 型为涂料饰面。

（2）标记　聚苯板薄抹灰系统的标记由代号和类型组成，如图 2-1 所示。

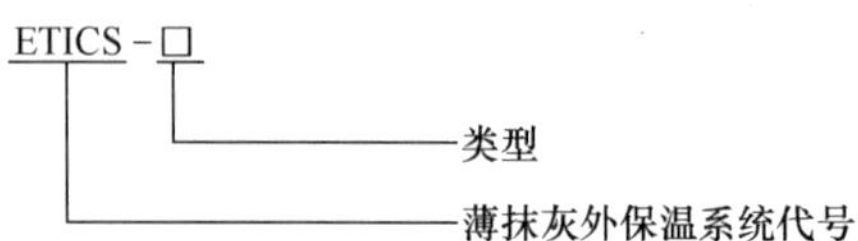

图 2-1　膨胀聚苯板薄抹灰外墙外保温系统的标记示意图

2. 膨胀聚苯板薄抹灰外墙外保温系统的构造

T 型膨胀聚苯板薄抹灰外墙外保温系统的基本构造见表 2-4；C 型的基本构造如表 2-5 所示。

无锚栓薄抹灰外保温系统基本构造　　**表 2-4**

基层墙体 ①	系统的基本构造				构造示意图
	粘结层 ②	保温层 ③	薄抹灰增强防护层 ④	饰面层 ⑤	⑤④③②①
混凝土墙体 各种砌体墙体	胶粘剂	膨胀聚苯板	抹面胶浆 复合耐碱网布	涂料	

辅有锚栓的薄抹灰外保温系统基本构造　　**表 2-5**

基层墙体 ①	系统的基本构造					构造示意图
	粘结层 ②	保温层 ③	连接件 ④	薄抹灰增强防护层 ⑤	饰面层 ⑥	⑥⑤④③②①
混凝土墙体 各种砌体墙体	胶粘剂	膨胀聚苯板	锚栓	抹面胶浆 复合耐碱网布	涂料	

3. 技术要求

膨胀聚苯板薄抹灰外墙外保温系统的技术要求如表 2-6 所示。

聚苯板外保温系统性能指标　　**表 2-6**

项　目			性　能　指　标	
			涂料饰面系统	面砖饰面系统
耐候性	外　观		无可渗水裂缝、无粉化、空鼓、脱落现象	
	抹面层与保温层拉伸粘结强度，MPa		≥0.10	≥0.10
	面砖与抹面层拉伸粘结强度，MPa		—	≥0.04
吸水量 （浸水 24h，g/m^2）		有饰面层	≤1000	
		无饰面层		
抗冲击性	有饰面层	普通型，3J	合格	—
		加强型，10J		
	无饰面层	普通型，3J		
		加强型，10J		

续表

<table>
<tr><th colspan="2" rowspan="2">项　　目</th><th colspan="2">性　能　指　标</th></tr>
<tr><th>涂料饰面系统</th><th>面砖饰面系统</th></tr>
<tr><td colspan="2">水蒸气湿流密度［(g/m²·h)］</td><td>≥0.85</td><td>≥0.85</td></tr>
<tr><td colspan="2">不透水性</td><td>试样防护层内侧无水渗透</td><td>试样防护层内侧无水渗透</td></tr>
<tr><td rowspan="3">耐冻融</td><td>外　　观</td><td colspan="2">无可渗水裂缝、无粉化、空鼓、脱落现象</td></tr>
<tr><td>抹面层与保温层拉伸粘结强度，MPa</td><td>≥0.10</td><td>≥0.10</td></tr>
<tr><td>面砖与抹面层拉伸粘结强度，MPa</td><td>—</td><td>≥0.04</td></tr>
<tr><td colspan="2">燃烧性能分级，不低于</td><td colspan="2">A_2级（B_1级）</td></tr>
</table>

注：燃烧性能分级括号内的要求为按 GB 8624—1997 确定的级别。

三、系统构成材料特征和技术要求

从表 2-4 和表 2-5 中可以知道，膨胀聚苯板薄抹灰外墙外保温系统的构成材料主要有胶粘剂、膨胀聚苯板、抹面胶浆、玻纤网布、锚栓和涂料或面砖构成等。

1. 胶粘剂

（1）主要作用　薄抹灰保温系统系以粘结固定为主要固定方式将聚苯板固定于基层墙体上，胶粘剂需要承受全部的外来何载。锚栓（机械连接件）仅在胶粘剂固化前起到稳定作用，并作为临时连接以防止聚苯板脱落。因而，胶粘剂的作用非常重要。

（2）基本作用原理　胶粘剂通过表面机械结合、表面物理吸附结合和表面扩散结合对基层墙体和聚苯板产生粘结作用[7]。这三种结合方式中，墙面面层与胶粘剂能够以多种方式进行结合，但以表面机械结合为主，因此，胶粘剂与墙面之间的粘结强度较高。而聚苯板与胶粘剂的粘结只能依靠表面物理吸附结合与表面扩散结合，并以表面物理吸附结合为主。因此二者之间的粘结强度相对较低，而且很容易受到水分的影响（即耐水性差）。

聚苯板是有机塑料，属于非极性低表面能材料；基层墙体为无机材料，是具有较高表面能的极性材料。为了产生可靠的粘结，胶粘剂与聚苯板间必须具有高的粘结强度。

目前广泛应用的聚合物改性水泥基胶粘剂是有机一无机复合材料，或称为聚合物改性水泥基材料，对聚苯板和墙体具有良好的双向粘结性能。此外，聚合物能够降低胶粘剂的脆性，增加柔韧性，减小材料中的应力。

（3）技术性能要求　胶粘剂的技术要求如表 2-7 所示。

胶粘剂的性能指标　　**表 2-7**

<table>
<tr><th colspan="3">项　　目</th><th>性　能　指　标</th></tr>
<tr><td rowspan="2">拉伸粘结强度（与水泥砂浆）(MPa)</td><td>原强度</td><td>≥</td><td>0.60</td></tr>
<tr><td>耐水</td><td>≥</td><td>0.40</td></tr>
<tr><td rowspan="2">拉伸粘结强度（与膨胀聚苯板）(MPa)</td><td>原强度</td><td>≥</td><td>0.10（破坏界面在膨胀聚苯板上）</td></tr>
<tr><td>耐水</td><td>≥</td><td>0.10（破坏界面在膨胀聚苯板上）</td></tr>
<tr><td colspan="3">可操作时间（h）</td><td>1.5～4.0</td></tr>
</table>

2. 膨胀聚苯板

膨胀聚苯板是主体保温材料，具有很好的保温性能和适当的强度，密度小，价格适中，在目前使用的各种墙面保温材料中其性能一成本综合效益最好。

由于膨胀聚苯板在生产后的一段时间内会产生较大的变形，因而陈化处理是非常重要的。一般要求生产后在自然条件下陈化42d，或在60℃的蒸汽中陈化5d才能出厂。

膨胀聚苯板应用于外墙外保温的不利因素是其在较高的温度下会产生较大变形。例如，在80℃时其形变就很大。在某些气候区的外墙面在夏季是很可能达到甚或超过80℃的，因而应用时应对这种不利因素予以考虑。

膨胀聚苯板的物理力学性能指标和板材的允许几何偏差分别如表2-8和表2-9所示。

膨胀聚苯板主要性能指标　表2-8

试　验　项　目		性能指标
导热系数［W/(m·K)］	≤	0.039
表观密度（kg/m^3）		18～25
垂直于板面方向上的抗拉强度（MPa）	≥	0.10
尺寸稳定性（%）	≤	0.5
弯曲变形（mm）	≤	20
水蒸气渗透系数［ng/(Pa·n·s)］	≤	4.5
吸水率（V/V,%）	≤	4
氧指数（%）	≥	30
燃烧性能分级，不低于		E级（B_2级）

注：燃烧性能分级括号内的要求为按GB 8624—1997确定的级别。

膨胀聚苯板允许偏差　表2-9

项　目		允许偏差
厚度，mm	≤50mm	±1.5
	>50mm	±2.0
长度，mm		±2.0
宽度，mm		±1.5
对角线差，mm		±3.0
板边平直，mm		±2.0
板面平整度，mm		±1.0

注：本表的允许偏差值以长1200mm×宽600mm的膨胀聚苯板为基准。

3. 抹面胶浆

（1）作用　抹面胶浆的主要作用是保护膨胀聚苯板免受环境条件的直接作用。例如，阻止水分或其他介质向保温层或墙体中渗透；防止太阳光直接照射膨胀聚苯板，保证系统具有需要的耐久性。同时，抹面胶浆也为饰面层提供良好的基层。

（2）作用原理　抹面胶浆的作用原理和胶粘剂相似，二者都是聚合物改性水泥基材料。但是，由于抹面胶浆处于保温层面层，需要承受各种不利环境因素的直接作用，而且在夏热冬冷地区和夏热冬暖地区夏季外墙面的温度可能高达80℃，温度变化冲击可能达到50℃，因而要求抹面胶浆具有更好的柔韧性。因而，抹面胶浆中的聚合物树脂含量更高，为了防止收缩、温度骤变作用产生裂缝，抹面胶浆中一般掺加有抗裂纤维。

（3）技术性能要求　抹面胶浆的技术要求如表2-10所示。

抹面胶浆性能指标　表2-10

项　目		单位	性　能　指　标	
			涂料饰面系统	面砖饰面系统
拉伸粘结强度（与膨胀聚苯板）	原强度	MPa	0.10，破坏界面在膨胀聚苯板内	0.10，破坏界面在膨胀聚苯板内
	耐水（浸水48h，取出后干燥7d）	MPa	0.10，破坏界面在膨胀聚苯板内	0.10，破坏界面在膨胀聚苯板内
	耐冻融	MPa	0.10，破坏界面在膨胀聚苯板内	0.10，破坏界面在膨胀聚苯板内

续表

项目		单位	性能指标	
			涂料饰面系统	面砖饰面系统
拉伸粘结强度（与水泥砂浆）	原强度	MPa	—	≥0.5
	耐水（浸水48h，取出后干燥7d）	MPa	—	≥0.5
	耐冻融	MPa	—	≥0.5
可操作时间		h	1.5～4.0	1.5～4.0
柔韧性	压折比（水泥基）	%	≤3.0	—
	开裂应变（非水泥基）	%	≥1.5	—
抗冲击性，3J		—	合格	—
吸水量		g/m^2	≤1000	≤1000

4. 玻纤网布

玻纤网布是耐碱玻璃纤维网格布的简称，其作用主要是增强抹面胶浆层的抗拉强度，使抹面胶浆具有更可靠的抗裂性。玻纤网布的性能指标如表2-11所示。

耐碱网布的主要性能指标 **表2-11**

项目	单位	性能指标	
		涂料饰面系统	面砖饰面系统
单位面积质量	g/m^2	≥130	≥160
耐碱断裂强力（经、纬向）	N/50mm	≥750	≥1000
耐碱断裂强力保留率（经、纬向）	%	≥50	≥50
断裂伸长率（经、纬向）	%	≤4.0	≤4.0

由抹面胶浆和玻纤网布构成的薄抹灰增强抹面层的厚度宜控制在3～5mm。

5. 锚栓

（1）锚栓的基本作用　锚栓也称机械连接件，在薄抹灰保温系统中是一种辅助构件，其主要作用是在胶粘剂固化前的临时稳定，作为临时连接以防止聚苯板脱落。同时，在火灾情况下锚栓也能够起到稳定作用。

（2）锚栓的种类　用于外墙外保温系统中保温板固定的锚栓，根据其安装方式的不同，分为敲击式和扭结式两种，其材质通常为高强复合尼龙或者塑料。这类锚栓具有较好的耐久性和耐老化性，可在－40～＋70℃的环境中保持长期稳定。

敲击式锚栓尾部设有膨胀结构，通过锤击钝型镀锌螺丝即可植入墙体。墙体加载锚栓后可使外保温系统不易变形，增加承载力。采用这种方式可更好地把材料固定在墙体上，且施工方便快捷，特别适合钢筋混凝土墙和实心墙体。

目前，市场上的产品规格多样，能够根据保温效果及板材厚度的不同，酌情选用。

（3）使用锚栓应注意的问题　使用锚栓时应注意的问题有：锚栓的构造设计应能够满足外保温系统的特殊要求；在规定的墙体基材范围内，所使用的锚栓应具有系统所要求的承载力；锚栓的传热性能不能对外保温系统的保温性能产生显著影响（单个锚栓对系统传热增加值≤0.004［W/（m^2·K)］）；以及其使用应不会影响系统的工作寿命等。

(4) 锚栓的性能要求　锚栓的金属螺钉应采用不锈钢或经过表面防腐处理的金属制成，塑料钉和带圆盘的塑料膨胀套管应采用聚酰胺（polyamide6、polyamide6.6）、聚乙烯（polyethylene）或聚丙烯（polypropylene）制成，制作塑料钉和塑料套管的材料不得使用回收的再生塑料。锚栓的性能指标如表 2-12 所示。

锚栓的技术性能指标　　**表 2-12**

项　目	性能指标	项　目	性能指标
单个锚栓抗拉承载力标准值（kN）	≥0.60	锚栓圆盘的刚度标准值（kN）	≥0.50

注：1. 锚栓有效锚固深度不小于 25mm。
2. 塑料圆盘直径不小于 50mm。

6. 饰面材料质量指标

(1) 涂料

1) 涂料必须与薄抹灰外保温系统相容，应使用水性涂料，不得使用溶剂型涂料，涂料的明度不应小于 20%。

2) 涂料饰面应满足上述表 2-6 系统的性能要求，特别是耐候性与透气性的要求。

3) 涂料的性能应符合《合成树脂乳液外墙涂料》(GB/T 9755—2001)、《外墙无机建筑涂料》(JG/T 26—2002)、《复层建筑涂料》(GB/T 9779—2005) 等相关外墙建筑涂料标准的要求。

4) 饰面涂料使用的涂装配套腻子，其性能指标应符合 JG/T 229—2007 的要求，所选用的腻子不得影响上述表 2-6 对系统的性能要求，特别是耐候性与透气性的要求。腻子膜的厚度不应超过 1mm。

(2) 饰面砂浆和柔性面砖　应符合标准《墙体饰面砂浆》(JC/T 1024—2007) 的要求。

(3) 面砖

面砖的性能指标应符合表 2-13 的要求。此外，面砖还应符合《陶瓷砖》(GB/T 4100—2006)、《陶瓷马赛克》(JC 456—2005)、《玻璃马赛克》(GB/T 7697—1996) 等外墙饰面砖相关标准的要求，并宜采用背面有燕尾槽的产品。

面砖性能指标　　**表 2-13**

项　目		单　位	指　标
重量		kg/m²	≤20
表面面积		cm²	≤150
长度或宽度		mm	400
厚度		mm	≤8
吸水率	Ⅰ、Ⅵ、Ⅶ气候区	%	0.5～3.0
	Ⅱ、Ⅲ、Ⅳ、Ⅴ气候区	%	0.5～6.0
抗冻性	Ⅰ、Ⅵ、Ⅶ气候区	—	≥50 次冻融循环
	Ⅱ气候区	—	≥40 次冻融循环

注：气候区按 JGJ 126—2000 附录 B“建筑气候区划图”的要求进行划分。

(4) 面砖粘结剂和面砖勾缝剂

面砖粘结剂和面砖勾缝剂的性能应分别符合表 2-14 和表 2-15 的要求。

面砖粘结剂的性能指标　表 2-14

项　　目	单位	指　标
拉伸粘结强度	MPa	≥0.5
浸水后的拉伸粘结强度	MPa	
热老化后的拉伸粘结强度	MPa	
冻融循环后的拉伸粘结强度	MPa	
凉置时间 20min 后拉伸粘结强度	MPa	
横向变形	mm	≤2.0

面砖勾缝剂的性能指标　表 2-15

项　　目		单位	指　标
耐磨性		mm^2	≤1000
收缩值		mm/m	≤2
抗折强度	标准试验条件	MPa	≥3.5
	冻融循环后	MPa	≥3.5
吸水量	30min	g	≤2.0
	240min	g	≤5.0
横向变形		mm	≤2.0

四、膨胀聚苯板薄抹灰外墙外保温系统施工技术

1. 施工准备

（1）材料准备　膨胀聚苯板薄抹灰外墙外保温系统施工使用的材料，必须满足国家标准的要求，在国家标准没有颁布实施之前，则应满足《膨胀聚苯板薄抹灰外墙外保温系统》（JG 149—2003）的要求。相关材料的技术要求如表 2-16 所示。

相关材料的技术要求　表 2-16

材 料 种 类	性　能　要　求
膨胀聚苯板	满足行业标准 JG 149—2003 中表 5 和表 6 规定的要求和 GB/T 10801.1—2002 第二类的其他要求；膨胀聚苯板出厂前应在自然条件下陈化 42d 或者在 60℃蒸汽中陈化 5d
胶粘剂	满足行业标准 JG 149—2003 中表 4 规定的要求
抹面胶浆	满足行业标准 JG 149—2003 中表 7 规定的要求
耐碱网布	满足行业标准 JG 149—2003 中表 8 规定的要求
锚栓	满足行业标准 JG 149—2003 中表 9 规定的要求
饰面涂料	满足行业标准 JG 172—2005 的要求
嵌缝材料（建筑密封膏）	符合标准 JC 482～484—92《建筑密封膏》要求

施工中使用的水泥，普通硅酸盐水泥，应为符合《硅酸盐水泥、普通硅酸盐水泥》（GB 175—1999）的要求硅酸盐水泥，或符合国家标准的其他品种水泥。

（2）施工机具准备

外接电源设备、电动搅拌器、开槽器、角磨机、电锤、称量衡器、密齿手锯、壁纸刀、剪刀、钢丝刷、腻子刀、抹子、阴阳角抿子、托线板、2m 靠尺、砂纸和墨斗等。

（3）作业条件　膨胀聚苯板薄抹灰外墙外保温系统的施工基层应符合《建筑装饰装修工程质量验收规范》（GB 50210）中一般抹灰工程质量要求，系统的施工应在基层施工质量验收合格后进行。此外，基层还应满足如下要求：

1）基层表面必须坚固、干净、干燥，含水率≤10%；无油污、泥土及风化松动现象。

2）清除支模板用的钢筋或螺栓杆。

3）封堵螺栓洞口。

4）基层胀模处混凝土已剔除、修补完毕。

2. 施工工艺流程

膨胀聚苯板薄抹灰外墙外保温系统的施工工艺分涂料饰面体系和面砖饰面体系，二者略有差别，其施工流程分别如图 2-2 和图 2-3 所示。

基面验收检查 → 吊线 → 安装铝合金托架(选用) → 粘贴膨胀聚苯板(由下往上) →

PU(聚氨酯) 发泡胶或聚苯板板条填充板缝 → 打磨膨胀聚苯板 → 保温墙面安装盘型锚栓 →

制作防护面层(在防护砂浆内埋置玻璃纤维网格布，由上往下) → 饰面层及罩面涂料

图 2-2 涂料饰面膨胀聚苯板薄抹灰外墙外保温系统施工工艺流程示意图

基面验收检查 → 吊线 \ 弹控制线 → 安装托架(选用) →

粘贴膨胀聚苯板(由下往上，根据设计要求预留伸缩缝) → PU(聚氨酯) 发泡胶或聚苯板板条填充板缝 →

打磨膨胀聚苯板 → 制作防护面层(在防护砂浆内埋置玻璃纤维网格布，由上往下) → 安装盘型锚栓 →

面砖粘贴及勾缝 → 处理伸缩缝

图 2-3 面砖饰面膨胀聚苯板薄抹灰外墙外保温系统施工工艺流程示意图

3. 聚苯板粘贴方法及其选择

(1) 聚苯板粘贴方法　聚苯板的粘贴固定方式分条框法和点框法两种。条框法如图 2-4 (*a*) 所示，是采用专用齿口镘刀与聚苯板成约 45°角刮过，将胶粘剂按水平方向均匀地涂抹在聚苯板上，胶粘剂条宽 10mm，厚度 10mm，间距 50mm，如图 2-4 (*b*)。

(*a*)

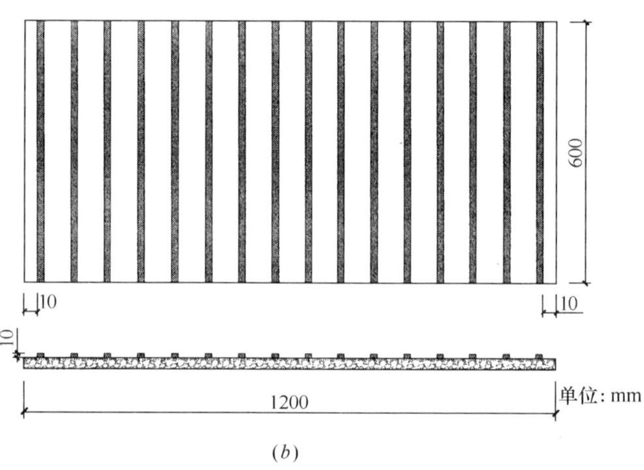

(*b*)

图 2-4 条框法粘贴聚苯板示意图

(*a*) 操作示意图；(*b*) 尺寸示意图

点框法如图 2-5 (*a*) 所示，在 1200mm×600mm 的聚苯板中间应均匀分布 8 个胶团，直径在 8～10cm 左右；沿膨胀聚苯板边缘涂上宽度约 50～70mm，厚度约 10mm 的胶粘剂条，并注意在某一部位留出出气孔；点和框的布料高度均在 15mm 左右 (最高点)。

胶粘剂布料后，将聚苯板按压在墙面上。重要的是板的边缘要与基层粘结好，防止板的移动，否则防护层会产生裂缝。

两种粘贴方法均不得在聚苯板侧面涂抹胶粘剂。此外，根据《外墙外保温工程技术规程》JGJ 144—2004 的规定，不管采用什么方法粘贴，涂抹胶粘剂的面积不得小于聚苯板面积的 40%。

(a)

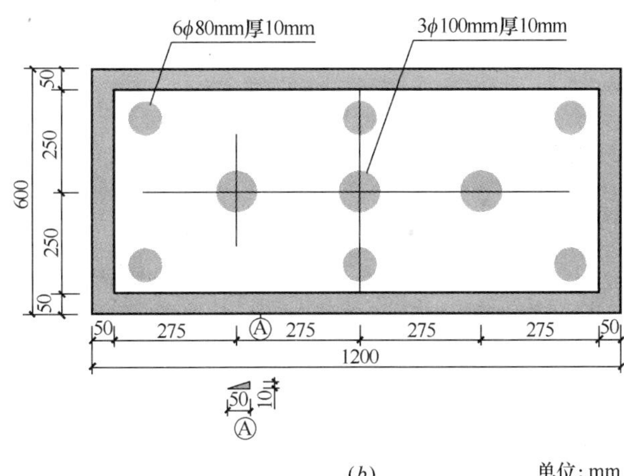

(b)

单位: mm

图 2-5　点框法粘贴聚苯板示意图

(a) 操作示意图；(b) 尺寸示意图

(2) 粘贴方法选择　当基层墙面的平整度偏差不大于 5mm、垂直度偏差不大于 2m 时，应优先采用条粘法进行聚苯板粘贴。当局部基层墙面的平整度 10mm/2m、垂直度偏差≥5mm/2m 时，必须采用点边粘贴法进行聚苯板粘贴。

4. 施工操作要点

(1) 测量、放线

1) 根据建筑物立面设计和外墙外保温技术要求，在墙面弹出外门窗的水平、垂直控制线及伸缩缝线、装饰线等。

2) 在建筑外墙大角（阳角、阴角）及其他必要处挂垂直基准钢线。每个楼层在适当位置挂水平线，以控制聚苯板的垂直度和平整度。

(2) 配制聚合物底层胶粘剂　按照所需要的配合比或者供应商说明书提供的配比配制胶粘剂，要专人负责，严格计量，以采用机械搅拌为佳，确保搅拌均匀。

一般的说，胶粘剂加水搅拌时应将水分多次少量加入桶中，边加边充分搅拌，不能一次性加入过多或全部加入水，搅拌时间不低于 3min。根据施工的气候、环境及和易性等情况，加水量可适当进行增减。

配制好的胶粘剂应置于阴凉处，注意防晒避风，以免水分蒸发过快。一次配制好的胶粘剂量应在 2h 内用完。

(3) 粘贴翻包玻纤网布　凡在粘贴的聚苯板侧外露处（例如伸缩缝、沉降缝和温度缝等缝线两侧、门窗口处），均应做玻纤网布翻包处理。

具体处理方法是：将 300mm 宽翻包玻纤网布粘贴在门窗口外侧、伸缩缝两侧、女儿墙等聚苯板的终止部位，粘贴宽度≥65mm（图 2-6、图 2-7）。聚苯板应错缝，每排板错 1/2 板长，如图 2-8 所示。

(4) 粘贴聚苯板

1) 外保温聚苯板尺寸一般分为 600mm×900mm、600mm×1200mm 两种，非标准尺寸或局部不规则处可现场裁切，但是注意切口与板面垂直。在整块墙面的边角处为最小尺寸超过 300mm 的聚苯板，聚苯板的拼缝不得正好留在门窗口的四角处（图 2-7）。

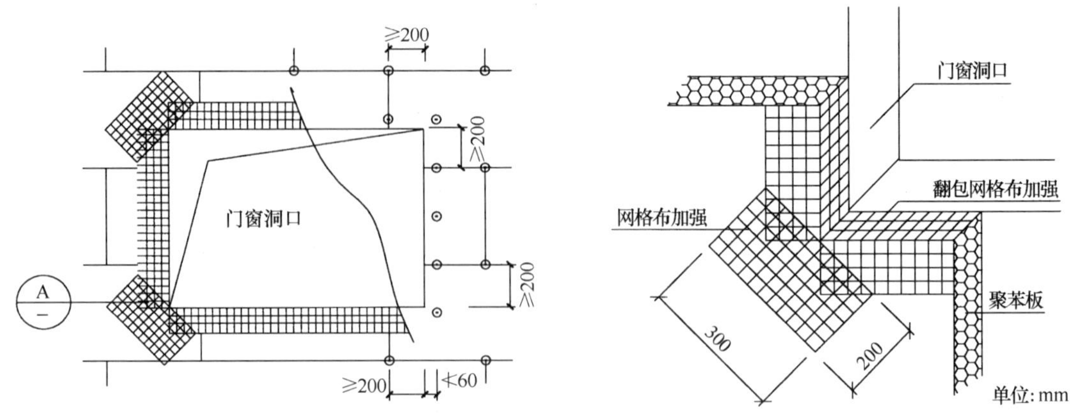

图 2-6 门窗洞口玻纤网布加强和固定件加密处理示意图

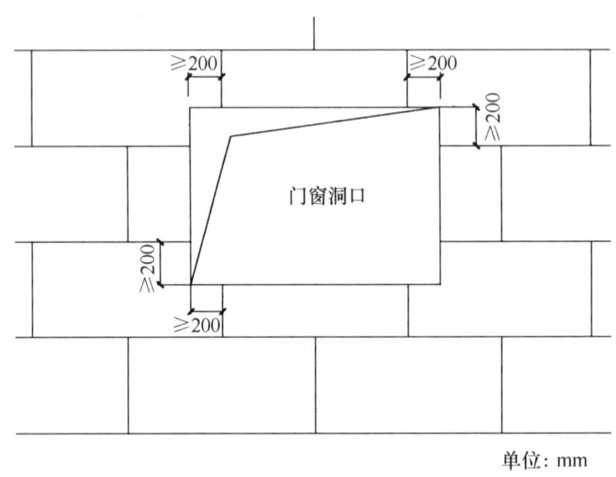

图 2-7 门窗洞口错茬排板做法

2）固定聚苯板的粘贴方式分为点框法和条粘法，不论采用何种粘结法，粘结面积均不得小于40%，以及不得在聚苯板侧面涂抹胶粘剂。

3）排板时应按水平顺序排列，上下错缝粘贴，阴阳角处应做错茬处理（图 2-8）。

4）粘板应用工具轻柔、均匀挤压聚苯板，随时用 2m 靠尺和托线板检查平整度和垂直度。粘板时，注意清除板边溢出的胶粘剂，使板与板之间无“碰头灰”。板缝拼严，缝隙宽度超出 2mm 时用相应厚度的聚苯片填塞。拼缝高差不大于 1.5mm，否则应用砂纸或专用打磨机具打磨平整。

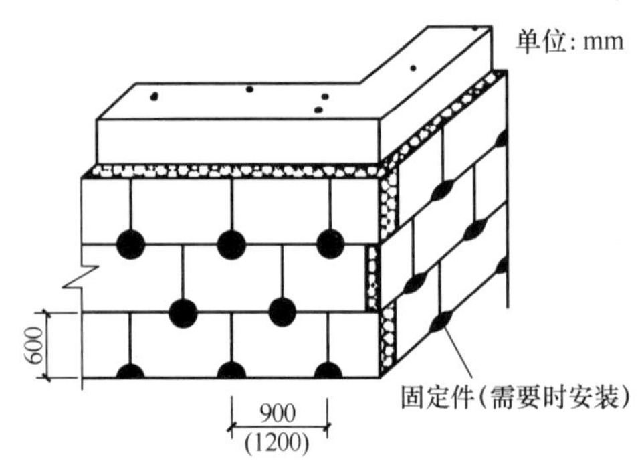

图 2-8 聚苯板排列、阴阳角错茬处理和锚固件固定排列示意图

（5）锚固件固定

锚固件安装至少应在胶粘剂使用 24h 后进行，由上至下打锚栓，并且锚栓要固定在聚苯板的拼缝位置上，成丁字形排列。锚栓的用量为 4 个/m²（图 2-10）。

此外，还应注意：①锚栓在墙体内的锚固深度应≥30mm；②墙体抹灰不应作为锚固深度；③第一个钉应离开墙边 10cm 以上。

（6）贴压玻纤网布

1）按照配合比配制抹面胶浆，做到计量准确，搅拌均匀。配好的料注意防晒避风，一次配制量应在 2h 内用完，超过操作时间后，若抹面胶浆变稠，应予废弃，不准再加水使用。

2）用粘结剂将门窗口四周及其他外保温系统终止部位的翻包玻纤网布刮抹平整，特别应注意门窗洞口部位，粘好翻包玻纤网布后，在洞口侧壁四角处各补上一块长 400mm、与窗洞口侧壁保温部分宽度相同的玻纤网布，在墙面上洞口四处紧挨角部斜向 45°再粘贴一块 200mm×300mm 的玻纤网布（图 2-6）。

3）将玻纤网布绷紧后贴于底层抹面胶浆上，用抹子由中间向四周把玻纤网布压入砂浆内，平整压实，严禁玻纤网布出现皱褶，玻纤网布不得压入过深，表面必须暴露在底层砂浆之外。铺贴遇到搭接时，搭接的宽度不小于 65mm；遇到墙面的阴阳角处，两侧的玻纤网布均不能在角部断开，必须在转过角部至另一侧 200mm 以上时方可终止。

4）在底层抹面胶浆凝结前再抹一道抹面胶浆罩面，厚度为 1～2mm，以仅覆盖玻纤网布、微见玻纤网布轮廓为宜。操作时切忌不停揉搓抹面胶浆，以免形成空鼓。

5）抹第二遍抹面胶浆盖住玻纤网布，尽量消除抹子印痕，使保温层表面平整、光滑，达到外墙外保温的验收标准。

（7）加强层的做法　考虑到从散水起 2m 高度范围内的抗冲击要求，在标准外保温做法基础上加铺一层玻纤网布，并再抹一道抹面胶浆罩面。加强部位抹面胶浆总厚度以 5～7mm 为宜。同时，在同一块墙面上，加强层和标准层间应留设伸缩缝。

5. 涂料饰面施工简要说明

待抹面胶浆达到涂料施工要求时，可进行涂料施工，施工方法与普通墙面涂料工艺相同。一般宜使用配套的专用涂料，不得使用溶剂型涂料。

若饰面采用厚质涂料［如合成树脂乳液砂壁状涂料、复层涂料（浮雕涂料）、拉毛涂料等］时，可不施工腻子，直接施工涂料即可。若饰面采用薄质涂料，应使用弹性腻子，其性能应满足《胶粉聚苯颗粒外墙外保温系统》（JG 158—2004）或《建筑外墙腻子》（JG/T 157）中柔性腻子的要求。腻子一般批涂两道，腻子层厚度不宜太厚，一般不要超过 1mm。

腻子膜干燥后，按常规方法施工涂料即可。

6. 面砖饰面施工

在欧美等发达国家，外墙外保温系统的饰面层大多数为涂料。在我国建工行业标准 JG 149—2003 中没有关于面砖饰面的内容。但是，由于我国建筑师、开发商的审美观，有些情况下希望使用面砖饰面。近年来，饰面层采用面砖饰面的膨胀聚苯板薄抹灰外墙外保温系统工程越来越多，我国正在编制的新国家标准已经准备将面砖饰面内容纳入标准中。因此，下面介绍关于面砖饰面施工技术。

（1）对面砖的要求：①面砖自重不大于 20kg/m²；②面砖厚度不大于 10mm；③单块面砖面积不大于 0.01m²；④面砖吸水率小于 6%。

（2）系统伸缩缝设置　当面砖饰面连续面积超过 6m×6m 或者最大 6m×9m 时，外保温系统需设置伸缩缝。伸缩缝具体设置标高应根据实际建筑物设计情况确定。

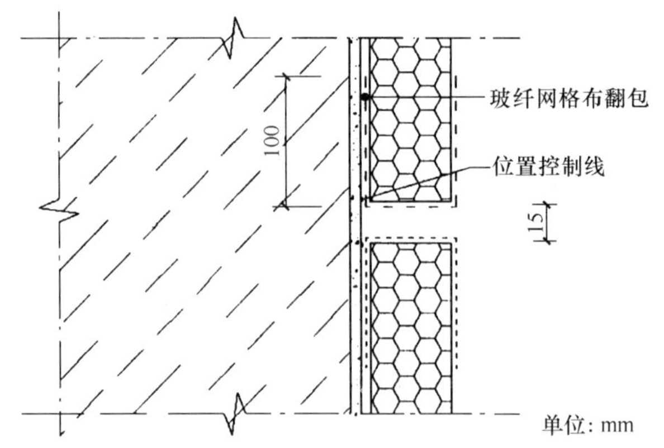

图 2-9 伸缩缝控制线处翻包玻纤网格布示意图

当膨胀聚苯板贴到伸缩缝位置控制线时，如图 2-9 所示进行翻包玻纤网布工艺进行收口，翻包网格布应事先裁剪好（宽度在 250～300mm 之间）。

（3）锚栓安装 在抗裂砂浆未完全干燥时即锚栓，锚栓应打在防护层外，侧压住玻纤网格布。锚栓的用量为（4～6）个/m^2（图 2-10）；锚栓在墙体内的锚固深度应≥30mm，应注意墙体抹灰层不应作为锚固深度。此外，还应注意离墙边第一个锚栓与墙边的距离应在 100mm 以上，以防损坏墙体。

（4）面砖粘贴 应在抹面胶浆层干燥收缩基本完成后再粘贴面砖，常温下抹面胶浆层干燥收缩时间应不少于 7 天。

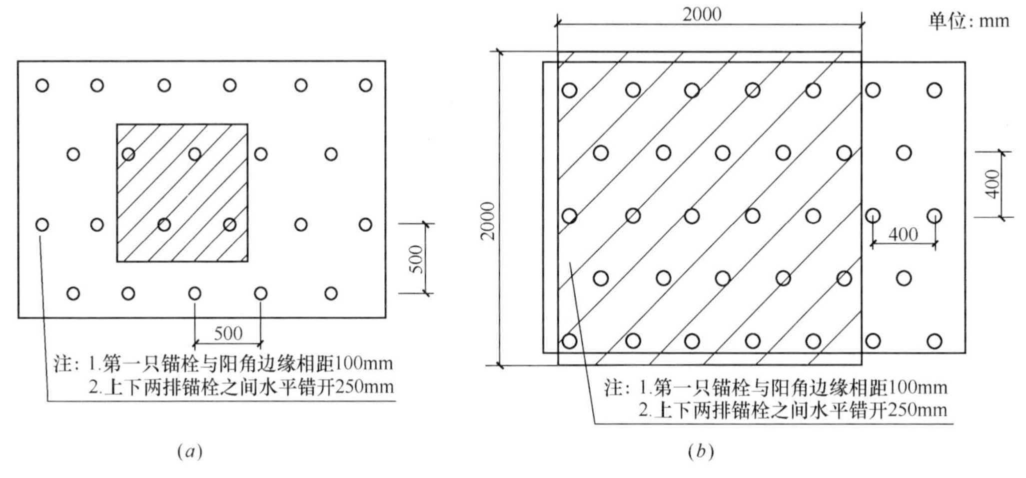

图 2-10 锚栓的用量示意图

（*a*）每平方米 4 个；（*b*）每平方米 6 个

应采用与外保温体系专用面砖粘结剂粘贴面砖。面砖粘贴时，面砖不应浸水，面砖背面不得有油污；应保证有 100%粘贴面积，不得有空腔。此外，在阴阳角及外保温各收口处需留砖缝。

（5）面砖勾缝 面砖粘贴 24 小时后即可进行勾缝。应采用与外保温体系配套的专用面砖勾缝剂进行勾缝。勾缝前应清除砖缝内的浮灰及残余灰浆。吸水性强的面砖在勾缝前应适当湿润。

缝宽在 3～5mm 时，使用橡胶刮板或其他适宜工具抹入砖缝中；缝宽在 6～15mm 时，勾缝剂用宽度合适的小铲子填入砖缝中。

勾缝完 15min 后用湿海绵或湿布，以圆圈状方式轻轻擦洗缝隙的表面，并将多余的填缝剂抹去。海绵中水分不能过多，以免造成填缝剂松脱或色差。再过 15min，待填缝剂表面用手轻压无凹陷时，即可用软布擦亮面砖表面。

勾缝期间及勾缝后应避免太阳直接曝晒。

(6) 伸缩缝处理　如图 2-11 所示，在伸缩缝中塞入压扁了的聚乙烯圆棒，再用中性耐候性硅酮密封胶进行防水密封。

伸缩缝宽度建议为 10～15mm（也可根据立面设计要求另行确定，但不能小于 6mm)，聚乙烯圆棒直径应大于伸缩缝宽度 5mm。

伸缩缝应干燥洁净，不得有浮灰、残余灰浆等杂物。

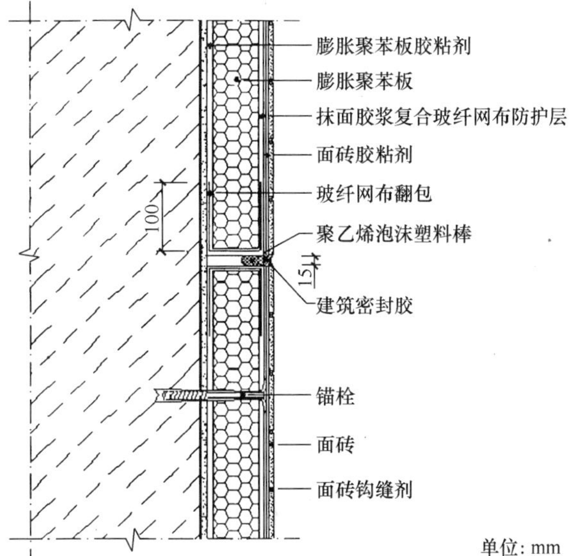

图 2-11　伸缩缝处理示意图

7. 施工注意事项

(1) 材料应分类挂牌存放。聚苯板应成捆立放，防雨防潮。玻纤网布也要防雨存放。胶液存放的温度不得低于 0℃。干混料存放注意防雨防潮和保质期。

(2) 操作地点环境和基层温度不低于 5℃。风力大于 5 级或雨天不能施工。若施工时突然降雨，应采取有效措施，以防雨水冲刷墙面。

(3) 板与板的板缝拼严，缝宽超出 2mm 时，用相应厚度的聚苯板片塞平。

(4) 外保温施工完成后，后续工序与其他正在进行的工序应注意对成品的保护。

(5) 严格遵守有关安全操作规程，实现安全生产和文明施工。

五、关于膨胀聚苯板薄抹灰外保温系统的几个应用问题

(一) 膨胀聚苯板薄抹灰外墙外保温系统常见问题的原因分析与预防

1. 薄抹灰外墙外保温系统面层开裂问题原因分析

薄抹灰外墙外保温系统面层开裂是该种外保温系统很常见的质量问题，也是该类外保温系统的固有特性。这从抗裂保护层受热应力的因素可以看出：该体系的防护层仅 3～6mm 的抹面胶浆复合玻纤网布，膨胀聚苯板的导热系数为 0.042W/（m·K)，抹面胶浆的导热系数为 0.932W/（m·K)，两材料的导热系数相差 22 倍。由于聚苯板保温隔热层热阻很大，从而使保护层的热量不易通过传导扩散，因此当太阳直射时热量积聚在抹面胶浆层时，其表面温度将高达 50～80℃，遇突然降雨降温则温度会降至 15℃左右，温差可达 35℃，这样的温差变化以及受昼夜和季节室外气温的影响，除对抹面胶浆的柔韧性和玻纤网布的耐久性提出高要求外，一个较常见的问题就是面层出现裂缝。

(1) 膨胀聚苯板收缩应力引起面层开裂

1)《膨胀聚苯板薄抹灰外墙外保温系统》(JG 149—2003) 标准规定膨胀聚苯板需要在自然条件下陈化 42d 或者在蒸汽中陈化 5d 后方可出厂使用。如果使用的膨胀聚苯板没有按标准规定的陈化条件陈化，则可能导致膨胀聚苯板收缩。实际上，由于膨胀聚苯板的

陈化时间短，自身收缩变形还没有完成，造成膨胀聚苯板粘贴后继续产生收缩变形。这种收缩变形应力均集中在板的接缝处，对粘结于膨胀聚苯板上的抹面胶浆产生拉应力造成面层开裂。同时，膨胀聚苯板在昼夜及季节变化发生温湿胀缩，也会在板的接缝处产生变形应力，造成面层开裂。

由于膨胀聚苯板成型后需要经过很长时间的陈化，未按规定完成陈化的膨胀聚苯板的尺寸还不稳定，还可能会出现很大的尺寸变化。这是实际中较常出现的现象。保证膨胀聚苯板达到陈化时间，在尺寸稳定的状况下再出厂，是避免面层开裂的有效措施。

2）膨胀聚苯板密度小，垂直于板面的抗拉强度低，如果系统防护层的防水性能差，系统在长期的湿热影响下，会导致膨胀聚苯板自身开裂。

对于薄抹灰外保温系统来说，用于防护层的抹面胶浆是聚合物一水泥复合材料，当抹面胶浆中的聚合物组分含量低，防水性能就差，故应当使用性能良好的抹面胶浆以保证系统的性能。

（2）耐碱玻纤网布的强度损失引起面层开裂

由于水泥基抹面胶浆的碱性在潮湿环境中会对耐碱玻纤网布产生很强烈的侵蚀性，尤其是使用面砖、高弹性装饰涂料等透气性差的饰面层时，这种侵蚀更为严重。在这种状态下，耐碱玻纤网布受到侵蚀后强度降低或失去增强作用，再因外界条件变化（如温湿度）引起膨胀聚苯板的体积变化，且这种变化的结果是在板的接缝处出现很高的拉应力，就会导致开裂。

耐碱玻纤网布在碱性环境的侵蚀作用下，其强度总会产生损失，耐碱玻纤网布的耐碱性越好，强度下降得就越小。因而，应选择 TiO_2 和 ZnO_2 含量高的产品，这类玻纤网布的耐碱性好，有利于防止面层开裂。

（3）抹面胶浆柔韧性差引起面层开裂

1）抹面胶浆水泥用量过大，聚合物组分（乳胶粉或乳液）的用量低，抹面胶浆的抗压强度高，抗拉强度低，柔韧性差。由于抹面胶浆早期收缩过快而引起自身开裂。在这种状况下，抹面胶浆的吸水率也往往过高，冬季面层吸水还会因冻胀导致开裂。此外，施工时抹面胶浆的厚度太大，会因横向拉应力超过耐碱玻纤网布抗拉强度而导致开裂。

因而，抹面胶浆的质量对于防止面层开裂至关重要。为了防止和避免面层开裂，应当使用符合质量要求的抹面胶浆，特别是抹面胶浆的柔韧性，既关系到抗拉伸能力，也关系到防水性。由于柔韧性差的抹面胶浆往往是聚合物组分含量低，因而这种情况下抹面胶浆的防水性能也差。此外，还应当重视耐碱玻纤网布的质量。在施工方面，则应当注意抹面层的厚度，一次施工的厚度和总厚度都应在合理的厚度内。

2）在夏季突然遇到暴雨的情况下，外保温系统面层温度的骤降可达到 15℃以上。保温层和防护层的温差可达 35～55℃，如此高的温差变化及昼夜和季节的室外温差的影响，如抹面胶浆的质量差，就会导致开裂。

对于该种开裂的预防，除了选用高性能的抹面胶浆外，还可以从面层的装饰涂料的选用考虑，避免这种现象的出现。例如，使用建筑反射隔热涂料，由于涂膜对太阳热的反射作用，能够降低夏季防护层的温度升高，从而降低由此带来的温度骤变，减少面层开裂。

（4）面砖饰面层开裂引起面层开裂

以面砖为饰面层的聚苯板保温系统，由于是柔性基层一刚性面层结构，由此而形成的体积形变比直接在刚性面层上粘贴面砖或者涂料饰面体系都要大。如果温湿拉应力过大，就会砖缝造成面砖开裂。

为了避免这类开裂，应选用柔韧性好的聚合物水泥面砖胶粘剂，并使用柔性面砖勾缝剂进行面砖勾缝。在施工方法上，应尽量延迟面砖的粘贴时间。这样抹面胶浆的收缩变形已经完成。如果在抹面材料收缩完成后再粘贴面砖，由于面砖胶粘剂中的作用，能够使抹面材料产生一些膨胀，可使收缩变形减小 50%。

（5）施工不当引起面层开裂

施工时由于锚栓锚固太紧，此处就会产生应力集中而出现裂纹；抹面胶浆与膨胀聚苯板的变形不一致，也会导致面层出现裂纹。

2. 膨胀聚苯板脱落

（1）脱落的原因分析

膨胀聚苯板脱落是很严重的工程质量事故。总体来说，造成膨胀聚苯板脱落的原因是垂直于墙面的负风压在外保温系统中各材料、界面的粘结抗拉强度不足，以及外保温系统的自重在外保温系统中各材料、界面的抗剪切粘结强度不足造成。而产生这些原因可能由于胶粘剂的质量差，或者是基层附着力差以及保温板板面平滑，不易粘贴等。

由于膨胀聚苯板是有机材料，具有塑料的属性，而墙面基层是无机材料，水泥和塑料这两种材料不相容，需要靠具有双向胶粘作用的胶粘剂将二者牢固的粘结在一起。胶粘剂的质量和作用非常重要。若胶粘剂中聚合物组分的含量低，则胶粘剂和膨胀聚苯板的亲和性差，施工的外保温系统在经过温度、湿度的变化后，体积变化不同，在粘结界面层中出现应力，反复作用就会导致胶粘剂失去粘结作用，在外界的作用下（如大风）膨胀聚苯板就会脱落。

在施工质量方面的不足也可能会造成膨胀聚苯板脱落。例如，若膨胀聚苯板涂抹胶粘剂的面积太少，经过室外环境因素的反复作用后，膨胀聚苯板的粘贴出现疲劳破坏，在大风作用下就会导致膨胀聚苯板脱落。

（2）预防措施　预防膨胀聚苯板脱落的措施就是要保证整个外保温系统的施工质量，使用高质量的胶粘剂，保证膨胀聚苯板的粘贴面积大于 40%，并辅用锚栓加固等。

3. 外保温墙面变形

膨胀聚苯板薄抹灰外墙外保温经过一段时间使用后，外装饰层变形，墙面平整度明显降低，装饰效果受影响。这种情况主要发生在夏热冬暖的高温干燥地区。这主要是由于在夏季高温天气时，墙面的温度很高，导致膨胀聚苯板中的温度可能达到 80℃。当膨胀聚苯板的温度超过 70℃时，聚苯板会产生不可逆热收缩变形，造成较为严重的变形（或者开裂），这种情况在高温干燥地区更为明显。

预防这类现象的方法之一是选择具有反射太阳热功能的反射型绝热涂料，以降低夏季墙面的温度。

（二）聚苯板薄抹灰保温系统粘贴面砖或块材饰面的安全措施

面砖和装饰石材饰面在膨胀聚苯板薄抹灰外墙外保温系统中的实际使用逐渐受到重视，并在实践中逐步积累了一定的经验和技术数据。《上海民用建筑外墙外保温工程应用导则》还分别从材料、设计和施工等方面对该项技术作出明确的规定。下面结合该标准，针对面砖和装饰石材饰面与涂料饰面技术的差别，介绍在聚苯板薄抹灰保温系统中使用面砖或装饰块材饰面的安全措施。

1. 面砖或块材饰面对膨胀聚苯板薄抹灰外墙外保温系统性能的影响

（1）面砖或块材饰面对聚苯板附着性能的影响　显然，面砖或块材饰面会显著增大聚苯板薄抹灰外墙外保温墙体的自重。以涂料为饰面的外保温体系，包括聚苯板与防护层外饰面层在内其自重一般不会超过 10kg/m^2，而面砖或块材为饰面层的外墙外保温体系自重可达 50～80kg/m^2[8]。自重的显著增大对保温层的附着性，尤其是一定风压下，特别是在风压长期作用下的附着安全性产生重要影响，对保温板体系的附着强度，进而对体系组成材料和施工质量都提出更高的要求。

（2）使耐碱玻纤网布受到更严重的腐蚀　面砖或块材对水蒸气通过的阻力比涂料饰面大得多，使抹面胶浆保护层中的水分难于快速挥发而使之长时间保持潮湿状态。这样，水泥基的瓷砖胶粘剂和抹面胶浆中的碱成分在结合了长时间积聚的湿气后对玻纤网布的损坏更严重。使玻纤网布长时间处于有害的潮湿碱环境中，会使其强度显著降低，从而使玻纤网布粘贴后锚固的锚钉对系统的抗风压安全性作用下降。因此，对玻纤网布的耐碱性能也提出更高的要求。

（3）加剧系统的冻融破坏　由于面砖或块材饰面易使保护层处于潮湿状态，在冬季寒冷时外墙外保温体系发生冻融破坏的现象将会变得更为严重。

2. 粘贴面砖或块材本身的附着安全性问题

外墙外保温体系的防护面层比水泥基材料的墙体基层的刚度要小得多，涂料饰面，尤其是弹性涂料饰面时，饰面层与防护层是柔性一柔性结合，饰面层对防护层（进而对保温层）产生的影响很小。而当面砖或块材饰面时，饰面层与防护层是刚性面层一柔性基层结合，以及防护层本身的强度低，这都不利于面砖或块材的附着，因而产生贴面饰材本身的附着安全性（即饰面材料脱落的危险性）问题。

3. 提高聚苯板薄抹灰保温系统面砖或块材饰面安全性的措施

当聚苯板薄抹灰保温系统不得不采用面砖或块材饰面时，应当从材料、设计和施工等方面采取必要的技术措施，以保证外保温系统和饰面系统的安全性。

（1）提高对外墙外保温系统中构成材料的性能要求　由于粘贴面砖或块材饰面时因为对系统及其构成材料的不利影响，因而应相应地提高对系统中构成材料的性能要求。

聚苯板薄抹灰外墙外保温系统中构成材料包括胶粘剂、膨胀聚苯板、锚栓、抹面胶浆和耐碱网布以及瓷砖胶粘剂、勾缝胶等，对这些材料技术要求的提高应分别包括以下内容。

1）胶粘剂　JG 149—2003 规定的胶粘剂的技术要求主要是与水泥砂浆基层和与聚苯板的粘结强度，包括原强度和耐水后的强度。在粘贴面砖或块材饰面的情况下，可将这些指标的要求适当提高，如表 2-17 所示。

粘贴面砖或块材饰面时胶粘剂技术指标要求的提高　　表 2-17

项　　目	JG 149—2003 规定	面砖或块材饰面时的指标调整
与水泥砂浆的拉伸粘结强度	原强度≥0.60MPa	原强度≥0.80MPa
	耐水后强度≥0.40MPa	耐水后强度≥0.60MPa
与膨胀聚苯板的拉伸粘结强度	原强度≥0.10MPa（破坏界面在膨胀聚苯板上）	原强度≥0.25MPa（破坏界面在膨胀聚苯板上）
	耐水后强度≥0.10MPa（破坏界面在膨胀聚苯板上）	耐水后强度≥0.25MPa（破坏界面在膨胀聚苯板上）

2）膨胀聚苯板　应适当提高聚苯板的性能，例如保证使用的聚苯板的表观密度不应再是 JG 149—2003 标准中规定的 18～22kg/m^3，而使用表观密度为 20～35kg/m^3 的膨胀聚苯板。同时，膨胀聚苯板的压缩强度应提高为 150～250kPa 之间，吸水率（浸水 96h）应小于 1.5%。

3）锚栓　粘贴面砖或块材饰面的膨胀聚苯板薄抹灰外墙外保温系统施工使用的锚栓的抗拉拔力也应适当提高。例如，将单个塑料锚栓抗拉承载力标准值（C25 混凝土基层）由≥0.30kN 提高到不小于 0.60kN，或者执行 JG 158—2004 中的不小于 0.80kN 的规定。

4）抹面胶浆　JG 149—2003 规定的抹面胶浆的技术要求主要是与聚苯板的拉伸粘结强度，包括原强度、耐水强度和耐冻融强度（三种拉伸粘结强度均为≥0.10MPa，且破坏界面在膨胀聚苯板上）。

在粘贴面砖或块材饰面的情况下，拉伸粘结强度要求应适当提高。例如，原强度提高至不小于 0.25MPa（破坏界面在膨胀聚苯板上），耐水和耐冻融强度均提高至≥0.20MPa（破坏界面在膨胀聚苯板上）[9]。

5）耐碱网布　JG 149—2003 规定的耐碱网布的性能指标比 JG 158—2004 中规定的低得多，这不适用于膨胀聚苯板表面粘贴面砖或块材饰面的情况。因而，应当使用符合 JG 158—2004 中规定的加强型的耐碱网布，主要是提高耐碱网布的单位面积质量、断裂强力和耐碱强力保留率等相关性能指标。其主要性能指标应为：单位面积质量≥500g/m^2；断裂强力（经、纬向）≥3000N/50mm；耐碱强力保留率（经、纬向）≥90%；断裂伸长率（经、纬向）≤5%；ZrO_2 含量应不小于 14.5%；涂塑量≥20g/m^2。

6）瓷砖胶粘剂和勾缝胶

瓷砖胶粘剂和勾缝胶均应满足 JG 158—2004 标准中的相应要求。

（2）设计方面的措施

1）限制粘贴饰面砖或者块材的楼层高度　外墙外保温表面直接粘贴饰面砖或者块材，其安全性和耐久性同时受到质疑。而在高层建筑中，随着建筑物高度的增大，粘贴饰面砖或者块材可能产生的危险性也随之增大。因而，应遵守国家或地方的有关规定，对粘贴的楼层高度作出严格限制。

2）明确某些严格规定　当膨胀聚苯板薄抹灰外墙外保温系统粘贴饰面砖或者块材做饰面层时，在设计阶段就应采取相应的措施或作出相应规定。在这方面，可以参照某些地方标准进行。例如，《上海民用建筑外墙外保温工程应用导则》规定：设计单位对饰面砖粘贴高度、保温材料密度、粘结面积应作出具体规定。饰面砖应采用轻质功能性面砖，重量不大于 20kg/m^2，单块面积不宜大于 0.01m^2，面砖吸水率不大于 6%。应采用与系统材料相匹配的柔性粘结剂及勾缝剂，严禁使用普通水泥砂浆粘贴面砖及勾缝。如采用超常规格的块材饰面时，其施工方案应经有关部门专项审查通过后方可采用。外墙外保温系统粘贴饰面砖系统应结合立面设计合理设置分格缝。分格缝的间距设置为：竖向不宜大于 12m，横向不宜大于 6m。面砖间应留缝，缝宽不小于 6mm，并应采取柔性防水材料勾缝处理，确保面层不渗水。

（3）施工方面的措施

1）先在现场施工出“样板”　贴面砖或饰面块材的外墙外保温系统工程，施工单位应按照设计和标准要求编制专项施工方案，在大面积施工前应进行现场“样板”试验，在

“样板”试验验收合格后再进行大面积施工。

2）膨胀聚苯板粘贴施工的措施　在表面粘贴面砖或块材饰面的外墙外保温系统粘贴聚苯板时，可以适当考虑增加聚苯板的粘贴面积，即应在 JGJ 144—2004 工程技术规程规定的涂胶粘贴面积不得小于膨胀聚苯板面积的 40％的基础上适当提高，例如提高到 60％。

3）提高锚栓的数量和保证锚固位置　外保温系统施工时，还应根据具体结构情况适当增加锚栓数量及抗拉拔力，并保证锚栓施工时必须锚固在耐碱网布后面。

4）面砖或饰面块材粘贴施工　面砖或饰面块材粘贴施工可以采取两个方面的措施。一是适当延迟面砖或块材的粘贴时间，以使抹面胶浆中的水泥能够完成大部分水化过程，体积趋于稳定。例如，常温下待水泥基抹面胶浆施工 7d 后再进行饰面层粘贴。二是采用“瓷砖薄层粘贴技术”粘贴面砖或饰面块材，杜绝使用传统瓷的点贴法厚涂工艺粘贴。“瓷砖薄层粘贴技术”也称为“薄涂技术”、“薄层镘涂粘贴技术”或“方齿镘涂粘贴技术”等。其粘贴方法是先用抹子将胶粘剂厚度均匀地涂抹于待粘贴瓷砖的墙面，然后利用方齿镘刀（也称带齿镘刀），梳刮瓷砖胶粘剂涂层，使薄层胶粘剂涂层表面产生胶粘剂条纹。再将瓷砖（无须预浸水）按照一定的基准一块块地粘贴于基面。镘刀齿槽的大小可以根据瓷砖的尺寸而定。

（4）某些特殊或者辅助措施

1）防护层中附加热镀锌钢丝网　可以从保证安全性的角度，针对具体工程情况对聚苯板表面粘贴面砖或饰面块材考虑采取行之有效的特殊措施或辅助措施。例如，安徽省某建筑物在膨胀聚苯板表面粘贴面砖时，参照 JG 158—2004 的规定，在抗裂防护层中设置满足 JG 158—2004 要求的热镀锌钢丝网，这种做法对保证系统安全性很有利。

2）使用经特殊处理的膨胀聚苯板　使用经过特殊处理的膨胀聚苯板也能够增加系统的安全性。例如，在膨胀聚苯板的两边预压凹槽，这样的聚苯板能够增大与基层的粘结面积，从而增大系统的安全性。

3）设置金属托架等　以楼层为单位，每层或者按照适当的楼层间隔安装防腐金属托架进行加固处理。

4）细节方面的措施　例如，在处理分格缝时，使面砖与聚苯板合一。

（三）膨胀聚苯板薄抹灰外墙外保温系统施工中几个实际问题的处理

1. 薄抹灰防护层最小厚度问题

《外墙外保温工程技术规程》（JGJ 144—2004）中规定了薄抹灰防护层的厚度应为 3～6mm。对水泥基系统来说，薄抹灰防护层厚度直接影响系统的抗撞击性。标准对抗撞击性的实验室测试是基于防护层厚度为 5mm 基础上的。当防护层的厚度不足 3mm 时，标准网系统的抗撞击性很难达到标准所要求的 3J。因此，在实际施工中薄抹灰防护层的最小厚度不能小于 3mm。但是，实际中有的工程的薄抹灰层厚度可能不足 3mm，这样会使实际外保温工程的抗撞击强度不合格。此外，不足 3mm 厚度的水泥基薄抹灰防护层对系统的抗开裂性、抗水渗透性也是不利的，特别在高温季节施工时，厚度太小易使水分过快蒸发，影响水泥水化产生起粉、开裂现象。

2. 基层墙面平整度、垂直度要求和处理问题

膨胀聚苯板薄抹灰系统是贴板工艺，对基面的平整度、垂直度有一定要求，按《外墙外保温工程技术规程》（JGJ 144—2004）第 5.0.5 要求：平整度、每层垂直度应小于

8mm/2m；总高垂直度应≤l/1000 及≤3cm（即达到混凝土或砖砌体工程的验收规定）。如达不到上述要求，基面需经抹灰处理。但实际中有时要求由外保温来纠正墙体平整度甚至总高度的垂直度误差。这样做是很不妥当的。一是会带来粘胶剂用量的无法控制，成本远比抹灰层高；二是胶粘剂过厚对外保温在墙体上的安全性不利。但是，也不能采取用不同厚度的膨胀聚苯板去调整墙面误差的做法，因为这样做同样会增加施工难度，粘贴完聚苯板后平整度也不易控制，影响防护层的抗开裂性。不同的板厚使墙体各部位的保温性能产生较大差异，无法对整个建筑物的节能作出可靠评估。基面误差过大还易造成膨胀聚苯板虚粘。

3. 外保温工程与门窗、管道等工种衔接问题

外保温在门窗、阳台、墙身管道、支架等建筑细部处的防水、防裂收口是外保温施工特别关键的地方，如处理不当，外保温常常在这些细部处开始出现开裂等问题。这就要求外保温工程必须在门窗、管道、支架等工作安装完毕之后进行施工。

4. 膨胀聚苯板板缝的处理

膨胀聚苯板薄抹灰外墙外保温系统常常在板缝处发生开裂，原因通常是板缝处理不当或根本不处理。正确的处理方法应是先在板缝填塞聚苯板条（较窄的板缝则应使用聚氨酯发泡胶），待其干燥后用美工刀把凸出于板外的部分沿保温板面割平，同时打磨保温板面使其达到验收所规定的平整度。如果工程在施工时为了不产生板缝，事先把相邻的两块保温板板边打磨成对称的斜面，呈 V 形拼接，从外面看做工很漂亮，但里面是空的。也不能用胶粘剂或抹面胶浆填补板缝，这样处理板缝等于在人为地制造热桥，引起水蒸气在板缝处凝露，从而发生冻融破坏，造成板缝起鼓、开裂或剥落。

5. 细部防水防裂的处理

门窗等建筑细部的防水防裂处理是外保温系统的重要环节，然而也是目前外保温施工、设计的薄弱环节。按《外墙外保温建筑构造（一）》（02 J121—1）的要求，外保温在建筑细部的收口处均需打密封胶，也可以使用经憎水处理的自膨胀海绵，即用膨胀密封条进行处理。这种膨胀密封条不仅起到更优良的防水防裂的作用，且不暴露在外界气候中，故不存在密封胶所遇到的老化问题。

（四）非水泥基抹面胶浆型聚苯板薄抹灰外墙保温与装饰系统[10]

1. 非水泥基抹面胶浆的特征

就聚苯板薄抹灰外墙保温系统中的抹面胶浆来说，我国目前应用的绝大多数产品为聚合物改性水泥基材料，即水泥是其中主要的粘结组分。该类抹面胶浆虽然利用了水泥基材料的许多优势性能，但常常会带来刚性有余而柔性不足和饰面层“泛碱”问题，并导致很多保温工程出现裂、渗现象，成为人们诟病聚苯板薄抹灰外墙保温系统的最重要问题。因而，根据美国和欧洲数十年的使用经验，越来越倾向于在聚苯板薄抹灰外墙保温系统中使用低水泥掺量或非水泥基的抹面胶浆。

（1）非水泥基抹面胶浆的种类　顾名思义，在非水泥基抹面胶浆中不使用水泥，仅使用聚合物树脂为粘结材料。非水泥基抹面胶浆有膏状和粉状两类。膏状抹面胶浆采用聚合物乳液为胶结料，主要是 T_g（玻璃化温度）较低的聚丙烯酸酯乳液。粉状抹面胶浆使用乳胶粉为胶结料，例如 VAE 类或改性 VAE 类乳胶粉和聚丙烯酸酯类乳胶粉等。

（2）非水泥基抹面胶浆的特征　由于乳液或乳胶粉自身具有非常优异的耐水性、耐久

性和耐候性以及很高的延伸率，加上由于非水泥基抹面胶浆中不含有水泥等高碱性的刚性材料，因此赋予系统优异的柔韧性。典型体现在门窗洞口无需附加 45°增强玻纤网布，无需设置任何伸缩缝，能够抵抗剧烈的温差变化。同时具有防水性能优异，抗冲击能力强，对玻纤网布几乎无损伤以及饰面层无任何“泛碱”可能性等优势，成为高端外保温系统的一个发展方向。

非水泥基抹面胶浆的使用历史已经超过 30 年。其自身可以作为装饰砂浆，仅需要添加颜料就能实现。在北美通常称纯聚合物的系统为 PB（polymer based）系统，聚合物改性水泥基系统为 PM（polymer modified）系统。

我国行业标准《膨胀聚苯板薄抹灰外墙外保温系统》（JG 149—2003）中虽然规定了非水泥基抹面胶浆的开裂应变指标，但实际市场上没有该类产品。

（3）两类抹面胶浆固化过程的差别　以聚合物乳液或者乳胶粉为胶结料的非水泥基抹面胶浆，其固化过程是通过水分蒸发干燥、聚合物成膜实现的；水泥基抹面胶浆则主要依靠水泥的水化硬化和聚合物的水分蒸发干燥共同实现。前者依靠聚合物成膜而产生强度；后者则是依靠水泥水化固化形成水泥石和聚合物成膜共同产生强度。

2. 非水泥基抹面胶浆的性能

一般的说，就膏状和粉状两类非水泥基抹面胶浆来说，膏状产品的物理力学性能要优于粉状类产品。这是因为乳胶粉比聚合物乳液中含有更多影响耐水性的保护胶体。

对于乳胶粉类非水泥基抹面胶浆来说，耐水粘结性能是一项非常重要的但又较难通过的一项指标。尤其是对于含有一定量聚乙烯醇保护胶体的 VAE 乳胶粉类抹面胶浆，在没有水泥等碱性介质皂化分解的前提下，耐水性能一般均不理想。

为了克服这个问题，人们开发出新一代高耐水聚丙烯酸酯类乳胶粉，并以此为胶结料研制出高性能的非水泥抹面胶浆及装饰系统。

表 2-18 中列出高耐水聚丙烯酸酯乳胶粉类抹面胶浆的性能，及其与以 VAE 乳胶粉为胶结料的抹面胶浆的性能比较。

聚丙烯酸酯乳胶粉类和 VAE 乳胶粉类非水泥基抹面胶浆的性能　　表 2-18

项　目		性　能	
		聚丙烯酸酯乳胶粉类	VAE 乳胶粉类
拉伸粘结强度（MPa）（与膨胀聚苯板）	原强度	0.19，膨胀聚苯板破坏面积 100%	0.17，膨胀聚苯板破坏面积 100%
	耐水	0.12，膨胀聚苯板破坏面积 70%	0.09，膨胀聚苯板破坏面积 0
开裂应变，≥1.5%		通　过	通　过
抗冲击强度（J），普通型		≥20	≥20
吸水量（g/m^2）（浸水 24h）		420	540
不透水性		通　过	通　过
施工性		佳	一　般

注：表格中聚丙烯酸酯乳胶粉类为美国 Elotex 易来泰公司生产的 WR8600 型高耐水纯丙乳胶粉。

从表 2-18 可以看出，基于聚丙烯酸酯乳胶粉为胶结料的抹面胶浆具有非常好的耐水性能，其吸水量明显低于传统的 VAE 乳胶粉类。普通的 VAE 乳胶粉由于表面包裹有聚乙烯醇等保护胶，在没有被皂化的前提下，聚乙烯醇溶于水，影响涂膜的耐水性。因而其吸水量较大，与膨胀聚苯板的耐水拉伸粘结强度很低，不能够满足标准规定和实际应用的要求。

抗冲击强度是抹面胶浆的重要指标。传统的单层玻纤网布水泥基抹面胶浆其 28d 标准养护的抗冲击强度一般为 3～8J。在浸水达到进一步水化后，抹面胶浆的柔韧性几乎完全取决于聚合物（乳胶粉）。如图 2-12 所示展示出水泥基和聚丙烯酸酯乳胶粉类非水泥基两种抹面胶浆浸水前后的抗冲击强度。

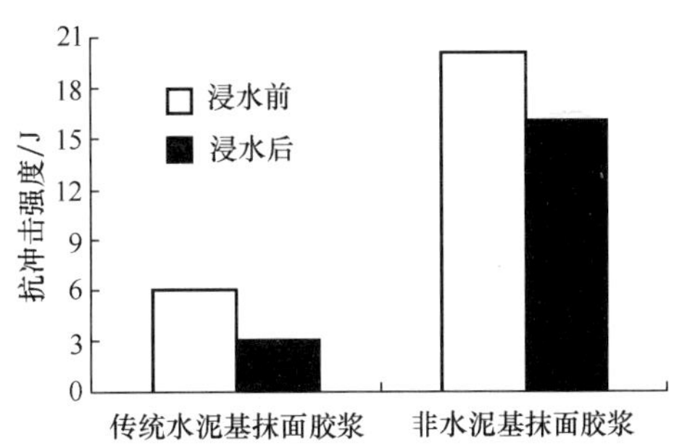

图 2-12　水泥基和非水泥基抹面胶浆浸水前后的抗冲击强度

如图 2-12 所示，复合单层玻纤网布的非水泥基抹面胶浆，浸水 7d 再干燥 7d 后，其抗冲击强度仍然高达 15J。这是由于聚丙烯酸酯乳胶粉的 T_g 为－3℃，因此具有较好的柔韧性，也充分说明非水泥基抹面胶浆具有优异的长期柔韧性和抗冲击性能。

3. 非水泥基抹面胶浆饰面系统

对于使用聚丙烯酸酯乳胶粉或乳液为胶结料的非水泥基抹面胶浆来说，由于聚丙烯酸酯树脂具有高耐水和高耐候性能，因此可以对非水泥基抹面胶浆进行调色，直接作为装饰层，即质感涂料。这种非水泥基抹面胶浆型装饰砂浆具有和乳液型装饰砂浆相媲美的湿擦洗性能，两者经过 2000 次擦洗后，质量损失均小于 0.5g。

对于耐黄变性，采用聚丙烯酸酯乳胶粉（如 WR8600 型）为成膜物质的粉状涂料和乳液型乳胶漆，同时进行人工模拟老化试验 2000h 后发现，二者具有相似的耐黄变性，它们在耐候性试验后的色差值（ΔE）分别为 1.7 和 1.5。

4. 非水泥基抹面胶浆的应用特性

在美国，常把非水泥基（PB）装饰系统称为软涂层（soft coat）系统，水泥基（PM）称为硬涂层系统（hard coat）。

对于 PB 系统其常规的厚度一般在 1.6mm，加强层的厚度为 2.4mm，可用于更高的抗冲击要求。但由于经常和砂壁状质感涂料或装饰砂浆一起配套使用，整个保护层的厚度仍然超过 3.0mm。而当采用薄层的乳胶漆或弹性涂料一起配套使用时，应采用高聚合物含量的腻子作为找平层，其厚度一般在 1.0mm 以上，最终保护层的厚度一般也不超过 3.0mm。因此，具有非常好的抗冲击性能和保护性能。

非水泥基抹面胶浆不存在传统水泥基砂浆“泛碱”的可能性。同时，由于不需要所谓的防水和抗碱底漆层，所以形成一体化系统，常见的造型如仿砖应用（抹面层直接着色）。而当采用砂壁状质感涂料为饰面层时，可以直接在其上面施工，这一点和水泥基抹面胶浆类似；而对于较为细腻的涂料如乳胶漆或薄质类弹性涂料，一般还需要采用一道高聚合物添加量的非水泥基腻子作为找平层。

可见，非水泥基抹面胶浆及装饰砂浆组成的外保温装饰系统，具有传统干粉砂浆的优势，如优异的耐候性，抗冲击性和高抗开裂性等高性能以及装饰一体化的优势。

（五）某严寒地区膨胀聚苯板薄抹灰工程涂料脱落的原因及其预防措施

在北方严寒地区，有些地区砖混结构多层住宅膨胀聚苯板薄抹灰外墙外保温表面涂料出现脱落现象，有的特别突出。下面介绍对这类问题的原因分析及其防止对策。

1. 膨胀聚苯板薄抹灰保温系统外墙涂料脱落现象

（1）涂料脱落时间　竣工使用的工程在第一个采暖期接近结束，春季室外正负温度交替阶段，涂料陆续脱落。脱落部位经修补后，第二个采暖期后不再发生脱落。

（2）严寒地区冬季的主导风向来自西北方向，涂料脱落部位表现在东侧和南侧，西侧和北侧无脱落现象。说明涂料脱落与主导风向有关。

（3）涂料脱落现象　涂料脱落多发生在多层住宅的2～6层，3～5层较严重。在春季室外正负温度交替期间，有一段时间，在东侧和南侧涂料脱落部位，负温观察时，腻子中含有冰碴。北侧、西侧部位沿膨胀聚苯板缝出现湿迹，说明膨胀聚苯板中有冰霜，已开始融化，该处涂料脱落。

（4）涂料脱落的部位　脱落发生在膨胀聚苯板接缝处或锚栓处．涂料局部翘边、部分或大面积脱落。脱落部位的腻子表观检查为粉化状态。采用电采暖工程和竣工验收完成没有进行采暖工程的外墙涂料无脱落现象。

2. 膨胀聚苯板薄抹灰系统外墙涂料脱落原因分析

（1）原材料选择不当

1）腻子质量差　涂料脱落部位的腻子几乎无强度，腻子受冻融破坏后丧失功能。

2）涂料质量不良　涂料的附着力、耐冻融循环性能不合格；涂料的透气性也差，在某些脱落部位涂料与腻子之间存在冰膜，室外正温时，冰膜融化，腻子与涂料分离，造成脱落。

（2）施工工艺安排不合理

1）聚苯板粘贴前墙体潮湿。严寒地区当年建设的住宅工程，由于施工工期短，工程在赶工抢工状态下进行。墙体湿度相对较大，在室内空气水蒸气分压力作用下，采暖期间墙体水蒸气不断向膨胀聚苯板中渗透，加速外墙涂料脱落。

2）膨胀聚苯板与抹面胶浆施工安排欠妥。基层相对潮湿，粘贴聚苯板时，逢下雨或抹面胶浆施工前下雨。在没有采暖的情况下湿度剧增，加上抹面胶浆的渗透阻相对较大，保温层中始终保持较大湿度，采暖后室内空气中的水分向保温层渗透。

3）部分聚苯板之间缝隙过大，抹面胶浆施工前没有处理。水蒸气渗透不均匀，集中在少量接缝部位渗透，产生局部涂料脱落。

（3）入住使用时室内温、湿度过大，使采暖期间外保温系统湿度增大。涂料脱落多发生在当年开工采用地热辐射或采暖效果较好的工程。由于采暖期间基本不能实现通风换气，地热辐射工程的室内温度近30℃，加之室内湿度大，室内湿气和墙体内的湿气绝大多数向保温系统中渗透，致使保温系统中湿度增大超过极限。这样，在主导风向迎风面的西侧及北侧，采暖期间表面温度始终处于负温状态，保温层中的空气水蒸气在保温层中逐渐结冰或霜，达到此状态后，建筑物北侧、西侧空气水蒸气渗透缓慢。

采暖期结束时，环境温度达到0℃以上，保温层内部冰霜融化，表面沿聚苯板接缝处出现湿痕，此时的冻融对腻子、涂料影响较小，所以北侧、西侧涂料没有脱落。而南侧、东侧保温层在日照充足时，表面为正温，保温系统中的水蒸气开始沿板接缝的薄弱处通过腻子层向外渗透。进入夜间后渗透基本停止，薄抹灰表面达 0℃以下，聚苯板缝处的潮湿腻子冻结。正常气候条件下，每天都经受一个冻融循环，腻子层由于冻融破坏失去强度，冻融面积不断扩大，使涂料产生脱落。

(4) 设计深度不够

按《民用建筑热工设计规范》(GB 50176—1993) 采暖建筑围护结构防潮设计要求，应对围护结构内部冷凝受潮进行验算。不符合要求时，围护结构应采取防潮措施。而实际设计时未进行围护结构防潮验算和采取措施。

3. 膨胀聚苯板薄抹灰外墙涂料脱落解决对策

(1) 设计阶段应按规范要求验算围护结构内部的冷凝受潮，不符合要求时应采取结构防潮措施。

(2) 正确选择透气性好、指标合格的外保温系统专用腻子和涂料。

(3) 为增加冷凝界面的蒸汽渗透阻力，可在膨胀聚苯板粘贴前对外围护墙体抹 20mm 的 1∶2 水泥砂浆找平层。

(4) 防止聚苯板受雨水浸泡。粘贴聚苯板前基层应充分干燥，抹面胶浆施工时要避开雨天，使保温层内重量湿度增量降至最低。

(5) 聚苯板粘贴后，应及时对大于 2mm 以上的板缝进行处理，保证水蒸气渗透时分布均匀，防止产生集中渗透。

(6) 对赶工抢工的当年入住工程，在施工期间或采暖初期要保持经常性通风换气，使室内温、湿度及墙体湿度降低，最大限度地降低室内水蒸气向保温层渗透。

(7) 赶工抢工当年入住工程涂料可延缓在第二年室外环境温度允许时施工。

(六) 膨胀聚苯板薄抹灰外墙外保温系统中使用锚栓的利与弊

(1) 外墙外保温系统的安全性分析　在膨胀聚苯板外墙外保温系统中粘结力起着主要作用。根据标准 JG 149—2003 对外墙外保温系统各种组成材料的规定，外墙外保温系统组成材料及各材料界面粘接强度如表 2-19 所示。

外墙外保温系统组成材料及各材料界面粘接强度对比　　表 2-19

材料或者界面	抗拉强度 (MPa)	
	标准规定值①	实际值②
胶粘剂与基层间的粘结抗拉强度	≥0.6	≥0.24
胶粘剂与膨胀聚苯板间的粘结抗拉强度	≥0.1	≥0.04
膨胀聚苯板垂直于板面的抗拉强度	≥0.1	≥0.1
抹面胶浆与膨胀聚苯板间的粘结抗拉强度	≥0.1	≥0.1
基面附着力③	≥0.3	≥0.3
面砖与抹面胶浆间的粘结抗拉强度	≥0.4 (100%粘贴面积)④	≥0.4 (100%粘贴面积)

注：①指 JG 149—2003 标准。

②指考虑了实际粘贴面积后的抗拉强度，实际粘贴面积按照 JGJ 144—2004《外墙外保温工程技术规程》的规定不小于 40%考虑。

③JGJ 144—2004《外墙外保温工程技术规程》的规定值。

④因目前还没有面砖应用于外墙外保温系统的标准，此值仅作参考。

从表 2-19 中可以看出，膨胀聚苯板类外墙外保温系统中最薄弱的环节是胶粘剂（或抹面胶浆）与膨胀聚苯板之间的粘结界面，粘结抗拉强度为 0.04MPa。如果考虑到现场施工条件的影响（例如胶粘剂调配时的搅拌是否均匀、粘贴是否及时、工人的操作水平和现场施工气候的影响等），0.04MPa 的粘结强度还会有折扣，因此安全系数还要降低。

以最大风压为 0.6kPa 考虑，重要高耸建筑物调整系数取 1.2，$W_0 = 0.6 \times 1.2 = 0.72$kPa；地面粗糙度按 C 类计算：

$$W_k = 1.5\beta_{gz} \cdot \mu_s \cdot \mu_z \cdot W_0$$

式中 1.5——考虑高楼林立所产生的风压增大系数（穿堂风）；

β_{gz}——高度 Z 处的阵风系数；

μ_s——风荷载体形系数，其中墙面为−1.0，墙角（阳角）为−1.8；

μ_z——风压高度变化系数。

由上式计算得到高层建筑的负风压及抗负风压安全系数如表 2-20 所示。

高层建筑的负风压及抗负风压安全系数 **表 2-20**

建筑物高度（m）	负风压		抗风压安全系数	
	墙 面	阳 角	墙 面	阳 角
20	1.74	3.13	23.0	12.8
40	2.16	3.89	18.5	10.3
60	2.46	4.43	16.3	9.0
80	2.73	4.91	14.7	8.1
100	2.94	5.29	13.6	7.6
150	3.38	6.08	11.8	6.6

从表 2-20 中可以看出，即使在 150m 高处的阳角部位，风压安全系数还有 6.6 倍。只要基层、胶粘剂及其他组成材料满足标准要求，对膨胀聚苯板薄抹灰外墙外保温系统来说不需要使用锚栓固定聚苯板。

基层的附着力问题是很重要的，对旧房的节能改造尤其如此。欧洲标准 ETAG004 及德国 DIBt（德国建筑技术委员会）对粘贴法外墙外保温系统的基层附着力要求是不小于 0.08MPa（40%粘贴面积），否则必须附加锚栓或以其他机械固定方式（基层附着力不小于 0.05MPa 时，也可以将粘贴面积提高至 100%）。《外墙外保温工程技术规程》（JGJ 144—2004）规定在粘贴面积不小于 40%情况下基层附着力不小于 0.3MPa。

（2）外保温系统的自重与系统中各材料、界面的抗剪粘结强度　膨胀聚苯板薄抹灰类外保温系统的自重通常在 5～8kg/m²，其自重的影响可以忽略不计，因而在国家标准 JG 149—2003和欧洲标准 ETAG004《砂浆面外墙外保温系统》没有规定各材料及界面的抗剪粘结强度。

当使用面砖作饰面材料时，自重会增大至 40～50kg/m² 甚至更高。这种由自重引起的安全性问题虽然需要考虑，但目前国内外尚无类似风压的安全系数的计算与设计规定。德国 DIBt4/1990 规定自重大于 10kg/m² 的系统必须在粘贴的同时附加锚栓，同时规定“对于轻质的、自重小于 10kg/m² 的膨胀聚苯板类外墙外保温系统不需要使用锚栓”。

可见，对膨胀聚苯板薄抹灰类涂料饰面的外保温系统来说，胶粘剂足以解决外保温系统的安全性问题；而对于面砖饰面的外保温系统或者自重大于 10kg/m^2 的外保温系统，则需要使用锚栓进行安全性保证。

（3）锚栓对外保温系统的不利影响　防护层在温湿应力作用下的柔性变形在受到相对较硬的锚栓盘的限制时，锚栓盘周边较易开裂。因而，锚栓对外保温系统抗裂性能也有一些不利影响。

外保温系统在负风压的作用下，锚栓是一个刚性支点，而两个刚性支点间的聚苯板会向外产生变形，使得沿锚固盘一周的外保温面层产生拉压应力交变区而增加开裂倾向。同时，在负风压作用时，锚栓这个刚性支点限制了外保温系统而使两个锚栓之间的外保温系统出现弯曲变形，使其中央部位弯曲变形最大，也较易开裂。

使用锚栓还存在热桥问题。一些钢钉的顶部没有塑料桥处理，热桥部位会造成水蒸气冷凝而使钢钉锈蚀，在有的外保温表面可见锚栓部位发黑、局部剥落，直至影响整个外保温系统的质量。因而，在聚苯板薄抹灰外保温系统中使用锚栓是有利有弊的。

第三节　挤塑聚苯板薄抹灰外墙外保温系统

一、概述

在膨胀聚苯板薄抹灰外墙外保温系统中，若以挤塑聚苯板代替膨胀聚苯板，所构成的系统就是挤塑聚苯板薄抹灰外墙外保温系统。

1. 挤塑聚苯板在外保温系统中应用的优势和不足

挤塑聚苯板是否适合在外墙外保温系统中应用一直存有争议。但无论如何，在外墙外保温系统中挤塑板已经有很多应用。下面根据挤塑板的性能特征及其和膨胀板的比较，分析其在外墙外保温中应用的利与弊。

（1）应用优势　与膨胀聚苯板相比，挤塑聚苯板在物理机械性能方面的主要差别在于，挤塑聚苯板的结构密实，压缩强度和抗拉强度都较高，导热系数和吸水率较低，这些是其应用的有利性能。

（2）不利因素　挤塑聚苯板的变形较大，水蒸气透过系数较低（透气性较差），表面光滑，不利于粘结，这些都是挤塑聚苯板在外保温系统中应用的不利因素。特别是由于挤塑聚苯板在加工过程中，表面因挤压而产生的机械摩擦使表面光滑坚硬，并积累有静电，因而与水泥基胶粘剂的粘结强度较低，在外保温系统中不易粘结。而挤塑板的变形大则使得系统更易于开裂。

因而，挤塑聚苯板并不是十分适合于在外墙外保温系统中应用。挤塑聚苯板更适合的应用范围主要是屋面保温、地面采暖、隔声工程以及其他需要较高压缩强度的保温工程。

但是，目前挤塑聚苯板已经越来越多的应用于外墙外保温系统。因而，从市场状况来说，积极的态度不应是回避其是否适合应用的问题，而应当针对挤塑板的特性，增大胶粘剂和抹面胶浆与挤塑聚苯板之间的粘结强度，保证系统的质量。并在挤塑聚苯板的技术要求方面，提高垂直于挤塑聚苯板表面的抗拉强度指标，保证整个系统的结构安全性。

2. 挤塑聚苯板在外保温系统中应用需要采取的特殊措施

针对挤塑聚苯板的特性及其在外墙保温中应用的不利因素，通常采取如下一些技术措施：

(1) 提高胶粘剂、抹面胶浆与挤塑聚苯板的粘结强度　由于挤塑聚苯板的强度高，若像膨胀聚苯板那样，规定胶粘剂、抹面胶浆与挤塑聚苯板的粘结强度≥0.10MPa，则不能够保证破坏界面处于挤塑聚苯板内。因而，通常需要提高其粘结强度。例如，将粘结强度提高到≥0.25MPa。

对于材料生产来说，提高胶粘剂、抹面胶浆与挤塑聚苯板的粘结强度就是要提高生产配方中的聚合物树脂组分（聚合物乳液或乳胶粉）的含量。当然，这样会增大材料的生产成本。

(2) 对挤塑聚苯板表面涂刷界面剂或将表面打毛鉴于挤塑聚苯板表面光滑坚硬，并有静电而导致粘结不利的情况，工程中常常采用对挤塑聚苯板表面涂刷界面剂或表面进行打毛处理的措施，或者二者复合使用，即将挤塑聚苯板表面打毛后，再涂刷界面剂。

(3) 使用不带表皮的挤塑聚苯板不带表皮的挤塑聚苯板就是将板的表皮扒掉，显然这样能够消除挤塑板表面粘结不良的问题，但这类板的成本通常比带皮板高出不少。

(4) 使用更高密度的挤塑板　挤塑板的变形较大，这对其在外墙保温系统中应用十分不利。因而，对于应用于外墙外保温系统的挤塑板，使用变形相对小的更高密度产品。

3. 挤塑聚苯板薄抹灰外墙外保温系统的构造

挤塑聚苯板薄抹灰外墙外保温系统也分涂料饰面和面砖饰面两种，该类系统的构造同表 2-4 和表 2-5 所示的膨胀聚苯板薄抹灰外墙外保温系统的构造基本相同，只是将膨胀聚苯板薄抹灰外墙外保温系统中的膨胀板换成挤塑板，此不赘述。

二、系统构成材料的主要作用和作用原理

1. 系统构成材料的主要作用

由于系统的构造相同，因而系统的构成材料从品种上来说除了保温板以外，其他基本相同（注意对材料的性能要求不同）。

但是，由于挤塑板表面需要涂刷界面剂处理，因而该类系统中还需要使用界面剂。这样，构成挤塑聚苯板薄抹灰外墙外保温系统的材料分别有胶粘剂、挤塑聚苯板、界面剂、抹面胶浆、玻纤网布、锚栓和涂料（包括柔性耐水腻子和涂料）或面砖饰面材料（包括面砖、面砖粘结剂和勾缝剂）以及其他辅助材料（例如密封条、密封胶等）。

此外，两个系统主要材料的基本作用也是相同的，例如都分别是粘结、保温和防护等。

2. 系统构成材料的基本作用原理

除了界面剂外，挤塑板系统构成材料的基本作用原理和膨胀板系统是相同的。

在挤塑板系统中，界面剂的作用原理在于：界面剂的主要材料是聚丙烯酸酯类树脂，和挤塑板同是有机材料，具有良好的亲和性；界面剂所形成的薄膜与挤塑板之间具有很高的粘结强度。同时，界面剂与聚合物改性水泥基胶粘剂、抹面胶浆间都有良好的亲和性和很高的粘结强度。这种双向粘结性使得界面剂能够之大大改善胶粘剂、抹面胶浆与挤塑聚苯板的粘结。

三、系统及其构成材料的性能要求

我国尚没有关于挤塑聚苯板薄抹灰外墙外保温系统的国家或行业标准，因而所应用的系统其性能指标都是参照行业标准。

行业标准的制定基本上依据以下几点：一是参照 JG 149—2003 规定系统的构造、性能指标；二是参照 JG 149—2003 和《绝热用挤塑聚苯乙烯泡沫塑料（XPS）》GB/T 10801.2—2002规定挤塑板的物理性能、几何尺寸指标和涂料的性能指标；三是参照JG 158—2004规定玻纤网布、界面剂（弹性底涂）、锚栓和面砖饰面材料的性能指标；四是根据实际粘结要求规定胶粘剂、抹面胶浆的性能指标。

下面以作者协助制定的某企业标准[12]为例，介绍挤塑板薄抹灰保温系统及其构成材料的性能指标。

1. 系统

挤塑板薄抹灰保温系统的性能指标和前述“表 2-6 聚苯板外保温系统性能指标”相同，此不赘述。

2. 胶粘剂

胶粘剂性能指标见表 2-21。

胶粘剂的性能指标 **表 2-21**

试验项目	性能指标		
拉伸粘结强度（与水泥砂浆），MPa	原强度	≥	0.70
	耐水	≥	0.50
拉伸粘结强度（与挤塑聚苯板），MPa	原强度	≥	0.25（破坏界面在挤塑聚苯板上）
	耐水	≥	0.25（破坏界面在挤塑聚苯板上）
可操作时间，h			1.5～4.0

3. 挤塑聚苯板

挤塑聚苯板的主要性能指标应符合表 2-22 要求；允许尺寸偏差和前述“表 2-9 膨胀聚苯板允许偏差”对聚苯板的要求相同，此不赘述。此外，其主要性能指标和允许尺寸偏差以及挤塑聚苯板还应符合的 GB/T 10801.2—2002 中的要求。挤塑聚苯板出厂前应在自然条件下陈化 42d 或在 60℃蒸汽中陈化 5d。

挤塑聚苯板主要性能指标 **表 2-22**

试验项目		性能指标
导热系数（25℃）[W/（m·K）]	≤	0.035
表观密度，kg/m³		25.0～35.0
垂直于板面方向上的抗拉强度（MPa）	≥	0.25
尺寸稳定性（%）	≤	2.0
阻燃性		B2 级

4. 界面剂

挤塑聚苯板表面处理用界面剂的性能指标应符合表 2-23 的要求。

界面剂的性能指标 **表 2-23**

项　　目		指　　　标
容器中状态		搅拌后无结块，呈均匀状态
施工性		刷涂无障碍
干燥时间（h）	表干时间	≤4
	实干时间	≤8
耐水性（96h）		无脱落、起泡现象，允许颜色变白
耐碱性（48h）		无脱落、起泡现象，允许颜色变白

5. 抹面胶浆

抹面胶浆的性能指标见表 2-24。

抹面胶浆的性能指标 **表 2-24**

试　验　项　目		性　能　指　标
拉伸粘结强度（与挤塑聚苯板）（MPa）	原强度　≥	0.25（破坏界面在挤塑聚苯板上）
	耐水　≥	0.25（破坏界面在挤塑聚苯板上）
	耐冻融　≥	0.25（破坏界面在挤塑聚苯板上）
柔韧性	抗压强度/抗折强度比（水泥基）≤	3.0
	开裂应变（非水泥基）（%）　≥	1.5
可操作时间，h		1.5～4.0

6. 耐碱网布

耐碱网布的主要性能指标见表 2-25。

7. 锚栓

对锚栓的制造材料要求和前述膨胀聚苯板系统的相同；锚栓有效锚固深度不小于 25mm，塑料圆盘直径不小于 50mm。其性能指标见表 2-26。

耐碱网布的主要性能指标 **表 2-25**

试　验　项　目	性能指标
单位面积质量（g/m^2）　≥	160
耐碱断裂强力（经、纬向），N/50mm　≥	1000
耐碱断裂强力保留率（经、纬向）（%）≥	50
断裂应变（经纬向）（%）　≤	5.0

锚栓的技术性能指标 **表 2-26**

试　验　项　目	性能指标
单个锚栓抗拉承载力标准值，kN　≥	0.60
单个锚栓对系统传热增加值，w/（m^2·K）　≤	0.004

四、挤塑聚苯板薄抹灰外墙外保温系统施工技术方案举例

外墙外保温系统是一个整体，系统供应商除了对材料质量负责以外，还需要负责系统的施工技术，包括向工程提供相应的施工技术方案。因而，施工技术方案类技术文件的编制非常重要。下面以作者协助安徽省某企业编制的施工技术方案为例介绍这方面的有关内容。

（一）术语

1. 基层墙体（substrate）

外保温系统所依附的起承重或维护作用的结构实体或外维护墙，可以是混凝土墙、烧

结砖、非烧结砖或各种砌块墙。

2. 找平层（screed-coat）

在基层墙体上，起找平作用的一层厚度约为 20mm 左右的水泥砂浆。

3. 胶粘剂（oadhesive）

特用于把挤塑聚苯板粘结到基层墙体上的一种聚合物改性水泥砂浆。

4. 专用固定件（mechanical anchors）

商品名称为锚栓，是把挤塑聚苯板固定在基层墙体上的一种辅助连接件，包括耐腐蚀的金属螺钉和带圆盘的塑料膨胀套管两部分。按金属螺钉进入基层的方式有回拧和敲击两种类型。

5. 保温层（thermal insulation layer）

由保温材料组成，在外保温系统中起保温作用的构造层。

6. 挤塑聚苯板（rigid extruded polystyrene foam board，简称挤塑板或挤塑聚苯板）

即挤塑聚苯乙烯泡沫板，系以聚苯乙烯树脂或其共聚物为主要成分，添加少量添加剂，通过加热挤塑成型而制得的具有闭孔结构的硬质泡沫塑料板。

7. 专用界面剂（interface treating agent）

与挤塑板胶粘剂或抹面胶浆配套使用，涂施于挤塑板表面，用以增强挤塑板与胶粘剂或抹面胶浆的粘结强度。

8. 抹面胶浆（polymer mortar）

抹在保温层上，起抗裂、防水、抗冲击作用的一种聚合物改性水泥砂浆。

9、耐碱玻璃纤维网格布（alkali-resistant fiberglass mesh，简称玻纤网布）

埋在抹面胶浆中间，用于提高聚合物面层的机械强度和抗裂性的增强材料，由耐碱玻璃纤维纱编织而成，并采用抗碱高分子化合物涂覆，使其具有双重耐碱功能。

10. 饰面层（finish coat）

附着于保温系统表面起装饰作用的结构层。

11. 保护层（protecting coat）

抹面胶浆面层和饰面层的总称。

12. 挤塑聚苯板薄抹灰外墙外保温系统（XPS exterior wall exterior insulation system，简称 XPS 薄抹灰外墙外保温系统）

设置在建筑物外墙外侧，以挤塑聚苯板为保温层，并采用粘贴或锚栓结合的固定方式固定在墙体外表面，抹面胶浆为面层，玻纤网布为增强层，外饰面为涂料或装饰砂浆或面砖的外墙外保温系统。其基本构造如图 2-13。其中，普通型构造中的面砖饰面是指通常涂料饰面系统中两层和两层以下的面砖饰面。

（二）编制依据、工程概况、适用范围和应用要求

1. 编制依据

XPS 薄抹灰外墙外保温系统施工技术方案的编制主要依据有关建筑材料的国家标准、建筑工程的法律、法规和地方有关规定、建筑安装工程的安全技术操作规程和有关规定，所处省、市地方现行建筑安装工程、保温工程施工质量验收标准以及系统供应公司内部的有关规定等。

编制依据的国家或行业施工技术规程、标准如下：

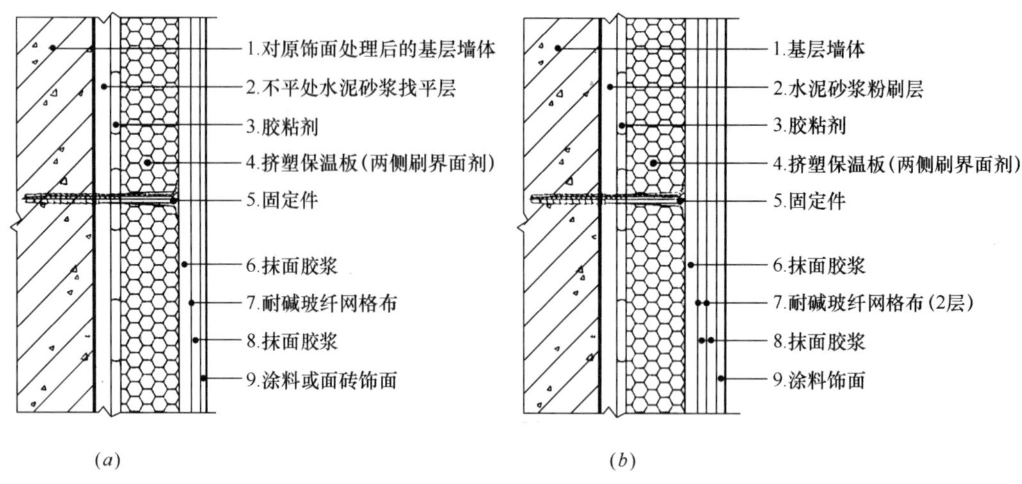

图 2-13　挤塑聚苯板薄抹灰外墙外保温系统基本构造示意图

(a) 普通型；(b) 加强型

《胶粉聚苯颗粒外墙外保温系统》(JG 158—2004)

《膨胀聚苯板薄抹灰外墙外保温系统》(JG 149—2003)

《外墙外保温用厚层抹灰砂浆》(QB 01—JYD—2005)

《外墙外保温技术规程》(J 408 —2005)(即 JGJ 144—2004)

《陶瓷墙地砖胶粘剂》(JC 547—2005)

《建筑装饰装修工程质量验收规范》(GB 50210—2001)

《建筑工程施工质量验收统一标准》(GB 50300—2001)

《建筑涂饰工程施工及验收规范》(JGJ/T 29—2003)

《建设工程项目管理规范》(GB 50326—2001)

《建筑节能工程施工质量验收规范》(GB 50411—2007)

2. 热工设计要求

以安徽省为例，该省在我国气候区域划分中部分地区属于夏热冬冷地区，根据设计要求，其民用建筑节能设计应符合对围护结构热工性能中传热系数限值和热惰性指标限值，如表 2-27 所示。

外墙围护结构热工性能要求　　表 2-27

围护结构	传热系数 K ($W/m^2 \cdot K$) 限值	热惰性指标限值
外墙	$K \leqslant K_m = 1.0$	$D \leqslant D_m = 3.0$

根据其他相关要求，结合上述的实际情况，对于具体工程还要求一些具体项目。例如，某项目外墙外保温工程设计方案还要求满足以下几项具体要求：

(1) 满足抗冲击和抗风压要求根据国家有关标准，一楼外墙的抗冲击强度不小于 10.0J，二楼及以上部分外墙的抗冲击强度不小于 3.0J；抗风压值不小于 0.6kPa。

(2) 满足耐久性要求即满足行业标准 JG 149—2003 规定的耐候性要求（系统应经耐候性试验合格后，方可用于保温工程）。

(3) 满足既防水且透气的要求即满足行业标准 JG 149—2003 规定的不透水性和水蒸气湿流密度两项指标规定的要求。

(4) 满足成本经济的要求在满足上述技术性能要求的情况下尽量选用低成本材料。

(5) 能适应基层墙体的正常变形而不产生裂缝或空鼓。

(6) 在罕遇地震发生时不应从基层上脱落。

3. 适用范围、应用要求

(1) 适用范围

1) 不同气候区有节能要求的新建、扩建和改建的住宅、公共建筑和其他民用建筑外墙的保温隔热，当基层外墙的保温隔热性能不符合规定的节能指标时，或者基层外墙的保温隔热性能符合规定的节能指标，但建筑物的节能指标不符合要求时。

2) 有生产工艺要求的新建、扩建和改建的工业外墙的保温隔热。

3) 各类既有建筑外墙的节能改造。

4) 抗震设防烈度≤7 度地区的建筑物。

5) 外墙基层为混凝土空心砌块、加气混凝土砌块、黏土多孔砖、混凝土多孔砖等的涂料饰面的建筑物。

(2) 应用要求

1) 基层外墙外表面平整度不符合相关验收标准要求时，应使用 1：3 水泥砂浆找平；找平层施工前应先对基层涂刷界面剂。

2) 聚苯板的应用厚度应根据地区的气候条件、建筑物的室内热环境要求以及外墙节能设计的规定性指标或者建筑物节能综合指标通过计算确定。

3) 应使用密度范围为 25～35kg/m^3 挤塑聚苯板（EPS 板）。

4) 系统组成材料应为配套供应，并需要专业施工队伍方可施工。施工前应具备施工方案，施工人员应通过培训。施工操作必须严格按照审查合格的设计文件及节能施工技术标准、规范和施工方案及工艺要求进行。禁止擅自变更外墙外保温饰面系统的构造以及保温层的厚度。

5) 系统应采用水性涂料饰面，不得使用溶剂型涂料。

4. 安全度核算和变形缝设置

(1) 连接安全度核算　挤塑板与墙体的连接采用粘钉结合的连接方式，固定件的数量依据建筑物高度确定，对轻质墙体或比较特殊的墙体，必须对粘结剂与基层墙体的粘结强度和固定件的拔出力进行实测，以便具体设计外保温系统同墙体的连接方案。

(2) 应在以下位置设置系统变形缝

1) 基层墙体设有伸缩缝、沉降缝和防震缝处；

2) 需要设置变形缝的结构部位有：预制墙板相接处；外保温系统与不同材料相接处；基层墙体材料改变处；墙面的连续高度、宽度每超过 3m、并未设其他变形缝处，如建筑体形突变或结构体系变化处。

(3) 外墙外保温系统应包裹门窗框外侧洞口、女儿墙、檐口、勒脚、挑窗台以及封闭阳台等热桥部位。应对装饰缝、门窗四角和阴阳角等处加强处理，变形缝处做好防水和构造处理。

(4) 在正确使用和正常维护的条件下，外墙外保温工程的使用年限不应少于 25 年。

（三）材料要求

1. 相关材料的技术要求

施工中使用的相关材料（挤塑聚苯板、胶粘剂、抹面胶浆、耐碱网布、锚栓、饰面涂料和嵌缝材料）应符合企业标准的要求（参见前述表 2-21 至表 2-26 以及“表 2-6 聚苯板外保温系统性能指标”和“表 2-9 膨胀聚苯板允许偏差”的规定，此不重新罗列）。

除了企业标准的要求外，对于有另外要求的，还需要满足现行有关国家标准、行业标准的要求；并不得含有有毒、有害物质和国家标准规定的对环境会产生严重影响而淘汰的材料。

2. 现场材料验收标准

部分材料的现场验收标准如表 2-28 所示。

部分材料的现场验收标准　　　表 2-28

材料种类	验　收　标　准
胶粘剂	产品外观：粉料无结块，基料无沉淀；包装：包装完好，标签清晰；重量：与包装上标示的重量数目相符合
抹面胶浆	产品外观：粉料无结块，液料无沉淀；包装：包装完好，标签清晰；重量：与包装上标示的重量数目相符合
耐碱玻纤网布	单位面积质量≥160g/m^2
其他	按照《建筑工程施工质量验收统一标准》（GB 50300—2001）要求进行验收

3. 现场抽检外送检验项目

参照材料性能指标的要求，按照相关的行业标准或者企业标准，根据国家有关标准的规定或监理的要求，在工地材料中现场抽样送当地有资质的法定计量检验单位进行产品质量检验。抽检材料和检验项目如表 2-29 所示。

工程现场抽检材料和检验项目　　　表 2-29

抽检材料	检　验　项　目
挤塑聚苯板	密度、垂直于表面的抗拉强度、尺寸稳定性
胶粘剂、抹面胶浆	干燥状态和浸水 48h 拉伸粘结强度
玻纤网布	耐碱拉伸断裂强力、耐碱拉伸断裂强力保留率

（四）材料验收、运输和储存

1. 验收

主要原材料必须进行验收。产品使用说明书、产品合格证、质量保证书和各项性能检验报告等有关资料应齐全。

2. 材料运输应符合下列规定：

（1）挤塑板应侧立搬运，水平放置；在运输过程中应贴实放置，用宽扁形包装带固定好，严禁烟火或化学溶剂；不得重压、扔摔或利器碰撞或穿刺，以免破坏或变形。

（2）胶粘剂、抹面胶浆采用托盘放置，运输过程中应防止挤压、碰撞、雨淋、日晒等，以免影响使用。

（3）其他系统组成材料在运输、装卸过程中，应整齐放置；包装和标志不得破损，不得使其受到扔摔、冲击、日晒、雨淋。

3. 材料储存应符合下列规定：

（1）挤塑板应远离火源，不得与化学品接触，尤其是石油烃类溶剂。

（2）所有系统组成材料应防止与腐蚀介质接触，远离火源，存放场地应干燥、通风、防冻，不宜露天长期暴晒。

（3）所有材料应按型号、规格分类贮存，贮存期不得超过材料保质期。其中胶粘剂、抹面胶浆贮存期不宜超过 3 个月。

（五）施工组织、施工流程和施工要点

1. 施工组织

对于外墙外保温工程，施工公司应根据具体工程情况成立专门的外墙外保温项目部。项目部由项目经理全权负责；项目部的组织机构中设有材料员、施工员和质检员，并由若干个施工班组构成。

2. 岗位职责

项目部的各种岗位职责如表 2-30 所示。

项目部的各种岗位职责 **表 2-30**

岗位类别	职　　责
项目经理	解决工程中出现的各种问题，确保工程的正常进行，达到规定的各项要求
材料员	①组织各种材料和施工用机具及时到达施工现场；②材料和施工机具的仓储管理；③材料的定额发放；④材料消耗的核定
施工员	①技术交底和操作前的技术培训；②施工工程中检查施工规范的实施，在施工中对出现的问题及时进行纠正；③制定实施工程进度计划；④根据工地情况，进行各种调整和安排
质检员	①对每道工序的质量进行检查和签字验收；②及时发现施工工程中的质量问题，及时解决所发现的问题；③检查施工规范执行情况；检查安全和文明施工情况；做好记录，作为对施工班组进行考核的依据

3. 施工条件、工具及材料配制

（1）施工条件按照《建筑装饰装修工程施工质量验收规范》（GB 50210—2001）规定的普通抹灰标准检查基层墙体。立面垂直度、表面平整度和分隔条（缝）直线度等项目的允许偏差均不得大于 4mm，阴阳角方正。

（2）作业条件

1）基层表面必须坚固、干净、干燥（含水率不大于 10%），无油污、泥土、风化和松动等，并经过验收合格。

2）门窗边框与墙体连接应预留出保温层的厚度，缝隙应由相关单位按要求施打发泡剂，并用砂浆分层填塞密实，同时做好门窗表面保护。

3）外墙面上的雨水管卡、预埋件、支架和设备穿墙管道等应安装到位，并预留出外保温系统的厚度。对于空调等预留洞应事先装好预埋套管。

4）安装模板用的钢筋和螺栓杆已经清除；螺栓洞口已经封堵；基层面有缺陷处的混凝土已经剔除、修补。

5）施工现场环境温度和基层墙体表面温度在施工时及施工后 24h 内均不得低于 5℃，

风力不大于5级。

6）为了保证施工质量，施工面应避免阳光直射，必要时应在脚手架上搭设防晒布，遮挡墙面；雨天施工时应采取有效措施，防止雨水冲刷墙面。墙体系统在施工过程中所采取的保护措施，应待泛水、密封膏等永久保护按照设计要求施工完毕后方可拆除。

（3）施工工具

1）机具或设备类手提式电动搅拌器（可用电锤改制）。

2）脚手架　外墙外保温施工前，施工脚手架应符合安全规程。为方便施工，架管或管头与基层墙面间距最小应为200mm。吊篮、吊绳、滑板必须有安全检测报告，施工人员必须具备岗位资质证。

3）安全设备　安全带、安全帽、安全网、安全围栏、指示牌、警示牌等。

4）其他　外接电源器具（如插头、插座、防水电线）、对讲机等；

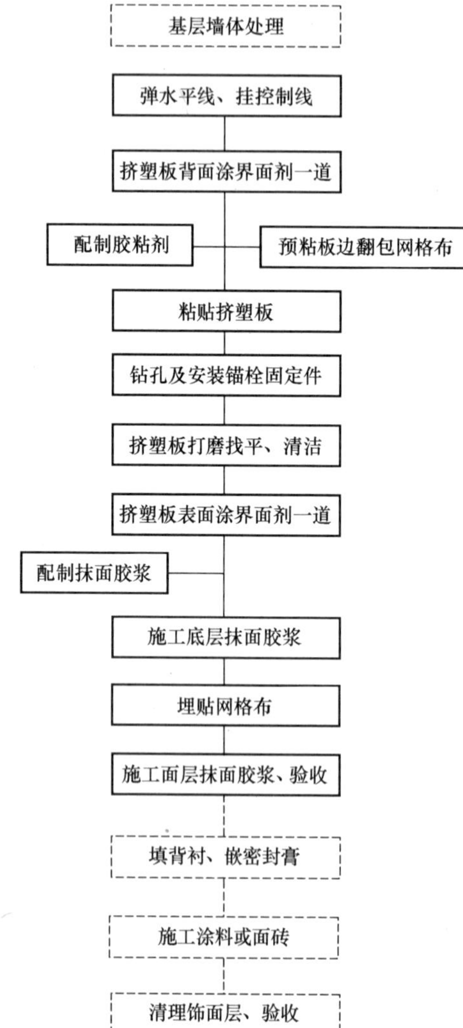

图2-14　挤塑聚苯板薄抹灰外墙外保温施工工艺流程示意图

5）工具类　电热丝切割器、剪刀、开槽器、角磨机、电锤、称量衡器、密齿手锯、壁纸刀、剪刀、钢丝刷、棕刷、粗砂纸、抹子、压子、阴阳角抿子、托灰板、2m靠尺、水平管、水平尺、塑料桶、打胶枪等。

（4）施工准备

1）与施工有关的人员施工前必须认真阅读施工图纸，并与施工现场进行比对，及时检查现场和图纸变更的情况。

2）落实施工材料及工具存放地、施工人员食宿安排等相关事宜。

3）检查吊篮、脚手架，不得有任何安全隐患。

4）检查施工用水、用电情况，并落实待用。

4. 施工工艺流程

根据工程进度及现场情况，可分单组双向或双组同向“流水”作业，即单组粘贴挤塑板由下向上施工，安装固定件、抹面由上向下施工；双组粘贴挤塑板和安装固定件、抹面均由上向下施工，常温施工流水间隔12h以上。

施工工艺流程如图2-14所示。

5. 施工操作要点

（1）基层处理

1）必须彻底清理基层表面浮灰、涂料油污、脱模剂、和旧外墙面的空鼓、风化物、霉菌、藻类等影响粘结强度的各种因素。

2）新建工程的结构墙体，用2m靠尺检

查，最大偏差应小于 4mm，超过部分应剔凿或用 1：3 水泥砂浆修补平整。若局部找平层厚度较薄而普通水泥砂浆施工困难时，可使用聚合物水泥砂浆找平。

3）对旧房保温改造工程，外饰面层应根据附着力情况考虑是否进行清除。若进行清除则在清除饰面层后应将基层墙体修补平整，并对基层墙体附着力进行检查，若仍然不具备粘结条件，则应全部采用机械固定方式，固定件的数量应设计确定。

（2）测量放线

1）根据建筑物立面设计和外墙外保温的技术要求，在墙面弹出外门窗的水平、垂直控制线以及伸缩缝线、装饰线等。

2）在建筑外墙大角（阴角、阳角）和其他必要处悬挂垂直基准线；每个楼层在适当位置挂水平线以控制挤塑板的垂直度和平整度。

（3）配制聚合物胶粘剂

对于粉状胶粘剂，可按照说明书的加水比例调配。目前一般粉状胶粘剂调配比例为：胶粘剂∶水＝1∶0.25（重量比）。配制时，在适当容器中注入水，再在搅拌的状况下加入粉状胶粘剂，采用机械搅拌形式搅拌均匀。

配制应有专人负责，准确计量，采用机械搅拌，搅拌时间不少于 3min，以确保均匀。配制好的胶粘剂注意避风、防晒，以免水分蒸发过快。配制好的胶粘剂应在 2h 内用完。

（4）铺设翻包网

裁剪翻包玻纤网布的宽度应为 200mm 再加上保温板厚度的总和。先在基层墙体上所有门、窗、洞周边及系统终端处，涂施胶粘剂，宽度为 100mm，厚度为 2mm。将裁剪好的玻纤网布一边 80mm 压入胶粘剂内，不允许有网眼外露，将边缘多余的胶粘剂刮净，保持甩出部分玻纤网布的清洁。

（5）粘贴挤塑板

1）采用 1200mm×600mm 的标准挤塑板，对非标准尺寸或局部不规则处进行裁切休整，裁切面应与板面垂直。整个墙面的边角处应保证挤塑板的最小尺寸不小于 300mm，挤塑板的拼缝不得正好留在门窗口的四角处。

2）挤塑板的粘贴固定方式分点框法和条框法两种。条框法如图 2-4 所示；点框法如图 2-5 所示。注意胶粘剂的粘结面积不得小于聚苯板面积的 40％。

3）排板时应按照水平顺序上下错缝排列与粘贴，阴阳角处作错茬处理。在墙拐角处，应先排好尺寸，裁切挤塑板，使其粘贴时垂直交错连接，保证拐角处顺直且垂直。墙拐角处的排板方法如根据《外墙外保温工程技术规程》（JGJ 144—2004）中 6.1.9（a）进行。门、窗、洞四角处的聚苯板不得拼接，应采用整块挤塑板切割成形，挤塑板接缝应离开角布至少 200mm。在粘贴窗框四周的阳角和外墙阳角时，应先弹出基准线，作为控制阳角上下竖直的依据。

4）粘板时用工具轻按、均匀挤压挤塑板，随时用 2m 靠尺板和托线板检查平整度和垂直度，注意清除板边溢出的胶粘剂，使板与板间无“碰头灰”。板缝拼严，缝隙宽度超出 2mm 时应使用相应厚度的聚苯片填塞密实。拼缝高差不大于 1.5mm，否则应使用砂纸或专用打磨工具打磨平整。

（6）安装锚固件　锚固件安装应在粘贴挤塑板后 24h 进行。使用电锤钻孔，钻孔深度至少应比锚固深度大 10mm。锚固件在基层内的锚固深度约 45mm。应由上至下顺序进行，使锚固件成丁字形排列，固定在挤塑板的拼缝位置上。一般地，锚固件的数量应根据楼层高度和基层墙体的性质确定。在阳角和门、窗洞周围，锚固件的数量应适当增加，锚固件的位置距离窗洞口边缘，混凝土基层不小于 50mm，砌块基层不小于 100mm。任何面积大于 0.1m^2的单块挤塑板中间须加锚固件固定。面积小于 0.1m^2的单块挤塑板如位于基层边缘时也须加锚固件固定。锚固件的头部要略低于挤塑板，并及时用抹面胶浆抹平，以防止雨水渗入。对于阳角、孔洞边缘板在水平、垂直方向应增加锚固件，其间距不大于 300mm，距离基层边缘不小于 60mm。

（7）施工分隔缝　如图纸设计有分隔缝，则应在设置分隔缝处弹出分隔线。根据已弹好的水平线和分格尺寸，使用墨斗弹出分割线的位置。竖向分割线用线锤或经纬仪校正垂直。按照已弹好的线，在挤塑板的适当位置安装好定位靠尺，使用开槽机将挤塑板切割成凹口。凹口处挤塑板的厚度不能少于 15mm。对不顺直的凹口要进行修理。然后，裁剪宽度为 130mm＋分隔缝宽度总和的玻纤网布，见分隔缝隙及两边 65mm 宽度范围内涂抹 2mm 厚度的抹面胶浆，将玻纤网布中间部分压入分隔缝，并压入塑料条。之塑料条的边缘与保温板表面平齐。两边玻纤网布压入抹面胶浆中，不允许有翘边、皱褶等现象。

（8）粘贴玻纤网布

1）配制抹面胶浆　抹面胶浆胶粘剂为粉状。调配比例为：抹面胶浆∶水＝1∶0.25（重量比）。配制时，在适当容器中注入水，再在搅拌的状况下加入粉状，采用机械搅拌形式搅拌均匀。

配制应有专人负责，准确计量，采用机械搅拌，搅拌时间不少于 3min，以确保均匀。配制好的抹面胶浆注意避风、防晒，以免水分蒸发过快。配制好的抹面胶浆应在 2h 内用完。超过操作时间的抹面胶浆不准加水或加胶使用。

2）侧边外露的翻包处理　粘贴时挤塑板侧边外露处（如伸缩缝、沉降缝等缝的两侧和门窗口处），都应做玻纤网布翻包处理。处理方法是：将 250mm 宽的翻包玻纤网布粘贴在门窗口外侧、伸缩缝的两侧和女儿墙等挤塑板的终止部位，粘贴宽度不小于 65mm。用粘结胶浆将门窗口四周和其他外保温系统终止部位的翻包玻纤网布刮平整。还应注意，门窗洞口部位粘贴好翻包玻纤网布后，在动口侧壁四角处各贴上一块长 400mm，宽度超过窗洞口侧壁＋保温部分宽度的玻纤网布，在洞口四角 45°方向再粘贴一块 200mm×300mm 的玻纤网布。

3）粘贴玻纤网布玻纤网布应自上而下沿外墙一圈一圈地铺贴。铺贴时，先在挤塑板表面均匀地涂施一层厚度 1.5mm 左右的抹面胶浆。紧接着将玻纤网布平整地粘贴于抹面胶浆上。用抹子由中间向四周把玻纤网布压入胶浆，使之平整压实，严禁玻纤网布出现皱褶。玻纤网布不得压入过深，表面必须暴露在胶浆外。若铺贴有搭接时，搭接的宽度不小于 100mm。遇到墙面的阴阳角时两侧的玻纤网布不能在转角部位断开，必须转过角部至另一侧 200mm 以上才能终止。

4）在装饰凹缝处，应沿着凹槽将玻纤网布埋入胶浆内。若玻纤网布在此处断开，必须搭接，搭接宽度不小于 100mm。

5）对于外架子与墙体连接处，洞口四周应留出 100mm 不抹胶粘剂，待以后对局部进行修整。

6）面层抹面胶浆施工　在底层抹面胶浆凝结前，再施工一道面层抹面胶浆罩面，厚度 1～2mm，以覆盖玻纤网布、微见玻纤网布的轮廓为宜。施工时不要过度揉搓，以免造成空鼓。

7）第二道抹面胶浆施工　第二道抹面胶浆要盖住玻纤网布，尽量消除抹子印痕，使表面平整、光滑。

（9）加强层施工　为了保证 2000mm 的抗冲击要求，在标准外保温基础上加一层玻纤网布和抹一道抹面胶浆罩面，以提高抗冲击强度。加强部位的抹面胶浆总厚度为 5～7mm。同时，在同一块墙面上，加强层做法和标准层做法之间应设留伸缩缝。

（10）补洞及修理　对墙面由于使用外脚手架所预留的孔洞和损坏处，应进行修补。修补方法如下：

①当脚手架与墙体的连接拆除后，应立即对连接点的孔洞进行填补，并用水泥砂浆压平；②预切一块与孔洞尺寸相同的挤塑板，使之能够紧密填塞于孔洞中；③待水泥砂浆表层干燥后，将此挤塑板背面涂上厚 10mm 的胶粘剂，应注意不要在其四周边缘涂胶粘剂；④将挤塑板塞入，粘结于基层上；⑤用胶带将周边已做好的涂层盖住，以防止施工过程中被污染。切一块大小能够覆盖整个修补区域，并与原有玻纤网布至少重叠 65mm 的玻纤网布；⑥将挤塑板表面涂上胶粘剂，埋入加强丝网，一定注意不要将胶粘剂涂到周围的表面涂层上；⑦使用一把小号湿毛刷将表面不规则处整平，将边缘处刷平。

墙面若有损坏，亦应进行修补，方法同上。

（11）变形缝做法　沉降缝、伸缩缝、抗震缝统称变形缝，这些缝的做法为：在变形缝处填塞发泡聚乙烯圆棒，其直径应为变形缝的 1.3 倍；分两次勾填嵌缝膏，深度为缝宽的 50%～70%。

（12）涂料施工　待抹面胶浆层固化良好，达到涂料施工要求时，可以按照正常的涂料施工方法进行涂料施工。施工时先刮柔性腻子，一般批涂两遍。腻子层批涂应平整。涂料在腻子层干燥后进行刷涂或者滚涂。

（13）面砖施工　施工所使用的材料必须满足面砖饰面保温系统对材料的要求。

粘贴面砖时，采用分割弹线排砖，面砖缝不得小于 5mm，并注意按照图纸要求设置面砖缝。

将浸水的面砖擦拭干净，用面砖专用面砖胶粘剂进行粘贴。

根据设计要求用专用面砖勾缝胶进行勾缝。面砖缝要凹进面砖外表 2mm，面砖缝勾完后用布或者棉丝擦拭干净。

（14）施工应注意的问题

1）材料应分类挂牌存放，挤塑板应成捆竖立放置，防雨防潮；玻纤网布应防雨存放，胶粘剂、抹面胶浆、界面剂等液料存放的温度不得低于 0℃，粉料存放应注意防雨、防潮和保质期。

2）施工环境温度和基层温度不得低于 5℃，风力不大于 5 级，雨天不能施工。如施工突遇降雨，应采取有效措施，防止雨水冲刷墙面。

3）外保温施工完后，后续工序与其他进行的工序应注意对成品进行保护。

4）严格遵守有关安全操作规程，文明施工。

6. 细部节点构造

外墙外保温系统门窗框外侧洞口、女儿墙、檐口、勒脚、挑窗台以及封闭阳台等热桥部位、阴、阳角等处是易产生应力集中而出现裂缝的结构部位，需要进行局部加强处理。这些细部的处理方案应该进行专门的细部设计。图 2-15～图 2-26 中列示出部分构造图[13]。此外，有些节点构造的处理方法还可以参考膨胀聚苯板薄抹灰系统的做法，如图 2-6、图 2-7 等。

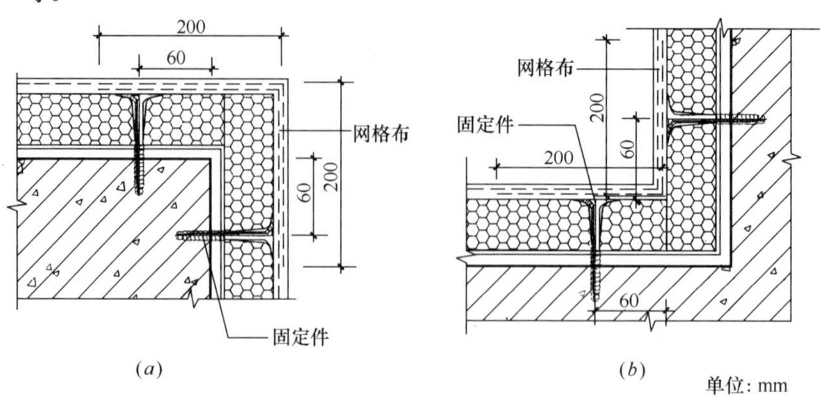

图 2-15　外墙阳角、阴角构造示意图

(a) 阳角；(b) 阴角

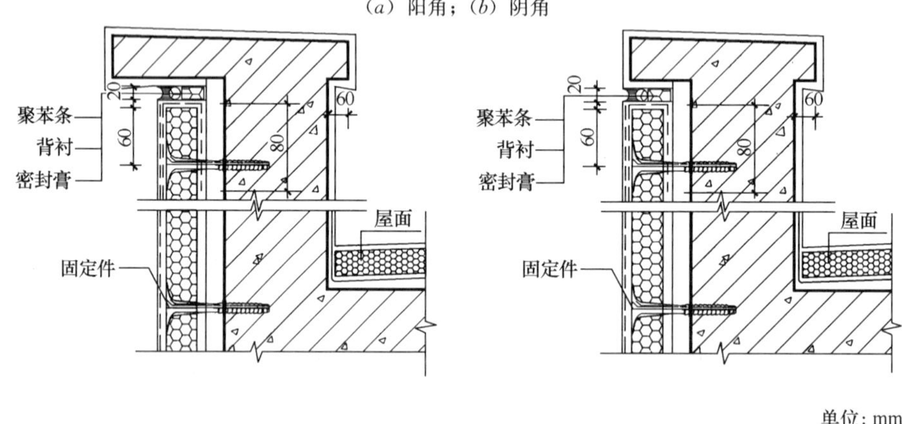

图 2-16　两种女儿墙构造示意图

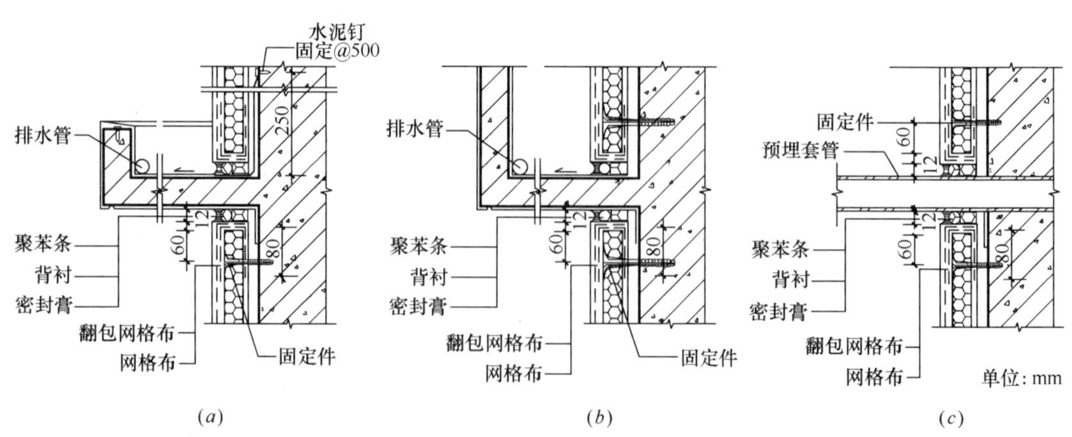

图 2-17　雨篷、阳台、穿墙管道构造示意图

(a) 雨篷；(b) 阳台；(c) 穿墙管道

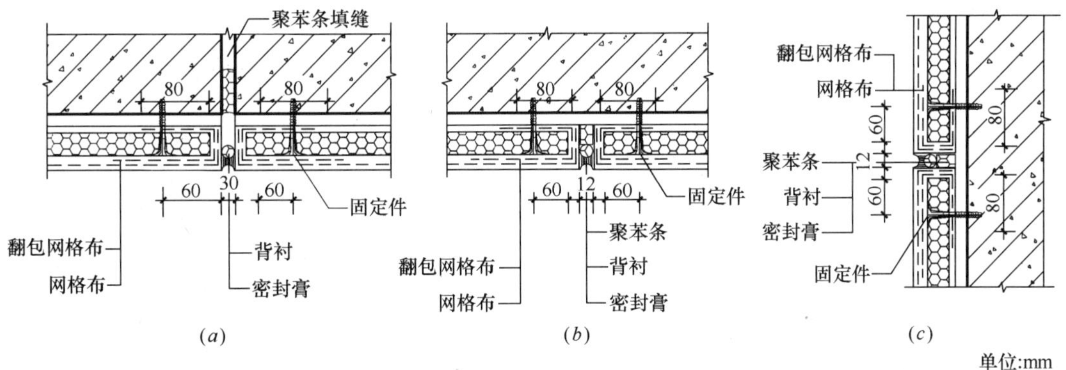

图 2-18　伸缩缝和水平界格缝、垂直界格缝构造示意图（填缝聚苯乙烯泡沫塑料条的填塞深度应大于缝宽的三倍，且不小于 100mm）

（a）伸缩缝；（b）水平缝界格缝；（c）垂直界格缝

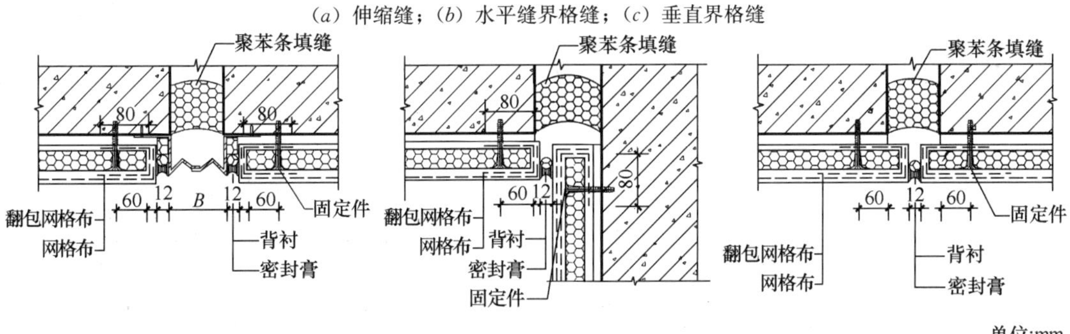

图 2-19　沉降缝、抗震缝节点构造示意图（金属盖板可以采用 1.2mm 厚铝板或者 0.7mm 厚不锈钢板；填缝聚苯乙烯泡沫塑料条的填塞深度应大于缝宽的 3 倍，且不小于 100mm）

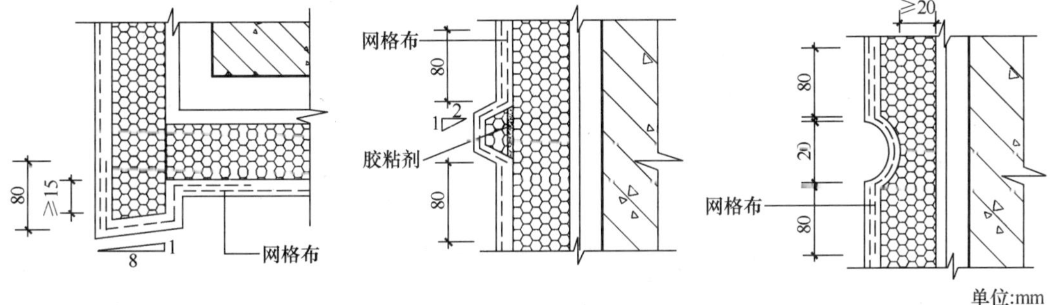

图 2-20　几种装饰线脚节点构造示意图

（六）质量要求及验收

1. 质量控制要点

（1）基层处理　基层墙体垂直、平整度应达到结构工程质量要求。墙面清洗干净，无浮灰，无油污。空鼓、疏松等薄弱部位应凿除，并用聚合物砂浆修补牢固。

（2）胶粘剂　现场随机检查胶粘剂的配制是否搅拌均匀，是否超过可操作时间。

现场随机检查胶粘剂的粘贴面积是否符合不小于挤塑聚苯板面积的 40%的要求。

（3）挤塑聚苯板

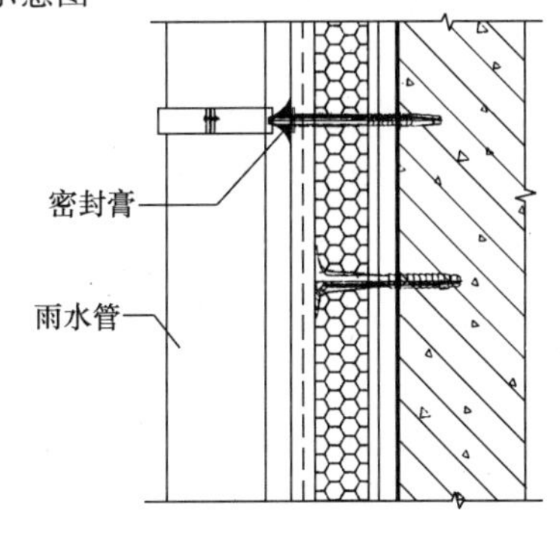

图 2-21　雨水管节点构造示意图

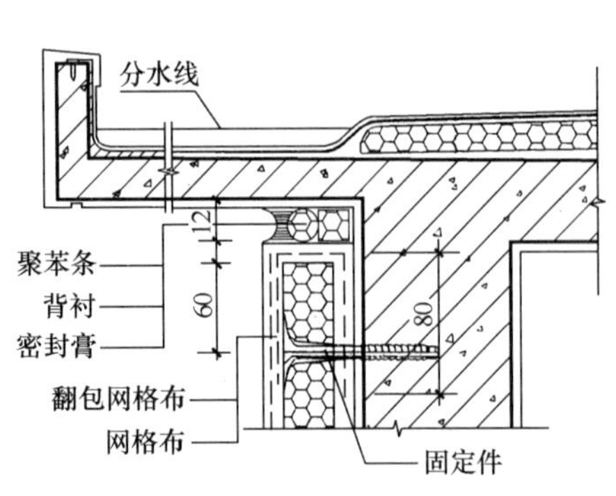

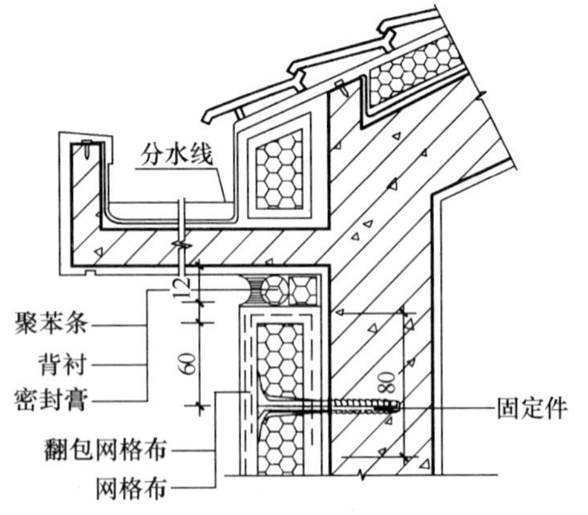

图 2-22　挑檐节点构造示意图

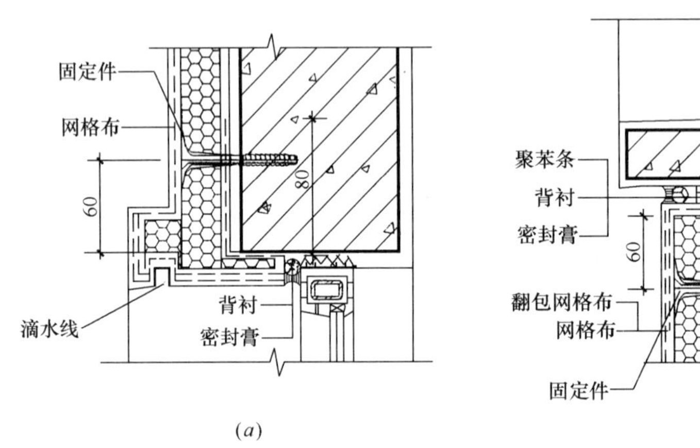

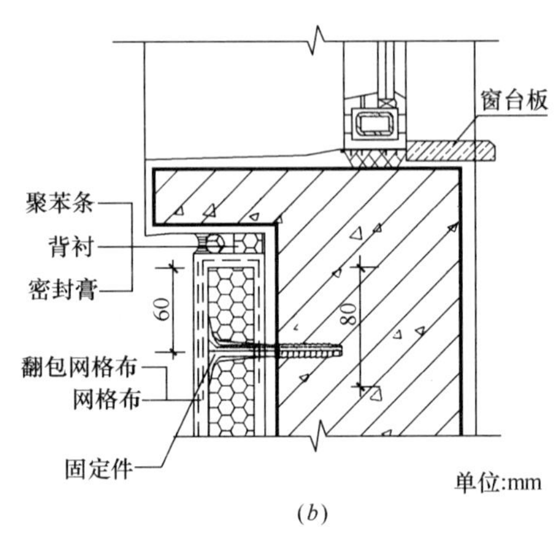

(*a*)　　(*b*)

图 2-23　上、下口节点构造示意图

(*a*) 上口；(*b*) 下口

1）挤塑聚苯板的外观应平整，无明显掉粒，不得有油渍和杂质。

2）挤塑聚苯板的表观密度应符合 JG 149—2003 的要求。

(4) 抹面胶浆　抹面胶浆的检查项目同胶粘剂。

(5) 玻纤网布　玻纤网布的网孔尺寸、单位面积质量应符合 JG 149—2003 的要求。

2. 施工质量检查

(1) 挤塑聚苯板的粘贴

1）用目测法检查表面粘贴状况，包括：板边的切割质量；板缝及填塞质量；板表面是否按照要求进行打磨；门窗和洞口及管线穿墙等洞口处，挤塑聚苯板的切割和布置是否符合要求。

2）用 2m 长靠尺和塞尺检查板面平整度和垂直度，误差均不得大于 3mm，阴阳角处板边加工与连接也必须整齐平顺。

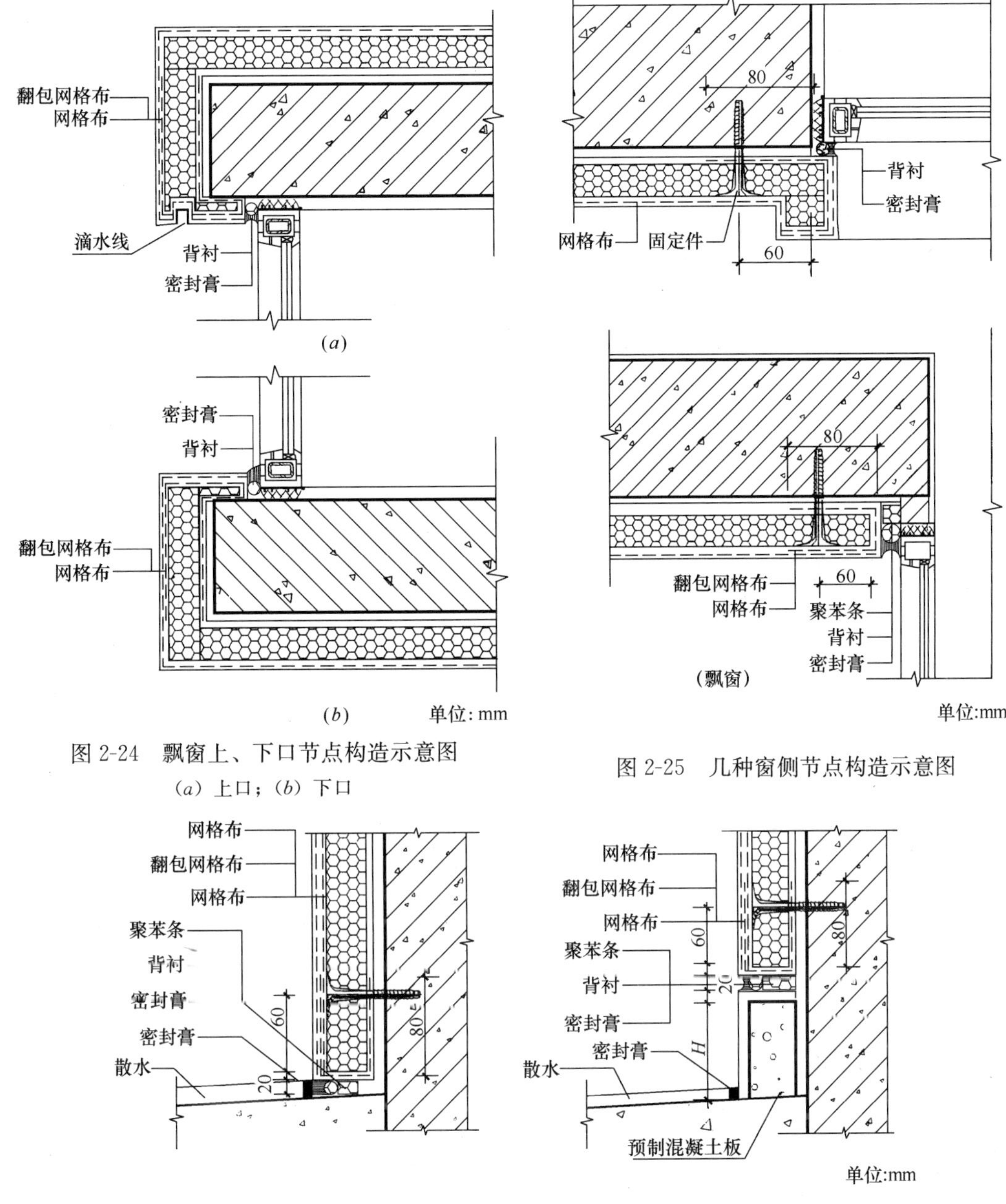

图 2-24 飘窗上、下口节点构造示意图
(a) 上口；(b) 下口

图 2-25 几种窗侧节点构造示意图

图 2-26 外墙勒脚节点构造示意图

3）墙面装饰用凹凸线条必须水平或者垂直。凹线条和贴上的凸线条须用 2m 靠尺检查其平直度，误差不得大于 2mm。

4）挤塑聚苯板粘贴 48h 后，敲击检查是否有松动或者粘贴不实处。必要时可揭开挤塑聚苯板观察是否有虚贴，并观察界面破坏情况。

5）用最小刻度为 0.5mm 的金属尺测量板缝间隙和高差，高差不得超过 1mm。

（2）玻纤网布的铺设

1）用目测法检查表面状况，不得有目测可见的网印。

2）现场随机检查玻纤网布是否按照规定铺设。

3）用插针法检查抹面胶浆的厚度。

（3）面层涂料施工质量　涂料的施工质量应符合国家行业标准《建筑涂饰工程施工及验收规范》（JGJ/T 29—2003）中对合成树脂乳液外墙涂料或相关涂料的规定。

3. 质量要求

（1）主控项目的质量要求

主控项目的验收应包括下列规定：

1）外保温系统及主要组成材料性能符合本规程要求。

检查方法：检查形式检验报告和进场复检报告。

2）挤塑板的厚度应符合设计要求

检查方法：插针法检查。

3）挤塑板粘结面积应符合本规程要求。

检查方法：现场测量。

（2）一般项目的质量要求

一般项目的验收应符合下列规定：

1）EPS 板薄抹灰系统保温层垂直度和尺寸允许偏差应符合表 2-31 的规定。

挤塑板安装允许偏差　　**表 2-31**

项　目		允许偏差（mm）	检　查　方　法
表面平整度		3	用 2m 靠尺和塞尺检查
垂直度	每层	5	用 2m 垂直检查尺检查
	总高	H/1000 且≥20	用经纬仪或吊线和尺量检查
阴、阳角垂直		2	用 2m 托线板检查
阴、阳角方正		2	用直角检验尺检查
接缝高差		1	用直尺和塞尺检查

注：H 为墙身总高。

检查方法：见表 2-31。

2）系统抗冲击性应符合《外墙外保温技术规程》（JGJ 144—2004）的要求。

检查方法：按照《外墙外保温技术规程》（JGJ 144—2004）附录 B 第 B. 3 节进行。

（七）施工管理（文明施工、施工安全、成品保护、消防安全）

1. 文明施工

（1）各类材料应分类存放并挂牌标明材料名称，不得用错。尤其注意胶粘剂与抹面胶浆。

（2）每日施工完毕后，应及时将现场施工产生的垃圾及废料清理干净，剩余物资放回仓库，以保持干净卫生的施工环境。

（3）搅拌胶粘剂和抹面胶浆必须用电动搅拌器，用毕清理干净。

（4）不允许在施工工地上倾倒和燃烧垃圾，保持良好的环境。

2. 施工安全

（1）工地现场负责人对施工现场的安全负责，应对施工人员进行安全教育，提高对安全工作的认识。

（2）当气温高于 35℃、5 级以上大风和雨天不得进行施工。夏季应避免阳光暴晒。

(3) 安全措施。

1) 专用作业吊篮和施工脚手架的安装以及登高作业，必须符合国家相关规范的要求，经检查验收合格后，调试运行可靠后才能使用。

2) 使用电动工具和机械设备时，必须符合现行《施工现场临时用电规范》(JGJ 46-2005) 和《建筑机械使用安全技术规程》(GJG 33-2001) 的要求。

3) 应按规定佩戴劳动保护用品，使用喷涂工艺时，必须佩戴防护口罩及防护眼镜。

3. 成品保护

(1) 加强成品保护教育，提高施工人员的成品保护意识，贯彻成品保护条例。

(2) 施工中各专业工种紧密配合，合理安排工序，严禁颠倒工序作业。

(3) 抹灰时，注意不要污染门窗表面。严禁踩踏窗口。

(4) 外墙外保温饰面工程施工前，应将已安装在外墙面的管道、门窗框等相关设施保护好，每道工序完成后，应及时清理残留物。

(5) 严禁在地面和楼层上直接搅拌胶粘剂和抹面胶浆，喷涂作业应有防风措施，防止污染作业环境和周边环境。

(6) 成品保护措施及修补

1) 对抹完抹面胶浆的保温墙体，不得随意开凿孔洞，如确实需要，应按照设计要求进行。

2) 应防止重物撞击墙面。

3) 孔洞或损坏处应切割成形状比较规则的洞口，另切割一块形状完全相同、尺寸略小的挤塑聚苯板，按本规程的有关规定进行修补。

4) 不得在挤塑聚苯板上放置易燃及溶剂型化学物品，不得在上面加工作业电气焊。

5) 严禁将窗户作为脚手架支点或固定点使用，防止夹、砸、碰损坏。防止门窗位移变形。

4. 消防安全

(1) 施工现场和临时设施确保防火通道畅通。施工现场必须按照防火规范布置相应和防火设备。

(2) 任何有明火的地方，都应配备必要的火火设备。

(3) 工地配备专业电工，任何配电装置、用电设备及连接电源，必须由专业电工执行，而且必须与易燃易爆物品隔离或采取可靠的安全防护措施。

(4) 焊接工作 (包括气焊、电焊等各种焊接)，不准在易燃易爆物品进行。

(5) 施工工地的易燃物品，必须有专门存放仓库，并指派专人经营。

(6) 施工现场的一切设施，都应满足有关部门制定的消防安全标准。

(7) 施工现场配备的一切消防设备，必须安全、可靠，配备位置必须存放、拿取便捷。

第四节 硬泡聚氨酯外墙外保温系统

一、概述

聚氨酯外墙外保温系统是以硬泡聚氨酯为保温层的外墙保温隔热系统，分现场施工

（喷涂、浇注）和聚氨酯板两类。硬泡聚氨酯是具有低密度、高闭孔率、比强度大，保温隔热性能好，吸水率低，施工操作方便和用途广泛等特性的高效保温隔热材料。

1. 基本应用范围

现场喷涂的硬泡聚氨酯能够形成无缝保温（兼防水）层，无冷（热）桥，而且与水泥基材料基层（如墙体、屋面等）粘结牢固。就墙面保温应用来说，特别适合高层建筑和海边风大地区建筑的保温。

硬泡聚氨酯建筑保温在国外已有 30 多年应用历史，目前主要应用于[14]：

（1）各类气候区域的公共建筑和居住建筑，特别适用于高层建筑和海边风力较大地区建筑的外墙和屋顶保温。

（2）高节能标准（50%和 65%）建筑和低能耗（节能 80%标准）建筑的外墙和屋顶保温。

（3）特殊形状建筑，钢构建筑外墙和屋顶的保温。

（4）保温防水一体化建筑和保温装饰一体化建筑的外围护结构保温。

2. 聚氨酯硬泡在外墙外保温应用的优势和不足

（1）应用优势

1）独特的防水性能　聚氨酯硬泡是结构致密的微孔泡沫体，闭孔率 92%以上，因此具有高水蒸气渗透阻性和良好的不透水性。对于现场浇注成型具有完整结皮聚氨酯硬泡，其闭孔率接近 100%，吸水率接近零，大量的应用实践也证明聚氨酯硬泡是一种不吸潮的优质材料。

现场浇注或喷涂成型的聚氨酯硬泡层与基层粘结牢固，因而聚氨酯硬泡层与基层形成一体，不易发生脱层或剥离，避免了水沿层间的渗透。另外，聚氨酯硬泡的原材料是液体，料浆有一定流动性，可进入基层孔隙中发泡，堵塞缝隙，起到封闭孔隙的作用。

2）优良的隔热保温性能　聚氨酯硬泡具有很低的导热系数，新制成的泡沫制品在常温下的导热系数一般≥0.024W/（m·K）。

3）防腐蚀，耐老化性能好　聚氨酯硬泡对汽油、苯等一般溶剂及稀浓度的酸、碱、盐都具有良好的化学稳定性，不霉变，但是和其他高分子材料一样，在阳光的直接照射下会发生老化，使材料的物理性能和机械性能下降，但变化的速度非常缓慢。据报道，在 20℃聚氨酯硬泡导热系数可稳定保持 50 年。德国将聚氨酯硬泡层应用于保温，曾对已竣工使用数年的 2 个工厂和 1 个学校屋面聚氨酯硬泡保温层取样测定，性能均处于良好状态（表 2-32）。

聚氨酯硬泡的耐老化性能　　**表 2-32**

建筑物	使用时间（年）	导热系数［W/（m·K）］	水蒸气含量（%）	密度（kg/m^3）
工厂 1	8.50	0.028	0.008	30
工厂 2	8.75	0.024	0.063	34
学校	9.75	0.025	0.340	32

若应用于外墙外保温体系，聚氨酯硬泡层外有保护和装饰体系，其性能保持会更好。

4）抗裂性能好　聚氨酯硬泡具有一定延伸性，有一定抵抗外界变形能力。在外力、温度变化、干湿变化等作用下，不易发生裂缝，有效地保证体系的稳定性和防水性。即使主体结构产生正常变形，诸如收缩、膨胀、小裂纹等，聚氨酯硬泡也不会产生裂缝或者剥离，避免了膨胀聚苯板体系中由于膨胀聚苯板收缩引起的保护装饰体系开裂。

5）适用范围广　聚氨酯硬泡适用于各种工业与民用建筑的保温工程，既可用于新建也可用于旧的建筑修复。聚氨酯硬泡的使用温度为-80～80℃，可在全国各气候区使用。

6）机械强度高，稳定性强　用于建筑保温的聚氨酯硬泡密度为32～50kg/m^3，机械强度高，和膨胀聚苯板、岩棉相比抵抗外力的能力较强，可承受人及正常搬运物品产生的碰撞。

7）粘结性能好　聚氨酯硬泡与各种建筑材料如钢材、混凝土、塑钢、砖石等粘结牢固，即使在最不利的温度和湿度下，承受风力、自重以及正常碰撞等各种内外力相结合的负载，保温层仍不与基底分离、脱落。美国膨胀聚苯板协会研究表明，只要正确施工，聚氨酯硬泡可以抵抗大风的作用。

（2）聚氨酯硬泡保温的性能不足

1）施工机械复杂，需要专业的技术人员；

2）施工现场有液珠飘浮空气中，尤其在喷涂成型时，需要通风良好和一定的劳动保护；

3）喷涂成型的聚氨酯硬泡表面不平整。若外装饰是平涂涂料，则需要对聚氨酯硬泡进行修整；

4）若在成型后的聚氨酯硬泡上粘结其他材料，最好使用界面处理剂。

3. 现场施工和预制板材的硬泡聚氨酯外墙外保温系统的特征

（1）现场施工（喷涂、浇注）硬泡聚氨酯外墙外保温系统　现场浇注法系统有可拆模浇注法和免拆模浇注法两种。是在外墙面安装模板，以控制硬泡聚氨酯保温层的厚度和平整度，然后喷涂聚氨酯，待聚氨酯发泡并凝固变硬后，再对平整度不能够满足要求的部位采用机械刨平发泡层；或者直接将聚氨酯发泡料喷涂于墙面，待聚氨酯发泡并凝固变硬后，采用胶粉聚苯颗粒保温浆料找平发泡层。

现场喷涂硬泡聚氨酯墙体保温系统可以采用涂料或面砖饰面，具有保温系统的绝热性能好、强度高、柔性好、整体性强和防水性好等优点；但现场喷涂质量难于控制、浪费大、施工受环境影响较大，采用刨平方法还会产生很大的浪费和刨屑的环境污染等。例如，在喷涂作业中，环境温度、发泡料两组分的配比、发泡料喷涂过程中的损失等都是影响外保温系统质量的重要因素。因而，这种系统还只能由专业的施工公司施工。

（2）硬泡聚氨酯复合板外墙外保温系统　根据硬泡聚氨酯板的不同，有带饰面层和不带饰面层两种类型。带饰面层的称为保温装饰一体化外墙保温系统，将在第三章第三节中介绍。不带饰面层系统的构造由找平层、胶粘剂层、硬泡聚氨酯复合板层、抹面胶浆复合耐碱玻纤网布增强防护层和饰面层等组成。这种系统可以采用涂料饰面，也可以采用面砖或装饰性石材（或其他块材）饰面。

硬泡聚氨酯复合板外墙外保温系统与上两节介绍的聚苯板（包括膨胀型和挤塑型）薄抹灰外保温系统具有类似的构造和性能，系统使用的材料除了保温层材料外，也都具有基本相同的性能要求。但是，硬泡聚氨酯板的强度更高，保温性能更好。

4. 聚氨酯硬泡在外墙外保温应用中有待研究解决的问题

聚氨酯外墙外保温系统虽有很多优势，但也存在保温体系现场发泡喷涂技术要求较高，施工厚度均匀度差等缺点，在应用中应逐步研究解决以下问题。

（1）研制低温环境下能够施工，并同基层粘接良好的聚氨酯喷涂组合料，解决冬季施工发泡倍数低的问题。

（2）改进聚氨酯硬泡的阻燃性能，提高聚氨酯外墙外保温体系的防火等级。

（3）开发潮湿基层隔离剂，解决聚氨酯硬泡与潮湿基层粘结力差的问题，提高外墙外保温体系的稳定性。

（4）制定科学、实用的施工工艺，解决施工厚度不均匀的问题，尤其是外墙阴阳角，外墙异形及突出部位的厚度及形状保持。

（5）研究聚氨酯外墙外保温体系，尤其是细部构造，力求使聚氨酯体系节能效果超过65%，达到70%、80%的水平。

（6）研究聚氨酯发泡保温系统与其他保温、防水材料的复合应用。

（7）加强聚氨酯保温材料的保护装饰系统研究，突破现有的抹面砂浆＋网格布＋涂料（瓷砖）体系，积极采用简单新型的保护装饰体系，如涂刷表面保护涂料或喷涂聚脲树脂。

（8）开发用于外墙外保温体系维护和维修用的聚氨酯系统。

二、聚氨酯硬泡外墙外保温工程设计技术要点[16]

1. 基本要求

1）聚氨酯硬泡外墙外保温系统应能适应基层墙体的正常变形而不产生裂缝、空鼓，应能长期承受自重不产生有害变形，应能长期承受风荷载的作用和室外气候的反复作用而不产生破坏。

2）聚氨酯硬泡外墙外保温系统的保温、隔热、防潮性能以及主体结构和基层墙体均应符合国家现行相关标准要求，各种组成材料、配套材料应具有良好的物理化学稳定性和足够的耐久性，各种材料与配套材料之间应有良好的相容性。聚氨酯硬泡应为阻燃环保型材料。发泡剂必须选用非 CFC 物质。聚氨酯硬泡外墙外保温工程应采取有效的防火构造措施。

3）聚氨酯硬泡外墙外保温系统可应用于新建、扩建或改建的民用建筑中，也可应用于对既有建筑进行节能改造。

4）聚氨酯硬泡外墙外保温工程的设计，应结合建筑物所处地域的气候分区，按照国家规定的节能设计标准要求及具体工程项目的建筑节能技术要求、建筑结构类型及特点等，并经过技术经济比较后，给出聚氨酯硬泡外墙外保温系统的结构构造、保温层厚度指标等，并选择聚氨酯硬泡外墙外保温系统的施工方式。

（1）喷涂法施工工程

1）喷涂法施工时，符合《混凝土结构工程施工质量验收规范》（GB 50204—2002）和《砌体工程施工质量验收规范》（GB 50203—2002）要求的基层墙体可不用抹面砂浆找平，聚氨酯硬泡保温层可直接喷涂于混凝土墙面和砌体墙面上。

2）喷涂法施工聚氨酯硬泡外墙外保温可分为三种系统：饰面层为涂料系统、饰面层为面砖系统、饰面层为干挂石材或铝塑板等，分别如图 2-27～图 2-29 所示。出于安全性考虑，不提倡在建筑物高于两层的部位采用面砖系统，如果在建筑物较高部位采用贴面砖做外饰面，则需要采取安全措施，并经过可靠的试验验证，达到国家现行有关标准要求。

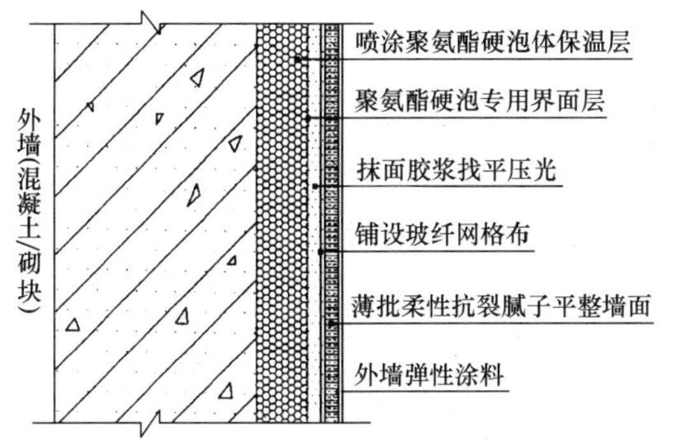

图 2-27 饰面层为涂料的聚氨酯硬泡外墙外保温系统构造示意图

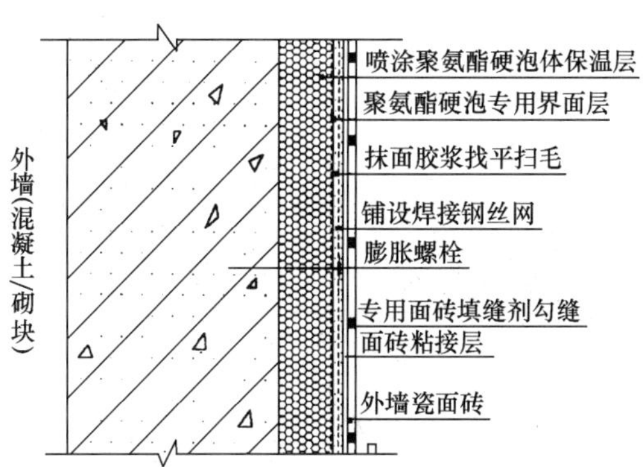

图 2-28 饰面层为面砖的聚氨酯硬泡外墙外保温系统构造示意图

3）墙体拐角（阴、阳角）处及不同材料的基层墙体交接处应连续不留缝喷涂聚氨酯硬泡（图 2-30）。

4）喷涂法施工时，在墙体变形缝处聚氨酯硬泡保温层应设置分隔缝，缝隙内应以聚氨酯或其他高弹性密封材料封口（图 2-31）。

5）聚氨酯硬泡保温层沿墙体层高宜每层留设抗裂水平分隔缝；纵向以不大于两个开间并不大于 10m 宜设竖向分隔缝（图 2-32）。

6）喷涂法施工时，应保证窗口部位聚氨酯硬泡与窗框的有效连接，窗上口及窗台下侧均应做滴水线（图 2-33）。

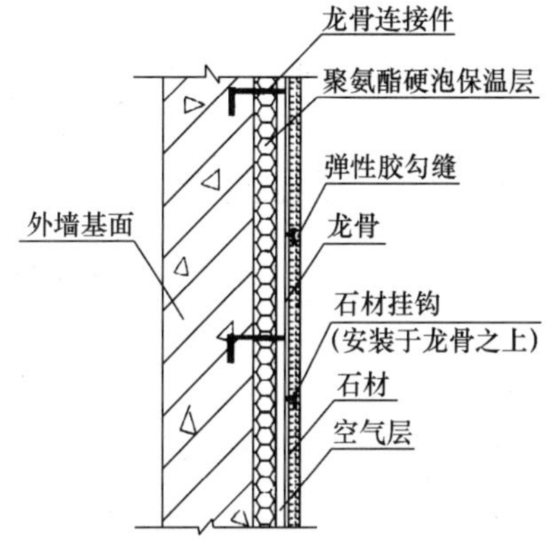

图 2-29 饰面层为干挂石材或铝塑板聚氨酯硬泡外墙外保温系统构造示意图

7）如果饰面层为涂料，则涂刷涂料的抹面胶浆层应以耐碱玻纤网布加强，且室外自然地面＋2.0m 范围以内的墙面，应铺贴双层网布，两层网布之间抹面胶浆必须饱满，门窗洞口等阳角处应做护角加强。

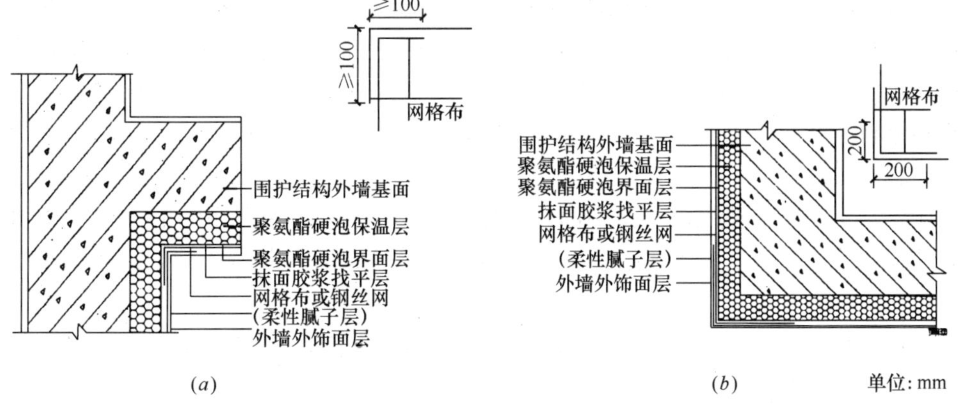

图 2-30 墙体拐角等部位喷涂构造示意图

(a) 阴角网格布搭接；(b) 阳角网格布搭接

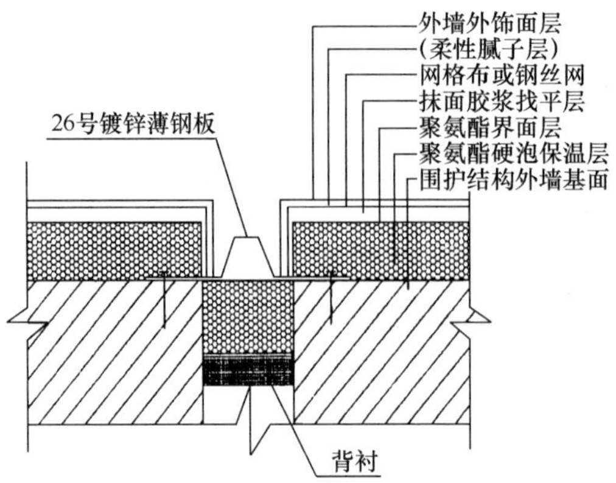

图 2-31　墙体变形缝处的分隔缝设置示意图

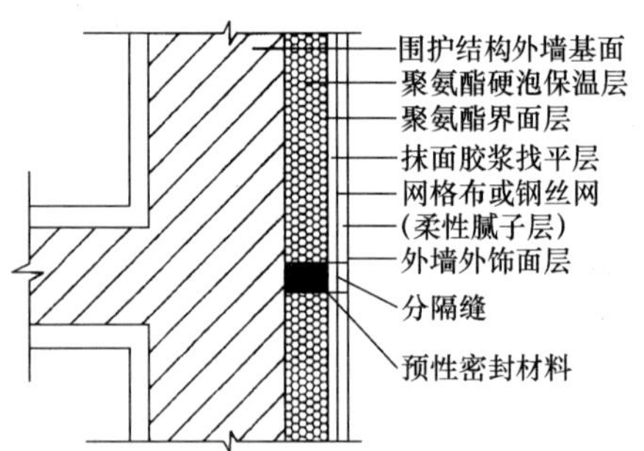

图 2-32　聚氨酯硬泡保温层水平分隔缝设置示意图

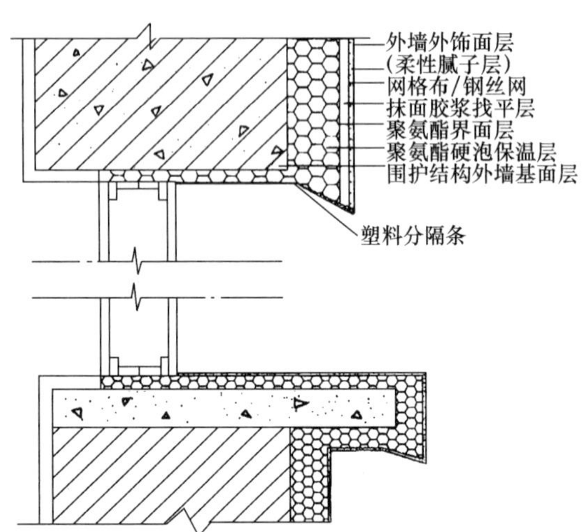

图 2-33　窗口部位聚氨酯硬泡喷涂构造示意图

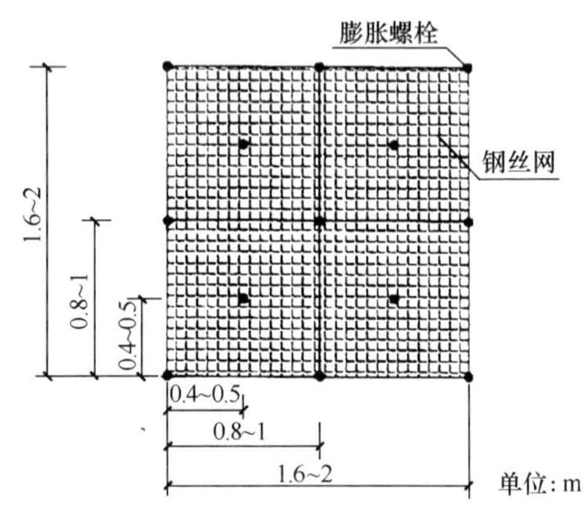

图 2-34　钢丝网固定方式示意图

8）饰面层为面砖的聚氨酯硬泡保温系统。应采取足够的技术措施保证其安全性，例如应取消柔性腻子层，并以热镀锌焊接四角钢丝网代替玻纤网布。钢丝网应与埋在墙面上的膨胀螺栓可靠连接（图 2-34）。网布（或钢丝网）宜置于抹面胶浆中间层部位。热镀锌四角焊接钢丝网丝径一般为 0.8～1.2mm，网孔边长一般为 20mm 左右，实际采用的丝径和网孔边长可根据工程具体要求进行调整。

其中，10 层以下的保温系统取图中较大值，10 层以上的保温系统取图中较小值。如果为轻质混凝土砌块墙体，则应在墙中预埋扁钢固定件来替代膨胀螺栓，以增加系统的安全性。

饰面层为面砖时。室外自然地面＋2.0m 范围以内的墙面阳角钢丝网应双向绕角互相搭接，搭接宽度不得小于 200mm。

（2）浇注法施工工程

1）浇注法施工聚氨酯硬泡外墙外保温系统分为可拆模和免拆模两种。可拆模系统（图 2-35、图 2-36）的构造层次一般包括：墙体基层界面剂（必要时）、聚氨酯硬泡保温层、保温层界面剂和饰面层等。免拆模系统（图 2-37、图 2-38）的构造层次一般包括：墙体基层界面剂（必要时）、聚氨酯硬泡保温层、专用模板和饰面层等。

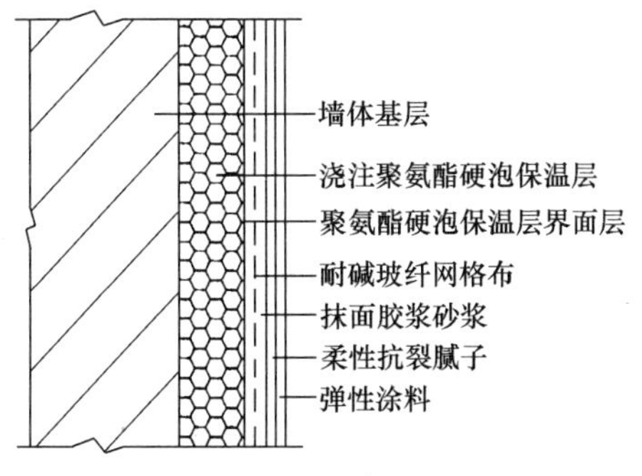

图 2-35　饰面层为涂料的浇注法可拆模系统构造示意图

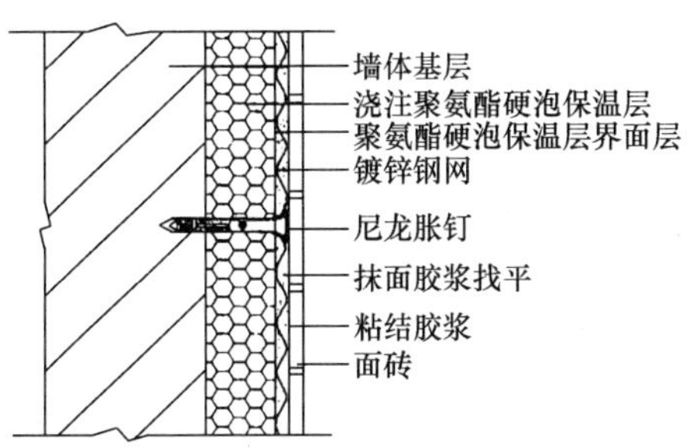

图 2-36　饰面层为面砖的浇注法可拆模系统构造示意图

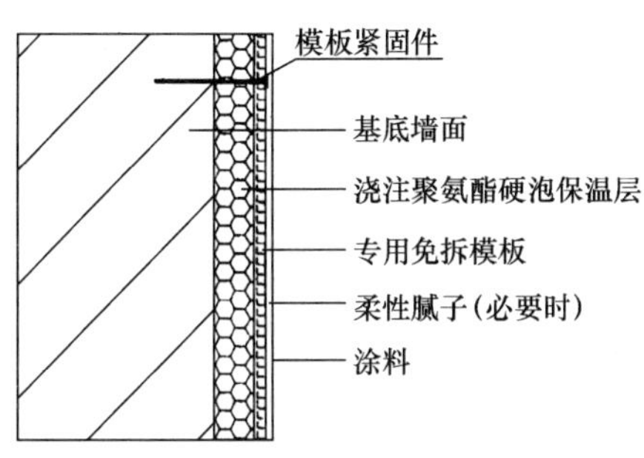

图 2-37　饰面层为涂料的浇注法免拆模系统构造示意图

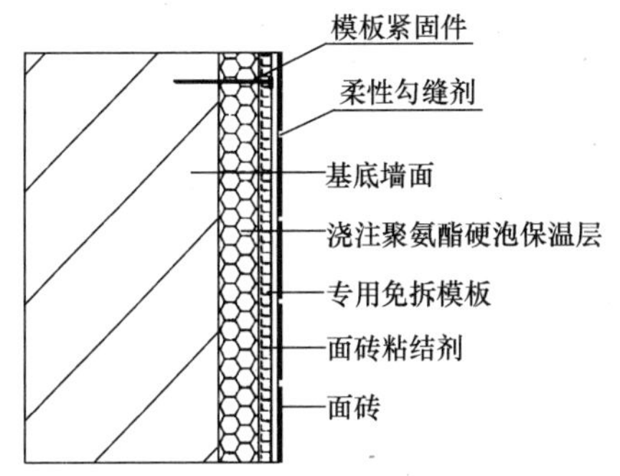

图 2-38　饰面层为面砖的浇注法免拆模系统构造不意图

2）浇注法施工聚氨酯硬泡的基层墙体应符合《混凝土结构工程施工质量验收规范》(GB 50204—2002）和《砌体工程施工质量验收规范》（GB 50203—2002）的要求。符合验收标准的基层墙体可不用抹面砂浆找平，聚氨酯硬泡保温层可直接浇注在混凝土墙面和砌体墙面上。

3）浇注法施工时，在墙体变形缝处聚氨酯硬泡保温层应设置分隔缝，缝隙内应以聚氨酯或其他高弹性密封材料封口。

4）聚氨酯硬泡保温层沿墙体层高宜每层留设水平分隔缝；纵向以不大于两个开间并不大于 10m 宜设竖向分隔缝。

5）浇注法施工时，应保证窗口部位聚氨酯硬泡与窗框的有效连接，窗上口及窗台下侧均应做槽式滴水线。

6）浇注法施工的聚氨酯硬泡保温层表面一般无需再进行找平层施工，但应做好饰面层施工的界面处理（例如刮涂界面剂等），这一点对于可拆模浇注施工的聚氨酯硬泡保温层尤其重要，以保证后续饰面层施工的可靠性：之后，按照不同饰面层相应的技术工艺进行饰面层施工。

浇注法可拆模施工，如果饰面层采用真石漆，则在完成保温层浇注后，可直接在保温层界面进行刮涂真石漆底涂、中涂、面涂等工序。完成真石漆饰面层施工；如果是免拆模施工，则先对模板接缝和模板固定件部位进行适当处理。以使整个模板系统表面平整。之后进行刮涂真石漆底涂、中涂、面涂等工序，完成真石漆饰面层施工。

7）浇注法可拆模施工。如果饰面层为涂料，则涂刷涂料的抹面胶浆层应以耐碱玻纤网布加强，且室外自然地面+2.0m范围以内的墙面，应铺贴双层网布加强。两层网布之间抹面胶浆必须饱满，门窗洞口等阳角处也应做护角加强。

（3）粘贴法施工工程

1）粘贴法施工聚氨酯硬泡外墙外保温系统主要由聚氨酯硬泡保温板、抹面层、饰面层构成。聚氨酯硬泡保温板由胶粘剂（必要时增设锚栓）固定在基层墙面上（粘结面积应大于40%，且复合板周边宜进行粘结），抹面层中满铺耐碱网布。

2）聚氨酯硬泡保温板长度不宜大于1200mm，宽度不宜大于700mm。

3）聚氨酯硬泡保温板宜采用带抹面层或饰面层的系统：建筑物高度在30m以上时。聚氨酯硬泡保温板宜使用锚栓辅助固定。

4）聚氨酯硬泡保温板外墙外保温工程的密封和防水构造设计，重要部位应有详图，确保水不会渗入保温层及基层，水平或倾斜的挑出部位以及墙体延伸至地面以下的部位应做防水处理。

5）应做好粘贴法施工聚氨酯硬泡外墙外保温系统在檐口、勒脚处的包边处理；装饰缝、门窗四角和阴阳角等处应做好局部加强网施工：变形缝处应做好防水和保温构造处理。

6）聚氨酯硬泡保温板外墙外保温薄抹面系统设计应遵守下列规定：

a. 建筑物首层或2m以下墙体，应在先铺一层耐碱加强玻纤网布的基础上，再满铺一层标准耐碱玻纤网布：加强耐碱玻纤网布在墙体转角及阴阳角处的接缝应搭接，其搭接宽度不得小于200mm，在其他部位的接缝宜采用对接；

b. 建筑物二层或2m以上墙体，应采用标准耐碱玻纤网布满铺，耐碱玻纤网布接缝应搭接，其搭接宽度不宜小于100mm；在门窗洞口、管道穿墙洞口、勒脚、阳台、变形缝、女儿墙等保温系统的收头部位，耐碱玻纤网布应翻包，包边宽度不应小于100mm。

7）门窗洞口部位的外保温构造应符合以下规定（图2-39）：

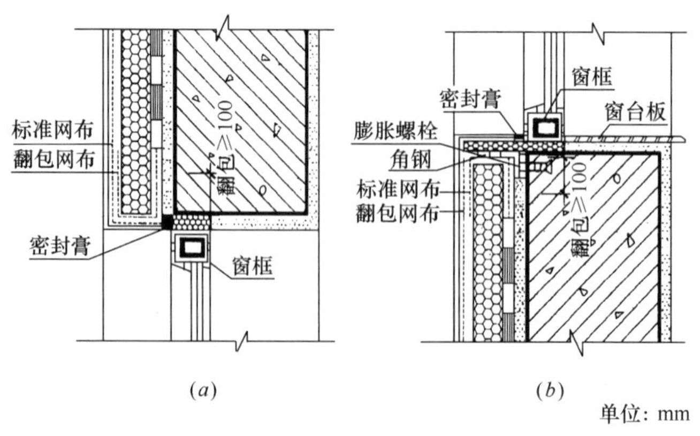

图2-39　门窗洞口保温构造示意图

（a）洞口上方；（b）洞口下方

a. 门窗外侧洞口四周墙体，聚氨酯硬泡厚度不应小于 20mm；

b. 门窗洞口四角处的聚氨酯硬泡保温板应采用整块板切割成型，不得拼接；

c. 板与板接缝距洞口四角距离不得小于 200mm；

d. 洞口四边板材宜采用锚栓辅助固定；

e. 铺设耐碱玻纤网布时，应在四角处 45°，斜向加贴一定尺寸的标准耐碱玻纤网布。

8）勒脚部位的外保温构造应符合以下规定（图 2-40）：

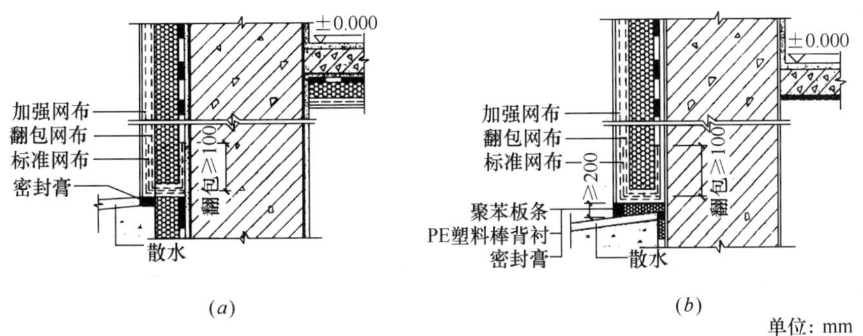

图 2-40　勒脚部位外保温构造示意图

（*a*）有地下室；（*b*）无地下室

a. 勒脚部位的外保温与室外地面散水间应预留不小于 20mm 缝隙；

b. 缝隙内宜填充泡沫塑料，外口应设置背衬材，并用建筑密封膏封堵；

c. 采用聚氨酯硬泡保温板外保温时，勒脚处端部应采用标准网布、加强网布做好包边处理，包边宽度不得小于 100mm。

9）聚氨酯硬泡保温板外墙外保温工程在檐口、女儿墙部位应采用保温层全包覆做法，以防止产生热桥。当有檐沟时，应保证檐沟混凝土顶面有不小于 20mm 厚度的聚氨酯硬泡保温层（图 2-41）。

10）变形缝的保温构造应符合下列规定（图 2-42）：

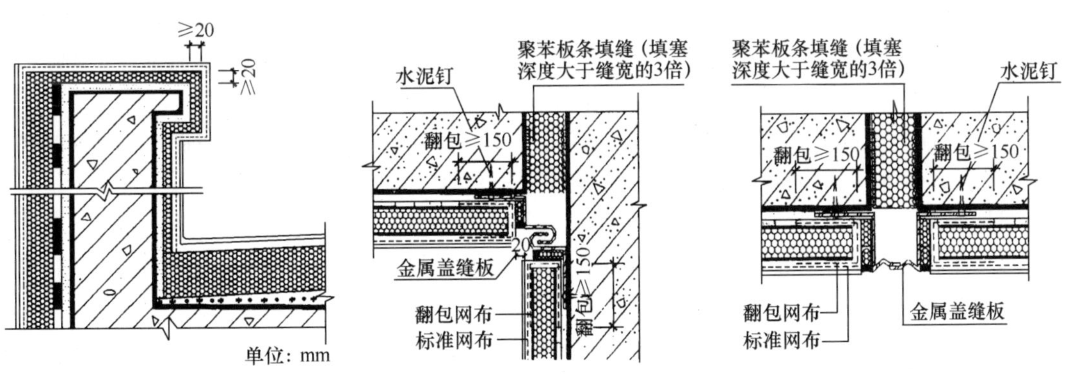

图 2-41　檐口、女儿墙保温构造示意图

图 2-42　变形缝保温构造示意图

a. 变形缝处应填充泡沫塑料，填塞深度应大于缝宽的 3 倍；

b. 金属盖缝板宜采用铝板或不锈钢板；

c. 采用聚氨酯硬泡保温板外保温时。变形缝处应做包边处理，包边宽度不得小于 100mm。

11）聚氨酯硬泡保温板的饰面层为面砖时，应采用镀锌钢丝网代替耐碱玻纤网布，并应根据承重需要，通过计算合理设置锚固件的数量及分布，将面砖重量有效地传给主体结构，避免使聚氨酯硬泡保温层承受面砖重量。

（4）干挂法施工工程　干挂法施工是指将聚氨酯硬泡保温装饰复合板干挂在外墙基层形成聚氨酯硬泡外墙外保温系统。该方法属于干作业施工。该系统可分为无龙骨、有龙骨两大类（图 2-43）。饰面层有氟碳涂料面、仿石面等多种形式和色彩。

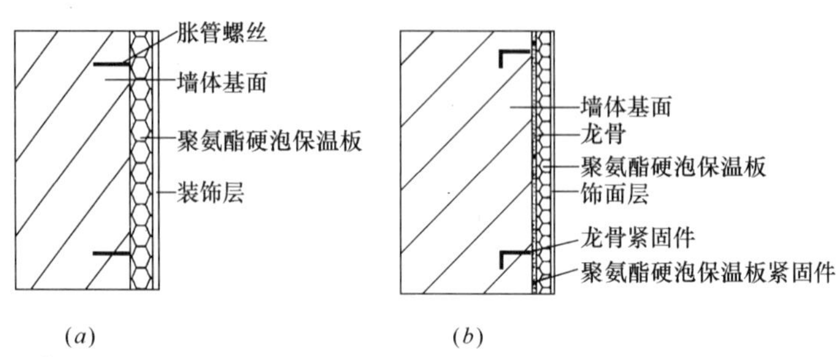

图 2-43　干挂法施工无龙骨体系示意图

（*a*）无龙骨体系；（*b*）有龙骨体系

1）干挂法施工无龙骨体系采用胀管螺丝将聚氨酯硬泡保温装饰复合板直接锚固于墙体。胀管螺丝直径、中距视板材尺寸及风荷载确定。该体系不宜用于框架填充轻骨料混凝土砌块墙体。

2）干挂法施工有龙骨体系采用专用自攻钢钉将聚氨酯硬泡保温装饰复合板固定于龙骨（图 2-43*a*）：龙骨应采用热镀锌型钢或其他具有足够安全性与耐久性的材料；连接件应采用热镀锌钢件或不锈钢件；与聚氨酯硬泡保温板饰面层接触处的金属材料应采取防腐处理（如穿过聚氨酯硬泡保温板饰面层安装于基层上的设备或管道以及连接件等）。

龙骨尺寸、中距及锚固方法应根据风荷载的大小、基层墙体的构成及聚氨酯硬泡保温装饰复合板的尺寸确定。有龙骨体系可用于框架填充轻骨料混凝土砌块墙体，此时主龙骨应锚固于框架梁、柱，此时应经过抗震、抗负风压计算（类似于幕墙龙骨计算）来确定龙骨断面尺寸大小、中距及锚固点距离和锚固做法。

3）干挂聚氨酯硬泡保温装饰复合板，在窗口两侧应有可靠包角，防雨水渗入，窗上口应有滴水措施，窗台应有排水坡度及泛水。从勒脚、阳台至女儿墙应有妥善的防渗水构造设计。

聚氨酯硬泡保温装饰复合板材的分隔应根据立面设计要求、板材长宽尺寸、运输及安装等因素进行合理设计。

4）无龙骨体系的胀管螺丝（或钢膨胀螺栓）的直径、中距及入墙深度等应根据计算确定。

5）如果基层墙体为砌块墙。则应在墙体砌筑时砌入扁钢件，以固定龙骨或聚氨酯硬泡保温装饰复合板。

6）聚氨酯硬泡保温装饰复合板的板与板之间拼接缝宽度应考虑适应主体结构在外力作用下的位移变形，并满足其自身热胀冷缩变形的基本要求。

7）饰面层为金属面的聚氨酯硬泡保温装饰复合板其防雷设计应符合国家现行标准《建筑物防雷设计规范》（GB 50057—2000）和《民用建筑电气设计规范》（JGJ/T 16—1993）的有关规定。

三、聚氨酯硬泡外墙外保温工程施工技术[17,18]

聚氨酯硬泡外墙外保温工程施工方法有喷涂法、浇注法、粘贴法和干挂法四种。喷涂法施工时墙体可采用涂料、面砖、干挂石材或铝塑板等不同饰面层；浇注法施工有可拆模和免拆模两种施工工艺；粘贴法施工时，对保温板粘贴、变形缝处理等有特殊要求；干挂法施工有无龙骨和有龙骨两种体系。

（一）基本要求、系统构造和材料性能指标

1. 基本要求

（1）建筑工程主体应已按照国家现行的工程施工系列验收规范通过质量验收，且具有验收文件；建筑工程主体质量验收不合格，不得进行聚氨酯硬泡外墙外保温施工。

（2）聚氨酯硬泡外墙外保温系统的原材料进入施工现场后．应在监理工程师监督下进场验收，并按规定取样复检；各种原材料应分类储存，防雨、防暴晒、防火，且不宜露天存放。各类作业机具、工具备齐，并经检验合格、安全、可靠；各种测量工具经过校核无误。

（3）施工前应对聚氨酯硬泡外墙外保温工程的墙体表面面积进行实测实量。

（4）聚氨酯硬泡外墙外保温施工前应编制专项施工组织设计方案，并报总包技术部门审批；聚氨酯硬泡外墙外保温施工应纳入建筑工程施工总体施工组织设计之中。专项施工组织设计方案一般包括下列内容：

1）工程概况，工程保温隔热技术质量目标；

2）聚氨酯硬泡外墙外保温工程平面设计图、节点构造详图；

3）主要材料计划；

4）施工进度计划、用工计划；

5）聚氨酯硬泡外墙外保温技术质量保证措施；

6）安全、文明施工措施；

7）聚氨酯硬泡外墙外保温工程验收程序。

（5）聚氨酯硬泡外墙外保温工程的施工图应会审，应对现场施工作业人员进行技术交底；施工人员应岗前考核，合格后方可上岗作业。

（6）聚氨酯硬泡外墙外保温工程施工对基层墙面的要求；

1）基层墙面的抹面砂浆厚度大于10mm时，应采用分层抹灰工艺；抹面砂浆的平整度允许偏差应小于4mm。

2）既有建筑外墙表面不应有大面积空鼓、开裂；空鼓、开裂面积小于0.1mm×0.1mm时，应采用找平材料对其进行找平；空鼓、开裂面积大于0.1mm×0.1mm的部位应剔除；如有必要，原有饰面层应清除。

3）施工前应清洁外墙基面，墙面不得有浮尘、滴浆、油污、空鼓及翘边等，基层应干燥、干净，坚实平整；如有必要时，潮湿墙面和透水墙面应先进行防潮和防水处理；如有必要，外墙基层涂刷界面剂。

（7）在进行聚氨酯硬泡外墙外保温施工前，伸出墙面的管道和预埋件应预先安装完毕；外墙安装的设备或管道应固定在基层墙体上，并应做密封和防水处理；外墙上的门窗洞口尺寸和位置应符合设计要求并经验收合格。

（8）对于喷涂法或浇注法施工，还应注意以下几点：

1）喷涂或浇注设备到现场后，应先进行空运转，检查是否正常；

2）喷涂或浇注作业时，应按照使用说明书操作设备。开始时的料液应放弃，待料液的比例正常后方可正式进行喷涂或浇注作业；

3）喷涂或浇注作业中，应随时检查发泡质量。发现问题后立即停机，查明原因后方能重新作业；当暂停喷涂或浇注作业时，应先停物料泵，待枪头中物料吹净后才能停压缩空气；

4）喷涂机或浇注机及配套机械应具有除尘、防噪音设置。

（9）在大面积施工前，宜先制作样板墙面模拟施工。经验证施工状况正常后再进行大面积施工。

（10）成品保护措施及修补

1）对已做完聚氨酯硬泡外墙外保温的墙体，应防止重物撞击墙面；

2）对已做好的聚氨酯硬泡外墙外保温工程不得随意开凿孔洞。如确实需要。应对孔洞或损坏处进行妥善修补。

（11）聚氨酯硬泡外墙外保温工程施工，不得损害施工人员身体健康，施工时应做好施工人员的劳动保护。对于喷涂法施工或浇注法施工尤其要注意这一点。

（12）聚氨酯硬泡外墙外保温工程施工，不得造成环境污染。必要时应做施工围护。

2. 聚氨酯硬泡外墙外保温系统构造

几种聚氨酯硬泡外墙外保温系统的构造见上面“设计要点”部分中的图 2-27、图 2-28 和图 2-29 等。

3. 材料性能指标

下面介绍的外墙用喷涂硬泡聚氨酯外墙外保温系统材料性能指标，主要根据国家标准《硬泡聚氨酯保温防水工程技术规范》（GB 50404—2007）以及有些工程范例使用的材料指标介绍。

（1）硬泡聚氨酯　外墙用喷涂硬泡聚氨酯用原材料还没有国家或行业标准，一般按照企业标准的规定执行。表 2-33 中列出某喷涂硬泡聚氨酯用原材料技术指标[19]示例；喷涂固化后的硬泡聚氨酯的物理性能应符合表 2-34 的要求。

喷涂硬泡聚氨酯用原材料技术指标　　**表 2-33**

项　目	指　标	
	A 料（多次甲基多苯基异氰酸酯）	B 料（聚醚多元醇）
粘度（cps）	MR：100～200（25℃） C-MDI：≤100（25℃）	100～300（20℃）
密度（g/cm^3）	MR：1.23～1.24（25℃/4℃） C-MDI：1.20～1.24（25℃/4℃）	1.196±0.03（20℃/4℃）
混合比（V/V）	1.00～1.05	1.00
成型温度（℃）	15～32	15～32

外墙用喷涂硬泡聚氨酯物理性能 **表 2-34**

项　　目	性能要求	试　验　方　法
密度（kg/m³）	≥35	GB/T 6343
导热系数［W/（m·K)］	≤0.024	GB 3399
压缩性能（形变 10%）（kPa）	≥150	GB/T 8813
尺寸稳定性（70℃，48h）（%）	≤1.5	GB/T 8811
拉伸粘结强度（与水泥砂浆，常温）（MPa）	≥0.10，并且破坏部位不得位于粘结界面	本规范附录 B
吸水率（%）	≤3	GB/T 8810
氧指数	≥26	GB/T 2406

（2）硬泡聚氨酯板　外墙用硬泡聚氨酯板的物理性能应符合表 2-35 的要求。硬泡聚氨酯板的规格宜为 1200mm×600mm，允许尺寸偏差应符合表 2-36 的规定。

外墙用（Ⅰ型）喷涂硬泡聚氨酯物理性能 **表 2-35**

项　　目	性能要求	试验方法
密度（kg/m³）	≥35	GB/T 6343
导热系数［W/（m·K)］	≤0.024	GB 3399
压缩性能（形变 10%）（kPa）	≥150	GB/T 8813
垂直于板面方向的抗拉强度（MPa）	≥0.10，并且破坏部位不得位于粘结界面	本规范附录 C
吸水率（%）	≤3	GB/T 8810
氧指数	≥26	GB/T 2406

硬泡聚氨酯板允许偏差 **表 2-36**

项　　目（mm）	允　许　偏　差
厚度	≥50mm，+2.0
	≤50mm，+1.5
长度	±2.0
宽度	±2.0
对角线差	3.0
板边平直	+2.0
板面平整度	1.0

（3）胶粘剂　胶粘剂的物理性能应符合表 2-37 的要求。

胶粘剂物理性能 **表 2-37**

项　　目		性　能　要　求
拉伸粘结强度（与水泥砂浆）（MPa）		原强度≥0.60
		耐水≥0.40
拉伸粘结强度（与硬泡聚氨酯）（MPa）	原强度	≥0.10，并且破坏部位不得位于粘结界面
	耐水	
可操作时间（h）		1.5～4.0

（4）抹面胶浆　抹面胶浆的物理性能应符合表 2-38 的要求。

抹面胶浆物理性能　　**表 2-38**

项　　目		性　能　指　标
拉伸粘结强度（MPa）（与硬泡聚氨酯）	原强度	≥0.10，并且破坏部位不得位于粘结界面
	耐水	
	耐冻融	
柔韧性	压折比（水泥基）	≤3.0
	开裂应变（非水泥基）（%）	≥1.5
可操作时间（h）		1.5～4.0

（5）耐碱玻纤网布　耐碱玻纤网布性能应符合表 2-39 的要求。

耐碱网布的主要性能指标　　**表 2-39**

项　　目	性能指标	
	标准网布	加强网布
单位面积质量（g/m^2）	≥160	≥280
耐碱断裂强力（经、纬向），N/50mm	≥750	≥1500
耐碱断裂强力保留率（经、纬向）（%）	≥50	≥50
断裂伸长率（经、纬向）（%）	≤5.0	≤5.0

（6）锚栓技术性能应符合表 2-40 的要求。

锚栓技术性能　　**表 2-40**

项　　目	性能要求
单个锚栓抗拉承载力标准值（kN）	≥0.30
单个锚栓对系统传热增加值［W/（m^2·K）］	≤0.004

（7）硬泡聚氨酯外墙外保温系统　系统的性能要求应符合表 2-41 的规定。

硬泡聚氨酯外墙外保温系统性能要求　　**表 2-41**

试验项目		性　能　指　标
耐候性		经 80 次热/雨循环和 5 次热/冷循环后，表面无裂纹、粉化、剥落现象
抗风压值（kPa）		不小于工程项目的风荷载设计值
耐冻融性能		30 次冻融循环后，保护层（抹面层、饰面层）无空鼓或脱落，无渗水裂缝；保护层（抹面层、饰面层）与保温层的拉伸粘结强度不小于 0.1MPa，破坏部位应位于保温层
抗冲击强度（J）	普通型	≥3.0，适用于建筑物二层以上墙面等不易受碰撞部位
	加强型	≥10.0，适用于建筑物首层以及门窗洞口等易受碰撞部位
吸水量		水中浸泡 1h，只带有抹面层和带有饰面层的系统，吸水量均不得大于或等于 1000g/m^2
热阻		复合墙体热阻符合设计要求
抹面层不透水性		抹面层 2h 不透水
水蒸气湿流密度		≥0.85g/（m^2·h）

注：水中浸泡 24h 后，对只带有抹面层和带有抹面层及饰面层的系统，吸水量均小于 500g/m^2时，不检验耐冻融性能。

（二）施工技术要点

1. 喷涂法施工技术要点

（1）喷涂法施工工艺流程

1）饰面层为涂料系统的施工流程清理墙体基面浮尘、滴浆及油污→吊外墙垂线、布饰面厚度控制标志→抹面胶浆找平扫毛（墙体平整度、垂直度符合验收标准时可不进行此工序）→喷涂法施工聚氨酯硬泡保温层→涂刷聚氨酯硬泡界面层→采用抹面胶浆找平刮糙，并压入耐碱玻纤网布→批刮柔性抗裂腻子→喷涂（刷涂、滚涂）外墙弹性涂料或喷涂仿石漆等。

2）饰面层为面砖系统的施工流程　清理墙体基面浮尘、滴浆及油污→吊外墙垂线、布饰面厚度控制标志→抹面胶浆找平扫毛（墙体平整度，垂直度符合验收要求时可不进行此工序）→钻孔安装建筑专用锚栓→喷涂法施工聚氨酯硬泡保温层→涂刷聚氨酯硬泡界面层→采用抹面胶浆找平刮糙→铺设热镀锌钢丝网并与锚栓牢固连接→采用抹面胶浆找平扫毛→采用专用粘结材料粘贴外墙面砖→面砖柔性勾缝。

3）干挂石材或铝塑板等饰面层的施工流程清理墙体基面浮尘、滴浆及油污→抹面胶浆找平扫毛（墙体平整度、垂直度符合验收标准时可不进行此工序）→在承重结构部位安装龙骨预埋件→喷涂法施工聚氨酯硬泡保温层→在龙骨预埋件上安装主龙骨→按设计布局及石材大小在外墙挂线→在主龙骨上安装次龙骨及挂件→在石材上开设挂槽，利用挂件将石材固定在龙骨上→调整挂件紧固螺母，对线找正石材外壁安装尺寸（挂槽内用云石胶满填缝）。

（2）喷涂法施工技术要点及注意事项

1）喷涂施工时的环境温度宜为10～40℃，风速应不大于5m/s（3级风），相对湿度应小于80%。雨天不得施工。当施工时环境温度低于10℃时。应采取可靠的技术措施保证喷涂质量。

2）喷枪头距作业面的距离应根据喷涂设备的压力进行调整，不宜超过1.5m；喷涂时喷枪头移动的速度要均匀。在作业中，上一层喷涂的聚氨酯硬泡表面不粘手后，才能喷涂下一层。

3）喷涂后的聚氨酯硬泡保温层应充分熟化48～72h后。再进行下道工序的施工。

4）喷涂后的聚氨酯硬泡保温层表面平整度允许偏差不大于6mm。

5）在用抹面胶浆等找平材料找平喷涂聚氨酯硬泡保温层时，应立即将裁好的玻纤网布（或钢丝网），用铁抹子压入抹面胶浆内。相邻网布（或钢丝网）搭接宽度不小于100mm；网布（钢丝网）应铺贴平整，不得有皱褶、空鼓和翘边。阳角处应做护角。

如果饰面层为涂料，则室外自然地面+2.0m范围以内的墙面，应铺贴双层网布，两层网布之间抹面胶浆必须饱满，门窗洞口等阳角处应做护角加强；饰面层为面砖时，应采取有效方法确保系统的安全性，且室外自然地面+2.0m范围以内的墙面阳角钢丝网应双向绕角互相搭接，搭接宽度不得小于200mm。

6）喷涂施工作业时，门窗洞口及下风口宜做遮蔽，防止泡沫飞溅污染环境。

7）喷涂后在进行下道工序施工之前，聚氨酯硬泡保温层应避免雨淋，遭受雨淋的应彻底晾干后方可进行下道工序施工。

2. 浇注法施工技术要点

浇注法施工工艺分为可拆模和免拆模两种。

(1) 可拆模浇注法施工工艺流程　基层处理→找平放线→模板加工→模板安装→设备调试等浇注施工准备→浇注聚氨酯→模板拆除→保温层界面处理→按设计要求作饰面层。

(2) 免拆模浇注法施工工艺流程　基层处理→找平放线→模板挂件安装→免拆专用模板加工→模板安装→设备调试等浇注施工准备→浇注聚氨酯→清理板缝及板面→按设计要求做饰面层。

(3) 浇注法施工技术要点及注意事项

1) 由于聚氨酯硬泡保温层浇注法施工过程为隐蔽施工，其技术、质量、安全应遵循完善手段、强化验收的原则。

2) 浇注法施工作业应满足下列规定：

a. 模板规格配套，板面平整；模板易于安装、可拆模板易于拆卸；可拆模板与浇注聚氨酯硬泡不粘连，必要时在模板内侧涂刷脱模剂；

b. 应保证模板安装后稳定、牢靠；

c. 现场浇注聚氨酯硬泡时，环境气温宜为10～40℃，高温暴晒下严禁作业；

d. 浇注作业时，风力不宜大于4级，作业高度大于15m时，风力不宜大于3级；相对湿度应小于80%；雨天不得施工。

3) 聚氨酯硬泡原材料及配比应适合于浇注施工；浇注施工后聚氨酯发泡对模板产生的鼓胀作用力应尽可能小；为了抵抗浇注施工时聚氨酯发泡对模板可能产生的较大鼓胀作用力，可在模板外安装加强肋。

4) 一次浇注成型的高度宜为300～500mm。

5) 浇注后的聚氨酯硬泡保温层应充分熟化48～72h后。再进行下道工序的施工；对于可拆模浇注法，熟化时间宜取上限；对于免拆模浇注法，熟化时间可取下限。对于可拆模浇注法，浇注结束后至少15min方可拆模。

6) 可拆模浇注法施工的聚氨酯硬泡保温层表面无需再进行找平层施工，但应做好饰面层施工的界面处理，例如刮涂界面剂等，以保证后续饰面层施工的可靠性；之后。按照不同饰面层相应的技术工艺进行饰面层施工。

7) 可拆模浇注法施工的聚氨酯硬泡保温工程，如果饰面层采用真石漆，则在完成保温层浇注后，可直接在保温层界面进行刮涂真石漆底涂、中涂、面涂等工序，完成真石漆饰面层施工。

8) 免拆模浇注法施工的聚氨酯硬泡保温工程，模板之间的接缝应进行技术处理，以防止引起饰面层开裂。

3. 粘贴法施工技术要点

(1) 施工工艺流程　材料准备→基层墙面处理→弹线、挂线→配制胶粘剂，粘贴玻纤网布→粘贴保温板→安装锚固件→特殊部位处理→配制抹面砂浆→涂抹抹面砂浆，铺设网布→再涂抹抹面砂浆→刮弹性腻子→饰面层。

(2) 粘贴法施工技术要点及注意事项

1) 基层墙面应清洁平整、无油污等妨碍粘结的附着物。

2) 弹控制线，挂基准线：弹出门窗水平线、垂直控制线，外墙大角挂垂直基准线、楼层水平线。

3）配制胶粘剂，粘贴网布，根据设计要求做粘贴翻包网布。一般需要粘贴翻包网布的部位有：门、窗洞口，变形缝，勒脚等收头部位。

4）粘贴保温板：

a. 门窗口侧边应粘贴保温板，并做好收头处理。非标准尺寸用材采用刀具现场切割；

b. 粘贴保温板采用点框法，即在保温板背面整个周边涂抹适当宽度和厚度的胶粘剂，然后在中间部位均匀涂抹一定数量、一定厚度、直径约为 100mm 的圆形粘结点，总粘贴面积不小于 40%；建筑物高度在 60m 及以上时，总粘贴面积不小于 60%；

c. 保温板的粘贴应自下而上进行，水平方向应由墙角及门窗处向两侧粘贴；粘贴保温板时应轻柔均匀挤压，并轻敲板面，必要时，应采用锚固件辅助固定；排板时宜上下错缝，阴阳角应错茬搭接；

d. 保温板粘贴就位后，随即用 2m 靠尺检查平整度和垂直度；超差太多（误差 2mm）的应重新粘贴保温板；

e. 粘贴门窗洞口四周保温板时，应用整块保温板，保温板的拼缝不得正好留在门窗洞口的四角处。墙面边角处铺贴保温板时最小尺寸应超过 200mm。

5）锚固件固定：根据设计要求采用机械锚固件辅助固定保温板时，应在胶粘剂固化 24h 后进行；锚固件进墙深度不小于设计（或节点图）要求，锚固件数量及型号根据设计要求确定。

6）配制抹面胶浆，做抹面层及铺贴玻纤网布；加强型抹面层须增设一层网布，增贴的网布只能对接，抹面胶浆厚度为 3～5mm。普通型抹面层采用单层玻璃纤维网布，在已贴于墙上的保温板面层上抹厚度 1～2mm 的抹面胶浆，随即将网布横向铺贴并压入胶浆中；单张网布长度不宜超过 6m，要平整压实，严禁网布褶皱、不平；搭接长度为 100mm。翻包的网布同时压入胶浆中；再抹一遍抹面胶浆，抹面胶浆的厚度以微见网布轮廓为宜。

抹面层砂浆施工切忌不停揉搓，以免形成空鼓、裂纹。施工间歇处应留在自然断开处或留槎断开，以方便后续施工的搭接（如伸缩缝、阴阳角、挑台等部位）。在连续墙面上如需停顿，抹面砂浆不应完全覆盖已铺好的网布，须与网布、底层胶浆呈台阶型坡茬。留茬间距不小于 150mm，以免网布搭接处平整度超出偏差。

7）变形缝：外墙外保温结构变形缝处应进行相应处理。留设变形缝时，分隔条应在进行抹灰工序时就放入，待砂浆初凝后起出，修正缝边。缝内可填塞发泡聚乙烯圆棒（条）作背衬，直径或宽度约为缝宽的 1～3 倍，再分两次沟填建筑密封膏，深度约为缝宽的 50%。

变形缝处根据缝宽和位置设置金属盖板，以射钉或螺丝紧固。

8）饰面层施工：待抹灰基面达到涂料等饰面层施工要求时可进行饰面层施工。当采用涂料作饰面层时，在抹面层上应满刮腻子后方可施工。

9）带抹面层、饰面层的聚氨酯硬泡保温板在粘贴 24h 后，用单组分聚氨酯发泡填缝剂进行填缝，发泡面宜低于板面 6～8mm。外口应用密封材料或抗裂聚合物水泥砂浆进行嵌缝。

10）可能对聚氨酯硬泡保温装饰复合板造成污染或损伤的分项工程。应在复合板安装施工前完成，或采取有效的保护措施。

11）聚氨酯硬泡保温板搬运或安装上墙时，操作现场风力不宜大于5级。

12）施工现场应有足够的场地堆放聚氨酯硬泡保温板，防止复合板在堆放过程中划伤、变形或损坏。

4. 干挂法施工技术要点

（1）施工工艺流程

1）无龙骨体系　基层墙面处理→弹线、挂线→钻孔安装胀管螺丝→将聚氨酯硬泡复合板通过胀管螺丝锚固于墙体→局部调整胀管螺丝入墙深度，使复合板安装平整→板与板之间水平接缝以企口连接，竖缝以聚氨酯发泡材料密封。

2）有龙骨体系　基层墙面处理→弹线、挂线→在结构墙体上安装主龙骨→在主龙骨上安装次龙骨及挂件→将聚氨酯硬泡复合板通过挂件安装于龙骨上→调整挂件紧固螺母．对线找正聚氨酯复合板→外壁安装尺寸→板与板之间水平接缝以企口连接，竖缝以聚氨酯发泡材料密封。

（2）施工技术要点及注意事项

1）基层墙体应坚实、平整，应去除基层的空鼓部分及厚度大于3mm的附着物，之后采用水泥砂浆整体找平。

2）干挂法施工无龙骨体系采用胀管螺丝将聚氨酯硬泡保温装饰复合板直接锚固于墙体．胀管螺丝直径一般不宜小于6mm，间距一般为600mm，入墙深度不小于40mm。

3）干挂法施工有龙骨体系采用专用自攻钢钉将聚氨酯硬泡保温装饰复合板固定于龙骨；龙骨应采用热镀锌型钢或其他具有足够安全性与耐久性的材料；连接件应采用热镀锌钢件或不锈钢件。与聚氨酯硬泡保温板饰面层接触处的金属材料应采取防腐处理（如穿过聚氨酯硬泡保温板饰面层安装于基层上的设备或管道以及连接件等）。

4）聚氨酯硬泡保温装饰复合板的水平接缝宜采用企口连接，防雨水渗入，竖缝用聚氨酯现场注入发泡，外面再用密封膏封严，也可加压条密封。

5）龙骨安装采用自下而上的顺序安装．用吊线的方法保证龙骨的立面平整度偏差不超过5mm。

6）龙骨安装固定后应进行隐蔽工程检查验收。

7）挂件与龙骨的连接应为可调相对位置的方式，以便于调整聚氨酯硬泡保温板的空间位置、表面平整度；挂件与龙骨的固定应为可靠的紧固连接方式。以便于施工并确保挂件长期不松动。

8）聚氨酯硬泡保温板的构造应便于其与挂件安装连接，且复合板与挂件应形成最终不可改变位置的固定方式；复合板与挂件之间的连接一般应为饰面层与挂件连接，而不是保温层与挂件直接连接。

9）收口、拐角、窗口、阳台、女儿墙、变形缝等特殊部位的安装应符合设计要求。平屋面女儿墙压顶不安装复合板时，立面复合板与女儿墙连接端面应用耐候密封胶密封，不得留有渗水缺陷。

10）对于有龙骨干挂体系，复合板力求形成密封系统，使复合板与基层墙体之间的间隔层空气不能形成流动气流。对于无龙骨干挂体系，复合板表面接缝无密封时，外保温构造中应有排水措施。

11）复合板与门窗口连接处、落水管固定部位、空调等外装设备安装部位均应有密封胶密封。

12）复合板安装时，左右、上下的偏差不应大于1.5mm。

13）复合板安装前，外门窗应已经安装完毕或窗框已经安装固定就位，并符合设计要求，门窗框与墙体间隙已经密封处理。

14）可能对聚氨酯硬泡保温装饰复合板造成污染或损伤的分项工程，应在复合板安装施工前完成，或采取有效的保护措施。

15）聚氨酯硬泡保温板搬运或安装上墙时，操作现场风力不宜大于5级。

16）施工现场应有足够的场地堆放聚氨酯硬泡保温板，防止复合板在堆放过程中划伤、变形或损坏。

（三）细部构造

各种聚氨酯硬泡外墙外保温系统中的细部构造见上面“设计要点”部分中的有关要求以及图2-27～图2-43中的有关细部构造和节点做法。

（四）质量验收

1. 检验批和检查数

硬泡聚氨酯外墙外保温各分项工程应以每500～1000m^2划分为一个检验批，不足500m^2也应划分为一个检验批；每个检验批每100m^2应至少抽查一处，每处不得小于10m^2。细部构造应全数检查。

2. 主控项目

主控项目的验收应符合下列规定：

（1）外墙外保温系统及主要组成材料的性能必须符合设计要求和本规范规定。

检验方法：检查系统的形式检验报告和出厂合格证、材料检验报告、进场材料复验报告。

（2）门窗洞口、阴阳角、勒脚、檐口、女儿墙、变形缝等保温构造，必须符合设计要求。

检验方法：观察检查和检查隐蔽工程验收记录。

（3）系统的抗冲击性应符合本规范要求。

检验方法：按《外墙外保温工程技术规程》（JGG 144）附录A.5进行。

（4）硬泡聚氨酯保温层厚度必须符合设计要求。

检验方法：

1）喷涂硬泡聚氨酯用钢针插入和测量检查。

2）硬泡聚氨酯保温板：检查产品合格证书、出厂检验报告、进场验收记录和复验报告。

3）硬泡聚氨酯板的粘结面积不得小于板材面积的40%。

检验方法：测量检查。

3. 一般项目

一般项目的验收应符合下列规定：

（1）保温层的垂直度及尺寸允许偏差应符合现行国家标准《建筑装饰装修工程程质量验收规范》（GB 50210）的规定。

（2）抹面层和饰面层分项工程施工质量应符合现行国家标准《建筑装饰装修工程质量

验收规范》（GB 50210）的规定。

4. 竣工验收文件

外墙外保温工程竣工验收应提交下列文件：

（1）外墙外保温系统的设计文件、图纸会审书、设计变更书和洽商记录单。

（2）施工方案和施工工艺。

（3）外墙外保温系统的形式检验报告及其主要组成材料的产品合格证、出厂检验报告、进场复检报告和现场验收记求。

（4）施工技术交底材料。

（5）施工工艺记录及施工质量检验记录。

（6）隐蔽工程验收记录。

（7）其他必须提供的资料。

5. 复验项目

硬泡聚氨酯外墙外保温工程主要材料复验项目应符合表 2-42 的规定。

硬泡聚氨酯外墙外保温工程主要材料复验项目 **表 2-42**

材料名称	复验项目
喷涂硬泡聚氨酯	密度、压缩性能、尺寸稳定性
硬泡聚氨酯板	密度、压缩性能、抗拉强度
界面砂浆、胶粘剂、抹面胶浆	拉伸粘结原强度、耐水拉伸粘结强度
耐碱玻纤网格布	耐碱拉伸断裂强力、耐碱拉伸断裂强力保留率
锚栓	单个锚栓抗拉承载力标准值

（五）喷涂硬泡聚氨酯外墙外保温施工中的问题及对策

1. 污染

为防止喷涂硬泡聚氨酯飞溅、漂游，对现场可能受到污染的窗门框等应事先做好防护，喷涂完毕后立即清理。对现场 100m 下风区域实行监控，警告进入区域的人员及车辆，并做好有效防护。

2. 喷涂硬泡聚氨酯成活后，表面应防烈日照射，如果喷涂硬泡聚氨酯表面打磨找平后，不能及时抹灰罩面，建筑物南、西侧硬泡聚氨酯保温层不能在烈日直射下裸露 10d 以上。若超过 10d 可用界面剂（带水泥）批涂一层遮盖。

3. 个人卫生

喷涂硬泡聚氨酯在发泡过程中有一定的有害气体挥发，操作工必须带有良好的防护用具并定时更换活性炭；同时每台机组由 2 位操作工定时互换操作，将个人卫生风险降到最低限度。

4. 安全生产

因涉及高空作业，需严格按有关建筑高空作业安全标准操作。又因多工种交叉作业，现场其他工作经常需动明火，需严加防范。

5. 硬泡聚氨酯耗料率

外墙喷涂硬泡聚氨酯保温与其他喷涂硬泡聚氨酯保温（如冷库、彩钢棚、贮罐等）不同，受天气因素（气温、风力）、人为因素（操作工素质和现场管理水平）以及原料、设备、墙面等因素影响较大。因此，现场喷涂硬泡聚氨酯作业完毕，达标后的硬泡聚氨酯保温层实际耗料与理论预算耗料有一定差异，若把握不好会超过 30%（一般 10%～20%）。对各种影响因素的认识一定要全面明确；对统筹解决方案必须具体准确，监督执行、贯彻实施力争精确。

四、面砖饰面聚氨酯硬泡外墙外保温建筑应用实例[20]

某工程采用面砖饰面的硬泡聚氨酯外墙外墙保温系统，施工后经过二次台风侵袭，外墙、门、窗框边无渗水现象，取得较好效果。下面介绍其施工技术。

1. 面砖饰面聚氨酯硬泡外墙外保温构造及材料

构造　系统由聚氨酯防水涂膜、喷涂硬泡聚氨酯、纤维增强聚氨酯抗裂腻子构成，构造见图 2-44。

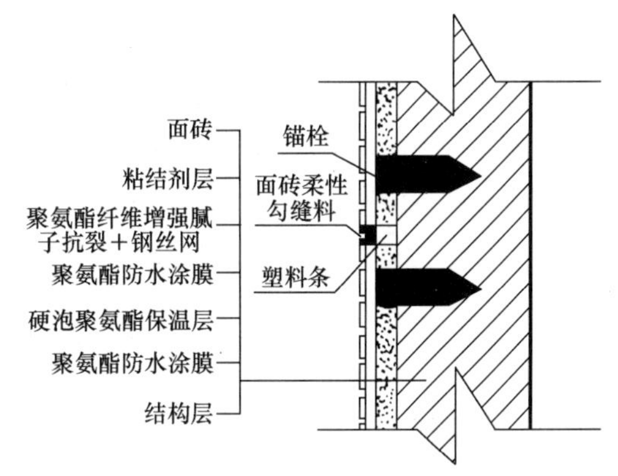

图 2-44　某工程用面砖饰面喷涂聚氨酯硬泡外墙外保温构造示意图

2. 施工工艺流程

基层处理→涂刷聚氨酯防水涂膜→出灰饼、冲筋→固定锚栓→喷涂硬泡聚氨酯→涂刷聚氨酯防水涂膜（加入适量细砂）→固定钢丝网（对不平整处可先进行批嵌腻子）→批嵌聚氨酯增强腻子→养护 7d→面砖施工、养护。

3. 质量控制要点

（1）施工组织设计　编制施工方案，对各节点的施工要点作详细说明，并对操作工人进行岗前培训，做到持证上岗；各材料的质保书、合格证等必须齐全，并对进场材料进行抽样复试，合格后方可进行施工；做好各节点及分项工程的隐蔽工程验收。

（2）基层处理　基层要求平整和足够的强度，无浮灰、油污等并保持干燥。如基层表面有水或基层含水率较高，喷涂物与基层发生放热反应，在形成泡沫体时把基层内水吸入，泡沫体会产生穿孔现象，基层粘结不牢，产生起壳和空鼓。使用细羊毛滚筒滚涂一遍聚氨酯防水涂膜，起固定基础、防潮作用；必须涂刷均匀，不得漏涂、少涂，涂刷后养护 24h。对外墙垂直、平整度进行吊线，在墙面上每隔 2m，用聚氨酯增强腻子将密度为20～30kg/m^{3}的聚苯乙烯泡沫块 30mm×30mm×16～20mm 粘贴在墙面上，并养护 48h 以上。

（3）安装锚栓　采用锚栓及钢丝网加固系统。锚栓长 8cm，入墙 6cm，采用梅花形设置且不少于 3 只/m^2。多孔砖墙不少于 5 只/m^2，在固定锚栓处将多孔砖换成混凝土块。为防止丝口滑牙，必须采用螺丝刀拧入，不可用铁锤直接打入并对锚栓抽检做抗拔试验，确保达到设计要求。

（4）硬泡聚氨酯施工　硬泡聚氨酯喷涂时，现场温度不宜低于 5℃，空气相对湿度不宜大于 80%，风力小于 5 级，严禁在雨、雪、雾、扬尘等气候条件下施工。硬泡聚氨酯喷涂必须满足设计厚度（16mm 以上），采用针入法检查，并达到找平要求，喷涂波纹应小于 5mm，且不得有起鼓、断裂等现象，养护 24h 以上再对超高部分用平板砂光机打磨。每一工作面至少分两次喷涂，每次厚度 8～10mm。工作面搭接需 2d，必须修成三角状且达到 10cm 以上。

施工中，操作工人应戴防护口罩及眼罩，楼层中禁止吸烟，门窗等洞口应做好防护。

（5）聚氨酯防水涂膜施工　在硬泡聚氨酯保温层表面涂刷一层防水涂膜，为增加粘结力，可加入适量细砂，不可漏涂、少涂，养护 24h 以上并干透，涂刷之前应将打磨时产生的碎片花用羊毛滚筒清除。

（6）铺贴钢丝网　铺贴前对硬泡聚氨酯局部不平整处用聚氨酯增强腻子找平，使基本平整，以保证钢丝网能很好地服帖；钢丝网与硬泡聚氨酯之间可用垫片和锚栓固定，其余部位用 U 形骑马钉将其固定在硬泡聚氨酯上。钢丝网搭接应大于 5cm，搭接处用锚栓固定，且不应放在阴阳角 20cm 范围内。通过锚栓、钢丝网等将面层面砖负荷的作用力传递到基层墙体，对保护层进行隔离保护，同时由于钢丝网对聚氨酯增强腻子良好的握裹力，增强了抗拉强度，提高了面砖粘结基层的强度。

（7）聚氨酯增强腻子找平、批嵌　由于聚氨酯增强腻子中加有纤维，不容易进入钢丝网里面，为防止其内部空鼓，底层增强腻子粉刷厚度必须控制在 2mm 之内，且须压入钢丝网里面；下层腻子必须保证上层腻子已经凝固（以手压不凹陷）并确认不空鼓后方可施工。将钢丝网含在聚氨酯纤维增强腻子内，可充分发挥钢丝网对抗裂保护层的增强作用。聚氨酯增强腻子必须分层（每层 3mm 左右）批嵌；最后一道腻子在终凝前采用木抹打磨，以增加面层的粗糙度，保证与面砖的粘贴质量。养护 7d 后即可施工外墙面砖。

（8）粘贴面砖时饱满度及面砖勾缝的控制面砖粘结剂必须要饱满（背面满批），就位后用小铲将其敲至固定高度，四周应有浆体溢出。勾缝时应保证面砖缝腻子饱满。

4. 关键部位的施工及监控重点

（1）施工前应将门窗等安装到位，管线、预埋件安装构件等预埋到位，固定件等均应锚入结构层中，施工前一天应对空调出水管道等涂刷聚氨酯防水涂膜，使细部处理更可靠。

（2）对于墙面大于 10cm 以上的预留洞口，应清理干净，用压力器将防水涂膜压入，压力以不大于泡沫粘结强度为止，然后采用同材质的泡沫塑料板用锚栓固定，钢丝网同周边的钢丝网的搭接要大于 10cm。

（3）当硬泡聚氨酯长、宽超过 23m 时，应设置伸缩缝，用切割机将泡沫塑料切割至结构墙体，并用柔性腻子填满，变形缝上下钢丝网应断开且应加锚栓加固，同时面砖层每 23m 左右留有不小于 20mm 伸缩缝，以避免硬泡聚氨酯保温面层饰面砖变形较大而引起面砖脱落。

（4）为避免阳光直接照射，待硬泡聚氨酯硬化后，应及时修平并涂刷聚氨酯防水涂膜。

5. 防污染措施

聚氨酯粘结性强，喷涂粘上污物后很难清除，所以操作不慎会污染临近部位或其他设施。

（1）在施工前应将非喷涂部位（如凸窗板、铝合金门窗、阳台栏杆等）用彩条布进行隔离。

(2) 喷涂时掌握好风向，在上风口用彩条布进行必要的遮挡。

(3) 喷涂结束后对保护部位的薄膜、胶带等覆盖材料进行清理，清理时要注意与聚氨酯发泡体接口处不能断裂。

五、用胶粉聚苯颗粒保温浆料找平的现场喷涂聚氨酯硬泡外墙外保温系统施工技术[21]

现场喷涂聚氨酯硬泡外墙外保温系统施工时，由于表面凹凸不平，很难处理，而且也很难通过施工技术措施消除，在一定程度上限制了该类外墙保温系统的应用。使用胶粉聚苯颗粒保温浆料进行找平，很好地解决了这个问题，由于胶粉聚苯颗粒保温浆料本身是良好的保温材料，能够大范围地找平凹凸不平，不影响外保温层的保温和其他性能，并且能够对聚氨酯硬泡保温层起到补充作用，是一项切实可行的技术措施，下面介绍该系统的应用技术。

(一) 系统的主要特征、构造和基本施工工艺

1. 系统的主要特征

喷涂硬泡聚氨酯外墙外保温系统采用高压无气喷涂工艺将硬泡聚氨酯保温材料现场喷涂在基层墙体表面形成保温层；建筑物边角部位粘贴硬泡聚氨酯预制件，以处理阴阳角和控至保温层厚度；基层墙面涂刷聚氨酯防潮底漆，有效提高系统的防水性能；硬泡聚氨酯保温层表面进行界面处理，以解决有机、无机材料之间的粘结问题；面层采用胶粉聚苯颗粒保温浆料找平和补充保温；采用柔性抗裂复合砂浆复合涂塑耐碱玻纤网格布（或钢丝网）构成抗裂防护层，涂刷可有效阻止液态水进入系统的弹性底涂。

2. 系统构造

用胶粉聚苯颗粒保温浆料找平的现场喷涂硬泡聚氨酯外墙外保温系统可以采用涂料饰面，也可以使用面砖饰面。两种饰面的外保温系统的构造分别如表 2-43 和表 2-44 所示。

喷涂硬泡聚氨酯外墙外保温系统涂料饰面基本构造　　表 2-43

基层墙体①	系统的基本构造					构造示意图
	界面层②	保温层③	找平层④	抗裂防护层⑤	饰面层⑥	
混凝土墙或砌体墙（砌体墙需用砂浆找平）	聚氨酯防潮底漆	喷涂的硬泡聚氨酯＋聚氨酯界面砂浆（边角、洞口处用聚氨酯胶粘剂粘贴聚氨酯预制件）	胶粉聚苯颗粒保温浆料（或胶粉聚苯颗粒粘结找平浆料）	抗裂砂浆复合耐碱网格布	柔性耐水腻子＋涂料	①②③④⑤⑥

喷涂硬泡聚氨酯外墙外保温系统面砖饰面基本构造　　表 2-44

基层墙体①	系统的基本构造					构造示意图
	界面层②	保温层③	找平层④	抗裂防护层⑤	饰面层⑥	
混凝土墙或砌体墙（砌体墙需用水泥砂浆找平）	聚氨酯防潮底漆	喷涂的硬泡聚氨酯＋聚氨酯界面砂浆（边角、洞口处用聚氨酯胶粘剂粘贴聚氨酯预制件）	胶粉聚苯颗粒保温浆料（或胶粉聚苯颗粒粘结找平浆料）	第一遍抗裂砂浆＋热镀锌钢丝网（用尼龙胀栓与基层锚固）＋第二遍抗裂砂浆	面砖粘结砂浆＋面砖＋勾缝料	①②③④⑤⑥

3. 施工工艺流程

用胶粉聚苯颗粒保温浆料找平的现场喷涂硬泡聚氨酯外墙外保温系统的基本施工工艺流程如图 2-45 所示。

（二）材料性能要求

1. 系统与材料

胶粉聚苯颗粒保温浆料找平硬泡聚氨酯外墙外保温系统及其使用的聚氨酯防潮底漆、硬泡聚氨酯、聚氨酯界面处理剂及聚氨酯界面砂浆、聚氨酯预制件粘贴用胶粘剂和胶粉聚苯颗粒保温浆料等的性能都应符合北京市地方标准《外墙外保温系统施工技术规程（喷涂硬泡聚氨酯外墙外保温系统）》（DBJ/T 01—102—2005）的要求。

系统使用的基层界面砂浆、抗裂砂浆、热镀锌电焊网（四角电焊网）、尼龙膨胀螺栓、面砖粘结砂浆、面砖勾缝料和饰面砖等的性能都要满足建工行业标准《胶粉聚苯颗粒外墙外保温系统》（JG 158—2004）中的有关要求。

2. 施工配套材料

（1）水泥　使用 P. 042. 5 级产品，质量应符合《硅酸盐水泥、普通硅酸盐水泥》（GB 175—2008）的规定。

（2）中砂　质量符合《普通混凝土用砂质量标准及检验方法》（JGJ 52—2006）的规定。

（3）聚氨酯预制件　应达到聚氨酯保温层设计厚度要求。

（4）其他　金属护角（断面尺寸为 35mm×35mm×0. 5mm，高 2000mm）、密封膏、密封条、盖口条、镀锌低碳钢丝（22 号）等，应分别符合相应产品标准的要求。

（三）系统保温层的施工

1. 施工条件和施工准备

（1）基本施工条件

①基层墙体应符合《混凝土结构工程施工质量验收规范》（GB 50204—2002）和《砌体工程施工质量验收规范》（GB 50203—2002）及相应基层墙体质量验收规范的要求开通过验收。

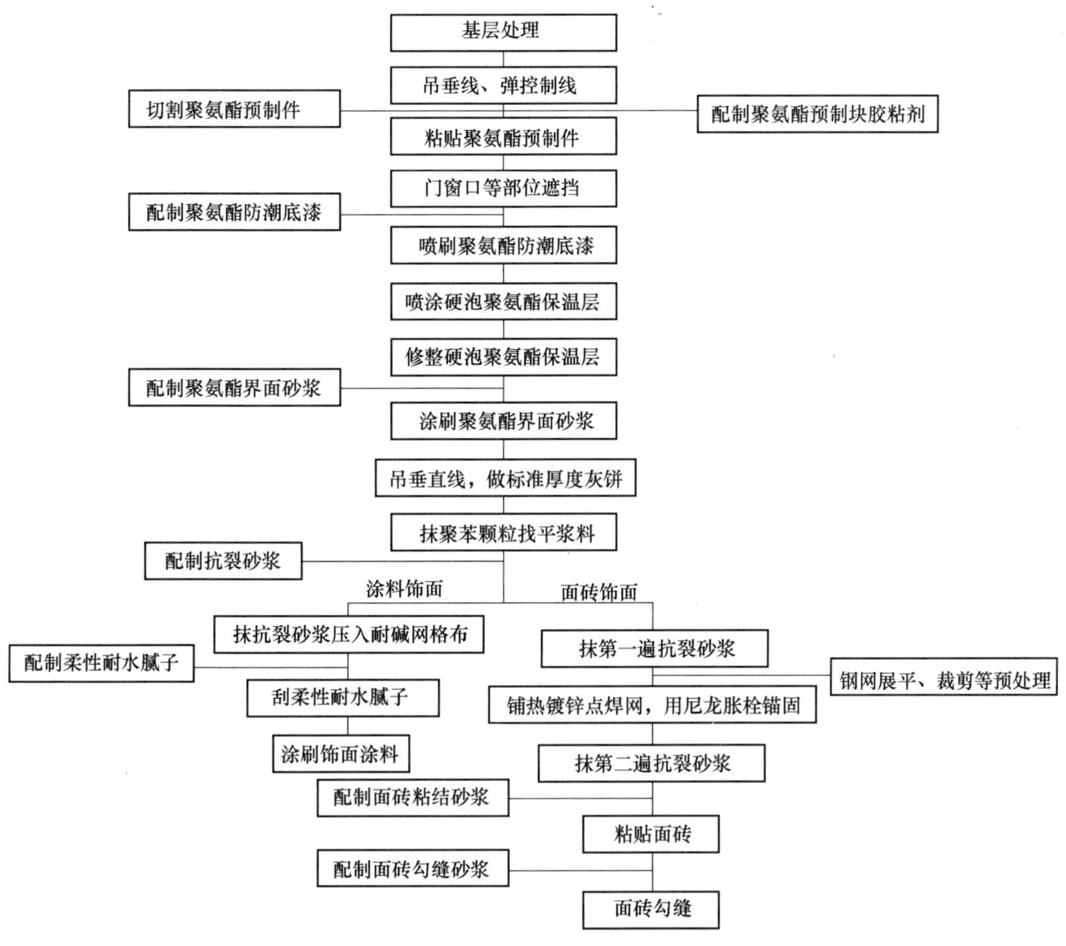

图 2-45　用胶粉聚苯颗粒保温浆料找平的现场喷涂硬泡聚氨酯外墙外保温系统施工的基本工艺流程示意图

②房屋各大角的控制钢垂线安装完毕。高层建筑及超高层建筑时，钢垂线应用经纬仪检验合格。

③外墙面的阳台栏杆、雨漏管托架、外挂消防梯等安装完毕，并应考虑到保温系统厚度的影响。

④外窗的辅框安装完毕。

⑤墙面应清理干净，无油渍、无浮灰。施工孔洞、脚手架以及阳台板、墙面缺损处应用砂浆修补整齐；墙面松动、风化部分应剔除干净。基层墙面平整度误差不超过 3mm。

⑥混凝土梁或墙面的钢筋头和凸起物清除完毕。

⑦主体结构的变形缝应提前做好处理。

⑧电动吊篮或专用保温施工脚手架的安装应满足施工作业要求，经调试运行安全无误、可靠，并配备专职安全检查和维修人员。

⑨库房搭建准备　根据需要准备一间搅拌站和一间堆放材料的库房，搅拌站的搭建需

要选择背风方向，靠近垂直运输机械，搅拌棚需要三侧封闭，一侧作为进出料通道。有条件的地方可使用散装罐。库房的搭建要求为能够防水、防潮、防阳光直晒。材料采取离地架空堆放。

（2）施工机具准备

①空气压缩机　建议使用的压缩机型号为 W-1.0/7，排气量 1.0m^3/min，额定排气压力 0.7MPa，配用电机功率 7.5kW。

②双组分硬泡聚氨酯高压无气喷涂机

③其他　小推车、强制式砂浆搅拌机、手持式搅拌器、专用喷枪、料管、电锤等；常用抹灰利抹灰检测器具如铁抹子、阳角抹子、阴角抹子、齿形抹子、托灰板、经纬仪及放线工具、方尺、探针、水平尺、钢尺等，以及辊筒、手锤、水桶、剪子、铁锨、手锯等。

（3）其他施工条件、基本要求和准备工作

①根据工程量、施工部位和工期要求制定施工方案，要样板先行，通过样板确定定额消耗，由甲方、乙方和系统供应商协商确定材料消耗量。保温施工前施工负责人应熟悉图纸。

②组织施工队进行技术培训和交底，进行安全教育。

③材料配制应指定专人负责，配合比、搅拌机具和操作应符合要求，严格按照厂家说明书配制，严禁使用过时浆料利砂浆。

④无溶剂硬泡聚氨酯保温材料喷涂前应做好门窗框等的保护。宜用塑料布或塑料薄膜等物对应遮挡部位进行遮挡防护。

⑤施工现场架子管、器械和施工现场附近的车辆等易污染的物件都应罩扩严密，以防止受到喷涂现场漂移的聚氨酯污染。

⑥喷涂硬泡聚氨酯的施工环境温度及基层温度不应低于 10℃，风力不应大于 4 级，应有防风措施。聚苯颗粒找平利抗裂防护层施工环境温度不应低于 5℃。雨期施工应采取防雨措施。降雨时不得施工。

⑦聚氨酯白料、黑料应在干燥、通风、阴凉的场所密封储存。白料储存温度以 15～20℃为宜，不得超过 30℃，不得曝晒。黑料储存温度以 15～35℃为宜，不得超过 35℃，最低储存温度不得低于 5℃。聚氨酯白料、黑料的储存期均为 6 个月。聚氨酯白料、黑料在储存运输中应有防晒措施。

2. 施工操作要点

（1）基层处理　墙面应清理干净，清洗油渍，清除浮灰。墙面松动、风化部分应剔除干净。墙面平整度控制在±3mm 以下。若基层偏差较大，应抹砂浆找平。

（2）吊垂直、弹控制线　将顶部墙面和底部墙面上的膨胀螺栓作为大墙面挂线铁丝的垂挂点，高层建筑用经纬仪打点挂线，多层建筑用大线坠吊细钢丝挂线，用紧线器勒紧。在墙体大阴、阳角安装钢垂线，钢垂线距墙体的距离为保温层的总厚度。

挂线后每层首先用 2m 杠尺检查墙面平整度，用 2m 托线板检查墙面垂直度。达到平整度要求方可施工。

（3）粘贴、锚固聚氨酯预制件　在阴、阳角或门窗口处，粘贴聚氨酯预制件，并达到标准厚度。对于门窗洞口、装饰线角、女儿墙边缘等部位，用聚氨酯预制件沿着边口粘贴。墙面宽度不足 900mm 时不宜喷涂施工，可直接用相应规格尺寸的聚氨酯预制件粘贴（图 2-46）。

图 2-46 墙体阴、阳角部位粘贴聚氨酯预制件施工操作示意图

聚氨酯预制件之间的接缝应拼接严密，缝宽超过 2mm 时，用相应厚度的聚氨酯片填塞。

粘贴时，用抹子或灰刀沿着聚氨酯预制件周边涂抹配制好的胶粘剂胶浆，胶浆宽度为 50mm 左右，厚度 3～5mm，然后在聚氨酯预制件中间部位均匀布置 4～6 个粘贴点，总涂胶面积不小于聚氨酯预制件面积的 50%。要求粘贴牢固，无翘边、偏斜现象。

聚氨酯预制件粘贴 24h 后，用电锤在预制件表面向内打孔，拧入或钉入塑料螺栓。螺栓钉头不得超出预制件板面。锚栓有效锚固深度不小于 25mm，每个预制件一般布置两个锚栓。

（4）门窗口等部位的遮挡　聚氨酯预制件粘贴完成后喷涂硬泡聚氨酯前，应做好遮挡工作。门窗口一般用塑料布裁成与门窗口面积相当的布块进行遮挡。对于架子管、铁艺等需要防护的不规则部位，使用塑料薄膜进行缠绕防护。

（5）喷刷聚氨酯防潮底漆　用喷枪或辊筒均匀施涂聚氨酯防潮底漆。要求施涂两遍，无透底现象。两遍间的时间间隔为 2h，气温低的天气适当延长间隔时间，以第一遍表干为准。

（6）喷涂硬泡聚氨酯保温层　使用聚氨酯喷涂机将硬泡聚氨酯均匀的喷涂于墙面上，当厚度达到约 10mm 时，按照 300mm 间距、梅花状布置插定厚度标杆，每平方米密度约 9～10 只，然后继续喷涂至与标杆齐平（隐约可见标杆杆头），如图 2-47 所示。喷涂施工可多遍完成，每次厚度宜控制在 10mm 以内。

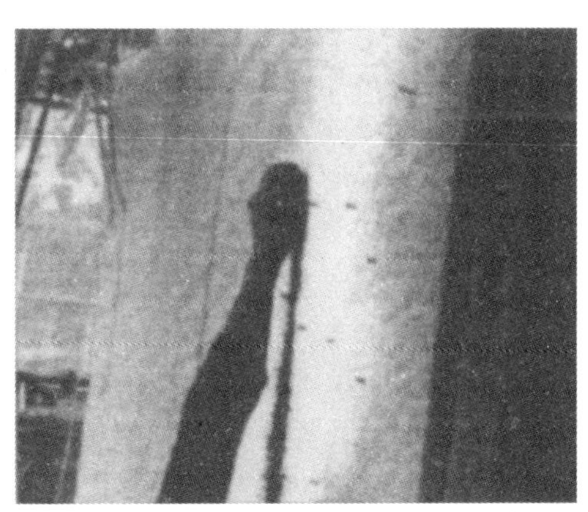

图 2-47 插喷涂厚度标杆示意图

（7）修整硬泡聚氨酯保温层　喷涂 20min 后，用裁纸刀、手锯等工具清理、修整遮挡部位以及超过保温层厚度的凸出部分。

（8）喷刷聚氨酯界面砂浆　聚氨酯保温层修整好后，并且在喷涂 4h 后，用喷斗或辊筒均匀的将聚氨酯界面砂浆喷刷于硬泡聚氨酯保温层表面。

（9）吊垂直线、做灰饼　在距离楼层顶部约 100mm 和距离楼层底部约 100mm，同时距大墙阴角或阳角 100mm 处，根据垂直控制通线做垂直方向灰饼（楼层较高时应两人同时完成），作为基准灰饼；再根据两垂直方向基准灰饼之间的通线，做墙面找平层厚度灰饼。各灰饼之间的距离按 1.5m 间隔粘贴。灰饼可用胶粉聚苯颗粒浆料制作，也可用废聚苯板裁成 50mm×50mm 小块粘贴。待垂直方向灰饼固定后，在两水平灰饼之间拉水平控制通线。具体做法为将带小线的小圆钉插入灰饼，拉直小线，使小线位置比灰饼略高 1mm，在两灰饼之间按 1.5m 左右间隔水平粘贴若干灰饼或冲筋。

每层灰饼粘贴施工作业完成后水平方向用 5m 小线拉线检查灰饼的一致性，垂直方向用 2m 托线板检查垂直度，并测量灰饼厚度。冲筋厚度应与灰饼厚度一致。用 5m 小线拉线检查冲筋厚度的一致性，并作记录。

图 2-48　抹胶粉聚苯颗粒保温浆料找平层

（10）抹胶粉聚苯颗粒保温浆料

①抹胶粉聚苯颗粒保温浆料时，其平整度偏差不应大于±4mm，抹灰厚度略高于灰饼的厚度。

②保温浆料抹灰按照从上至下、从左至右的方向抹。涂抹整个墙面后，用杠尺在墙面上来回搓抹，去高补低，最后再用铁抹子压一遍，使表面平整，厚度一致。

③保温面层凹陷处用稀浆料抹平（图 2-48），凸起处可用抹子立起来将其刮平。待抹完保温面层 30min 后，再用抹子起赶墙面，先水平，后垂直，并用托线尺检测至达到验收标准为止。

④保温浆料清理时要注意落地灰，落地灰应及时、少量多次重新搅拌使用。

⑤阴阳角找方应按照下列顺序进行：先用木方尺检查基层墙角的直角度，用线坠吊垂直检查墙角的垂直度；再用保温浆料进行阴阳角抹灰找方。抹灰找方后应用木方尺压住墙角浆料层上下搓动，使墙角保温浆料基本达到垂直。然后用阴阳角抹子压光。

保温浆料大角抹灰时要用方尺、抹子反复测量抹压修补操作，确保垂直度±2mm，直角度±2mm。

门窗边框与墙体连接应预留出保温层的厚度，并做好门窗边框表面的保护。

窗辅框安装验收合格后，方可进行窗口部位的保温层施工。门窗口施工时，应先抹门窗侧口、窗台和窗上口，再抹大面墙。施工前应按照门窗口的尺寸截好单边八字靠尺，作口应贴尺施工，以保证门窗口方正与内、外尺寸的一致性。

保温层施工完毕并养护 5～7d 后，即可根据外保温系统的饰面种类进行抗裂防护层和饰面层的施工。

（四）涂料饰面的抗裂防护层和饰面层的施工

1. 抹抗裂砂浆、铺压耐碱网格布

保温层达到养护期并经过质量验收合格后，即可进行抗裂防护层的施工。施工前，耐碱网格布的尺寸应事先裁好，长度不大于 3m，网格布的包边应剪掉。抹抗裂砂浆时，厚度应控制在 3～4mm。抹宽度、长度与耐碱网格布相当的抗裂砂浆层后，再按照从左至右、从上到下的顺序立即用铁抹子压入耐碱网格布。

在窗洞口等处应沿着 45°方向提前增贴一道 400mm×300mm 的耐碱网格布，如图 2-49 所示。耐碱网格布之间搭接宽度不应小于 50mm，严禁干搭接。阴角和阳角处的耐碱网格布都要压茬搭接，阴角处的搭接宽度≥50mm；阳角处的搭接宽度≥200mm。耐碱网格布铺贴要平整，无皱褶，砂浆饱满度达到 100%，同时要抹平、找直，保持阴阳角处的方正和垂直度。

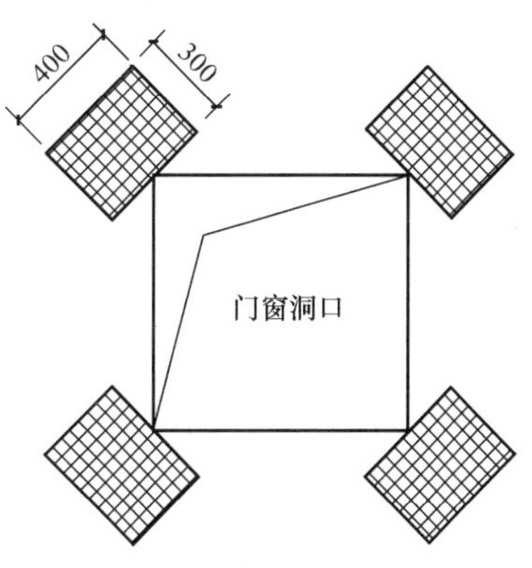

图 2-49　门窗洞口处增贴一道 400mm×300mm 的耐碱网格布示意图

首层墙体应铺贴双层耐碱网格布。第一层铺贴网格布时，网格布与网格布之间采用对接方法，严禁网格布在阴角和阳角处对接，对接部位距离阴阳角处不小于 200mm。然后进行第二层网格布铺贴。铺贴方法如前所述，两层网格布之间的抗裂砂浆应饱满，严禁干贴。

建筑物首层下部外保温应在阳角处双层网格布之间设专用金属护角，护角高度一般为 2m。在第一层网格布铺贴好后，安放好金属护角，用抹子在护角孔处拍压出抗裂砂浆，抹第二遍抗裂砂浆包裹住护角，以保证护角的安装牢度。

抗裂砂浆抹完后，严禁在此面层上抹普通水泥砂浆腰线、口套线等。

2. 涂刷弹性底涂

在抗裂层施工完 2h 后即可刷涂弹性底涂，涂刷应均匀，不得有露底现象。

3. 刮柔性耐水腻子

大墙面刮腻子，宜采用 400～600mm 长的刮板，门窗口角等面积较小的部位宜用 200mm 长的刮板。第一遍修局部、补坑凹部位，第二遍进行满刮，第二遍腻子半干状态时，大面用长木方板绑 400～600mm 长的砂石板绑零号砂纸打磨，门窗口角用短的砂石板绑零号砂纸打磨。第四遍要求满刮，第五遍腻子半干状态时，大面再用长木方板绑 400～600mm 长的砂石板绑零号砂纸打磨，门窗口角用短的砂石板绑零号砂纸打磨。若平整度达不到要求时再分别增加一道刮腻子和打磨的工序，直至达到平整度要求为止。

4. 涂刷底漆、刷面层涂料

涂刷工具采用优质短毛辊筒。上底漆前做好分格处理，墙面用分线纸代替分格缝。每次涂刷应涂满一格，避免底漆出现明显接痕。底漆涂刷一至两遍，涂刷应均匀，完全干燥 12h。

底漆完全干燥后，用辊筒滚涂面漆。滚涂时用力均匀，让辊筒紧紧贴附于墙面，蘸料均匀，按涂刷方向和要求一次成活。

5. 细部节点构造

图 2-50～图 2-52 展示出阴阳角、窗口和勒脚等结构部位的细部构造示意图，其他特殊细部节点构造图应由系统供应商提供。

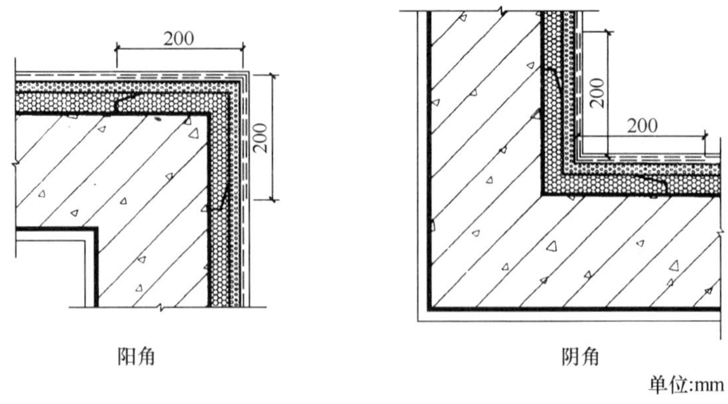

图 2-50　阴阳角细部构造示意图

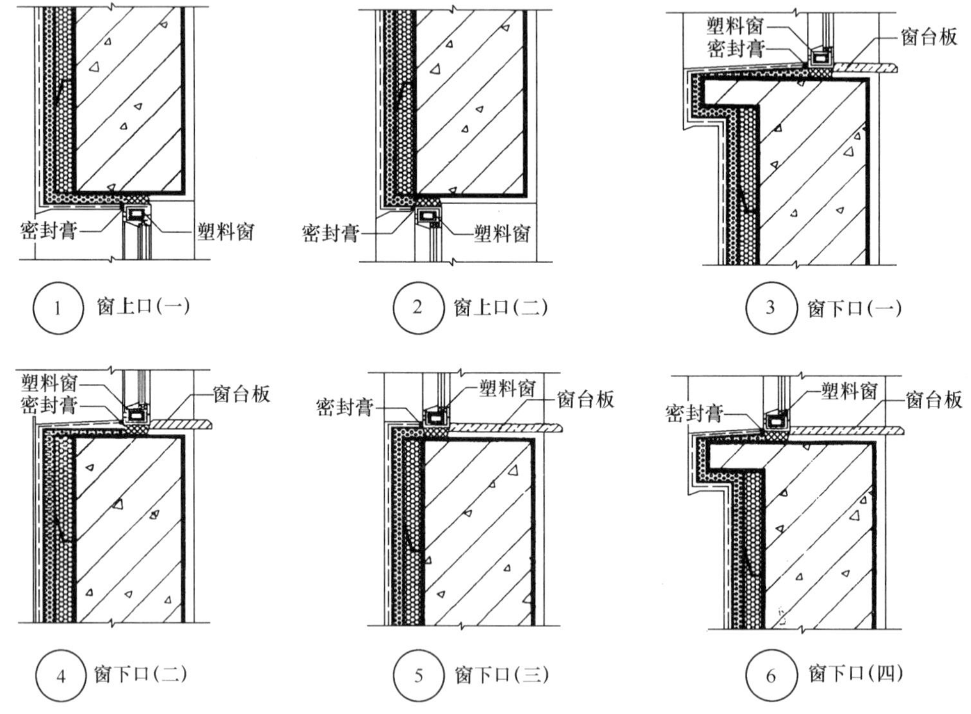

图 2-51　窗口细部构造示意图

（五）面砖饰面的抗裂防护层和饰面层的施工

1. 抹抗裂砂浆、铺压热镀锌电焊网

抗裂防护层的施工，应在保温层达到养护期并经过质量验收合格后进行。

施工时，抹第一遍抗裂砂浆，厚度应控制在 2～3mm。热镀锌电焊网分段进行铺贴。热镀锌电焊网的长度不大于 3m，为使边角施工质量得到保证，施工前预先用钢网展平机、

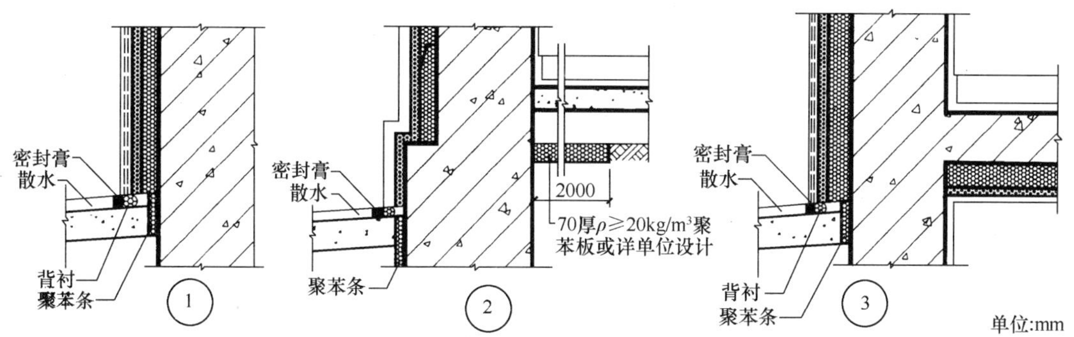

图 2-52　勒脚细部构造示意图

剪网机和挝角机对热镀锌电焊网进行预处理。先用钢丝网展平机将钢丝网展平，并用剪网机裁剪。用挝角机将用于墙体边角处的钢丝网预先折成直角。铺贴时应沿水平方向，按照先下后上的顺序依次平整铺贴。铺贴时先用 U 形卡子卡住钢丝网，使其仅贴抗裂砂浆表面，然后按照双向@500mm 梅花状分别用尼龙膨胀螺栓将钢丝网锚固在基层墙体上，有效锚固深度不得小于 25mm，局部不平整处用 U 形卡子压平。钢丝网之间搭接宽度不应小于两个网格，搭接层数不得大于 3 层，搭接处用 U 形卡子、钢丝固定。所有阳角钢丝网不应断开，阴阳角处钢丝网应压住对接的钢丝网。窗口侧面、女儿墙、沉降缝等钢丝网收头处应用水泥钉加垫片使钢丝网固定在主体结构上。

钢丝网铺贴完毕后应重点检查阳角处钢丝网的连接状况，再抹第二遍抗裂砂浆，并将钢丝网包覆于抗裂砂浆之中，抗裂砂浆的总厚度宜控制在 8～10mm，并保证抗裂砂浆面层平整。

2. 粘贴面砖

（1）饰面砖工程深化设计　饰面砖粘贴前，应首先对涉及未明确的细部节点进行辅助深化设计，按照不同基层做出样板墙或样板件，确定饰面砖排列方式、缝宽、缝深，勾缝形式及颜色、防水及排水构造、基层处理方法等施工要点。饰面砖的排列方式通常有对缝排列、错缝排列、菱形排列和尖头形排列等几种形式。勾缝通常有平缝、凹平缝、凹圆缝、倾斜缝和山形缝等几种形式。确定粘结层及勾缝材料、调色矿物辅料等的施工配合比。外墙饰面砖不得采用密缝，留缝宽度不应小于 5mm；一般水平缝 10～15mm，竖缝 6～10mm，凹缝勾缝深度一般为 2～3mm。排砖原则确定后，现场实地测量层结构尺寸，综合考虑找平层和粘结层的厚度，进行排砖设计。条件具备时应采用计算机辅助计算和制图。做粘结强度试验，经建设、设计、监理各方认可后以书面形式进行确定。

（2）弹分格线　抗裂砂浆基层验收合格后即可按图纸要求进行分段分格弹线，同时进行控制粘贴面砖的工作，以控制面砖出墙尺寸和垂直度、平整度。注意每个立面的控制线应一次弹完。每个施工单元的阴阳角、门窗口、柱中、柱角都要弹线。控制线应用墨线弹制，验收合格后班组局部放细线施工。

（3）排砖　排砖时宜满足以下要求：阳角、窗口、大墙面、通高的柱跺等主要部位都要排整砖，非整砖要放在不明显处，且不宜小于 1/2 整砖；墙面阴阳角处最好采用异型角砖，如不采用异型角砖，宜留缝或将阳角两侧砖边磨成 45°角后对接；横缝要与窗台平齐；墙体变形缝处，面砖宜从缝两侧分别排列，留出变形缝；外墙饰面砖粘贴应设置伸缩缝，竖向伸缩缝宜设置在洞口两侧或与墙边、柱边对应的部位，横向伸缩缝可设置在洞口上下或与楼层对应处，伸缩缝宜采用柔性防水材料嵌缝；对于女儿墙、窗台、檐口、腰线等水平阳角处，顶面砖应压盖立面砖，立面底皮砖应封盖底平面面砖，可下凸 3～5mm 兼作滴水线；底平面面砖向内翘起以便滴水。

(4) 浸砖　吸水率大于 0.5%的瓷砖应浸泡后粘贴，吸水率小于 0.5%的瓷砖粘贴前不需要浸泡。浸泡后的瓷砖应晾干后才能粘贴。

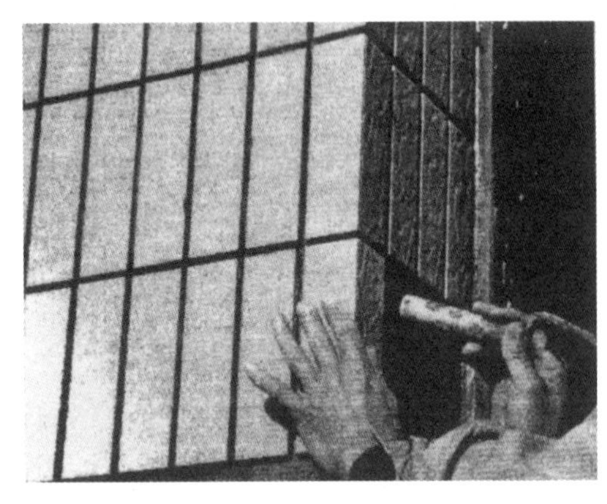

图 2-53　粘贴面砖操作示意图

(5) 粘贴面砖　面砖粘贴施工前，应充分湿润粘贴基层。粘贴作业一般为从上至下进行。高层建筑大墙面粘贴应分段进行。每段粘贴施工由下至上进行。先固定好靠尺板贴最下一皮砖，面砖贴上后用灰铲柄轻轻敲击砖面使之附线，轻敲表面固定（图 2-53）。用开刀调整竖缝，用小杠尺通过标准点调整平整度和垂直度，用靠尺随时找平找方。在粘结层初凝前，可调整面砖的位置和接缝宽度，初凝后严禁振动或移动面砖。砖缝宽度可用自制米厘条控制，如符合模数也可采用标准成品缝卡。墙面突出的卡件、水管或线盒处宜采用整砖套割后套贴。套割缝口要小，圆孔宜采用专用开孔器开孔，不得采用非整砖拼凑镶贴。粘贴施工时，当室外气温高于 35℃时，应采取遮阳措施。贴面砖时背面打灰要饱满，粘结灰浆中间略高四周略低。粘贴时要轻轻揉压，压出灰浆最后用铁铲剔除灰浆。粘结灰浆厚度宜控制在 3～5mm，面砖的垂直、平整度与控制面砖一致。

粘贴纸面砖时应事先制定与纸面砖相应的模具，将模具套在纸面砖上，然后将纸面砖粘贴面刮满厚度为 2～5mm 的粘结灰浆，取下模具，从下口粘贴线向上粘贴纸面砖，并压实拍平。应在粘结灰浆初凝前，将纸面砖纸板刷水润透，并轻轻揭去纸板。应及时修整表面缺陷，调整缝隙，并用粘结灰浆将未填实的缝隙嵌实。

3. 面砖勾缝

保温系统瓷砖勾缝施工应使用专用勾缝胶。如勾缝胶为粉状，应按照要求加水搅拌均匀调制成专用勾缝砂浆。

勾缝施工应在面砖粘贴施工检查合格后进行。粘结层终凝后可按照样板墙确定的勾缝材料、缝深、勾缝形式和颜色进行勾缝。勾缝要根据缝的形式使用专用工具；勾缝宜先勾水平缝再勾竖缝，缝的纵横交叉处过渡要自然，不能有明显痕迹。砖缝要在一个水平面上，缝深 2～3m，连续、平直、深浅一致，表面要压光；采用成品勾缝材料应按照厂家说明书操作。

4. 细部节点构造

图 2-54 和图 2-55 展示出阴阳角、勒脚和窗口等结构部位的细部构造示意图，其他特殊细部节点构造图应由系统供应商提供。

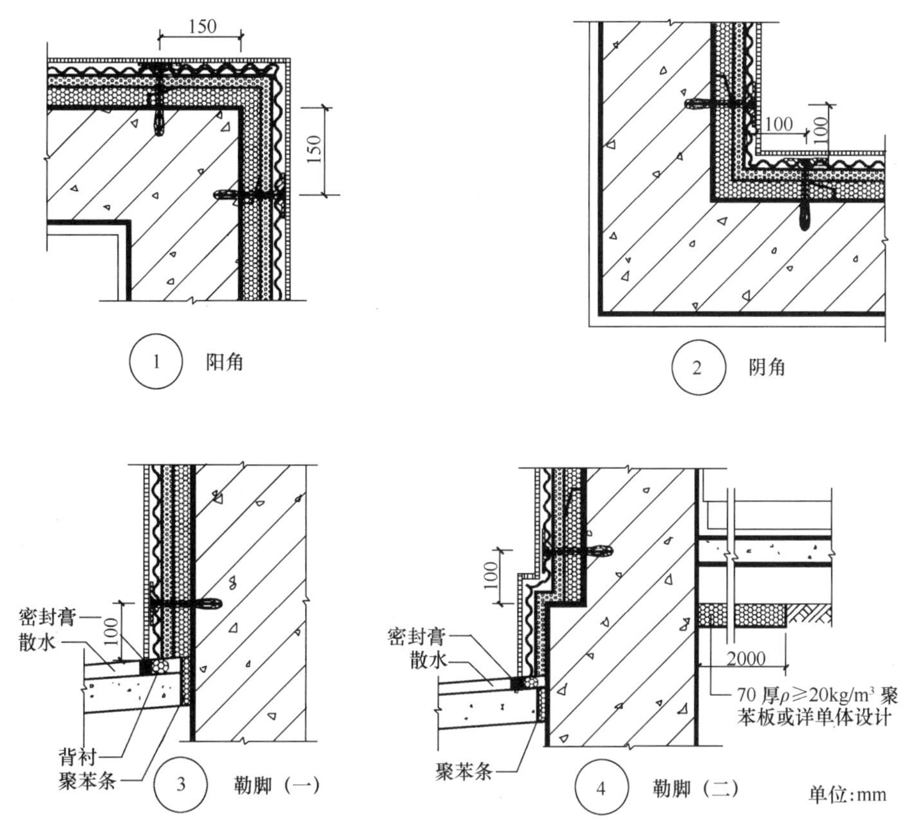

图 2-54　阴阳角、勒脚等结构部位的细部构造示意图

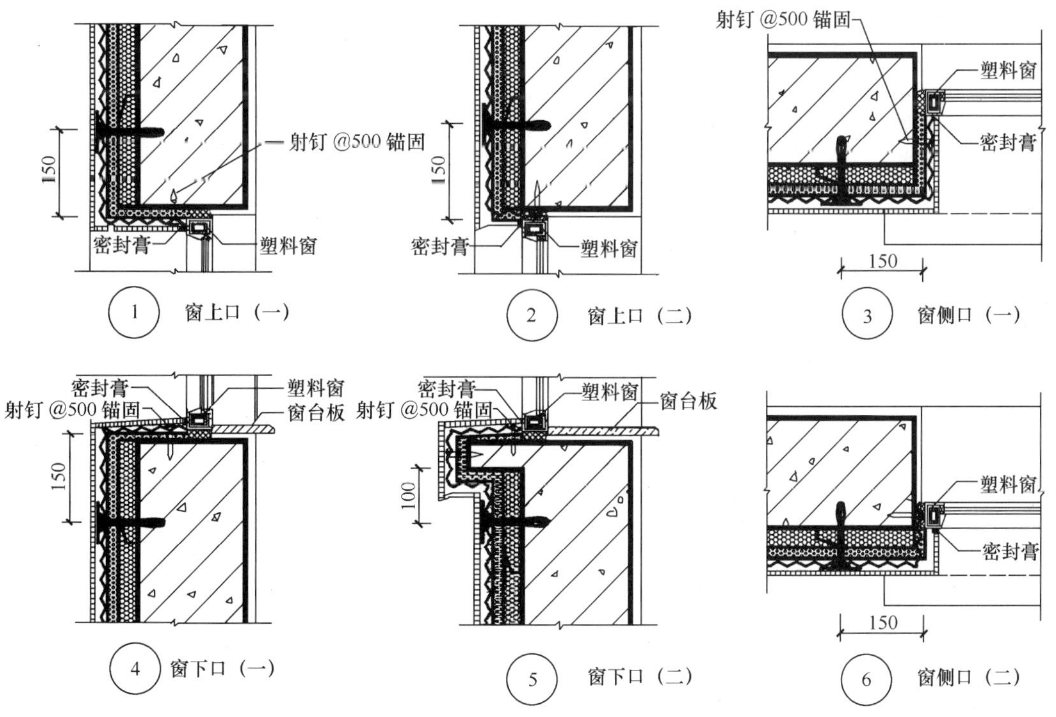

图 2-55　几种窗口的细部构造示意图　单位：mm

参考文献

[1] 王建强，王红军，曹宝良．EPS钢丝网架板现浇混凝土外墙外保温系统的施工．建筑技术，2007，38 (10)：781～783.

[2] 齐晓东．膨胀聚苯板薄抹灰外墙外保温系统应用问题分析．新型建筑材料。2005，(6)：54～55.

[3] 田英良，顾闻周，李文彪．泡沫玻璃在建筑节能中的应用．新型建筑材料，2002，(6)；41～42.

[4] 来克明．超高层住宅现浇混凝土外墙外保温技术研究，新型建筑材料，2004，(5)：30～32.

[5] 徐峰，张雪芹，华七三．建筑保温隔热材料与应用．北京：中国建筑工业出版社，2007年7月第一版．

[6] 孙秀刚，朱士坤，任常原．膨胀聚苯板外墙外保温薄抹灰系统常见问题分析．新型建筑材料，2006，(4)：38～39.

[7] 张春侠，王命平．外墙外保温体系保温层与基层墙体的连接机理研究．新型建筑材料，2004，(9)：33～36.

[8] 张碧如，李冰．以瓷砖为饰面层的外墙外保温体系．新型建筑材料，2003，(11)：51～53.

[9] 何勇智．外贴面砖的外墙外保温系统材料性能及施工要求探讨．新型建筑材料，2006，(2)：58～60.

[10] 朱国春，徐龙贵，罗国剑．非水泥基干粉外保温抹面砂浆与装饰系统．新型建筑材料，2009，36 (4)：50～51.

[11] 闫振滨，孔祥夔，潘博．严寒地区节能住宅外墙外保温EPS板薄抹灰外墙涂料脱落问题分析与对策．建筑技术，2007，38 (10)：774～775.

[12] 安徽黄山瑞盛新材料科技有限公司企业标准．RS挤塑聚苯板薄抹灰外墙外保温系统．Q/RS02—2009.

[13] ™XPS外墙外保温系统图集．江苏省南京能益节能科技有限公司．

[14] 郭晓飞，郭春雷，杨德东．寒冷及严寒地区建筑外墙聚氨酯喷涂保温系统探讨．新型建筑材料，2007，(2)：45～47.

[15] 雄卫，黄洪，赵守佳．聚氨酯系列产品在外墙外保温体系中的应用．新型建筑材料，2007，(5)：69～71.

[16] 聚氨酯硬泡外墙外保温工程设计要点．建筑技术，2007，38 (10)：747～751.

[17] 聚氨酯硬泡外墙外保温工程施工技术．建筑技术，2007，38 (10)：752～755.

[18] 建设部聚氨酯建筑节能应用推广工作组．《聚氨酯硬泡外墙外保温工程技术导则》．北京：中国建筑工业出版社，2007年5月第一版．

[19] 孙智，宋桂霞．外墙喷涂聚氨酯发泡保温应用技术实例．建筑技术，2005，36 (10)：752～753.

[20] 陈龙．硬泡聚氨酯外保温及饰面砖技术应用．建筑技术，2006，37 (10)：743～745.

[21] 北京振利高新技术有限公司、北京振利建筑工程有限责任公司、龙信建设集团有限公司编著．外墙外保温施工工法．北京：中国建筑工业出版社，2007年3月第1版．

第三章 保温砂浆、胶粉聚苯颗粒和其他外墙外保温系统

第一节 建筑保温砂浆外墙外保温系统

一、建筑保温砂浆的组成和特征

1. 定义与组成

（1）基本定义 根据国家标准《建筑保温砂浆》（GB/T 20473—2006）的定义，建筑保温砂浆是指"以膨胀珍珠岩或膨胀蛭石、胶凝材料为主要成分，掺加其他功能组分制成的用于建筑物墙体绝热的干拌混合物"。实际上，鉴于普通膨胀珍珠岩或膨胀蛭石的高吸水率，目前应用的绝大多数建筑保温砂浆是以闭孔膨胀珍珠岩或者玻化微珠为保温隔热骨料的保温砂浆。因而，下面仅介绍这类保温砂浆。

（2）材料组成 建筑保温砂浆的主要成分是绝热性能良好的玻化微珠、轻质粉末状材料（如粉煤灰）、聚合物改性水泥基胶凝材料、抗裂增强短纤维及其他外加剂等。

2. 建筑保温砂浆的性能特征

（1）防火阻燃、耐高温 保温砂浆中绝大部分是无机不燃材料，具有极好的防火阻燃性。实验表明，随着温度的升高，保温砂浆的导热系数虽然升高，但不会失去保温隔热效果，且不易脱落，安全性好。

水泥基材料具有一定的耐高温性能，而玻化微珠本身能够承受1000℃以上的高温，因而使用二者配制的保温砂浆更是具有良好的耐高温和防火性能，甚至可以用于隧道防火涂料。

（2）性能稳定 保温砂浆中的骨料和胶凝材料中的水泥同属于无机材料，二者之间的黏结性能良好，随着温度变化，二者产生的体积变化一致。加之玻化微珠为刚性体材料，因而更容易提高其力学性能，例如抗压强度、黏结强度等。可见，比之胶粉聚苯颗粒保温浆料，保温砂浆具有更好的体积稳定性和耐久性。

保温砂浆耐腐蚀，不开裂，抗老化性好，可以广泛应用于有各种要求的建筑物上，而且其长期使用寿命完全可以达到与建筑物的使用寿命相一致。

在使用过程中，保温砂浆无毒、无味、无放射性污染，即使是在高温环境下也不会排出有害气体，不会对人体有害，因而可以应用于内保温。

（3）强度高且具有适当的保温隔热性能 由于玻化微珠与聚合物改性水泥基胶凝材料良好的界面结合，其抗压、抗拉、抗折强度均较高，与基层墙体的粘结强度也高，结构稳定，抗震性好。

在保温隔热方面，通过改变保温砂浆各组分的比例，其导热系数可以达到0.07W/(m·k)，而且导热性能可以调整，适合在不同的场合使用。保温砂浆适合于不同的墙体基层材质，各种复杂形状墙体的保温，可以无接缝，无空腔的进行涂抹施工，对外墙窗

户、梁柱及空调板等易产生冷热桥的部位有显著效果。

（4）施工简单　保温砂浆经加水搅拌后可以直接涂抹于墙面。在施工现场，其可直接涂抹在毛坯墙上，施工方法基本同普通水泥砂浆，施工工序少，且质量稳定可靠。

由于玻化微珠颗粒细，不同型号的产品的粒径能够产生良好的级配，再配以适量的粉煤灰，能够使之制备的保温砂浆具有良好的和易性、黏聚性和抹涂性等综合施工性能。这既能够保证一定的施工速度、提高施工效率，也使施工出的保温层的密实性和厚度等得到保证。

（5）性能不足　与聚苯颗粒这类有机保温骨料相比，玻化微珠和闭孔膨胀珍珠岩的吸水率高，并带来保温砂浆的吸水率高。这对于其保温隔热性能是很不利的，尤其是应用于可能经常受到水的侵蚀的外墙面。

与胶粉聚苯颗粒保温浆料这类有机保温材料相比，保温砂浆的保温隔热性能偏差，有的情况下可能需要施工的保温层较厚，甚至不能够满足节能要求，使其应用受到限制。

3. 建筑保温砂浆的产品质量标准

建筑保温砂浆现行产品标准是 GB/T 20473—2006。但是，由于该标准是产品标准，而在墙体保温中应用时需要提供系统标准，因而在应用时尚需要参照该标准，制定包含有保温系统在内的企业标准或地方标准。在下面列举的“建筑保温砂浆外墙外保温系统技术规程”中，有按照 GB/T 20473—2006 的要求对保温砂浆性能指标的规定。

二、建筑保温砂浆应用技术

1. 几种建筑保温砂浆外墙外保温系统的基本构造

在实际应用中，建筑保温砂浆是以系统应用于墙体的。因而，在系统进入市场前，需要根据标准确定系统的构造。由于缺少相关国家标准和行业标准，一般是制定企业标准。下面介绍实际应用中的几种建筑保温砂浆外墙外保温系统的基本构造。

（1）涂料饰面和面砖饰面的保温砂浆外墙外保温系统　这类建筑保温砂浆外墙外保温系统的基本构造与胶粉聚苯颗粒外墙外保温系统极为相似，二者的差别只是保温层使用的保温材料不同，分别如表 3-1 和表 3-2 所示。

涂料饰面建筑保温砂浆外墙外保温系统基本构造　　表 3-1

基本构造					构造示意图
基层①	界面层②	保温层③	抗裂面层④	饰面层⑤	
混凝土墙及各种砌体墙	界面砂浆	建筑保温砂浆	抗裂砂浆＋耐碱网布（有加强要求的增设一道网布）	柔性腻子＋涂料	①②③④⑤

注：可根据需要在抗裂砂浆外涂覆弹性底涂。

面砖饰面建筑保温砂浆外墙外保温系统基本构造　　表 3-2

基本构造					构造示意图
基层①	界面层②	保温层③	抗裂面层④	饰面层⑤	
混凝土墙及各种砌体墙	界面砂浆	建筑保温砂浆	抗裂砂浆＋耐碱网布（锚固件与基层锚固）	胶粘剂＋面砖＋填缝剂	① ② ③ ④ ⑤

（2）取消抗裂防护层的保温砂浆外保温系统　取消抗裂防护层的建筑保温砂浆外墙外保温系统基本构造见表 3-3。由于取消了抗裂防护层，鉴于安全考虑，这类系统只采取涂料饰面。

取消抗裂防护层的建筑保温砂浆外墙外保温系统基本构造　　表 3-3

基层墙体	建筑保温砂浆外墙外保温系统构造			构造示意图
	①建筑保温砂浆保温层	②保温抗裂层	③饰面层	
混凝土及各种砌体墙	建筑保温砂浆	抗裂保温找平腻子	柔性耐水腻子＋弹性底涂＋外墙涂料	① ② ③

（3）外墙保温和内墙保温复合的系统　当仅采用外墙外保温系统墙体平均传热系数无法满足要求时，可使用内外复合保温，其构造如表 3-4 所示。

（4）其他类　除了上述三类常用系统外，还有应用不多的几种建筑保温砂浆外墙保温系统，如砂浆保温层与建筑反射隔热涂料复合的外墙保温隔热装饰复合系统、取消抗裂防护层的面砖饰面保温砂浆外保温系统等。

1）外墙保温隔热装饰复合系统　这种系统由无机建筑保温砂浆（保温层）和具有反射隔热功能的建筑涂料（饰面层）构成。即基层墙体（混凝土墙体或各种砌体墙体）→建筑保温砂浆＋抗裂保温找平腻子→弹性底涂＋柔性耐水腻子＋反射隔热建筑涂料。

外墙外保温和内墙保温复合系统的基本构造 **表 3-4**

基本构造									构造示意图
内饰面层①	内抗裂层②	内保温层③	内界面层④	基层⑤	外界面层⑥	外保温层⑦	外抗裂层⑧	外饰面层⑨	
柔性腻子＋涂料	抗裂砂浆＋耐碱网格布	建筑保温砂浆	界面砂浆	混凝土墙及各种砌体墙	界面砂浆	建筑保温砂浆	抗裂砂浆＋耐碱网布	柔性腻子＋涂料	① ② ③ ④ ⑤ ⑥ ⑦ ⑧ ⑨

这种系统主要应用于夏热冬暖、夏热冬冷气候区的外墙外保温。

2）取消抗裂防护层的面砖饰面保温砂浆外保温系统　这种系统由无机建筑保温砂浆（保温层）和外墙面砖（饰面层）构成。即基层墙体（混凝土墙体或各种砌体墙体）→建筑保温砂浆＋抗裂保温找平腻子→面砖粘结剂＋面砖＋面砖勾缝料。

这种系统仅应用于保温性能良好的保温砌块类砌体的辅助保温系统，因保温砂浆的干密度（一般≥600kg/m^3）很高，导热系数很大（一般≥0.15），单独作为外保温系统使用难以满足节能要求。

2．应用范围

建筑保温砂浆的主要应用范围有：

（1）夏热冬暖、夏热冬冷气候区的外墙外保温和夏热冬暖气候区的外墙内保温。

（2）可应用于夏热冬冷气候区、基层墙体为保温性能良好的保温砌块类砌体的辅助内保温。

（3）可用于寒冷地区和严寒地区的楼梯间墙、地下室及架空层顶板等辅助保温。

可见，建筑保温砂浆不能应用于寒冷地区和严寒地区的内、外墙保温；也不宜作为主要保温材料应用于夏热冬冷地区的外墙内保温。

3．建筑保温砂浆应用中存在的问题

（1）因使用憎水剂造成系统中材料的不相容　保温砂浆的吸水率高，为了克服这一缺陷而使用憎水剂降低其吸水率，但憎水剂选用不当时（例如使用硬脂酸盐类憎水剂）会造成系统中材料的不相容。使抗裂砂浆与保温砂浆层之间的粘结强度很低，甚至可能由此带来工程质量事故。

（2）施工调制时玻化微珠易破碎　保温砂浆应用中另一个问题是施工调制时玻化微珠易破碎。施工调制时，由于玻化微珠易碎，在搅拌力和机械作用下，很多玻化微珠可能会破碎，这将使砂浆的干密度和导热系数显著增大，保温性能变差。

4．正确应用建筑保温砂浆

（1）正确认识保温砂浆的适用性　保温砂浆的导热系数较高，即绝热性有限，因而即使在夏热冬冷地区其使用也有一定限制。实际上，它更适合于夏热冬暖地区外墙外保温或内保温的应用。特别是在夏热冬暖地区，对于设计上要求粘贴面砖或装饰型石材，或以幕墙装饰的外墙面，使用保温砂浆进行内保温是个很好的选择。

在夏热冬冷地区，对本身保温效果较好的砌体墙体，如加气砌块、经过保温隔热处理的混凝土砌块（如芯孔中插聚苯板的砌块），墙体仍然不能够达到节能要求时，这种情况之下使用保温砂浆作为外墙外保温从技术性和经济性来说，都是非常好的措施。

当在夏热冬冷地区应用保温砂浆时，应根据具体产品的导热系数，设计保温层的厚度，并保证施工达到设计厚度要求。

（2）使用功能型涂料作为保温砂浆外墙外保温的饰面层　将保温砂浆和反射隔热涂料复合构成高性能外墙外保温系统，在夏热冬暖地区（也包括某些夏热冬冷地区）使用将是极好的外保温系统。因为外墙外保温表面涂装这类涂料后，涂膜表面温度不会大幅度升高，并能够显著减少通过墙体向建筑物内的传热。涂覆反射隔热涂料后，涂膜表面的温度比未涂装涂料或者涂装普通涂料时温度可降低约 15～18℃。这将是外墙外保温表面温度高、可能受到的温差大所带来的开裂、涂膜老化加速等问题一个极好的解决途径。

（3）优先应用无抗裂防护层保温砂浆外墙外保温系统　通过适当措施（如提高砂浆中有机树脂组分的含量）提高保温砂浆的力学强度，进而取消系统中的抗裂防护层，能够简化系统构造、减少系统中的界面层、降低外保温系统的成本、减少施工费用和缩短工期等，更有利于其推广应用和外保温系统工程质量的保证。

三、建筑保温砂浆外墙外保温系统技术规程举例

建筑保温砂浆在我国得到很多应用，但由于缺少相应的标准、规范，给应用带来很多不便，或使其应用受到一定约束。因而，有些地方根据情况制定了相应的地方规程，这里参考一些先进的典型技术规程[1]介绍与应用关系密切的有关内容。

技术规程一般分为总则、术语和引用标准、基本规定、材料要求、检验和验收、设计、施工和质量验收等内容。总则主要说明规程的制定目的、制定依据、适用范围等；术语主要对规程所涉及的专业名词、材料等予以定义和解释，例如，《外墙外保温工程技术规程》（JGJ 144-2004）第二章的内容。下面仅介绍一些主要内容。

1. 基本规定

（1）外墙外保温工程应能适应基层的正常变形而不产生裂缝或者空鼓。

（2）外墙外保温工程应能长期承受自重和饰面层的重量而不产生有害的变形。

（3）外墙外保温工程应能承受风荷载的作用而不产生破坏。

（4）外墙外保温工程应能耐受室外气候的长期反复作用而不产生破坏。

（5）外墙外保温工程应具有防水功能，能防止水渗入保温层。

（6）外保温复合墙体的保温、隔热和防潮性能应符合国家现行标准《民用建筑热工设计规范》（GB50176）、《公共建筑节能设计标准》（GB50189）、《夏热冬冷地区居住建筑节能设计标准》（JGJ134）、《夏热冬暖地区居住建筑节能设计标准》（JGJ75）、《外墙外保温工程技术规程》（JGJ144）和《民用建筑节能施工验收规范》（GB50411）的有关规定。

（7）外墙外保温工程各组成部分应具有物理-化学稳定性和良好的防火性。所有组成材料应彼此相容并应具有防腐性。在可能受到生物侵害（鼠害、虫害）时，外墙外保温工

程还应具有防生物侵害性能。

（8）保温系统为面砖饰面时，饰面砖强度抗拉拔试验应按《建筑工程饰面砖粘结强度检验标准》（JGJ110）执行，断缝应从饰面砖表面切割至抗裂防护层外表面（不应露出增强网），深度应一致。

（9）单组分砂浆现场除添加水外，不得再添加其他材料。

2. 系统及其构成材料的技术要求

（1）系统　建筑保温砂浆外墙外保温系统的性能应符合表 3-5 的要求。

无机建筑保温砂浆外墙外保温系统的性能指标　　表 3-5

试验项目		性能指标	
耐候性		经 80 次高温（70℃）—淋水（15℃）循环和 20 次加热（50℃）—冷冻（—20℃）循环后不得出现开裂、空鼓或脱落。抗裂防护层与保温层的拉伸粘结强度不应小于 0.1MPa，破坏界面应位于保温层	
吸水量/（g/m^2）浸水 1h		≤1000	
抗冲击强度	C 型	普通型（单网）	3J 冲击合格
		加强型（双网）	10J 冲击合格
	T 型	3J 冲击合格	
抗风压值		不小于工程项目的风荷载设计值	
耐冻融		10 次循环试验后表面无裂纹、空鼓、起泡、剥离现象	
水蒸气湿流密度/g/（m^2·h）		≥0.85	
不透水性		试样防护层内侧无水渗透	
耐磨损，500L 砂		无开裂、龟裂或表面保护层剥落、损伤	
系统抗拉强度（C 型）/MPa		≥0.1，并且破坏部位不得位于各层界面	
饰面砖粘结强度（T 型）/MPa（现场抽测）		≥0.4	
抗震性能（T 型）		设防烈度等级下面砖饰面及外保温系统无脱落	
火反应性		不应被点燃，试验结束后试件厚度变化不超过 10%	

（2）界面砂浆

界面砂浆性能应符合表 3-6 的要求。

界面砂浆性能指标　　表 3-6

项目		单位	指标
压剪粘结强度	原强度	MPa	≥0.7
	耐水	MPa	≥0.5
	耐冻融	MPa	≥0.5

（3）建筑保温砂浆

1）外观质量　外观应为均匀、干燥、无结块和颗粒状混合物。

2）堆积密度应不大于 250kg/m^3。

3）分层度　加水拌合后拌合物的分层度应不大于 20mm。

4）物理性能指标　无机建筑保温砂浆的物理性能指标应符合表 3-7 的要求。

无机建筑保温砂浆的性能指标　　表 3-7

项　　目	技术要求	
	Ⅰ型	Ⅱ型
干密度（kg/m^3）	240～300	301～400
抗压强度（MPa）	≥0.20	≥0.40
导热系数［平均温度 25℃，W/（m·K）］	≤0.070	≤0.085
线收缩率（%）	≤0.30	≤0.30
压剪粘结强度（kPa）	≥50	≥50
堆积密度（kg/m^3）	≤250	≤350
软化系数	—	≥0.50
分层度（mm）	≤20	≤20
放射性	天然放射性核素镭－266、钍－232、钾－40 的放射性比活度应同时满足 IRa≤1.0；Ir≤1.0	
燃烧性能级别	应符合 GB 8624 规定的 A 级要求	

（4）抗裂砂浆　抗裂砂浆性能应符合表 3-8 的要求。

抗裂砂浆性能指标　　表 3-8

项　　目		单　位	指　标
可使用时间	可操作时间	h	≥1.5
	在可操作时间内拉伸粘结强度	MPa	≥0.7
拉伸粘结强度		MPa	≥0.7
浸水拉伸粘结强度（常温 28d，浸水 7d）		MPa	≥0.5
压折比		—	≤3.0

注：水泥应采用强度等级 42.5 的普通硅酸盐水泥，并应符合 GB 175—1999 的要求；砂应采用符合 JGJ 52—1992 的规定，筛除大于 2.5mm 的颗粒，含泥量小于 3%。

（5）耐碱网布　耐碱网布的性能应符合表 3-9 的要求。

耐碱网布的性能指标　　表 3-9

项　　目		单　位	指　　标
外观		—	合格
长度、宽度		m	50～100、0.9～1.2
网孔中心距	普通型	mm	4×4
	加强型	mm	6×6
单位面积质量	普通型	g/m^2	≥160
	加强型	g/m^2	≥500

续表

项目		单位	指标
断裂强力（经、纬向）	普通型	N/50mm	≥1250
	加强型	N/50mm	≥3000
耐碱强力保留率（经、纬向）		%	≥90
断裂伸长率（经、纬向）		%	≤5
涂塑量	普通型	g/m^2	≥20
	加强型	g/m^2	≥20
玻璃成分		%	符合 JC719 的规定，其中 ZrO_2 14.5±0.8，TiO_2 6.0±0.5

（6）弹性底涂　弹性底涂的性能应符合表 3-10 的要求。

弹性底涂的性能指标　　**表 3-10**

项目		单位	指标
容器中状态 施工性		— —	搅拌后无结块，呈均匀状态刷涂无障碍
干燥时间	表干时间	h	≤4
	实干时间	h	≤8
断裂伸长率 表面憎水率		% %	≥100 ≥98

（7）柔性耐水腻子　柔性耐水腻子的性能应符合表 3-11 的要求。

柔性耐水腻子的性能指标　　**表 3-11**

项目		单位	指标
容器中状态		—	无结块，状态
施工性		—	刮涂无障碍
干燥时间（表干）		h	≤5
打磨性		—	手工可打磨
耐水性（96h）		—	无异常
耐碱性（48h）		—	无异常
黏结强度	标准状态	MPa	≥0.60
	冻融循环（5 次）	MPa	≥0.40
柔韧性		—	直径 50mm，无裂纹

（8）外墙外保温饰面涂料　外墙外保温饰面涂料必须与无机建筑保温砂浆外墙外保温系统相容，其性能除应符合国家及行业相关标准外，还应满足表 3-12 的抗裂性能要求。

外墙外保温饰面涂料抗裂性能指标　　表 3-12

项　　目	指　　标
平涂用涂料	断裂伸长率≥150%
连续性复层建筑涂料	主涂层断裂伸长率≥100%
浮雕类非连续性复层建筑涂料	主涂层初期干燥抗裂性满足不开裂的要求

(9) 面砖粘结砂浆

面砖粘结砂浆的性能应符合表 3-13 的要求。

面砖粘结砂浆的性能指标　　表 3-13

项　　目		单　位	指　　标
拉伸粘结强度		MPa	≥0.6
压折比		—	≤3.0
压剪黏结强度	原强度	MPa	≥0.6
	耐温 7d	MPa	≥0.5
	耐水 7d	MPa	≥0.5
	耐冻融 30 次	MPa	≥0.5
线性收缩率		%	≤0.3

注：水泥应采用强度等级 42.5 的普通硅酸盐水泥，并应符合 GB 175—1999 的要求；砂应符合 JGJ 52—1992 的规定，筛除大于 2.5mm 的颗粒，含泥量小于 3%。

(10) 面砖勾缝料　面砖勾缝料的性能应符合表 3-14 的要求

面砖勾缝料的性能指标　　表 3-14

项　　目		单　　位	指　　标
外观		—	均匀一致
颜色		—	与标准样一致
凝结时间		h	大于 2h，小于 24h
拉伸黏结强度	常温常态 14d	MPa	≥0.60
	耐水（常温常态 14d，浸水 48h，放置 24h）	MPa	≥0.50
透水性（24h）		mL	≤3.0
压折比		—	≤3.0

(11) 塑料螺栓　塑料螺栓由螺钉和带圆盘的塑料膨胀套管两部分组成。金属螺钉应采用不锈钢或经过表面防腐蚀处理的金属制成，塑料钉和带圆盘的塑料膨胀套管应采用聚酰胺、聚乙烯或聚丙烯制成，制作塑料钉和塑料套管的材料不得使用回收的再生材料。塑料锚栓有效锚固深度不小于 25mm，塑料圆盘直径不小于 50mm，套管外径 7～10mm。单个塑料锚栓抗拉承载力标准值（C25 混凝土基层）不小于 0.80kN。

(12) 热镀锌电焊网　热镀锌电焊网（俗称四角网）应符合 QB/T 3897—1999 并满足表 3-15 的要求。

热镀锌电焊网性能指标 表 3-15

项目	单位	指标
工艺	—	热镀锌电焊网
丝径	mm	0.90±0.04
网孔大小	mm	12.7×12.7
焊点抗拉力	N	>65
镀锌层质量	g/m^2	≥122

（13）饰面砖

外保温饰面砖应采用粘贴面带有燕尾槽的产品，并不得带有脱模剂。其性能应符合下列现行标准的要求：GB/T 9195、GB/T 4100.1、GB/T 4100.2、GB/T 4100.3、GB/T 4100.4、GB/T 7697 和 JC/T 457；并应同时满足表 3-16 的要求。

饰面砖性能指标 表 3-16

项目			单位	指标
尺寸	6m 以下墙面	表面面积	cm^2	≤410
		厚度	cm	≤1.0
	6m 及以上墙面	表面面积	cm^2	≤190
		厚度	cm	≤0.75
单位面积质量			kg/m^2	≤20
吸水率			%	≤3
抗冻性			—	20 次冻融循环无破坏

（14）附件　在无机建筑保温砂浆外墙外保温系统中所采用的附件，包括射钉、密封膏、密封条、金属护角、盖口条等应分别符合相应的产品标准的要求。

3. 材料验收

（1）产品进场验收　保温工程所用材料和半成品、成品的品种、性能必须符合设计和有关标准的要求，外观和包装应完整、无破损，进场后，按 GB50411 的规定进行质量检查和验收。

1）检查产品合格证、出厂检测报告和有效期内的形式检验报告。

2）现场抽样复验，复验应为见证取样送检，随机抽样，检查复验报告。复验材料：建筑保温砂浆、抗裂砂浆、界面砂浆、陶瓷墙地砖胶粘剂、耐碱网布、陶瓷墙地砖填缝剂。复验项目见表 3-17，其他材料按相关规定执行。

保温系统主要组成材料复验项目 表 3-17

材料名称	复验检验项目
建筑保温砂浆	干密度、抗压强度、导热系数
抗裂砂浆	原拉伸粘结强度、浸水拉伸粘结强度、压折比
界面砂浆	原拉伸粘结强度、浸水拉伸粘结强度
陶瓷墙地砖胶粘剂	原拉伸粘结强度、浸水拉伸粘结强度
耐碱网布	单位面积质量、拉伸断裂强力、耐碱强力保留率、断裂伸长率
陶瓷墙地砖填缝剂	标准试验条件下抗折强度及抗压强度、吸水量

（2）建筑保温砂浆、抗裂砂浆、界面砂浆、陶瓷墙地砖胶粘剂、耐碱网布和陶瓷墙地

砖填缝剂的抽样复验应符合下列规定：

1）检查方法：随机抽样送检，检查复验报告。

2）检查数量：同一厂家同一品种的产品，当单位工程保温墙体面积在 5000m² 以下时各抽查不少于 1 次；当单位工程保温墙体面积在 5000～10000m² 时各抽查不少于 2 次；当单位工程保温墙体面积在 10000～20000m² 时各抽查不少于 3 次；当单位工程保温墙体面积在 20000m² 以上时各抽查不少于 6 次。

4. 设计

（1）一般规定

1）对建筑保温砂浆进行外墙体保温设计时，应优先选用外保温系统，且外墙保温层厚度不宜大于 50mm。当墙体平均传热系数无法满足设计要求时，宜选用内外复合保温。墙体节能构造及其热工参数，可参见表 3-18。

钢筋混凝土墙体构造及热工性能　　表 3-18

结构简图	基本构造	厚度 δ (mm)	导热系数 λ [W (m·k)]	修正系数 α	主体部位	
					传热系数 K [W/ (m²·K)]	热惰性指标 D
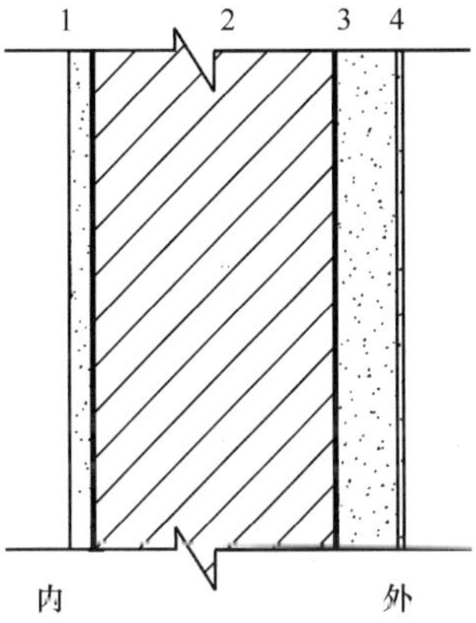 外保温构造图（1 2 3 4；内 外）	1. 混合砂浆	20	0.87	1.0		
	界面砂浆	—	—	—		
	2. 钢筋混凝土	240	1.74	1.0		
	界面砂浆	3	0.60	1.0		
	3. 建筑保温砂浆	30	0.085	1.25	1.65	3.18
		40	0.085	1.25	1.43	3.36
		50	0.085	1.25	1.26	3.54
	4. 抗裂砂浆	5	0.60	1.0		
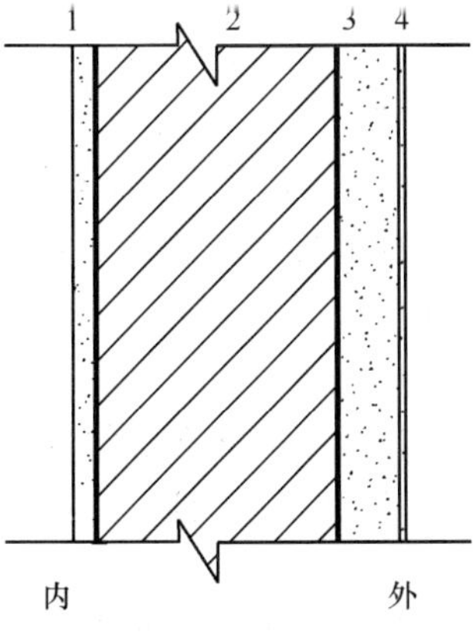 内外复合保温构造图（1 2 3 4；内 外）	1. 建筑保温砂浆	20	0.085	1.25		
	界面砂浆	—	—	—		
	2. 钢筋混凝土	240	1.74	1.0		
	界面砂浆	3	0.60	1.0		
	3. 建筑保温砂浆	30	0.085	1.25	1.30	3.28
		40	0.085	1.25	1.16	3.46
		50	0.085	1.25	1.04	3.64
	4. 抗裂砂浆	5	0.60	1.0		

2）墙体外保温传热系数设计计算方法

以 240mm 厚的钢筋混凝土墙，选用外抹 30mm 厚的保温砂浆为例，保温砂浆的导热系数取 0.085W/（m·K），其导热系数的修正系数取 1.25。其热工计算过程如下。

钢筋混凝土墙体的传热系数 K_p 为：

$$R_P=R_i+R_1+R_2+R_3+R_4+R_5+R_e=0.606\ (m^2\cdot K)/W$$

$$K_P=1/R_P=1/0.606=1.65W/(m^2\cdot K)$$

式中 R_i——内表面换热阻，0.11（m^2·K）/W；

R_1——混合砂浆层热阻，0.02/0.87=0.023（m^2·K）/W；

R_2——钢筋混凝土墙体热阻，0.240/1.74=0.138（m^2·K）/W；

R_3——界面砂浆层热阻，0.003/0.60=0.005（m^2·K）/W；

R_4——保温砂浆层热阻，0.030/（0.085×1.25）=0.282（m^2·K）/W；

R_5——抗裂砂浆层热阻，0.005/0.60=0.008（m^2·K）/W；

R_e——外表面换热阻，0.04（m^2·K）/W。

若采用内外复合保温，将混合砂浆换用 20mm 厚的保温砂浆替代计算如下：

$$R_P=R_i+R_1+R_2+R_3+R_4+R_5+R_e=0.771\ (m^2\cdot K)/W$$

$$K_P=1/R_P=1/0.771=1.30W/(m^2\cdot K)$$

式中 R_i——内表面换热阻，0.11（m^2·K）/W；

R_1——混合砂浆层热阻，0.02/（0.85×1.25）=0.188（m^2·K）/W；

R_2——钢筋混凝土墙体热阻，0.240/1.74=0.138（m^2·K）/W；

R_3——界面砂浆层热阻，0.003/0.60=0.005（m^2·K）/W；

R_4——保温砂浆层热阻，0.030/（0.085×1.25）=0.282（m^2·K）/W；

R_5——抗裂砂浆层热阻，0.005/0.60=0.008（m^2·K）/W；

R_e——外表面换热阻，0.04（m^2·K）/W。

K_p满足 DB33/1015-2003 中表 4.2.4 的 $K\leqslant1.5$（$D\geqslant3.0$）的规定。

3）在设计中建筑保温砂浆的比热容取 $C=1.05$kJ/（kg·K），对干密度≤550kg/m^3的保温砂浆，蓄热系数 $S=1.9$W/（m^2·K）；对干密度≤450kg/m^3的保温砂浆，$S=1.5$W/（m^2·K）；对干密度≤350kg/m^3的保温砂浆，$S=1.2$W/（m^2·K）。

4）建筑保温砂浆外墙保温系数的设计，应满足地方相关设计标准的有关规定。

5）建筑保温砂浆系统的热工和节能设计应符合“施工面层表面温度应高于 0℃；建筑保温砂浆应包覆外侧洞口、女儿墙及封闭阳台等热桥部位”的规定。

6）建筑保温砂浆墙体外保温系统必须重视密封和防水构造设计，重要部位应有详图。水平的或倾斜的出挑部位及延伸至楼地面以下的部位必须做好防水处理。在墙体上安装的设备或管道应固定于基层墙体上，同时必须做好密封和防水处理。

（2）建筑构造

1）外墙外保温系统构造一般由基层、界面层、保温层、抗裂面层、饰面层组成，符合“表 3-1 涂料饰面和表 3-2 面砖饰面建筑保温砂浆外墙外保温系统基本构造”的要求，并应包覆门窗外侧洞口、女儿墙以及封闭阳台等热桥部位。

2）外墙保温系统应优先选用外保温系统，当墙体平均传热系数无法满足要求时，宜选用内外复合保温，系统构造符合前述“表 3-4 外墙外保温和内墙保温复合系统的基本构造”要求，并符合上述要求。

3）在门窗洞口、管道穿墙洞口、勒脚、阳台、变形缝、女儿墙等保温系统的收头部位应做密封和防水处理。

4）建筑保温砂浆层厚度符合墙体热工性能设计要求。应严格控制抗裂面层厚度并采取可靠抗裂措施确保抗裂面层不开裂。含耐碱网布的抗裂面层厚度为：涂料面层不小于3mm，单层网布加面砖不小于5mm，双层网布加面砖不小于7mm。

5）外墙外保温涂料饰面系统的抗裂面层中，必要时应设置抗裂分隔缝。水平抗裂分格缝宜按楼层设置；垂直抗裂分格缝宜按墙面面积设置，在板式建筑中不宜大于30m^2，在塔式建筑中可视具体情况而定，宜留在阴角部位。必须做好分格缝的防水设计，确保雨水不会渗入保温层及基层。

5. 施工

（1）一般规定

1）外保温工程施工期间以及完工后24h内，基层及环境空气温度不应低于5℃。夏季应避免阳光暴晒。在5级以上大风天气和雨水不得施工。

2）保温工程实施前应编制专项施工方案并经监理（建设）单位批准后方可实施。施工前应进行技术交底，施工人员应经过培训并经考核合格。

3）保温砂浆工程的施工应在基层施工质量验收合格后进行。避免在潮湿的墙体上做保温层。原墙面为加气混凝土或马赛克、面砖等旧墙面时，需做专门的界面处理。

（2）施工准备

1）基层墙体经过工程验收达到质量标准。施工前应将基层墙面的灰尘、污垢、油渍及残留灰块等清理干净。基层表面高凸处应剔平，对蜂窝、麻面、露筋、疏松部分等凿到实处，用1∶2.5水泥砂浆分层补平，把外露钢筋头和铅丝头等清除掉。低处用保温砂浆（或混合砂浆）分层补平，窗台砖应补平。门窗口与墙体交接处应填补实。

2）外保温施工前，外门窗洞口应通过验收，洞口尺寸、位置应符合设计要求和质量要求，门窗框或辅框应安装完毕，伸出墙面的消防梯、水落管、各种进户管线和空调器等的预埋件、连接件应安装完毕，并按外保温系统厚度留出间隙。

3）脚手架或操作平台需验收合格。脚手架搭设必须符合JGJ130的要求。

4）施工应准备以下主要机具和设备：垂直运输机械、砂浆搅拌机或手提式电动搅拌器、磅秤等；锯齿型批刀、平口批刀、铝合金刮刀、托盘、滚筒、冲击钻、螺丝刀、切割机等；水准仪、经纬仪、钢卷尺、靠尺、塞尺、墨斗、方尺、探针等。

5）对采用相同的构造做法，应在现场采用相同工艺制作样板间或样板件，并经有关各方确认后方可实施。

（3）工艺流程

1）涂料饰面外墙外保温工程的工艺流程一般按下列工序进行：

基层处理、验收→吊垂线、套方、弹抹灰厚度控制线（块）→做灰饼、冲筋→施工界面砂浆→配制保温砂浆→保温砂浆施工→保温砂浆养护→保温层验收→弹分格线、安装分隔槽等→抹底层抗裂砂浆→压入耐碱网格布（安装锚固件）→抹面层抗裂砂浆→验收→涂料饰面施工。

2）面砖饰面外墙外保温工程的工艺流程一般按下列工序进行：

基层处理、验收→吊垂线、套方、弹抹灰厚度控制线（块）→做灰饼、充筋→施工界面砂浆→配制保温砂浆→保温砂浆施工→保温砂浆养护→保温层验收→弹分格线、安装分隔槽等→抹底层抗裂砂浆→铺增强网→安装锚固件→抹面层抗裂砂浆→验收→粘贴饰面砖。

3）外墙内保温及分户墙保温工程的工艺流程一般按下列工序进行：

基层处理、验收→吊垂线、套方、弹抹灰厚度控制线（块）→做灰饼、冲筋→施工界面砂浆→配制保温砂浆→保温砂浆施工→保温砂浆养护→保温层验收→抹底层抗裂砂浆→压入耐碱网布→抗裂面层抗裂砂浆→验收→涂料饰面施工。

（4）施工要点

1）基层处理和验收：检查基层是否满足设计和施工方案要求。原墙面是面砖或涂料的旧建筑物墙面的处理应符合设计要求。

2）吊垂线、套方：在建筑外墙大角及其他必要处挂垂线，控制保温砂浆表面垂直度。

3）弹抹灰厚度控制线：保温砂浆施工前应根据建筑立面和外墙外保温技术要求，在墙面弹出外门窗水平、垂直控制线及伸缩线、装饰缝线。

4）做灰饼、冲筋：应用保温砂浆做标准饼，然后冲筋，其厚度以墙面最高处抹灰厚度不小于设计厚度为准，并进行垂直度检查，门窗口处及墙体阳角部分宜做护角。

5）涂刷界面砂浆：界面砂浆应均匀涂刷基层面。

6）保温砂浆配制：保温砂浆应按照设计或产品使用说明书配制，采用机械搅拌，机械搅拌时间不少于3min，且不宜大于6min。搅拌好的砂浆应在2h内用完。

7）保温浆料施工应在界面砂浆干燥固化前分层施工，保温层与基层之间及保温层各层之间粘结必须牢固，不应拖层、空鼓和开裂。

8）保温砂浆养护及验收：施工后24h内应做好保温隔热层的养护，严禁水冲、撞击和振动。用检测工具进行检验，保温层应垂直、平整、阴阳角方正、顺直，对不符合施工规程验收质量要求的，应进行修补。

9）抗裂砂浆施工：抗裂砂浆应预先均匀布在保温层上，网布需埋入抗裂砂浆层中，严禁网布直接铺在保温层面上用砂浆涂布均匀。抗裂砂浆层厚度为：涂料面层不小于3mm，单层网布加面砖不小于5mm，双层网布加面砖不小于7mm。搅拌好的砂浆应在1.5h内用完，过时不可加水搅拌再用。

10）耐碱网格布施工

a. 施工大面积网格布前，必须把门、窗洞口的网格布翻包边先做好。在门、窗的四个角各做一块200mm×300mm的网格布45°斜贴后，大面上的网布才可继续粘贴埋入。

b. 大面积网格布埋填：在抗裂砂浆可操作时间内，将裁减好的网格布铺贴在第一层抗裂砂浆上，并将弯曲的一面朝里，沿水平方向绷直蹦平，用抹刀边缘线抹压铺展固定，尽量将耐碱网布压入底层抗裂砂浆中。然后由中间向上下、左右方向将面层抗裂砂浆抹平整，确保砂浆紧贴网布粘结牢固、表面平整，砂浆料涂抹均匀。网格布左右搭接宽度不小于100mm，上下搭接宽度不小于80mm，不得使网格布皱褶、空鼓、翘边。

c. 在保温系统与非保温系统部分的接口部分，在大面上的网布需要延伸搭接到非保温系统部分，搭接宽度不小于100mm。

d. 对装饰缝、伸缩缝，应沿凹槽将网格布埋入抗裂砂浆内。

11）锚固件安装：锚固件的安装应在网格布埋填后进行。应使用冲击钻钻孔，在基层内的锚固深度不小于25mm，钻孔深度根据使用的保温层厚度采用相应长度的钻头，钻孔深度比锚固件长10～15mm。

12）涂料饰面施工：涂料饰面应采用柔性腻子和弹性涂料。均匀、粘结牢固，不得漏涂透底、起皮和掉粉。

13）面砖饰面施工：面砖粘贴应采用专用柔性粘结剂和填缝剂，面砖应采用轻质面砖。面砖的填缝应在面砖固定至少24h，面砖已经稳定并具有一定强度后进行。

（5）成品保护

1）保温施工应有防晒、防风雨、防冻措施。外保温完成后严禁在墙体处近距离高温作业。

2）保温施工应采取措施防止施工污染。

3）严禁重物或尖物撞击墙面和门窗框，以免损伤破坏，对碰撞坏的墙面及门窗框应及时修复。

（6）安全文明施工

见第二章第三节“四、挤塑聚苯板薄抹灰外墙外保温系统施工技术方案”中的有关内容，此不赘述。

6. 构造节点细部处理

（1）勒脚

1）在无地下室的情况下，散水件与水泥砂浆地基面层（1∶2水泥砂浆，20mm厚）或保温层的接缝处应采用防水油膏或者沥青砂浆嵌缝。

2）在有地下室或室内外高差较小的情况下，散水顶与保温层抹面层之间的接缝间隙为20mm，先压入聚乙烯泡沫塑料棒，然后用防水油膏或者沥青砂浆嵌缝。

3）对于采暖期室外平均温度低于－5℃的地区，地下部分的保温层采用该保温材料的厚度δ_1与地面上墙体的保温层厚度δ的关系为：$\delta_1=\delta-10$mm（$50\leqslant\delta_1\leqslant70$）。保温板的设置深度及墙面防水层做法应作具体设计。做好后用回填土夯实压紧。

（2）女儿墙

1）涂料饰面女儿墙的构造从内向外依次为：无机复合保温砂浆层→黏结剂→0.6mm厚金属盖板→防水抗裂砂浆→网格布→防水抗裂砂浆→防水涂料。

2）面砖饰面女儿墙的构造从内向外依次为：无机复合保温砂浆层→黏结剂→0.6mm厚金属盖板→热镀锌电焊钢丝网→防水抗裂砂浆→面砖（含勾缝剂）。

3）含网格布（或钢丝网）的女儿墙基面以上的构造层应向女儿墙内侧下翻60～100mm。

4）对于混凝土压顶的构造，其混凝土顶板的下底面与外保温系统的保护层之间的接缝应用防水油膏嵌缝。

（3）门窗

1）窗框四周缝隙应用聚苯条嵌填，保温系统与窗框四周外侧边的接缝缝隙应为5～10mm并用防水油膏嵌缝。

2）涂料饰面窗口应做滴水条（宽×深＝10mm×8mm），做法如下：

根据图纸所示窗的位置，在距保温层表面20～30mm水平距离的保温层上弹出滴水条的位置，用壁纸刀或开槽机沿弹好的滴水线开出凹槽（宽 12mm、深 7mm），将护面抗裂砂浆填满凹槽，将滴水条嵌入凹槽中，与抗裂砂浆黏结牢固，并用该砂浆抹平茬口。

3）金属板窗台的做法可以参考《外墙外保温建筑构造（一）》（02J121－1）中 H4 页①的做法。

4）对于饰面砖的窗口，不设滴水条，但窗水平边框下边缘的水平砖与竖直砖的接缝应留 10mm 的接缝。挑窗窗口下边缘底部不贴面砖，改用涂料饰面。

（4）阳台

1）非保温阳台顶的现浇钢筋混凝土雨篷上表面的构造由内到外依次是现浇钢筋混凝土面、1∶3 水泥砂浆找坡最薄处 20mm（最厚处与保温砂浆系统面层之间的接缝用防水油膏嵌缝）、涂膜防水层（墙面上翻 150mm）；保温阳台的构造则为现浇钢筋混凝土基面、无机复合保温砂浆最薄处 30mm、1∶3 水泥砂浆找平 20mm（砂浆层与保温系统面层之间的接触用防水油膏嵌缝）、涂膜防水层（墙面上翻 150mm）。

2）阳台栏板内侧或雨篷与基层墙体形成的阴角，保温系统的抹面层应延伸到栏板内侧或雨篷上表面 100mm。

3）阳台内侧栏板面、顶板底的装修和地面做法见个体工程设计。

4）首层阳台的保温浆料与墙面浆料同厚，当墙体浆料厚度＞50mm 时，阳台的保温砂浆可适当减薄。

（5）墙身变形缝

1）变形缝内设低密度聚苯板作保温层材料，聚苯板内外表面均满喷砂浆界面剂。

2）施工时先将大幅面的聚苯板（层高×1.2m 宽）排列就位于待施工的墙外侧，当墙体为砌体时，将锚筋的一端钩紧聚苯板，另一端砌入墙体灰缝中（锚筋横纵间距为 600mm 左右，水平方向每块聚苯板应钩紧两处）；如墙体为现浇钢筋混凝土时，则按上述间距将钩紧聚苯板锚筋的另一端与墙体钢筋绑牢后浇入墙体中。如果因缝过小而造成该方法实施困难的，可参考《外墙外保温建筑构造（一）》（03J121-1）中 H6 页关于外墙内保温的做法。

3）变形缝盖缝板采用 1mm 厚铝板或 0.7mm 厚镀锌钢板，盖缝板应根据缝宽、缝口构造、适应变形的要求等因素现场制作。凡盖缝板网外侧为抹灰时（抹抗裂砂浆或保温砂浆等），均应在与抹灰层相接触的盖缝板部位钻孔若干（孔面积约占接触面积的 25%左右），以增强抹灰层与面层的咬接。

（6）空调机搁板

1）空调机搁板与基层墙面间所形成的阴角，基层墙面上保温系统的抹面层应延伸到空调机搁板上下表面 100mm。

2）空调机搁板的饰面层面 1∶2 的水泥砂浆做成微坡，最薄处为 20mm。

3）空调机搁板的下表面应做隔水条，具体与上面“（3）门窗”中的 2）相同。

（7）落水管管箍固定件预留孔洞的处理

在保温层上开取 $R=100$ 的圆孔，填入抗裂砂浆，将伸入孔内部分的固定件埋实，并在固定件与抗裂砂浆的接缝四周涂刷防水油膏。

（8）穿过墙体的 PVC 管的孔洞处理

1）根据 PVC 管外径 R，在保温层上开取 $R+2\sim5\text{mm}$ 的圆孔，在孔内壁上涂一至二遍渗透防水剂。

2）用防水油膏将 PVC 管与保温层之间的接缝密封压实。

（9）门窗洞口四角附加网格布和钢丝网

1）当装饰面为涂料饰面时，门窗洞口四角应增加 300mm×400mm 附加网格布，铺贴方向为 45°。

2）当装饰面为面砖饰面时，门窗洞口四角应增加 200mm×600mm 的附加镀锌电焊网片，铺贴方向为 45°。做法同墙面热镀锌电焊钢丝网的相同，并用双股 ϕ 0.7 的镀锌钢丝网与墙面钢丝网绑扎。

7. 质量验收

（1）一般规定

1）主体结构完成后进行施工的保温工程，应在主体或基层质量验收合格后施工，施工过程中应及时进行质量检查、隐蔽工程验收和检验批验收，施工完成后应进行墙体节能分项工程或楼地面节能分项工程验收。与主体结构同时施工的墙体节能工程，应与主体结构一同验收。

2）墙体节能工程当采用外保温定型产品或成套技术时，其型式检验报告中应包括安全性和耐候性检验。

3）墙体节能工程应对下列部位或内容进行隐蔽工程验收，并应有详细的文字记录和必要的图像资料：

①保温层附着的基层及其表面处理；②锚固件；③增强网铺设；④墙体热桥部位处理；⑤被封闭的保温材料厚度；

4）墙体节能工程的保温材料在施工过程中应采取防潮、防水等保护措施。

5）墙体节能工程验收的检验批划分应符合下列规定：a. 采用相同材料、工艺和施工做法的墙面，每 500～1000m^2 面积划分为一个检验批，不足 500m^2 也为一个检验批；b. 检验批的划分也可根据与施工流程相一致且方便施工与验收的原则，由施工单位与监理（建设）单位共同商定。

6）楼地面节能分项工程检验批划分应符合下列规定：a. 检验批可按施工段或变形缝划分；b. 当面积超过 200m^2 时，每 200m^2 可划分为一个检验批，不足 200m^2 也为一个检验批；c. 不同构造做法的楼地面节能工程应单独划分检验批。

（2）主控项目

1）用于保温工程的材料、构件等，其品种、规格应符合设计要求和相关标准的规定。

检验方法：观察、尺量检查；核查质量证明文件。外保温饰面砖的吸水率不得大于 3%，饰面砖的密度不得大于 20kg/m^2，单块饰面砖面积不得大于 0.02m^2。

检查数量：按进场批次，每批随机抽取 3 个试样进行检查；质量证明文件按进场批次全数检查。

2）建筑保温砂浆的导热系数、密度、抗压强度应符合设计要求。

检验方法：核查质量证明文件及进场复验报告。

检查数量：全数检查。

3）保温工程采用的保温材料、粘结材料及增强网等，其复验项目、检验方法及检查数量按本节3. 材料验收执行。

4）保温工程施工前应按照设计和施工方案的要求对基层进行处理，处理后的基层应符合保温层施工方案的要求。

检验方法：对照设计和施工方案观察检查；核查隐蔽工程验收记录。

检查数量：每100m^2抽查一处，每处不得少于10m^2；楼地面节能工程中，每个房间检查不得少于1处。

5）保温工程中各层构造做法以及保温层的厚度应符合设计要求，并应按照经过审批的施工方案施工。

检验方法：对照设计和施工方案观察检查；核查隐蔽工程验收记录。

检查数量：墙体节能工程中，每检验批不同构造做法各抽查3处；楼地面节能工程中，每个房间至少抽查1处。

6）保温工程的施工，应符合下列规定：a. 建筑保温砂浆的厚度必须符合设计要求；b. 保温浆料应分层施工。保温层与基层之间及各层之间的粘结必须牢固，不应拖层、空鼓和开裂；c. 当墙体节能工程的保温层采用预埋件后置锚固件固定时，锚固件数量、位置、锚固深度和拉拔力应符合设计要求。后置锚固件应进行锚固力现场拉拔试验；d. 楼地面节能工程中，穿越楼地面直接接触室外空气的各种金属管道应按设计要求，采取隔断热桥的保温措施。

检验方法：观察；手扳检查；保温材料厚度采用刚针插入或剖开尺量检查；粘结强度和锚固力核查试验报告；核查隐蔽工程验收记录。

检查数量：墙体节能工程中，每个检验批抽查不少于3处；楼地面节能工程中，每个检验批抽查2处，每处10m^2，穿越楼地面的金属管道处全数检查，同时隐蔽工程验收记录全数检查。

7）建筑保温砂浆应在施工中制作同条件养护试块，检测其导热系数、干密度和抗压强度。建筑保温砂浆的同条件养护试件应见证取样送检。

检验方法：核查试验报告

检查数量：每个检验批应抽样制作同条件养护试块3组。

8）墙体节能保温工程各类饰面层的基层及面层施工，应符合设计和《建筑装饰装修工程质量验收规范》（GB 50210）的要求，并应符合下列规定：①饰面层施工的基层应无拖层、空鼓和开裂，基层应平整、洁净，含水率应符合饰面层施工的要求；②采用粘贴饰面砖做饰面层时，其安全性与耐久性必须符合设计和有关标准的规定；③外墙外保温工程的饰面层不得渗透。当外墙外保温工程的饰面层采用饰面板开缝安装时，保温层表面应具有防水功能或采取其他防水措施；④外墙外保温层及饰面层与其他部位交接的收口处，应采取密封措施。

检验方法：观察检查；核查试验报告和隐蔽工程验收记录。

检查数量：

a. 每检验批每100m^2抽查一处，每处不得小于10m^2。

b. 饰面砖现场粘接强度拉拔试验同一厂家同一品种的产品，当单位工程保温墙体面积在20000m^2以下时各抽查不少于3次；当单位工程保温墙体面积在20000m^2各抽查不少于6次。现场拉拔强度检验应符合JGJ 110的相关规定。

c. 饰面层渗透检查和表面防水功能、防水措施检查每检验批每 100m^2 抽查一处，每处不得小于 10m^2。

d. 外墙外保温层及饰面层与其他部位交接的收口处密封措施检查。每检验批抽查 10%，并不应少于 5 处。

9）当设计要求在墙体内设置隔气层时，隔气层的位置、使用的材料及构造做法应符合设计要求和相关标准的规定。隔气层应完整、严密，穿透隔气层处应采取密封措施。隔气层冷凝水排水构造应符合设计要求。

检验方法：对照设计观察检查；核查质量证明文件和隐蔽工程验收记录。

检查数量：每个检验批抽查 5%，并不少于 3 处。

10）外墙或毗邻不采暖空间墙体上的门窗洞口四周的侧面，墙体上凸窗四周侧面，应按设计要求采取节能保温措施。

检验方法：对照设计观察检查，必要时抽样剖开检查；核查隐蔽工程验收记录。

检查数量：每个检验批抽查 5%，并不少于 5 个洞口。

11）设置空调的房间，其外墙热桥部位应按设计要求采取隔断热桥措施。

检验方法：对照设计和施工方案观察检查；核查隐蔽工程验收记录。

检查数量：按不同热桥种类，每种抽查 10%，并不少于 5 处。

12）有防水要求的楼地面，其节能保温做法不得影响楼地面排水坡度，保温层面层不得渗漏。

检验方法：用长度 500mm 水平尺检查；观察检查。

检查数量：每 100m^2 抽查一处，每处 10m^2，单个房间抽查不得少于 3 处，小于 100m^2 的房间抽查不得少于 1 处。

13）采暖地下室与土壤接触的外墙、毗邻不采暖空间的楼地面以及底面直接接触室外空气的楼地面应按设计要求采取保温措施。

检验方法：对照设计观察检查。

检查数量：每 100m^2 抽查一处，每处 10m^2，每个房间不得少于 1 处。

14）楼地面保温层的表面防潮层、保护层符合设计要求。

检验方法：观察检查。

检查数量：每 100m^2 抽查一处，每处 10m^2，每个房间不得少于 1 处。

（3）一般项目

1）进场节能保温材料与构件的外观和包装应完整无破损，符合设计要求和产品标准的规定。

检验方法：观察检查。

检查数量：权属检查。

2）当采用加强网作为防止开裂的措施时，加强网的铺贴和搭接应符合设计和施工方案的要求。砂浆抹压密实，不得空鼓，加强网不得皱褶、外露。

检验方法：观察检查；核查隐蔽工程验收记录。

检查数量：每个检验批抽查不少于 5 处，每处不少于 2m^2。

3）施工产生的墙体缺陷，如穿墙套管、脚手眼、孔洞等，应按照施工方案采取隔断热桥措施，不得影响墙体热工性能。

检验方法：对照施工方案观察检查。

检查数量：全数检查。

4）墙体采用建筑保温砂浆时，保温砂浆层宜连续施工；保温砂浆厚度应均匀，接茬应平顺密实。

检验方法：观察、尺量检查。

检查数量：每个检验批抽查10%，并不少于10处。

5）墙体上容意碰撞的阳角、门窗洞口及不同材料基体的交接处等特殊部位，其保温层应采取防止开裂和破损的加强措施。

检验方法：观察检查；核查隐蔽工程验收记录。

检查数量：按不同部位，每类抽查10%，并不少于5处。

6）采用楼地面辐射采暖的工程，其楼地面节能做法应符合设计要求，并应符合《地面辐射供暖技术规程》（JGJ 142）的规定。

检验方法：观察检查。

检查数量：每100m^2抽查一处，每处10m^2，每个房间不得少于1处。

第二节　胶粉聚苯颗粒外墙外保温系统

一、胶粉聚苯颗粒外墙外保温系统应用技术

1. 基本特征

胶粉聚苯颗粒外墙外保温系统是应用较早、应用量很大、综合造价合理、性能价格比优越的节能体系，早期在寒冷地区和近年来在夏热冬冷地区都曾得到大量应用。

胶粉聚苯颗粒保温浆料和建筑保温砂浆同属现场施工保温层的保温材料，二者具有相类似的性能。如可以施工成任意形状，且施工不受墙面外形的限制，在基层墙面几何形状复杂、平整度不良的情况下，均可直接施工，能够有效地对局部偏差实施找平纠正。但是，胶粉聚苯颗粒保温浆料的导热系数≤0.060W/（m·k），保温性能更好些。

胶粉聚苯颗粒外墙外保温系统的应用，除了能够改善建筑物围护结构的热工性能外，还能够利用回收的聚苯乙烯泡沫和粉煤灰等废弃物。

胶粉聚苯颗粒保温浆料能够与聚苯板、硬泡聚氨酯、岩棉、泡沫玻璃等复合使用，具有可复合性，能满足不同的保温、防火、隔声要求。因而，其使用很灵活。例如，用于粘贴聚苯板、用于现场喷涂聚氨酯硬泡的棉层找平等。

2. 胶粉聚苯颗粒系统和建筑保温砂浆的比较

从系统使用的原材料、构造、施工技术等方面来说，胶粉聚苯颗粒系统和建筑保温砂浆系统非常相似。表3-19对保温砂浆和胶粉聚苯颗粒两个外墙外保温系统的构造和构成层次所使用的材料进行比较。

从表3-19中的比较可以看出，除了保温层材料外，两个系统的构造和结构层次所使用的材料完全一样。因而，有关构造的图示、应用等可以参照保温砂浆方面的内容。

无机保温砂浆和胶粉聚苯颗粒系统两个保温系统的构造和使用材料比较　　表 3-19

构造或层次	构造或构成结构层所需要的材料	
	建筑保温砂浆外墙外保温系统	胶粉聚苯颗粒外墙外保温系统
结构构造	基层墙体（可以是混凝土墙体或各种砌体墙体）→界面层→保温层→抗裂防护层→饰面层。	基层墙体（可以是混凝土墙体或各种砌体墙体）→界面层→保温层→抗裂防护层→饰面层。
界面层	界面砂浆或者界面剂	界面砂浆或者界面剂
保温层	建筑保温砂浆	胶粉聚苯颗粒保温浆料
抗裂防护层	抗裂砂浆复合耐碱网格布	抗裂砂浆复合耐碱网格布
饰面层	柔性腻子＋建筑外墙涂料	柔性腻子＋建筑外墙涂料
	面砖粘结砂浆＋面砖＋瓷砖勾缝剂	面砖粘结砂浆＋面砖＋瓷砖勾缝剂

3. 应用技术

胶粉聚苯颗粒外墙外保温系统的应用高潮已过，其原因一是由于该材料在极大量的推广应用过程中，产品质量和工程质量良莠不齐，很多工程出现开裂、渗水而达不到应有的节能效果；二是由于我国建筑节能政策的改变，部分夏热冬冷地区节能要求由过去的50％提高到 65％。该材料在合理的保温层厚度（例如 4cm 以下）下已很难满足要求。

但是，我国建筑节能发展是不平衡的，目前该项技术仍具有很大的市场。在应用过程中除了注意产品、施工技术等内容外，还需要配套相应的技术文件，如《胶粉聚苯颗粒外墙外保温系统》(JG 158—2004)；《外墙外保温用厚层抹灰砂浆》(QB01-JYD-2005)；《外墙外保温技术规程》(JGJ 144—2004)、《建筑节能工程施工质量验收规范》(GB 50411—2007) 和相应的施工方案、构造图集等。

二、胶粉聚苯颗粒外墙外保温系统施工技术

（一）施工工艺原理与工艺流程

1. 施工工艺原理[2,3]

胶粉聚苯颗粒外墙外保温系统构造设计为无空腔，抗风压尤其是抗负风压能力强。胶粉聚苯颗粒保温浆料由胶粉料和聚苯颗粒轻骨料组成，其保温性能较好，粘结力强。保温层采用现场抹灰成型，墙体基层用界面砂浆处理，使吸水率不同的材料附着力均匀一致；保温层形成一个整体，无接缝；抗裂砂浆有较好的抗裂性能和抗水渗透作用。

对于面砖饰面的胶粉聚苯颗粒外墙外保温系统来说，抗裂防护层采用抗裂砂浆复合热镀锌钢丝网，金属锚栓锚固于基层墙体，抗震性能好、抗冲击性优越；饰面层采用聚合物改性面砖粘结砂浆及面砖勾缝料，均具有粘结力强、柔韧性好、抗裂防水效果好的特点。

对于涂料饰面的胶粉聚苯颗粒外墙外保温系统来说，抗裂砂浆复合耐碱玻纤网格布增强了面层柔性变形能力、提高了抗裂性能；弹性底涂可有效阻止液态水进入，并有利于气态水排出；柔性耐水腻子位于保温层的面层，具有更强的柔韧性；外饰面宜选用水性聚丙烯酸酯类弹性涂料，以予保温层变形相适应。

2. 施工工艺流程

胶粉聚苯颗粒外墙外保温系统的施工工艺流程示意图如图 3-1 所示。

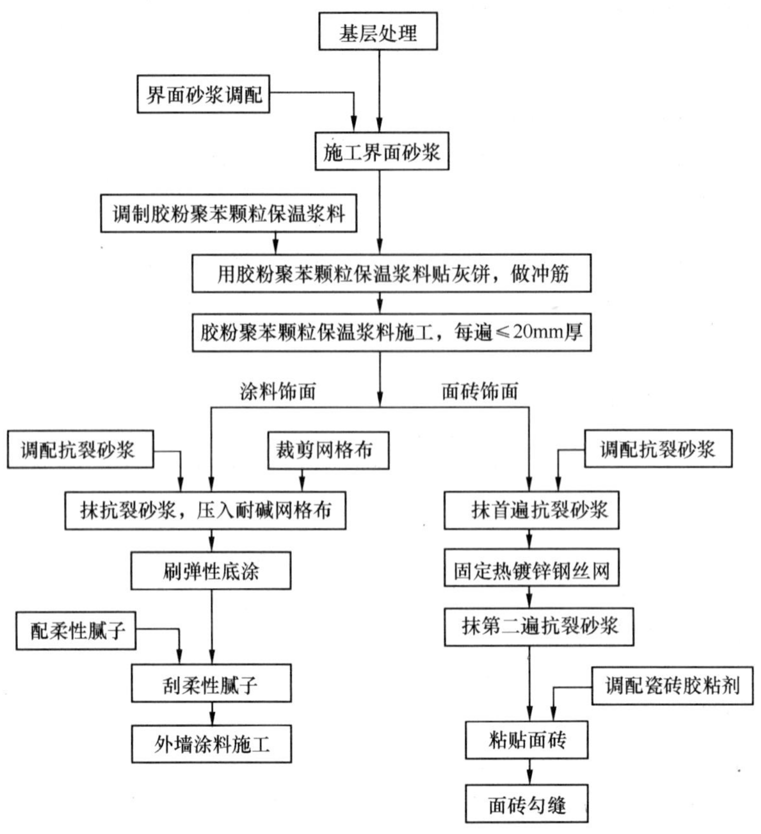

图 3-1 胶粉聚苯颗粒外墙外保温系统施工工艺流程示意图

（二）保温层施工

1. 施工准备

(1) 人员、材料准备

1）熟悉工程图纸，计算和复核工程面积，根据工程量、现场施工条件和工期要求，制定施工方案，施工方案经企业相关部门和监理单位审批后方可实施。

2）计算材料用量，提出施工材料需求计划，确定材料供应商，组织施工材料按期进场。

3）根据劳动力计划，组织合格人员分批进场并进行技术交底和进场安全教育。

4）根据现场条件，合理布置施工机械、材料库房、运输通道。材料应分类标识，要求防水、防潮和防阳光直晒。

5）施工所使用的全部材料均需符合《胶粉聚苯颗粒外墙外保温系统》（JG 158—2004）的要求；各种材料按规定抽样送检，不需要送检的材料应有能够证明材料质量合格的检验报告复印件。

(2) 施工机具准备

1）进场施工机械，检查其使用状况，要有专人操作，定期维修保养。

2）检查现场安全设备、电气设备安全状况；检查施工用水、电的情况和施工条件的验收。

3）保温施工前脚手架要检查加固，以便于施工作业。

4）劳保用品应配置齐全。

5）所需要的施工机具有：砂浆搅拌机、手提式低速电动搅拌器（额定转速700～1000r/min）、搅拌头（可用ϕ12钢筋焊接制作：长度600mm，下部150mm处焊接四只用钢筋弯成半径为75mm的圆形叶片）、手推车、铁抹子、阴阳角抹子、托灰板、杠尺（铝合金杠尺长度2～2.5m和长度1.5m两种）、靠尺（2～3m）、方尺、水平尺、探针、卷尺、开槽器、垂线垂球、墨线、铁锤、刷子、电源线，动力线及照明线等。

（3）施工条件

1）基层墙体应符合《混凝土结构工程施工质量验收规范》（GB 50204—2002）和《砌体工程施工质量验收规范》（GB 50203—2002）及相应基层墙体质量验收规范的要求，如基层墙体偏差过大，则应抹砂浆找平。

2）墙面严禁出现起砂、空鼓、开裂等现象，必须彻底清洗脱模剂、涂料、腊等污物，并保持干燥。

3）保温施工前，门窗框及墙身上各种进户管线、水落管支架、预埋管件等按设计要求安装完毕，并将墙上的施工洞口堵塞密实且抹灰到位符合要求。

4）主体结构的变形缝应提前做好处理。

5）施工时气温应大于5℃，风力不大于4级。雨天不得施工且应采取必要的防护措施。

2. 施工样板墙

使用工程选用材料和预先制定的施工工艺，在工程现场按照指定位置施工样板墙。样板墙最后一道工序施工完后，养护28d。然后，对该样板墙进行现场拉伸黏结强度、耐冲击、钻芯取样测保温层干密度等项试验。试验合格后即可按照该样板墙的施工材料和工艺进行实际工程的施工。若有不合格项目，则应查找原因，提出纠正措施。若情况严重，则需要重新施工样板墙。

3. 保温层施工操作要点

（1）基层墙面处理　墙面应清理干净、无油渍、浮尘等污染物，墙体表面应平整、凹凸不超过10mm，墙面松动、风化部分应剔凿清除干净，并用水泥砂浆填补找平。

为使基层界面附着力均匀一致，墙面均应做到界面处理无遗漏。基层界面砂浆可用喷枪或滚刷喷刷。砖墙、加气混凝土墙在界面处理前要先淋水润湿，堵脚手眼和废弃的孔洞时，应将洞内杂物、灰尘等物清理干净，浇水湿润，然后按要求将其补齐砌严。

（2）墙面吊垂直、套方、弹控制线　根据建筑物高度确定放线的方法，高层建筑及超高层建筑可利用墙大角、门窗口两边，用经纬仪打直线找垂直。多层建筑或中高层建筑，可从顶层用大线坠吊垂直，绷铁丝找规矩，横向水平线可依据楼层标高或施工±0.000向上500mm线为水平基准线进行交圈控制。根据调垂直的线及保温厚度，每步架大角两侧弹上控制线，再拉水平通线做标志块。

（3）做灰饼、冲筋　在距楼层顶部约100mm和距楼层底部约100mm，同时距大墙阴或阳角约100mm处，根据垂直控制通线做垂直方向灰饼（楼层较高时应两人共同完成），作为基准灰饼，再根据两垂直方向基准灰饼之间的通线，做墙面找平层厚度灰饼，每灰饼之间的距离按1.5m左右间隔粘贴。灰饼可用胶粉聚苯颗粒浆料做。待垂直方向灰饼固定后，在两水平灰饼间拉水平控制通线，具体做法为将带小线的小园钉插入灰饼，拉直小线，使小线控制比灰饼略高 1mm，在两灰饼之间按 1.5m 左右间隔水平粘贴若干灰饼或冲筋。

每层灰饼粘贴施工作业完成后水平方向用 5m 小线拉线检查灰饼的一致性，垂直方向用 2m 托线板检查垂直度，并测量灰饼厚度，冲筋厚度应与灰饼厚度一致。用 5m 小线拉线检查冲筋厚度的一致性，并作记录。

（4）胶粉聚苯颗粒保温浆料保温层施工

1）胶粉聚苯颗粒严格按照材料厂家说明书提供的配比进行配料并搅拌均匀，调配的浆料应在 4h 内用完。

2）将界面砂浆均匀批刮于墙面上，不得漏批，拉毛不宜太厚。

3）界面砂浆基本干燥后即可进行保温浆料的施工，保温浆料应分层作业施工完成，第一遍保温层厚度不大于 15mm，以后每遍抹保温浆料厚度不大于 20mm，每层施工间隔 24h。每遍施工厚度以 15～20mm 为宜。最后一遍留 10mm 左右，保温浆料面层抹灰厚度要抹至与标准贴饼一样平。涂抹整个墙面后，用大杠在墙面上来回搓抹，去高补低，最后再用铁抹子压一遍，使表面平整，厚度一致。

4）保温层修补应在面层抹灰 2～3h 之后进行，施工前应用杠尺检查墙面平整度，墙面偏差应控制在±2mm。保温面层抹灰时应以修为主对于凹陷处用稀浆料抹平，对于凸起处可用抹子立起来将其刮平，最后用抹子分遍再赶抹墙面，先水平后垂直，再用托线尺，2m 杠尺检测后达到验收标准。

5）保温层施工时，在墙角处铺彩条布接落地灰，落地灰应及时清理，落地灰少量时可分批掺入新搅拌的浆料中及时使用。

6）阴阳角找方、门窗侧口、滴水线应按下列步骤进行：

a. 用木方尺检查基层墙角的直角度，用线坠吊垂直检验墙角的垂直度。

b. 保温浆料面层大角抹灰时要用方尺压住墙角浆料层上下搓动，抹子反复检查抹压修补，基本达到垂直。然后用阴、阳角抹子压光，以确保垂直度偏差≤±2mm，直角度偏差≤±2mm。

c. 门窗口施工时应先施工门窗的侧口、窗台和门窗的上口，再抹大面墙。施工前应按门窗口的尺寸截好单边八字靠尺，做口应贴尺施工以保证门窗口处方正。

（5）按照国家标准《建筑节能工程施工质量验收规范》（GB 50411—2007）的规定，制作现场同条件养护试块。不同地区的同条件养护试块要求不同，以安徽省合肥市为例，同条件养护试块要求 6 块大小为 100mm×100mm×100mm 试块（留作抗压强度试验）；2 块大小为 300mm×300mm×30mm（留作导热系数试验）。

（三）抗裂砂浆层及饰面层施工

饰面层有面砖饰面和涂料饰面两种，下面分别介绍施工技术。

1. 面砖饰面的抗裂砂浆层施工

保温层固化干燥（用手掌按不动表面，一般 5～7d）后，方可进行抗裂砂浆保护层施工。第一遍抗裂砂浆，厚度控制在 2～3mm。在第一遍抗裂砂浆干燥后，既可平铺热镀锌电焊网并用塑料锚栓固定在主体墙上，热镀锌电焊网分段进行铺贴，热镀锌电焊网的长度最长不应超过 3m，锚栓 6～8 个/m^2 均匀分布，锚固深度≥25mm。搭接长度满足横向

60mm，纵向 40mm 的要求。四角网铺贴完毕应重点检查阳角钢网连接状况，再抹第二遍抗裂砂浆，厚度为 2～5mm，充分包覆热镀锌电焊网。同时做到平整压实。抗裂砂浆的总厚度宜控制在 8～10mm，抗裂砂浆面层应平整。

2. 面砖施工

（1）粘贴面砖

1）饰面砖工程深化设计　饰面砖粘贴前，应首先对涉及未明确的细部节点进行辅助深化设计，按不同基层做出样板墙或样板件，确定饰面砖排列方式、缝宽、缝深、勾缝形式及颜色、防水及排水构造、基层处理方法等施工要点。饰面砖的排列方式通常有对缝排列、错缝排列、菱形排列、尖头形排列等几种形式；勾缝通常有平缝、凹平缝、凹圆缝、倾斜缝、山型缝等几种形式。确定粘结层及勾缝材料、调色矿物辅料等的施工配合比，外墙饰面砖不得采用密缝，留缝宽度不应小于 5mm；一般水平缝 10～15mm，竖缝 6～10mm，凹缝勾缝深度一般为 2～3mm。排砖原则确定后，现场实地测量层结构尺寸，综合考虑找平层及粘结层的厚度，进行排砖设计，条件具备时应采用计算机辅助计算和制图。做粘结强度试验，经建设、设计、监理各方认可后以书面的形式进行确定。

2）弹线分格　抗裂砂浆基层验收后即可按图纸要求进行分段分格弹线。同时进行粘贴控制面砖的工作。以控制面砖出墙尺寸和垂直度、平整度。注意每个立面的控制线应一次弹完。每个施工单元的阴阳角，门窗口，柱中、柱角都要弹线。控制线应用墨线弹制，验收合格后班组才能局部放细线施工。

3）排砖　排砖时宜满足以下要求：阳角、窗口、大墙面、通高的柱垛等主要部位都要排整砖，非整砖要放在不明显处，且不宜小于 1/2 整砖；墙面阴阳角处最好采用异型角砖，如不采用异型砖，宜留缝或将阳角两侧砖边磨成 45°角后对接；横缝要与窗台平齐；墙体变形缝处，面砖宜从缝两侧分别排列，留出变形缝；外墙饰面砖粘贴应设置伸缩缝，竖向伸缩缝宜设置在洞口两侧或与墙边、柱边对应得部位，横向伸缩缝可设置在洞口上下或与楼层对应处，伸缩缝应采用柔性防水材料嵌缝；对于女儿墙、窗台、檐口、腰线等水平阳角处，顶面砖应压盖立面砖，立面底皮砖应封盖底平面面砖，可下突 3～5mm 兼作滴水线，底平面面砖向内翘起以便于滴水。

4）浸砖　吸水率大于 0.5%的瓷砖应浸泡后使用。吸水率小于 0.5%的瓷砖不需要浸砖。瓷砖浸水后应晾干后方可使用。

5）贴砖　贴砖施工作业前，应在粘贴基层上充分用水湿润；贴砖作业一般为从上之下进行。高层建筑大墙面贴砖应分段进行。每段贴砖施工应由下至上进行。先固定好靠尺板贴最下一皮砖，面砖贴上后用灰铲柄轻轻敲击砖面使之附线，轻敲表面固定；用开刀调整竖缝，用小杠尺通过标准点调整平整度和垂直度，用靠尺随时找平找方；在粘结层初凝时，可调整面砖的位置和接缝宽度，初凝后严禁振动或移动面砖。砖缝宽度可用自制米厘条控制，如符合模数也可采用标准成品缝卡。墙面突出的卡件、水管或线盒处宜采用整砖套割后套贴，套割缝口要小，圆孔宜采用专用开孔器来处理，不得采用非整砖拼凑镶贴。粘贴施工时，当室外气温大于 35℃，应采取遮阳措施。贴砖时背面打灰要饱满，粘结灰浆中间略高四边略低，粘贴时要轻轻揉压，压出灰浆最后用铁铲剔除灰浆。粘结灰浆厚度宜控制在 3～5mm 左右。面砖的垂直、平整应与控制面砖一致。

粘贴纸面砖时应事先制定与纸面砖相应的模具，将模具套在纸面砖上，然后将模具后面刮满粘结砂浆厚度为 2～5mm，取下模具，从下口粘贴线向上粘贴纸面砖，并压实拍平，应在粘结砂浆初凝前，将纸面砖纸板刷水润透，并轻轻揭去纸板，应及时修补表面缺陷，调整缝隙，并用粘结砂浆将未填实的缝隙嵌实。

（2）面砖勾缝

1）保温系统瓷砖勾缝施工应用专用的勾缝胶粉，按要求加水搅拌均匀制成专用勾缝砂浆。

2）勾缝施工应在面砖施工检查合格后进行。粘结层终凝后可按照样板墙确定的勾缝材料、缝深、勾缝形式及颜色进行勾缝，勾缝要视缝的形成使用专用工具；勾缝宜先勾水平缝再勾竖缝，纵横交叉处要过渡自然，不能有明显痕迹。砖缝要在一个水平面上，缝深 2～3mm，连续、平直、深浅一致、表面压光；采用成品勾缝材料应按厂家说明操作。

3）缝勾完后应立即用棉丝或海绵蘸水或清洗剂擦洗干净，勾缝完毕对大面积外墙面进行检查，保证整体工程的清洁美观。

（3）细部节点图　部分细部做法如图 3-2 所示。更多的节点和各不同结构部位的详细做法可参照国家标准图集。

3. 涂料饰面的抗裂砂浆层施工

保温层固化干燥（用手掌按不动表面，一般 5～7d）后，方可进行抗裂砂浆保护层施工。耐碱网格布长度不大于 3m，尺寸事先裁好，网格布包边应剪掉。抹抗裂砂浆时，厚度应控制在 3～4mm，抹宽度、长度与网格布相当的抗裂砂浆后应按照从左至右、从上到下的顺序立即用铁抹子压入耐碱网格布。在窗洞口等处应沿 45°方向提前增贴一道 400mm×300mm 网格布（图 3-3）。耐碱网格布之间搭接宽度不应小于 50mm，严禁干搭接。阴角处耐碱网格布要压茬搭接，其宽度≥50mm；阳角处也应压茬搭接，其宽度≥200mm。耐碱网格布铺贴要平整，无褶皱，砂浆饱满度达到 100%，同时要抹平、找直，保持阴阳角处的方正和垂直度。

首层墙面应铺贴双层耐碱网格布，第一层铺贴网格布，网布与网布之间采用对接方法，严禁网布在阴阳角处对接，对接部位距离阴阳角处不小于 200mm。然后进行第二层网格布铺贴，铺贴方法如前所述，两层网格布之间抗裂砂浆应饱满，严禁干贴。

建筑物首层下部外保温应在阳角处双层网格布之间设专用金属护角，护角高度一般为 2m。在第一层网格布铺贴好后，应放好金属护角，用抹子在护角孔处拍压出抗裂砂浆，抹第二遍抗裂砂浆包裹住护角。保证护角安装牢固。

抗裂砂浆抹完后，严禁在此面层上抹普通水泥砂浆腰线、口套线等，严禁刮涂刚性腻子等非柔性材料。

4. 涂料施工

（1）涂刷弹性底涂　在抗裂层施工完 2h 后即可涂刷弹性底涂，涂刷应均匀，不得有漏底现象。

（2）刮柔性耐水腻子　大墙面刮腻子，宜采用 400mm～600mm 长的刮板，门窗口角等面积较小部位宜用 200mm 长的刮板。第一遍修局部补坑洼部位，第二遍进行满刮，第三遍耐水腻子半干状态时，大面用长木方板绑 400～600mmn 长的砂石板绑零号砂纸打磨，门窗口角用短的砂石板绑零号砂纸打磨。第四遍要求满刮，第五遍耐水腻子半干状态时，大面用长木方板绑 400～600mm 长的砂石板绑零号砂纸打磨，门窗口角用短的砂石

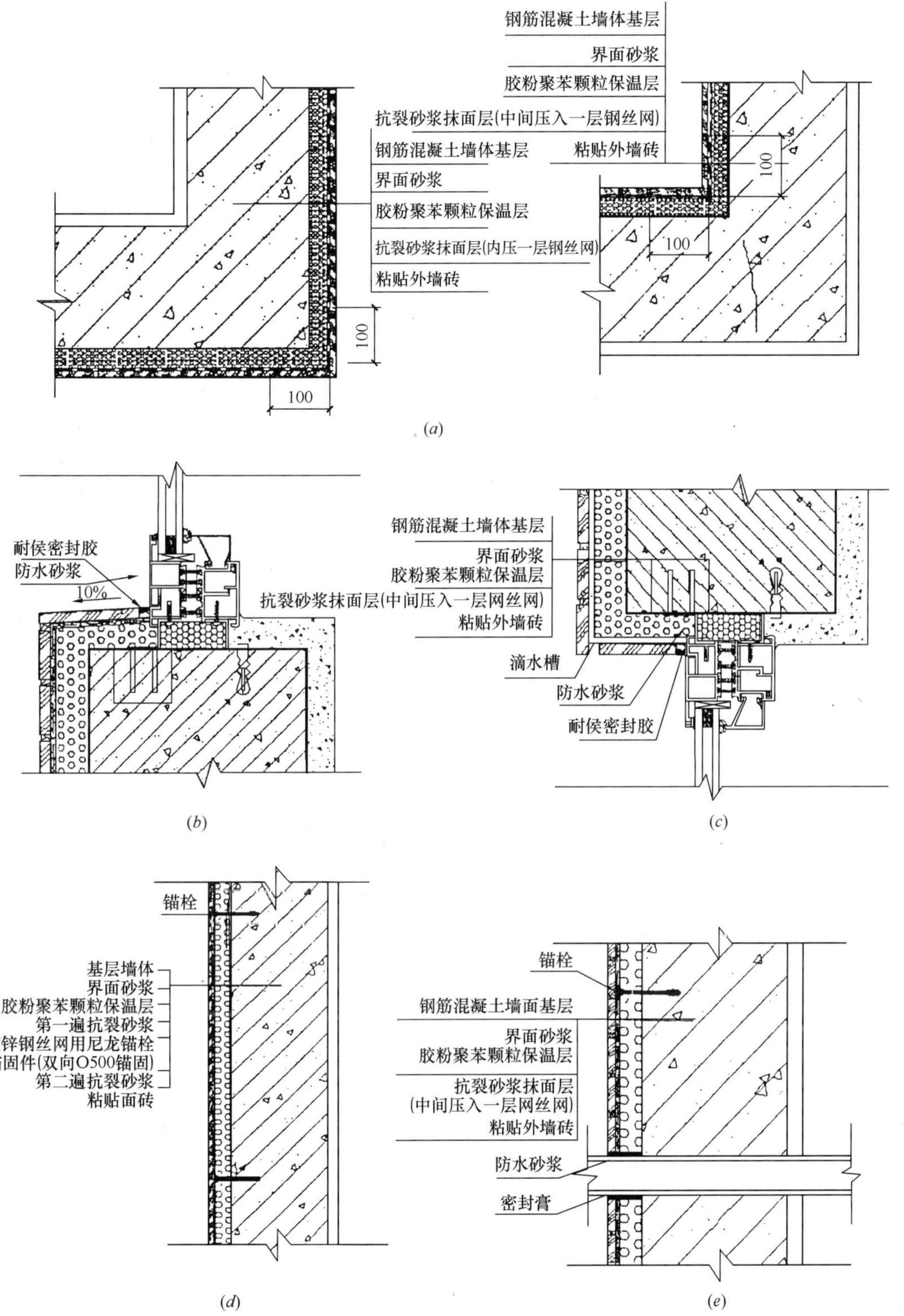

图 3-2　面砖饰面的部分节点做法示意图

(*a*) 阴阳角的做法；(*b*) 窗下口做法；(*c*) 窗上口做法；(*d*) 墙面做法；(*e*) 穿墙管道做法

板绑零号砂纸打磨。若平整度达不到要求时，再分别增加一遍刮腻子和打磨的工序，直至

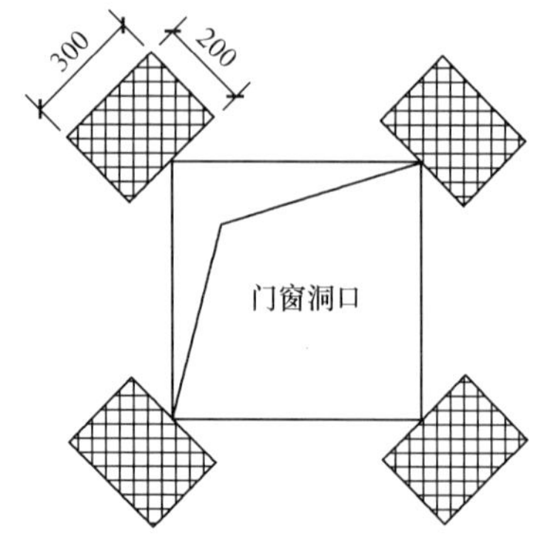

图 3-3　门窗洞口耐碱网布加强做法

达到平整度要求。

（3）涂刷底漆，刷面层涂料　涂刷工具采用优质短毛滚筒。上底漆前做好分格处理，墙面用分线纸分格代替分格缝。每次涂刷应涂满一格，避免底漆出现明显接痕。底漆涂刷均匀一至两遍，完全干燥 12h。

底漆完全干透后，用造型滚筒滚面漆时用力均匀让其紧密贴附于墙面，蘸料均匀，按涂刷方向和要求一次成活。

（4）细部节点图

如图 3-4 所示列出的部分节点图，还需要根据具体工程项目特点，出具有针对性节点详图。

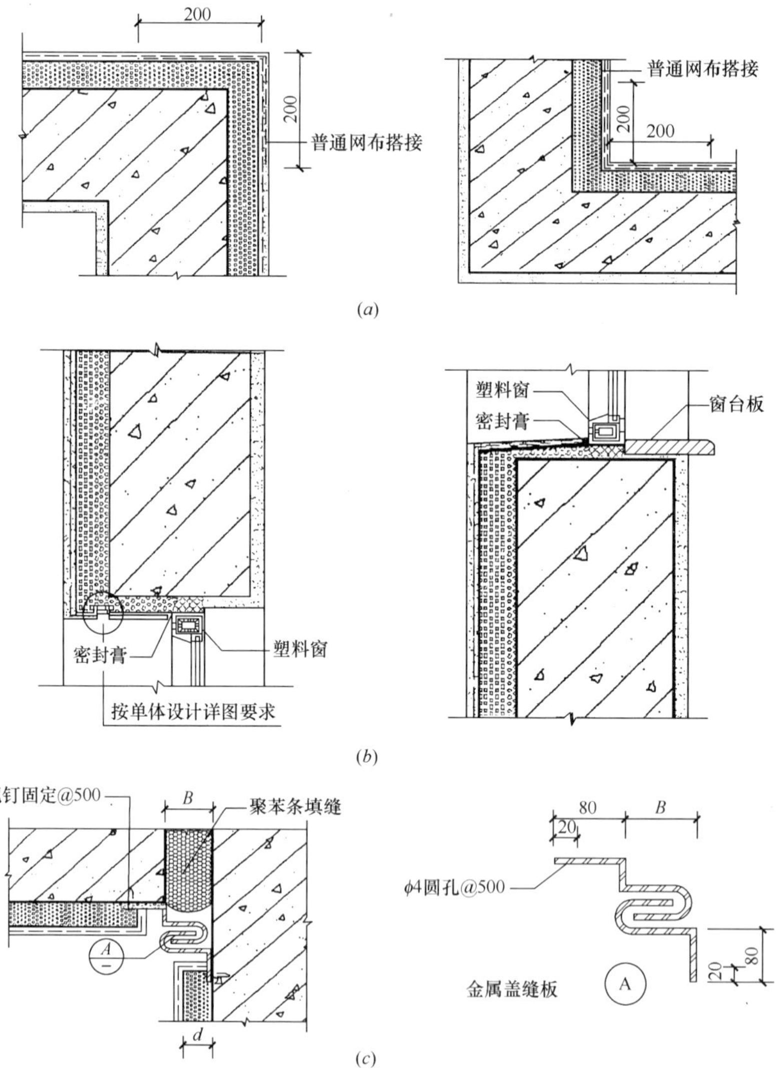

图 3-4　涂料饰面的胶粉聚苯颗粒外墙外保温系统部分节点构造图

（*a*）阴阳角网格布搭接做法；（*b*）平窗侧口做法；（*c*）伸缩缝做法

（四）施工质量要求和安全、环保措施

1. 质量控制要点

（1）基层处理。基层墙体垂直、平整度应达到结构工程质量要求。墙面清洗干净，无浮土、无油渍，空鼓及松动、风化部分剔掉，界面均匀，粘接牢靠。

（2）胶粉聚苯颗粒粘结浆料的厚度控制要求达到设计厚度，墙面平整，阴阳角、门窗洞口垂直、方正。

（3）抗裂砂浆的厚度控制。抗裂砂浆层厚度为 8～10mm，墙面无明显接茬、抹痕，墙面平整，门窗洞口、阴阳角垂直、方正。

（4）热镀锌四角钢网与抗裂砂浆握裹力强，玻纤网布与抗裂砂浆握裹力小，面砖饰面不易采用抗裂砂浆复合玻纤网做法。

（5）热镀锌四角钢网铺设平整，阳角部位钢网不得断开，搭接网边应被角网压盖，胀栓数量、锚固位置符合要求。

2. 质量验收

外保温工程质量应符合《建筑节能工程施工质量验收规范》（GB 50411—2007）的要求，并按照该标准进行验收。验收项目及方法如表 3-20 所示。

胶粉聚苯颗粒外墙外保温系统允许偏差及验收方法 **表 3-20**

项　次	项　目	允许偏差（mm）	验收方法
1	立面垂直度	4	用 2m 垂直检查尺检查
2	表面平整度	4	用 2m 靠尺楔形塞尺检查
3	阴阳角方正	4	用直角检查尺检查
4	分格条（缝）平直	4	拉 5m 小线和尺量检查
5	保温层厚度	＋4	用探针、钢尺检查

3. 安全措施

（1）成立以项目经理为安全第一负责人的安全领导小组，制定安全生产责任制，做到层层管理、层层落实，管理人员轮流值班上岗。

（2）进入现场前，对工人进行安全技术交底和安全培训工作。对施工机械、吊篮等操作进行培训，专职安全员作好安全检查工作。

（3）使用机具设备和手动工具，要符合安全用电规章制度及《施工现场临时用电安全技术规范》（JGJ 46—2005）。

（4）进入施工现场并在施工时，加强“三宝四口”防护，要带好安全帽，系好安全带，施工现场严禁吸烟，严禁酒后施工。

（5）搭设、拆除脚手架，应持证上岗，严禁在脚手架上堆放杂物，做到工完场清。

（6）吊篮施工限定人员数量，防止过载，非吊篮组装和升降操作人员，不准私自操作。

4. 环保措施

（1）加强环境保护宣传、教育，增加施工人员的环保意识和自觉性。

（2）施工现场周围有围护设施，凡进入施工现场的人员必须遵守安全生产、环保施工纪律。

（3）各类物资，材料堆放整齐，废弃物要及时清运，按指定地点堆放，注重区域卫生。

（4）施工现场必须工完场清。设专人洒水、打扫，不能扬尘污染环境。

（5）有噪声的电动工具应在规定的作业时间内施工，防止噪声污染、扰民。

（6）爱护和保护好施工成品，坚决制止乱砸、乱割、乱盆、乱画、乱抓的五乱现象。

三、有机-无机复合型外墙外保温系统简介

1. 定义与种类

（1）定义　有机-无机复合型外墙外保温系统是以有机-无机复合型保温浆料为保温层而构成的外墙外保温系统。这里的“有机-无机复合型保温浆料”是指两种意义上的复合：一是保温隔热主体材料（绝热骨料）的有机-无机复合，二是胶结材料的有机-无机复合。前者是指膨胀聚苯颗粒与玻化微珠（或闭孔膨胀珍珠岩）的复合，后者是指有机聚合物树脂与普通水泥的复合。有机聚合物树脂与普通水泥的复合也称聚合物改性水泥技术，是目前外墙外保温中胶结材料最广泛应用的技术。

前述的聚苯颗粒保温浆料和建筑保温砂浆，虽然胶结材料使用聚合物改性水泥技术，但其保温隔热骨料只是使用一种，或者为无机材料，或者为有材料，因而习惯上并不称为“有机-无机复合型保温浆料”。

（2）种类　根据系统构造的不同，有机-无机复合型外墙外保温系统有两种，一种在保温层面层上设置有抗裂防护层（抗裂砂浆复合玻纤网布组成），一种不设置抗裂防护层。这两种系统的构造都类同于相应的胶粉聚苯颗粒浆料或者建筑保温砂浆外墙外保温系统，此不赘述。

2. 有机-无机复合型保温浆料的性能优势

在聚苯颗粒保温浆料中，聚苯颗粒是有机塑料类材料，和水泥基材料间的材性不同，二者的粘结性能较差，遇到温度变化较大时会在聚苯颗粒与水泥基材料之间产生较大的界面应力，反复作用时会使材性劣化。

在建筑保温砂浆中，玻化微珠是无机材料，与水泥基胶结剂具有很好的粘结力，这种材料在反复的温度变化中与水泥石之间的粘结界面不会产生很大的应力，因而材料复合体本身的结构稳定。因而，处于建筑物外墙这种温度变化大，容易受到温度冲击的场合，建筑保温砂浆比之胶粉聚苯颗粒保温浆料具有更好的耐久性，但保温砂浆存在吸水率和保温性能不足的问题。

在复合型保温浆料中，聚苯颗粒在材料中呈“分散状态”，而不是像在胶粉聚苯颗粒保温浆料中那样“呈连续状态”，这一结构的改变对于材料性能的变化极其有利。即变成水泥石包裹玻化微珠，水泥石与玻化微珠形成的浆体包裹聚苯颗粒并填充聚苯颗粒间的间隙，使材料更为致密。这类似于混凝土中水泥浆、砂子、石子之间的包裹状态。因而，复合型保温浆料兼具建筑保温砂浆和胶粉聚苯颗粒浆料的优点，而克服了两种材料的性能不足。

3. 有机-无机复合型外墙外保温系统的最佳构造

保温砂浆和胶粉聚苯颗粒两个外保温系统结构层次多，构造复杂，施工工序多，工期长，因而系统的质量影响因素多，给施工质量管理带来困难并对工程质量产生重要影响。这是两个系统在应用中存在的实际问题。

由于能够大幅度提高复合型保温浆料的力学性能，而且材料的结构密实，收缩小，保

温层本身抗开裂能力较强。因而，可以取消外保温系统中的抗裂防护层，并采用力学性能比有机-无机保温层材料更好的无机保温抹平材料对保温层进行涂装涂料前的找平，起到保温、抹平和过渡作用。这样所得到的外保温系统称为“有机-无机复合型外墙外保温系统”[4]。这种系统具有一些优点，如减少系统的构造层次和不同材料层的界面，系统的性能更稳定，以及能够缩短工期、降低工程造价等。

第三节　其他外墙外保温系统

一、保温装饰一体化外墙外保温系统及其构成材料

保温装饰一体化外墙外保温系统是在工厂将装饰材料装饰于保温板表面，这样制成的新型板材既具有保温隔热功能，满足节能效果要求，又具有装饰功能，免去在施工现场再施工装饰面层的现场施工。这种板材直接安装于墙面，具有板材质量（包括保温和装饰两方面）容易保证，现场安装速度快等优势。

1. 品种

保温装饰一体化板也称为饰面保温二合一预制板、板贴式保温装饰集成板、保温装饰一体化快装板等，通常简称一体化板。一体化板的品种很多，从所使用的保温板品种不同来说，有挤塑聚苯板、膨胀聚苯板、聚氨酯板和无机类板材等；从饰面材料的不同来说，保温装饰一体化板有涂料、面砖、氟碳喷涂金属板、铝塑复合板、超薄天然石材板、陶面板、纤维陶瓷板等；从保温装饰一体化板的现场安装方式来说，有粘贴体系（湿贴）、干挂体系（钢骨架）、点锚体系（连接件直接锚固在墙上）等；从一体化板本身的构造来说，有加增强层（双层保温板）的，有不加增强层的，有在聚苯板表面粘贴无机增强板，再在增强板表面涂施涂料的，有之间再粘贴增强板，聚苯板表面批涂抹面胶浆涂施涂料的。

保温装饰一体化外墙外保温系统的特点是构造合理，保温效果可靠，饰面材料多样，装饰效果好，适用范围广，有较长的使用年限。由于工厂化生产，质量易于保障，安装便捷，效率高，缩短工期，实现保温装饰一体化。该类系统已在全国范围内推广使用，施工了大量工程，并在奥运工程建筑中大量应用。

2. 保温装饰一体化板的基本构造、构成材料及其作用

（1）基本构造　一体化板一般由保温板、增强板和饰面层构成。不同一体化板的构造并不相同，图 3-5 中示出两种常见的构造。

（2）构成材料及其作用　表 3-21 中介绍了保温装饰一体化外墙外保温系统的构成材

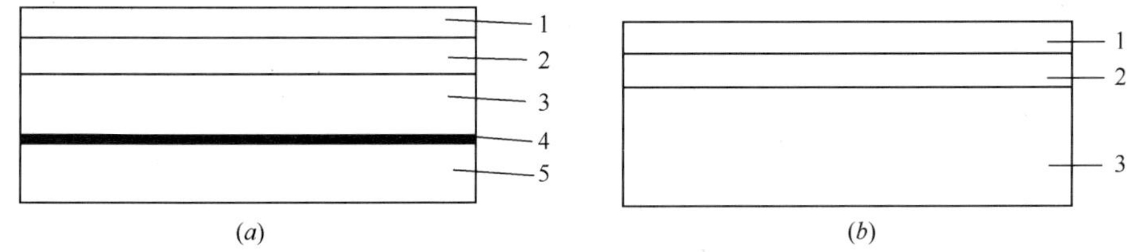

图 3-5　两种最常见的一体化板的基本构造示意图

（a）带增强层；（b）不带增强层

1—饰面层；2—衬板；3—保温板；4—增强层；5—保温板

料及其作用。

保温装饰一体化外墙外保温系统的构成材料、作用与特征　　表 3-21

材料名称	作用与特征
胶粘剂	起粘结和固定作用，系聚合物改性水泥基材料，粘结效果可靠，耐久、耐水、耐碱等
一体化板	是系统的主要材料，为系统提供保温隔热、装饰和保温作用，保温效果可靠，可以根据设计要求选择保温板品种和厚度；装饰效果好、品种多，可以根据要求选择不同装饰效果的饰面，例如涂料、面砖、氟碳喷涂金属板、铝塑复合板、超薄天然石材板、陶面板、纤维陶瓷板等类饰面
锚固件	起辅助连接作用，一般具有较强的抗拉承载力和悬挂力，能够进一步保证系统的结构安全
勾缝胶	起密封和防水作用，具有适当的柔韧性和延伸性，能够适应一体化板的微量体积变化，同时耐老化、耐酸碱和耐水

3. 一体化板的安装方式

一体化板的安装方式有粘贴体系（湿贴）、干挂体系、点锚体系三种，分别如图 3-6（*a*）、（*b*）和（*c*）所示。

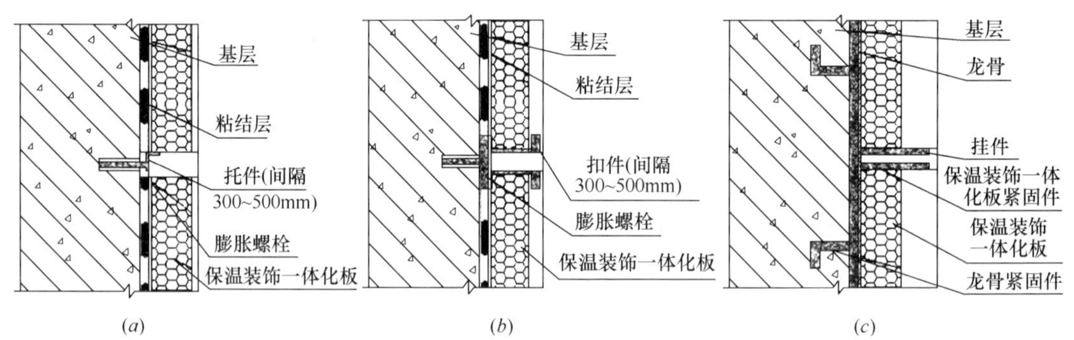

图 3-6　一体化板的安装方式示意图

（*a*）粘贴；（*b*）干挂；（*c*）点锚

采用胶粘剂粘贴方法安装时，绝大多数需要辅助锚固件机械固定，以保证系统具有可靠的结构安全性。干挂安装方法是先在基层墙面上安装木质龙骨或者钢龙骨，再将一体化板安装于龙骨上。采用点锚方法安装的一体化板，在其结构上设置有能够安装连接件的构件，现场安装时只需要将连接件安装于一体化板的连接构件中，再将连接件锚固在基层墙体即可。

二、保温装饰一体化外墙外保温系统的标准

1. 产品（系统）标准及相关应用技术文件基本情况

我国目前具有为数很大的保温装饰一体化外墙外保温系统供应企业，所供应的系统全都是执行企业标准。多数企业除了产品标准外，还制定有施工技术规程（企业标准）或者施工技术手册。为了完善应用技术，使系统能够更好的应用，有的系统供应商还编制了建

筑构造专项图集，并被编入标准定额图册中[5]。

2. 企业标准的基本内容情况

（1）系统　一般的企业标准绝大多数是参照《膨胀聚苯板薄抹灰外墙外保温系统》（JG 149—2003）编制。系统主要性能指标执行 JG 149—2003 中的表 3 的要求，或者在此基础上再适当增加一些项目。

（2）胶粘剂　胶粘剂的性能则是在 JG 149—2003 中的表 4 的基础上增加项目、提高要求，例如将胶粘剂与挤塑聚苯板的粘结强度（包括原强度、耐水强度、耐冻融强度）提高为 0.25MPa、与水泥砂浆的粘结强度原强度提高为≥0.70MPa、冻融后的粘结强度提高为≥0.50MPa 等。

（3）一体化板　不同企业标准对一体化板的性能指标要求差别较大，当然也与一体化板的品种有关。但大都同 JG 149—2003 一样包含物理力学性能和外观、尺寸偏差两部分。表 3-22 和表 3-23 中分别示出某企业标准规定的一体化板的主要性能要求以及外观和允许偏差。

某企业标准规定的一体化板主要性能指标　　表 3-22

试验项目	性能指标
拉伸粘结强度（包括原强度、耐水强度、耐冻融强度）（MPa）	≥0.20
保温板导热系数［W/（m·K）］	膨胀聚苯板≤0.041；挤塑聚苯板≤0.035；聚氨酯≤0.024
热阻	符合设计要求
抗冲击强度：普通型（3J）；加强型（10J）；10 次冲击	破坏次数少 4 次
耐沾污性（10%）	≤10
耐酸性（48h）	无异常
耐碱性（96h）	无异常
耐盐雾（500h）	无损伤
耐老化（h）	≥1000

某企业标准规定的一体化板外观和允许偏差　　表 3-23

项目	指标或允许偏差
外观	颜色均匀一致，表面平整，无损伤
厚度（mm）	±2.0/m
长度（mm）	±2.0
宽度（mm）	±2.0
对角线差（mm）	±3.0
板面平整度（mm）	±1.0

（4）锚固件　一体化板系统中不再使用锚栓，但为了安装的结构安全，需要使用锚固件，在一体化板周边与墙体进行适当的机械连接。对锚固件的性能指标要求项目有抗拉承

载力、悬挂力等。例如某企业标准要求锚固件的抗拉承载力≥0.6kN；悬挂力≥10kg。

（5）勾缝胶　由于现场安装时在一体化板周边留有板缝，需要使用勾缝胶勾缝，以防止水分渗入，因而在一体化板系统中勾缝胶的作用非常重要。某企业标准对其一体化板系统中勾缝胶的性能要求见表3-24。

某企业标准规定的勾缝胶主要性能指标　　表3-24

试验项目	性能指标
拉伸粘结强度（与一体化板面）(MPa)	原强度≥0.10；耐水强度≥0.08；耐冻融强度≥0.08
拉伸粘结强度（与保温材料）(MPa)	原强度≥0.10；耐水强度≥0.08；耐冻融强度≥0.08
吸水量（gm^2）	≤200
柔韧性	直径50mm弯曲无裂纹

三、保温装饰一体化外墙外保温系统施工举例

不同一体化板系统的施工方法明显不同，这里根据某工程施工实例介绍保温装饰一体化外墙外保温系统的施工方法。

1. 工程概况

某电视制作楼1992年建成使用，原建筑为砖混结构，主体结构2层，局部3层，原为白色条形瓷砖饰面。现在南侧增加2层（底层框架结构，上部轻钢结构），东侧增加1层轻钢结构。新增结构外墙为混凝土轻型砌块砌筑，外墙普通粉刷，外墙总建筑面积约1万m^2。

2. 方案选择

原有外墙与加层部分外墙需要统一布局施工，施工存在以下难点：

（1）原条形瓷砖面如全部凿除，需要很大的人力、财力和较长的工期。

（2）原有外墙与新增外墙衔接将影响整个外墙装饰效果。

（3）保温系统与装饰系统的有机结合。

综合考虑保温节能与外观装饰要求，对外墙进行专项节能计算，选用3cm厚保温装饰一体化成品板。保温装饰一体板构造由饰面层、衬板、保温板、增强层、保温板5部分构成，饰面层为银白色氟碳金属漆、衬板为无机底板、加强层为铝板加层、保温层为挤塑聚苯板。

3. 施工

（1）施工工艺流程　基层检查处理→现场外墙尺寸测量→外墙图纸设计细化，确定板材加工尺寸→现场板材机械切割→外墙弹放线→粘贴保温装饰复合板→安装锚固件→贴分格缝→打密封胶→清洁面板。

（2）施工顺序　纵向施工一般按从下至上的施工顺序进行，但为了保证每块板在四周墙面上都在同一水平线上，应首先以建筑楼四周墙面的同一基准线为起点向上、向下2个方向粘贴。横向施工应遵循先阳角后阴角，先保证特殊结构（如门、窗的对称性和均匀性），再大面积施工。

（3）施工要点

1）外墙现场尺寸测量　由于饰面及粉刷原因，建筑物现场尺寸与设计图纸尺寸有偏

差。为达到良好的整体装饰效果，避免局部出现不协调现象，要求施工人员对建筑物尺寸进行现场测量，记录每个立面总体尺寸及门窗尺寸。

2）外墙图纸设计细化，确定板材加工尺寸　按照现场测量的立面尺寸，对施工图修改、细化，选择适宜的板材尺寸，并且对一些细部构造画出节点施工详图。按每个立面统计板材尺寸的种类、数量，细部构造板材尺寸由现场测量决定。

3）外墙弹放线　一般施工纵向的基准线放在建筑物的上面，横向的基准线以阴阳角轮廓线和有特征的轮廓作为基准线，凡基准线都应占线施工。常规尺寸板材线要弹出控制线，由于外墙尺寸较长，应控制弹线距离。

4）粘贴一体化板　首先把调配均匀的胶粘剂用泥掌点涂在保温装饰一体板的背面。每个涂点的直径大于150mm，每平方米不得少于8个涂点。将板推压墙面上，然后将吸盘吸附在板表面，用吸盘调整复合板位置，使整体板面保持平整，对齐分格缝。在两块板之间预留10～15mm的接缝，保证板材横竖对正。

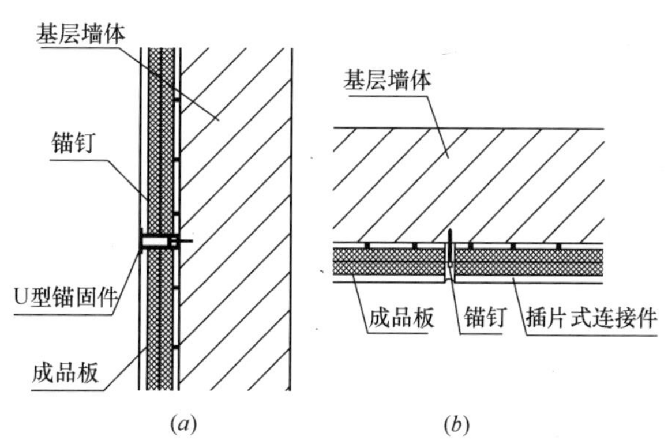

图3-7　锚固件固定方式示意图
(*a*) U型；(*b*) 插片式

5）安装锚固件　保温装饰板粘贴确定后要安装机械紧固件（图3-7）。紧固件应先从直边中部按300～500mm间距安装，必要时再外加外压件调整板缝的高低差。无论安装内紧固件或外紧固件都不能用力过大，以免造成板面的波浪形状。根据板面的平整度来调节用力的大小。

6）细部构造　轮廓线转角可先切割保温层再采取搭接和折弯的两种工艺完成（图3-8、图3-9）。窗台处理上沿线必须做出外斜度流水坡度，下沿线必须做出内斜度滴水坡度（图3-10）。

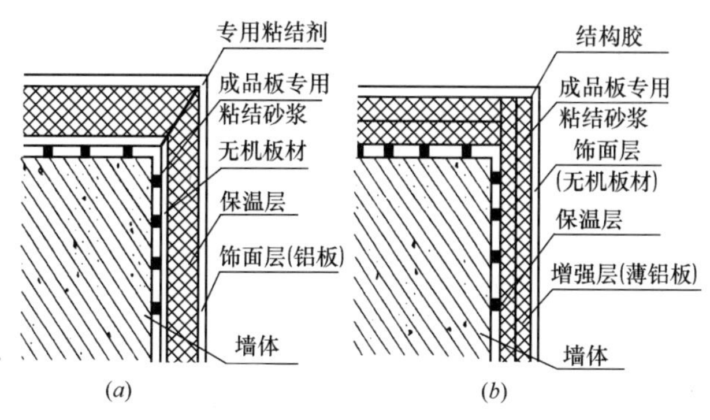

图3-8　阳角处理示意图
(*a*) 弯折；(*b*) 搭接

(4) 效果　施工完成后，外墙保温系统经现场检测，传热系数K为0.98W/（m^2·K）

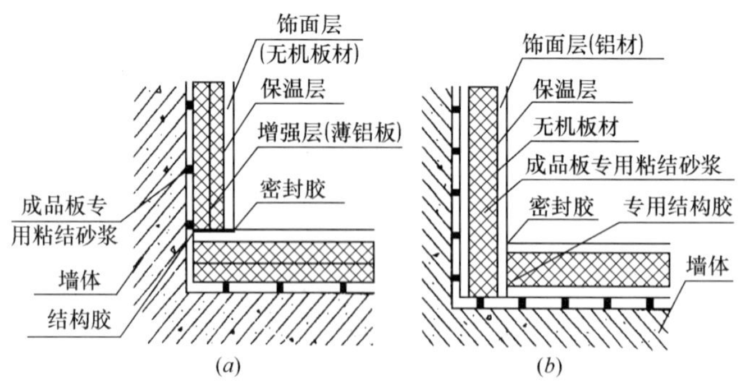

图 3-9　阴角处理示意图

（a）弯折；（b）搭接

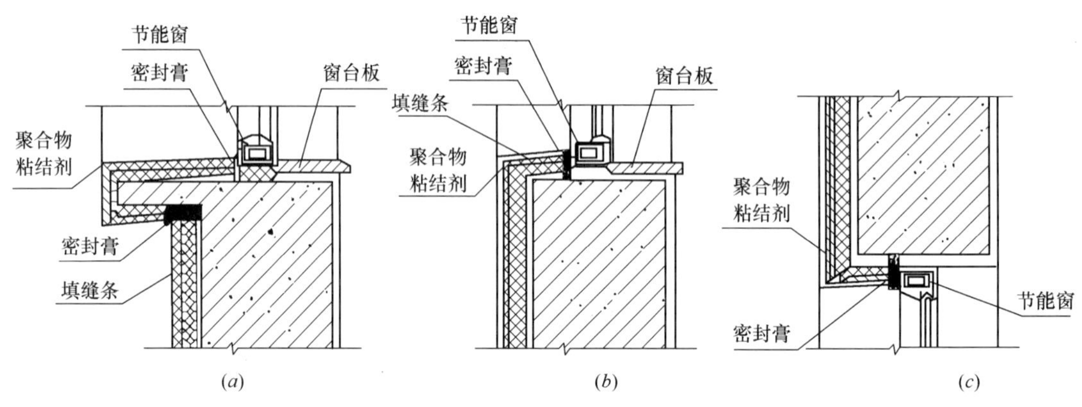

图 3-10　窗台不同处理方式示意图

（a）窗上、下口处理；（b）窗下口处理；（c）窗上口处理

设计值 K 不大于 1.5W/（m^2・K），保温性能满足设计要求。整体装饰效果良好，银白色外墙彰显庄重，与周围环境协调。

四、泡沫玻璃

1. 基本特性与应用

（1）基本特性

泡沫玻璃是以石英砂矿粉或碎玻璃粉为基料，加入发泡剂、促进剂等添加剂，经超细粉碎和均匀混合，形成配合料，经熔化、发泡、退火而形成的内部充满均匀封闭气孔的材料。泡沫玻璃属于无机玻璃质和封闭气孔构成的多孔泡沫类材料，具有密度低、导热系数小、不透湿、吸水率小、不燃烧、不霉变、机械强度高、加工方便、能耐化学腐蚀（氢氟酸除外）、本身无毒、性能稳定、既是保冷材料又是保温材料，能适应极冷到较高温度范围等特性。同时，泡沫玻璃的耐久性好，质硬，表面强度高，可切割成型，便于施工；可制成彩色材料，具有装饰功能。这些特性是目前常用的许多保温隔热材料所不具备的。

（2）应用

泡沫玻璃的特性使之适用于低温深冷、地下工程、易燃易爆、潮湿以及化学侵蚀等苛刻的环境条件，且安全可靠，经久耐用，被广泛应用于石油、化工、地下工程、造船、国防军工的隔热保冷工程。

在国外，泡沫玻璃早已普遍使用在化工保温隔热、船舶、制冷业、冷库、地铁及恒温恒湿工程和一般工业与民用建筑的屋面、外墙的保温和隔热工程上。我国过去只用于化工深冷设备、船舶、冷库的保温隔热工程，近年来已开始在建筑工程上使用。

与目前在建筑工程中使用的保温材料相比较，泡沫玻璃具有独特的优点。

泡沫玻璃用于墙体保温隔热，具有目前常用各种保温隔热材料的各种优势，并具有其他材料所不具备的装饰功能和耐久性。泡沫玻璃用于墙体保温隔热时，只需要使用聚合物水泥砂浆粘贴，粘结力强。如使用外墙涂料饰面，只要在泡沫玻璃层外抹一层水泥砂浆找平即可；如采用彩色泡沫玻璃，可将泡沫玻璃切割成一定大小的形状，直接用聚合物水泥砂浆粘贴、勾缝，即具有非常好的装饰功能和效果。

2. 技术性能要求

根据国家建材行业标准《泡沫玻璃绝热制品》（JC/T640—2005）的规定，泡沫玻璃制品按照密度的不同分为 150 号（密度≤150kg/m³）和 180 号密度（151～180kg/m³）两种。两种规格的泡沫玻璃绝热制品技术性能应满足表 3-25 所示的要求。

国家建材行业标准 JC/T640 对泡沫玻璃的技术要求　　　　表 3-25

项目		技术要求				
		150 号			180 号	
		优等品	一等品	合格品	一等品	合格品
密度（150kg/m³）	≤	150	150	150	180	180
抗压强度（MPa）	≥	0.5	0.4	0.3	0.5	0.4
抗张强度（MPa）	≥	0.4	0.4	0.4	0.4	0.4
吸水率（体积，%）	≤	0.5	0.5	0.5	0.5	0.5
透湿系数［ng/（Pa·m·s）］	≤	0.007	0.007	0.05	0.007	0.5
导热系数［W/（m·K）］	≤					
平均温度：308K（35℃）		0.058	0.062	0.066	0.062	0.066
213K（−40℃）		0.046	0.050	0.054	0.050	0.054

3. 泡沫玻璃应用于外墙外保温[7]

（1）泡沫玻璃外墙外保温体系的构造

泡沫玻璃作为外墙外保温应用的特征在于综合性能优异，系无机绝热材料，耐候性、耐久性优良，线膨胀系数与混凝土等墙体材料基本相同，表面多孔与水泥砂浆粘结良好，不吸水等特性。泡沫玻璃作为墙体外保温隔热材料的结构构造如图 3-11 所示。

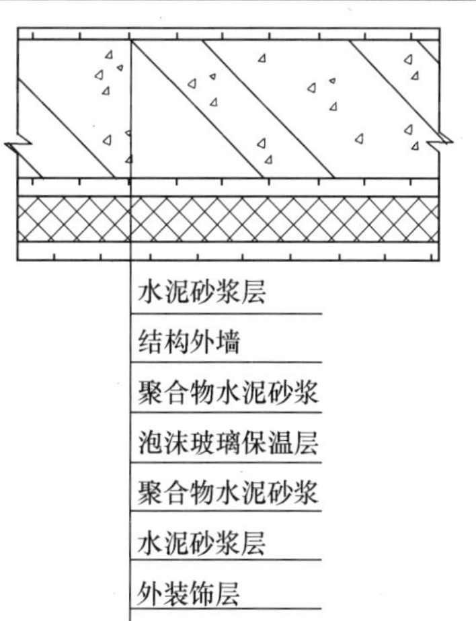

图 3-11　泡沫玻璃应用于外墙面保温隔热的构造示意图

（2）泡沫玻璃外墙外保温系统的施工要点

1）基本施工程序　外墙面铺粘泡沫玻璃时，应先将墙面基层找平，润湿并无明水，将粘贴的泡沫玻璃表面用压缩空气或刷子清除表面浮灰，在背面和侧边用带齿抹子刮约 2mm 厚粘结砂浆，同时在墙面上刮抹 2mm 厚粘结砂浆，立即将泡沫玻璃贴于墙面，用力挤压使之与周边已贴好的泡沫玻璃板块平齐，然后用橡皮锤轻轻敲打，使之粘结牢固，板与板之间粘紧，多余砂浆挤出时，应立即刮去。

2）泡沫玻璃板铺砌方法　泡沫玻璃板铺砌时一般从上而下，沿水平方向横向铺贴。每层间应水平对缝，竖直方向应错缝。当遇到不能整块粘贴时，需事先量好尺寸，就地按所需尺寸锯割，不可随意裁切。

3）外墙面安装卡钉的规定　墙面高度超过 4m 的部分和楼层超过 20m 以上的高层建筑，应增加固定卡钉，卡钉间距 1.2m 左右，固定点宜在泡沫玻璃块体交角处，在墙体中的锚固深度应不小于 30mm。

4）对罩面层施工的时间要求　外墙泡沫玻璃罩面层施工时，应在泡沫玻璃粘贴两天后，方可施工罩面层，施工前应对粘贴的泡沫玻璃保温层进行检查，平整度超过 2mm 的应磨平，板块间缝隙不饱满时应补好。饰面涂料或粘贴面砖时，待罩面层砂浆硬化后，一般 1～2 天即可进行装饰层施工。

5）网格布的铺装方法　将贴好的泡沫玻璃保温层表面浮灰清除并喷少量水湿润，然后抹罩面砂浆 3mm。抹平后即铺网格布，用抹子将网格布压入砂浆中，网格布相互搭接宽约 3mm，铺网格布应平顺，不皱折，脱层，待砂浆初凝后，再抹罩面层 2mm，并抹平、压实、压光。如墙体设计不铺设网格布时，在墙体交角处的窗口及墙体转角处应加铺附加增强的网格布，每边约 100mm。

五、某工程泡沫玻璃板外墙外保温系统施工方法

1. 工程概况

某商住两用商品房，1#、2# 楼地面以上 25 层、3# 楼地面以上 18 层、五层商场地面以上 5 层，1#、2#、3# 楼地面 3 层以上为住宅，其他为商铺[8]。该工程 2007 年 6 月底开始对五层商场、3# 楼 8.4m 以下的外墙面进行泡沫玻璃和聚苯板外墙外保温的施工，使用面积约 2600m^2，其中泡沫玻璃外墙外保温系统使用面积约 800m^2，聚苯板外墙外保温系统使用面积约 1800m^2。

2. 泡沫玻璃外墙外保温系统

（1）泡沫玻璃材料　某工程泡沫玻璃板外墙外保温系统中使用的泡沫玻璃主要技术性能指标见表 3-26。

泡沫玻璃主要技术性能指标　　表 3-26

试验项目		性能指标
导热系数 [W/（m·K）]	≤	0.062
表观密度（kg/m^3）		160～180
抗压强度（MPa）	≥	0.5
抗折强度（MPa）	≥	0.5
水蒸气渗透系数 [ng/（Pa·n·s）]	≤	0.05
吸水率（%）	≤	0.5
使用温度（℃）		−200～500

（2）泡沫玻璃外墙保温构造及特点　该工程泡沫玻璃外墙保温系统的基本构造为：双排孔 190 混凝土小型空心砌块＋（20～25）mm 水泥砂浆＋25mm 泡沫玻璃＋3mm 防水抗裂腻子＋外墙涂料。该构造的传热系数计算值为 1.12W/（m^2·K）；热惰性指标为 2.91。这种外墙保温系统构造具有以下特点：

1）墙体传热系数低，保温隔热性能佳；

2）良好的粘结性能　由于使用聚合物专用砂浆，泡沫玻璃外保温隔热系统与基层墙体粘结性能良好；

3）防水抗裂性能佳　由于泡沫玻璃材料本身受温度变化的影响小，且其吸水率低，保温层表面又进行了防水抗裂处理，因此泡沫玻璃外保温隔热系统除了有良好的保温隔热性能外，还可以提高普通混凝土小型空心砌块墙体抗渗性能和饰面层的抗裂性能；

4）良好的耐久性　泡沫玻璃为无机材料，使用寿命与混凝土、混凝土多孔砖、空心小砌块等使用寿命相当，可与建筑物同使用寿命；

5）稳定的使用性　能泡沫玻璃保温隔热系统不燃烧、不老化、不霉变、无放射危害，使用性能稳定。

（3）泡沫玻璃外墙保温系统施工方法

1）施工工具　卷尺、墨斗、靠尺、平抹刀、齿形刮刀、灰桶、橡皮锤、托灰板、水平尺、刷子、手提切割机等。

2）材料

a. 专用胶粘剂　泡沫玻璃专用胶粘剂，粘结强度大于 0.3MPa。

b. 泡沫玻璃板　密度为 150～170kg/m^3，导热系数为 0.058～0.066W/（m·K），主要规格为 300mm×200mm×25mm。

c. 外墙防水腻子

（4）施工条件

系统施工前，基层墙体应符合下列条件：①外墙面批灰施工完毕，墙体坚固密实；②粘贴基底冲洗清理干净，表面结实平整，无空鼓，无油污、浮尘、脱模剂等污迹。墙体有缺陷部分应事先修补，凸起部分应予以敲除；③施工前基底应充分湿润，但不可有明水；④对施工作业人员现场交底，使之清楚工程图纸中标注的粘贴位置。

（5）施工操作步骤

1）放定位线　根据需粘贴的外墙面和泡沫玻璃的尺寸设置水平轴线和纵向轴线。

2）材料准备　根据设置的轴线量好尺寸，计算出所需泡沫玻璃的数量，据此准备材料。

3）配制胶粘剂　在先适当容器中注入适量清水，再按比例慢慢加入粉状胶粘剂，用电动搅拌器低速边倒料边搅拌，充分搅拌直至均匀无结块后，静置 3～5min，再搅拌 1～2min 即可使用。

（6）泡沫玻璃板的粘贴将搅拌好的胶粘剂在基底表面均匀地批上一层薄底，然后用齿形刮刀将胶粘剂均匀满批在基底，拉成条纹，每次涂抹 1～2m^2左右，在开放时间内 20～30min，将泡沫玻璃板按工字形贴上，并用橡皮锤调整泡沫玻璃板的平整度，直至平整度误差符合要求。

（7）外墙防水腻子的施工　待泡沫玻璃板粘贴凝结牢固（约 48h）后，可施工外墙防水腻子。用电动搅拌器低速将防水腻子搅拌成浆料状，然后均匀刮涂在泡沫玻璃表面，分2次刮涂，每次1～2mm厚，总厚度控制在2～3mm。

（8）施工注意事项

1）施工前要检查外墙基体是否符合施工要求，不符合要求的部位必须修整，符合要求后才允许施工。

2）使用的胶粘剂、泡沫玻璃板及防水腻子等材料必须有出厂检验报告，经现场检查符合要求后方可使用。

3）粘贴好泡沫玻璃的墙体必须经过检查，确认无空鼓，且平整度和垂直度符合要求后方可进行防水腻子施工。

4）防水腻子板粘贴后24h内，应避免重负荷于其表面。

六、岩棉外墙外保温系统应用技术

（一）岩棉外墙外保温系统简介

岩棉材料的导热系数为0.033～0.045W/（m·K），是性能优良的保温隔热材料。岩棉外墙外保温系统是使用岩棉板作为保温层，并设置在外墙结构层外侧，保温层外侧再设置保护层。这种构造方式要求岩棉板在基层墙体粘贴牢固，保护层具有一定的强度、抗冲击、抗裂及防水性能。

在发达国家，岩棉外保温技术已得到普遍应用，收到良好的经济效益和社会效益。在我国，岩棉外保温技术经过多年研究，也已积累了不少应用经验。

1. 岩棉外墙外保温系统的优点

岩棉外墙外保温系统具有其他外墙外保温系统的普遍优点，例如增加外墙保温性能、改善室内热环境、提高墙体的热惰性、消除墙体热桥、利于墙体内部水蒸气排出，避免产生内部冷凝和减少墙体内表面的结露现象等。

但是，与常用的有机类保温材料相比，岩棉最大的优势在于其是无机不燃材料，因而在欧洲尤其是北欧得到普遍应用。除了作为主体保温材料应用于外墙外保温系统外，还大量应用于膨胀聚苯板外墙外保温系统的门窗洞口周围的防火隔离带。

2. 岩棉外保温的变形和应力

岩棉外保温变形有收缩变形和温差变形两种：

（1）收缩变形　由于非周期性的室外气候影响，保护层材料硬化后就开始了收缩变形。

（2）温差变形　室外温度、表面吸湿系数、风速等是影响温差变形的主要因素。

（3）应力集中部位　门窗洞口是应力集中的部位，易产生应力集中而导致裂缝，因而对这些部位应采取增强防裂措施，以增加抵抗应力集中和产生裂缝的能力。

3. 岩棉外保温层固定方式及锚固件数量设计

岩棉保温层在基层墙体上的固定方式有以下几种。

（1）点式托架——由于收缩、温度应力引起的保护层变形被托架吸收，减少裂缝的产生；保护层的自重通过托架传到结构层，加筋网粉刷层限制了保护层的变形。

（2）悬臂销杆——悬臂销杆的塑性低，各个锚固件分担了区域的变形。

（3）摆式棘爪——允许自重变形产生对保温层的压缩、对锚固件的拉力达到平衡。要考虑棘爪的初始角度和保温层的压缩模量。

（4）条形支撑——自重产生的变形小，但热桥影响大。

4. 岩棉外墙外保温系统的保护层和饰面材料

（1）抗裂防护层　为增加保护层砂浆的抗裂性能，一般使用聚合物改性抗裂砂浆，即砂浆中要掺加提高抗裂性的抗裂纤维和聚合物组分。此外，保护层内还需要复合钢丝网、钢纤维或玻璃纤维等网片进行增强。

在结构设计上，外保温墙面要设置分格缝，缝中用柔性嵌缝膏嵌填密封。

（2）外饰涂料　饰面层宜选用弹性涂料

（3）岩棉外墙外保温系统的热工影响因素　保温性能是岩棉外保温的主要功能，要做好保温设计，同时要考虑对保温产生影响的各种因素，如锚固件穿过岩棉保温层所形成的热桥和防止保护层开裂渗水等。

（二）岩棉外墙外保温系统技术要求

1. 一般规定

（1）岩棉外墙外保温系统适用于全国各地区需冬季保温、夏季隔热的多层及中高层新建民用建筑和工业建筑，也适用于既有建筑的节能改造工程

（2）岩棉外墙外保温系统适用于抗震设防烈度小于或等于 8 的建筑物，适用于防火要求比较高的建筑物。

（3）系统基层墙体为混凝土空心砌块、灰砂砖、多孔砖、空心砖、实心砖、加气混凝土砌块等砌体结构外墙或全现浇钢筋混凝土外墙。

2. 岩棉外墙外保温系统构造

岩棉外墙外保温系统由基层墙体、岩棉板保温层、找平层、抗裂防护层和饰面层组成（图 3-12）。岩棉板保温层用塑料膨胀锚栓配合热镀锌电焊网锚固在基层墙体上，岩棉保温板外表面及热镀锌电焊网上均需喷涂喷砂界面剂，以提高岩棉板的防水性及热镀锌电焊网的防腐蚀性，同时也有利于将找平层材料与岩棉板牢固地粘结在一起。找平层采用胶粉聚苯颗粒保温浆料，起补充保温及找平双重作用，找平层厚度不应低于 20mm。饰面层采用弹性涂料。

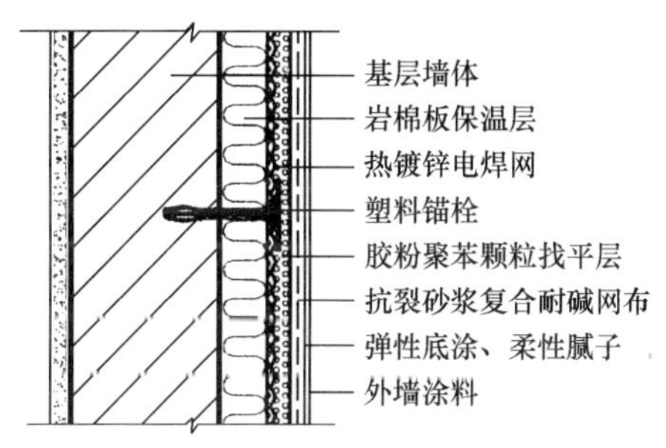

图 3-12　岩棉外墙外保温系统基本构造示意图

3. 设计要点[10]

（1）岩棉外墙外保温系统中岩棉保温板的厚度应符合国家和本地区先行的相关建筑节能设计标准的规定。

（2）热桥部位如门窗洞口、飘窗、女儿墙、挑檐、阳台、空调机隔板等部位应加强保温，不好用岩棉板进行保温的部位应批抹胶粉聚苯颗粒保温浆料进行保温。

（3）岩棉板需用外侧的热镀锌电焊网通过锚固件与基层墙体有效连接。

（4）岩棉板要做好防潮措施，使用时应对岩棉板各面进行界面处理，以提高岩棉板的表面强度和防潮性能，岩棉板上墙后不要长期暴露，应及时做好面层的防护。雨期及雨天均应做好防雨措施。

（5）门窗侧壁、墙体底部、墙体转角处的岩棉板要用U形或L形热镀锌电焊网片包边，塑料膨胀锚栓也需要穿过包边网片及岩棉板与基层墙体稳固连接。

（三）岩棉外墙外保温系统施工技术

1. 系统及材料的性能要求

（1）岩棉外墙外保温系统系统的性能指标与前面介绍的胶粉聚苯颗粒外墙外保温系统和建筑保温砂浆外墙外保温系统的要求相同表3-5。

（2）岩棉保温板岩棉保温板的性能指标应符合表3-27的要求。

岩棉保温板性能指标 **表3-27**

项　　目	单　位	指　标
密　　度	kg/m^3	≥150
密度允许偏差	%	±10
纤维平均直径	μm	≤7
导热系数	W/（m·K）	≤0.045
蓄热系数	W/（m^2·K）	≥0.75
渣球含量（颗粒直径大于0.25mm）	%	≤6.0
质量吸湿率	%	≤1.0
憎水率	%	≥98
热荷重收缩温度	℃	≥650
有机物含量	%	≤4.0
抗压强度（10%压缩量）	kPa	≥40
剥离强度	kPa	≥14
燃烧性能等级	—	A级

（3）喷砂界面剂喷砂界面剂的性能指标应符合表3-28的要求

喷砂界面剂的性能指标 **表3-28**

项　　目			指　　标
容器中状态			搅拌后无结块，呈均匀状态
施工性			喷涂无困难
低温贮存稳定性			3次实验后，无结块、凝聚及组成物的变化
耐水性			168h无异常
pH值			9～11
拉伸粘结强度	与水泥砂浆	常温常态	≥0.5MPa
		浸水后	≥0.3MPa
	与岩棉板	常温常态	≥0.10MPa或岩棉板破坏
		浸水后	≥0.08MPa或岩棉板破坏
	与胶粉聚苯颗粒保温浆料	常温常态	≥0.10MPa或胶粉聚苯颗粒保温浆料试块破坏
		浸水后	≥0.08MPa或胶粉聚苯颗粒保温浆料试块破坏

（4）其他岩棉外墙外保温系统构造中其他组成材料性能指标应符合《胶粉聚苯颗粒外

墙外保温系统》(JG 158—2004) 中 5.3～5.10、5.13～5.14、5.16 的要求。

2. 施工条件

(1) 基层墙体应符合《混凝土结构工程施工质量验收规范》(GB 50204—2002) 和《砌体工程施工质量验收规范》(GB 50203—2002) 的要求。

(2) 门窗框及墙身上各种进户管线、水落管支架、预埋管件等按设计安装完毕，并预留出外保温层的厚度。

(3) 施工中环境温度应不低于 5℃，风力应不大于 5 级，风速不宜大于 10m/s。严禁雨天施工，雨期施工时应采取防雨措施。

3. 施工机具及材料配制

(1) 施工机具　外接电源设备、垂直运输机械、水平运输手推车、强制式砂浆搅拌机、电动搅拌器、称量衡器、电锤、喷枪、手提式切割机、手锯、水桶、滚刷、铁锹、手锤、剪刀、壁纸刀、钳子、经纬仪、放线工具、托线板、垂直检测尺、直角检测尺、靠尺、塞尺、探针、钢尺及常用抹灰工具、抹灰专用检测工具等。

(2) 材料配制　按照上面介绍的胶粉聚苯颗粒保温浆料外保温系统构施工要求中的材料配制进行。

4. 施工

(1) 施工程序岩棉外墙外保温系统施工程序如图 3-13 所示。

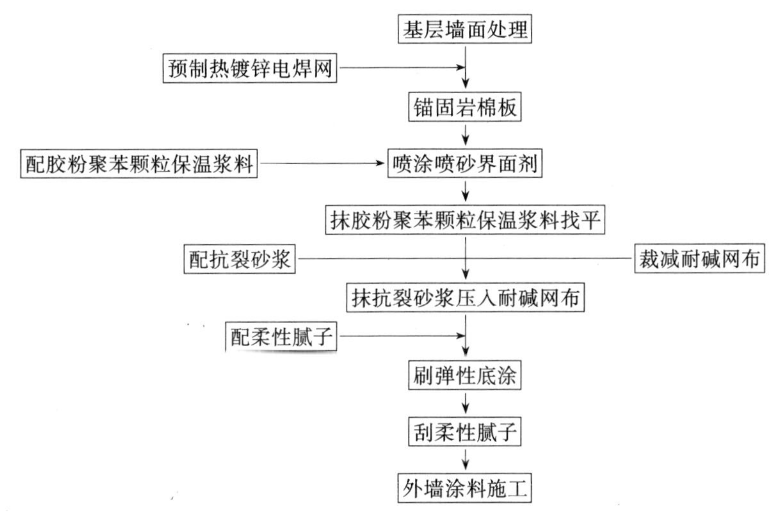

图 3-13　岩棉外墙外保温系统施工程序

(2) 施工操作要点

1) 基层墙面处理　彻底清楚基层墙体表面浮灰、油污、脱模剂、空鼓及风化物等影响墙面施工的物质。墙体表面凸起物大于或等于 10mm 时应剔除。

2) 保温层施工准备

a. 吊垂直，弹出岩棉保温板定位线。在建筑外墙大角（阳角、阴角）及其他必要处挂垂直基准钢线，每个楼层适当位置挂水平线，以控制岩棉板的垂直度和平整度。

b. 根据岩棉保温板的厚度，预制 U 形和 L 形热镀锌电焊网片。

(3) 保温施工

a. 根据岩棉板定位线安装岩棉板，岩棉板要错缝拼接，可用普通水泥砂浆将岩棉板预固定在基层墙体上。

b. 在岩棉板上垂直墙面用电锤钻孔，钻孔深度不得小于锚固深度，每平方米墙面至少要钻 4 个锚固孔，锚固孔从距离墙角、门窗侧壁 100～150mm 以及从檐口与窗台下方 150mm 处开始设置。沿窗户四周，每边至少应钻 3 个锚固孔。

c. 在岩棉板上铺设热镀锌电焊网，用塑料锚栓根据锚固孔的位置锚固岩棉板及热镀锌电焊网。门窗侧壁及墙体底部要用预制的 U 形热镀锌电焊网片包边，墙体转大角处用 L 形热镀锌电焊网包边，这些包边网片要随岩棉板一起被锚固件穿过，并用手压紧，以便定位。热镀锌电焊网采用单孔搭接，搭接处每米至少应用塑料锚栓锚固 3 处。

d. 岩棉板固定好后，按每平方米至少 4 个的密度在热镀锌电焊网下安装塑料垫片，将热镀锌电焊网垫起 5mm，以保证岩棉板与热镀锌电焊网能存在一定的距离，以有利于找平层的施工。

e. 采用专用喷枪将喷砂界面剂均匀喷到岩棉板表面，确保岩棉板表面及热镀锌电焊网上均喷了喷砂界面剂，以增强岩棉板表面强度及防水性能和热镀锌电焊网的防腐蚀性能。

（4）找平层施工

a. 吊胶粉聚苯颗粒找平层垂直控制线、套方作口，按设计厚度用胶粉聚苯颗粒做标准厚度贴饼、冲筋。

b. 抹胶粉聚苯颗粒保温浆料进行找平。应分两遍施工，每遍施工在 24h 以上。抹头遍胶粉聚苯颗粒保温浆料时要压实，厚度不宜超过 10mm。抹第二遍胶粉聚苯颗粒保温浆料时应达到冲筋厚度，用大杠搓平，用抹子局部修补平整；30min 后，用抹子再赶抹墙面，用托线尺检测后达到验收标准。

c. 找平层固化干燥后（用手掌按不动表面为宜，一般为 3～7d）方可进行抗裂防护层施工。

（5）抗裂防护层及饰面层施工

a. 抹抗裂砂浆压入耐碱网布将 3～4mm 厚抗裂砂浆均匀地抹在保温层表面，立即将裁好的耐碱网格布用抹子压入抗裂砂浆内，网格布之间的搭接不应小于 50mm，并不得使网格布皱褶、空鼓、翘边。

首层应铺贴双层耐碱网布，第一层铺贴加强耐碱网布，加强耐碱网布应对接，然后进行第二层普通耐碱网布的铺贴，两层耐碱网布之间抗裂砂浆必须饱满。

在首层墙面阳角处设 2m 高的专用金属护角，护角应夹在两层耐碱网布之间。其余楼层阳角处两侧耐碱网布双向绕角相互搭接，各侧搭接宽度不小于 200mm。

门窗洞口四角应预先沿 45°方向增贴 300mm×400mm 的附加耐碱网布。

b. 刷弹性底涂　在抗裂砂浆施工 2h 后刷弹性底涂，使其表面形成防水透气层。涂刷应均匀，不得漏涂，以渗入抗裂砂浆层内不形成可剥离的弹性膜为宜。

c. 刮柔性腻子　在抗裂砂浆基本干燥后刮柔性腻子，一般刮两遍，使其表面平整光洁。

d. 外饰面施工　浮雕涂料可直接在弹性底涂上进行喷涂，其他涂料在腻子层干燥后进行刷涂或喷涂。

5. 质量要求

（1）采用材料品种、质量、性能应符合有关国家标准、行业标准及本导则规定。

（2）护角符合施工规定，表面光滑、平顺、门窗框与墙体间缝隙填塞密实，表面平整。

（3）耐碱网格布铺压严实，不得有空鼓、褶皱、翘曲、外露等现象，搭接长度必须符合规定要求。加强部位的耐碱网格布做法应符合设计要求。

（4）孔洞、槽、盒位置和尺寸正确、表面整齐、洁净，管道后面平整。

（5）有排水要求的部位应做滴水线（槽）。滴水线（槽）应顺直，流水坡向应正确，坡度应符合设计要求。

（6）胶粉聚苯颗粒保温浆料找平层要求粘结牢固，不得有起鼓现象。

（7）外保温墙面的允许偏差和检验方法　外保温墙面的允许偏差和检验方法应符合表3-29 的规定

外保温墙面的允许偏差和检验方法　　表 3-29

项　目	允许偏差（mm）	检　验　方　法
表面平整	4	用 2m 靠尺和塞尺检查
立面垂直	4	用 2m 靠尺和塞尺检查
阴、阳角方正	4	用直角检测尺检查
分格缝（装饰线）直线度	4	拉 5m 线，不足 5m 拉通线，用钢直尺检查
岩棉板保温层厚度	负偏差不大于 5	用探针、钢尺检查

七、机械固定钢丝网架聚苯乙烯保温板外墙外保温技术

（一）保温板概况

1. 基本构造

钢丝网架聚苯乙烯保温板外墙外保温是《外墙外保温工程技术规程》（JGJ 144—2004）所推荐的五种外墙外保温系统，为机械固定膨胀聚苯板钢丝网架的厚抹灰外墙外保温系统。该类保温板以阻燃型膨胀聚苯板为保温层，在膨胀聚苯板中以一定角度双向交叉斜插入ϕ 2mm 冷拔钢丝，钢丝在膨胀聚苯板内的插入深度为板厚的 4/5，因而没有从膨胀聚苯板中露出来，单面再覆盖以 50m×50mm 的ϕ 2mm 冷拔钢丝网片，并经将钢丝网片和斜插入膨胀聚苯板内的冷拔钢丝焊接成整体，其基本构造如图 3-14 所示。

根据 JGJ 144—2004 的要求，腹丝非穿透型钢丝网架聚苯乙烯保温板中腹丝插入聚苯板中的不应小于 35mm，未穿透厚度不应小于 15mm。腹丝插入的角度应保持一致，误差不应大于 3°。板两面应预喷刷界面砂浆，钢丝网与聚苯板表面净间距不应小于 10mm。

钢丝网架聚苯乙烯保温板系以机械固定形式直接安装于各种外墙面，所适用的墙体有混凝土墙、黏土空心砖墙、混凝土砌块墙等，但不适用于加气混凝土和轻集料混凝土基层。该系统可应用于低层、多层和高层的住宅与公用建筑物。

2. 基本性能特征

钢丝网架聚苯乙烯保温板系我国 20 世纪 90 年代开始使用的新型保温材料，由阻燃自

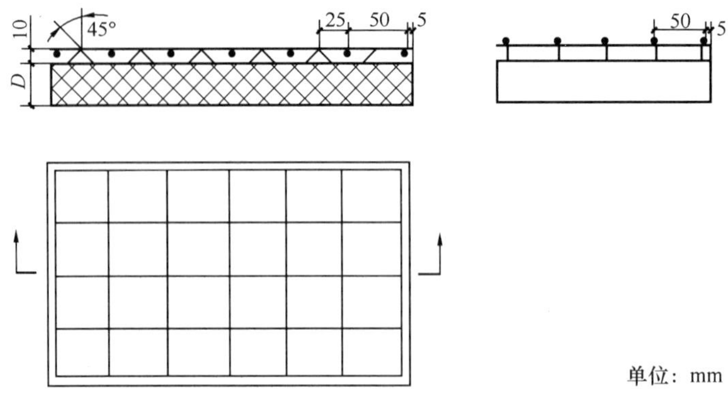

图 3-14　钢丝网架聚苯乙烯保温板基本构造示意图

熄型膨胀聚苯板与单（双）面镀锌钢丝网组合而成。某种商品钢丝网架聚苯乙烯保温板的常用产品规格为 PG50～PG80（1.2m×3.6m×0.05m～1.2m×5.2m×0.08m），并可以按需要尺寸任意切割。

钢丝网架聚苯乙烯保温板具有如下一些基本性能特征：

（1）质量轻　50mm 厚钢丝网架聚苯乙烯保温板为 3.8kg/m²，双面抹 20mm 厚水泥砂浆时为 85kg/m²。

（2）强度高　钢丝网架聚苯乙烯保温板抹 25mm 厚的水泥砂浆后，抗压强度可达 4.90MPa。

（3）抗震性　钢丝网架聚苯乙烯保温板镶挂于外墙面上，对原结构无影响，经抹水泥砂浆后被完整的封闭，总体质量轻，结构稳定，抗震性能优于其他结构形式。

（4）耐火性　钢丝网架聚苯乙烯保温板离开明火即自熄。根据双面抹水泥砂浆的厚度不同，其耐火极限为 1.5～3h。

（5）保温性　钢丝网架聚苯乙烯保温板热阻系数不小于 0.884（m²·K）/W，导热系数不大于 0.113W/（m·K）。

（6）隔音性　钢丝网架聚苯乙烯保温板的隔音指数为 42～53dB，高于 120mm 厚加气混凝土双面抹灰。

（7）其他　钢丝网架聚苯乙烯保温板的抗冻性好，在－40℃下不龟裂，经过－20℃～20℃ 25 次冻融试验没有异常现象出现；钢丝网架聚苯乙烯保温板的吸水性仅为 300g/m²。

钢丝网架聚苯乙烯保温板现场安装方便，避免了其他现场施工湿作业工作量大，受负温环境限制以及与其他工种在同一工作面上交叉作业的影响，其施工不占用结构施工工期。钢丝网架聚苯乙烯保温板可切割成任何形状，特别适用于造型复杂的挑檐、腰线和圆弧饰面等不规则部位的保温。

3. 产品规格举例

钢丝网架聚苯乙烯保温板以一定的产品规格出厂，在施工现场安装。例如，某商品产品规格如表 3-30 所示。

4. 钢丝网架聚苯乙烯保温板产品性能举例

以某商品钢丝网架聚苯乙烯保温板为例，其产品的表面外观质量、尺寸允许偏差和物理性能指标如表 3-31 所示。

商品钢丝网架聚苯乙烯保温板产品规格举例　　表 3-30

产品类型	产　品　规　格（mm）			
	板长度	板宽度	整板厚度	聚苯板厚度
标准型	3000	1200	63	50
非标准型 1	2700	1200	63	50
非标准型 2	2400	1200	63	50

注：1. 若工程设计为超长规格，可根据设计要求加工成指定规格；
2. 根据保温性能的要求，聚苯板可选择不同的厚度。

钢丝网架聚苯乙烯保温板性能举例　　表 3-31

性能类别	项　　目	技　术　要　求
表面外观质量	外观 钢丝锈点	表面清洁，不应有明显油污 焊点区以外不允许
尺寸允许偏差（mm）	长、宽、厚 两对角线、侧向弯曲 横丝、纵丝间距 钢丝网片局部翘曲 聚苯乙烯整板厚度	长±10；宽±5mm；厚±2mm 两对角线≤10mm；侧向弯曲≤L/650① ≤3 ≤2 ±2
斜插钢丝、钢丝网片及焊接质量	焊点强度 焊点质量 钢丝挑头 钢丝网格间距	抗拉力≥330N；无过烧现象斜插钢丝与网片不允许漏焊、脱焊；网片漏焊、脱焊点不超过焊点数的 0.8%，且不应集中在一处；连续脱焊不应多于 2 点，板端 200mm 区段内的焊点不允许脱焊、虚焊板边挑头允许长度≤6mm，插丝挑头≤5mm，不得有 5 个以上漏剪、翘伸的钢丝挑头网片横向、纵竖向钢丝最大间距为 60mm，超过 60mm 处应加焊钢丝，纵横向钢丝应互相垂直
物理性能	热阻（$m^2 \cdot K/W$） 抗冻性（25 次） 耐火极限	≥1.009（保温芯板厚度为 50mm）试验后试件不得有剥落、开裂和起层等破坏现象不低于 1h（钢丝网架聚苯乙烯保温板一面朝墙，一面有 25～30mm 的砂浆层）

注：表中 L 为钢丝网架聚苯乙烯保温板的长度。

（二）钢丝网架聚苯乙烯保温板外保温墙体的安装施工

1. 外保温墙体的基本构造

钢丝网架聚苯乙烯保温板充分发挥膨胀聚苯板的保温隔热性能，且钢丝网架聚苯乙烯保温板中的镀锌钢丝网及其水泥砂浆保护层解决了膨胀聚苯板与外墙体固定连接和装饰基层问题。典型的钢丝网架聚苯乙烯保温板外保温节能墙体的构造如图 3-15 所示。

2. 钢丝网架聚苯乙烯保温板外保温节能墙体的施工

（1）施工准备

1）钢丝网架聚苯乙烯保温板进入施工现场须附出厂合格证和检测报告的复印件。为了防止因压缩使钢丝网架聚苯乙烯保温板与钢筋网变形，按厚度分别侧立摆放于特制的存放架上，并且存放场地四周严禁热源、火源及高温飞溅物。

2）安装钢丝网架聚苯乙烯保温板的施工采用双排脚手架或吊挂式脚手架。双排脚手

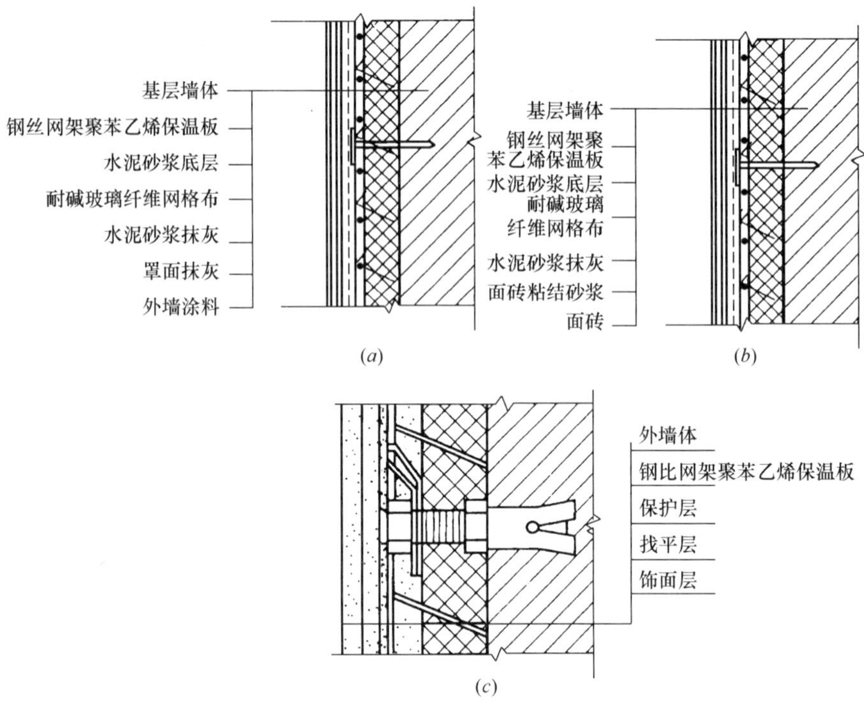

图 3-15 钢丝网架聚苯乙烯保温板外保温节能墙体的构造示意图

（*a*）涂料饰面系统；（*b*）面砖饰面系统；（*c*）锚栓构造示意

架立杆距离墙面 350mm。吊挂式脚手架须与墙体有临时拉结，以免钻孔时脚手架向外移动。

3）门窗框安装校正就位；室外水暖、电气、消防预留部位做明显标记，以备镶贴时预留。

4）设计墙体镶贴区间，绘制平面排列摆放图，应尽量按矩形或矩形组合面的布置排板，以便于操作。

5）备齐镶贴所必需的工具、材料等。

（2）施工工艺

钢丝网架聚苯乙烯保温板外保温复合墙体的施工工艺如图 3-16 所示。

（3）施工操作

1）按照排列摆放图所示的各镶贴区间，用冲击钻按 600mm×600mm 井字型在墙面上钻孔。孔径为ϕ 10mm，孔深 50～70mm，一般不少于 8 孔/m^2。对于边缘等补嵌小块钢丝网架聚苯乙烯保温板，钻孔的距离可适当减少，并须保证每块补嵌板上不少于 2 个孔。

2）用木槌向孔内钉 8×100 膨胀螺栓，要求安装位置正确、牢固、满胀，镶贴后与钢丝网架聚苯乙烯保温板钢丝网平齐。

3）在镶贴部位按设计板厚试放钢丝网架聚苯乙烯保温板，试摆边缘用钢锯条划割膨胀聚苯板面，待全部划透后，用刻丝钳将钢丝网切断，同时粗修膨胀聚苯板边。

4）将切割好的钢丝网架聚苯乙烯保温板于膨胀螺栓上就位，使螺栓杆穿透钢丝网架聚苯乙烯保温板。

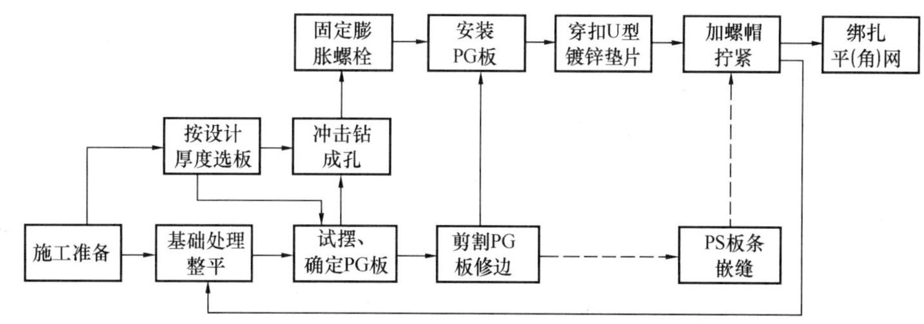

图 3-16 钢丝网架聚苯乙烯保温板外保温复合墙体施工工艺流程示意图
（图中 PG 板即钢丝网架聚苯乙烯保温板）

5）将如图 3-17 所示的 U 型镀锌垫片穿于钢丝网经纬交叉处，并且扣在膨胀螺栓的螺杆上。加螺帽，用扳手拧紧镶贴螺帽。用力以不使钢丝网塌陷压缩膨胀聚苯板为度。

6）钢丝网架聚苯乙烯保温板接缝处如有不严密处，用钢锯条划割规格形状与之相吻合的膨胀聚苯板嵌缝，用铁皮锉精修后安装。

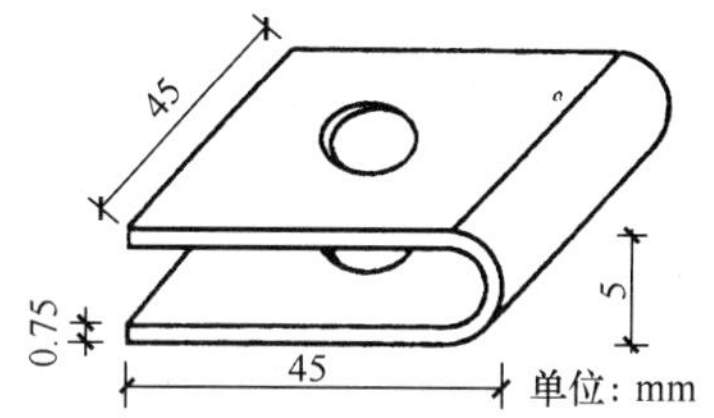

图 3-17 U 型镀锌垫片示意图

7）用平（角）网扣严接缝（转角）处，以 300m×200mm 的间距用 22# 镀锌线绑紧补强。要求平（角）网安装平整、无翘曲，绑扎线无局部突起，绑扣牢固。绑扎平（角）网时，相邻钢丝网架聚苯乙烯保温板钢丝网修复平顺，个别钢丝网架聚苯乙烯保温板边有翘曲部位，可加设膨胀螺栓，使钢丝网架聚苯乙烯保温板与墙体结合紧密，以防止镶贴不严产生保护层开裂。

8）外门窗洞口侧面、外窗台、腰线、附墙柱及室内天棚保温层等较复杂部位采用 KD8 射钉固定，射钉时尽量避开砖砌体竖向灰缝。孔内穿 18# 镀锌铁线与钢丝网架聚苯乙烯保温板钢丝网交叉点处拧紧向内折，接缝处用平（角）网补强。

9）在钢丝网架聚苯乙烯保温板设置线管、接线盒、开关、插座等时，首先把安装位置的网丝剪断，用工具刀在膨胀聚苯板上刻挖成所需要的孔槽、线管、接线盒等，待安装固定后用 1∶3 水泥砂浆稳固，并在其上用加固网片嵌牢。

（4）面层抹灰施工

1）准备工作　保温板的安装要经过监理单位验收合格，并办理隐蔽工程验收记录。抹灰前钢丝网架和板面的灰尘、污垢和油渍等应清除干净，并进行界面处理。钢丝网架聚苯乙烯保温板面上抹 1∶3 水泥砂浆保护层，厚度以将钢丝网架聚苯乙烯保温板上钢丝网覆盖为准，一般约 15mm。抹保护层前采用较小水灰比的水泥净浆弹于钢丝网架聚苯乙烯保温板上，以防止保护层因自重而坠落。

2）抹灰工艺

抹灰分底层、中层和面层三层。底层 13～15mm，中层 10～12mm，面层 1.5mm 左右，总厚度不小于 25mm。底层和中层用同一配比砂浆，砂浆标号根据图纸设计要求，并在两接合处满铺耐碱网格布。为了提高砂浆的防水性，应在砂浆中掺加适量的防水剂。

人工抹灰时，以自上而下为宜。底层要用木抹子反复揉槎，使砂浆密实，表面粗糙。中层要在底层上洒水湿润，抹灰后用刮板找平，表面搓毛。抹面层时，要抹得薄而平整。

抹灰施工时环境温度要不低于5℃。每层抹灰的间隔时间不小于24h，气温较低时要适当延长。每层砂浆终凝后均应洒水养护，使表面保持湿润。

保护层达到干燥后，可按常规方法标筋，做找平层（结合层）。

3）找平层、装饰层可根据个体设计选择各种饰面。

（5）施工注意事项

1）在施工中，要注意门、窗洞口等部位预留出钢丝网架聚苯乙烯保温板的安装空间。

2）钢丝网架聚苯乙烯保温板安装完毕后，在墙体附近严禁使用电焊机、气割机等可能产生高温飞溅物的作业，防止损伤钢丝网架聚苯乙烯保温板板面，或者导致钢丝网架聚苯乙烯保温板受高温收缩。

3）施工中严禁用汽油、松节油等对钢丝网架聚苯乙烯保温板有很强侵蚀作用的有机溶剂与钢丝网架聚苯乙烯保温板接触。

4）网架保温板的所有拼缝、墙的阴、阳角、门窗口等均应具有相应的构造措施，采用相应的网片覆盖加强，并用箍码箍紧或用铁丝手工绑扎牢固，保温芯板边钢丝与覆网相交点全部扎牢，其余部分相交点可相隔交错扎牢，不得有变形、脱焊。

5）外墙保温各楼层之间应设变形缝，并按照每块墙面35～40m^2左右面积设置竖缝，在变形缝上的连接钢筋应予断开。为了提高建筑物首层墙面和门窗角处的抗冲击能力，应增加一层加强耐碱网格布，并在首层阳角处增加角网加强。角网高2m，设在两层耐碱网格布之间。

6）机械固定系统锚栓、预埋金属固定件数量应通过设计确定，并且每m^2不应小于7个。单个锚栓拔出力和基层力学性能应符合设计要求。

7）系统的装饰层载荷应小于0.4kN/m^2。

（6）钢丝网架聚苯乙烯保温板安装质量应符合表3-32的要求

钢丝网架聚苯乙烯保温板安装质量要求 **表3-32**

项　　目	允许偏差（mm）	检验方法
垂直度	≤4.0	2m拖线板或水准仪测量
表面平整度	≤4.0	2m靠尺或塞尺测量
锚栓间距	±5.0	钢尺测量
保温芯板板缝	≤5.0	钢尺测量

第四节　建筑反射隔热涂料及其应用技术

一、建筑反射隔热涂料反射热辐射的基本原理与应用

1.反射热辐射的基本原理

建筑反射隔热涂料也称反射太阳热型绝热涂料，其基本原理是涂膜具有很高的反射率，能够反射照射到涂膜上的太阳热辐射，即通过涂膜的反射作用将日光中的红外辐射从

墙面或屋顶反射出去，以避免建筑物自身因吸收辐射导致的温度升高。

建筑反射隔热涂料利用涂膜对光和热的高反射作用使太阳照射到涂膜上的大部分能量得到反射；同时，这类涂膜本身的导热系数很小，绝热性能很好，这就阻止了涂膜吸收的少量热量通过涂膜的传导，避免涂膜因吸收少量辐射热而导致的温度升高。因而，由于建筑反射隔热涂料的高反射性和涂膜的低导热系数，使得涂膜在超过一定厚度时，其反射性能只与涂膜表面的反射率有关，而与涂膜厚度无关。

另一方面，建筑反射隔热涂料的性能调整十分方便。可以根据需要选择基料，例如可以使用弹性建筑乳液配制能够遮蔽基层裂缝的弹性建筑涂料；使用有机硅—丙烯酸共聚乳液配制耐沾污性好的硅丙涂料。当选用不同基料时，只是涂料的物理力学性能有所差别，涂膜的反射性能没有明显差别[10]。这也给该类涂料的应用提供了更好的灵活性。

2. 建筑反射隔热涂料的应用

由于建筑反射隔热涂料能够显著地降低暴露于太阳热辐射下的物体的表面温度，因而在建筑物外围护结构表面（外墙面和屋面）采用高反射性隔热涂料，能够减少建筑物对太阳辐射热的吸收，阻止建筑物表面因吸收太阳辐射导致的温度升高，减少热量向室内的传入。以前主要是研究和在屋面上应用，以降低温升和对屋面防水材料起保护作用[11]。近年来由于国外新型高效能反射材料玻璃空心微珠的出现及其对商品的推销，推动了这类涂料在我国南方夏热冻暖地区外墙面的应用[12]并逐步扩大到在夏热冬冷地区外墙面应用[13]。

建筑反射隔热涂料的性能只是隔热，虽然其导热系数小，保温性能好，但当在经济上可接受的范围内其涂膜的阻热效果与普通涂料相比并无明显差别，即该类涂料属于薄涂层涂料，没有明显的保温性能，只能涂装于外墙外保温或屋顶保温层上，起到隔热和保护作用，而不能作为独立的建筑节能涂料来代替目前广泛使用的膨胀聚苯板和聚苯颗粒保温浆料等外保温系统。

3. 建筑反射隔热涂料能够解决外墙保温系统的裂、渗和涂膜老化迅速问题

实际上，建筑反射隔热涂料除了对太阳热反射的热工作用外，还能够解决外墙外保温系统所带来的裂、渗和涂膜老化迅速等新问题。

在外保温隔热体系中，置于保温层之上的抗裂防护层，对于薄抹面在 3～6mm 之间，对于厚抹面为 25～30mm，且保温材料具有很高的热阻，在热量相同的情况下，外保温抗裂保护层的温度变化速度比无保温情况时提高 8～30 倍，对于广泛使用聚苯板和聚苯颗粒保温涂料的外保温，使用普通涂料进行饰面时，保护层的温度在夏季可达到 80℃，表面的温度变化可达 50℃。因此对抗裂防护层的要求很高，当材料性能差或者施工质量有问题时，会导致开裂。夏季保温层表面的持续高温还会加速涂膜的老化速度，更不利于热塑性涂料的耐沾污性。对于南方高热地区尤其如此。这都是外保温给建筑涂料带来的新问题。

建筑反射隔热涂料的最主要性能就是能够反射夏季的太阳热辐射，降低因太阳辐射而导致的涂膜温度升高。由于外墙外保温表面涂装这类涂料后，涂膜表面温度不会大幅度升高，而且同时也能够减少通过墙体在建筑物内的传热。涂覆建筑反射隔热涂料后，涂膜表面的温度比未涂装涂料或者涂装普通涂料时温度最高可降低 19℃。这就给外墙外保温表面温度高、可能受到的温差大所带来的开裂、涂膜老化加速等问题一个极好的解决途径。

二、技术性能指标

建筑反射隔热涂料有两个行业标准，即建材行业标准《建筑外表面用热反射隔热涂料》(JC/T 1040—2007) 和建工行业标准《反射隔热涂料》(JG/T 235—2007)。

JC/T 1040—2000 标准将建筑反射隔热涂料 (reflective thermal insulation coatings) 定义为“具有较高太阳反射比和较高红外发射率的涂料”。太阳反射比 (solar reflectance) 是指物体反射到半球空间的太阳辐射通量与入射在物体表面上的太阳辐射通量的比值；半球发射率 (hemispherical emit tance) 是指一个辐射源在半球方向上的辐射出射度与具有同一温度的黑体辐射源的辐射出射度的比值。

JC/T1040 标准规定，建筑反射隔热涂料的技术要求应符合表 3-33 的规定。JC/T 1040—2007 仅对白色涂料的太阳反射比提出要求，浅色涂料的太阳反射比由供需双方商定。

JC/T 1040—2007 对建筑反射隔热涂料的质量要求　　表 3-33

性能指标项目		性能指标	
		W（水性）	S（溶剂型）
容器中状态		搅拌后无硬块、凝聚，呈均匀状态	搅拌后无硬块、凝聚，呈均匀状态
施工涂		刷涂两道无障碍	刷涂两道无障碍
膜外观性		无针孔、流挂，涂膜均匀	无针孔、流挂，涂膜均匀
低温稳定性		无硬块、凝聚及分离	—
干燥时间（表干）/h	≤	2	2
耐碱性		48h 无异常	48h 无异常
耐水性		96h 无异常	168h 无异常
耐洗刷性/次		2000	5000
耐沾污性（白色和浅色①）	<	20	10
涂层耐温变性（5 次循环）		无异常	无异常
太阳反射比（白色）	≥	0.83	0.85
半球发射率	≥	0.85	0.85
耐弯曲性（mm）	≤	—	2
拉伸性能：	≥		
拉伸强度（MPa）		1.0	—
断裂伸长率（%）		100	—
耐人工气候老化性：			
外观		400h 不起泡、不剥落、无裂纹	500h 不起泡、不剥落、无裂纹
粉化，级	≤	1	1
变色（白色和浅色）/级	≤	2	2
太阳反射比（白色）	≥	0.81	0.81
半球发射率	≥	0.83	0.83
不透水性②		0.3MPa，30min 不透水	—
水蒸气渗透率② [g/ (m²·s·Pa)]	≥	8.0×10^{-8}	—

注：①浅色是指以白色涂料为主要成分，添加适量色浆后配制成的浅色涂料形成的涂膜所呈现的浅颜色，按 GB/T 15608—1995 中 4.3.2 规定明度值为 6～9 之间（三刺激值中的 $Y_{D65}\geqslant31.26$）。

②附加要求，由供需双方商定。

三、建筑反射隔热涂料应用技术

由于建筑反射隔热涂料本身没有保温性能，因而需要配套具有保温性能的材料构成复合系统，才能满足建筑节能要求。

在不同气候区建筑反射隔热涂料适合使用不同的配套系统。在夏热冬暖地区，建筑反射隔热涂料最适合的配套是保温砂浆和保温腻子，将涂料涂装于保温砂浆或保温腻子保温层上。保温层能够阻止室外热量通过热传导机理向室内的传导，而反射隔热涂膜则能够将太阳的辐射热反射掉，保持涂膜（墙面）处于较低的温度状态。

在夏热冬冷地区，建筑反射隔热涂料可以和保温砂浆或保温腻子配套，但也可以与聚苯板、硬泡聚氨酯等保温系统配套，涂施于这些保温层表面。下面介绍建筑反射隔热涂料在夏热冬冷地区的应用技术[14]。

1. 术语

（1）建筑反射隔热涂料　以合成树脂乳液为基料，与功能性颜填料（如玻璃空心微珠）及助剂等配置而成，施涂于建筑物表面，具有较高太阳光反射比和较高半球发射率，对建筑进行反射、隔热、装饰和保护的涂料。

（2）墙面腻子　填嵌墙面基层的孔隙，为涂装涂料提供符合要求基层的厚浆状材料。

（3）墙面保温腻子　既具有墙面腻子的功能，又具有一定保温效果的加厚型腻子。

（4）底涂层（封闭底漆）　对墙面基层（刮腻子层）起封闭作用，并对基层表面薄弱部分起增强作用的涂层。

（5）隔热面涂层（建筑反射隔热涂料面漆）　涂饰工程最后一道涂层，具有隔热、装饰和保护功能。

2. 使用建筑反射隔热涂料的基本规定

（1）应根据使用的涂饰材料和建筑物的特点，对建筑物的涂饰面进行必要的设计及建筑技术处理。

（2）建筑反射隔热涂料应能耐受室外气候的长期反复作用而不产生破坏。

（3）建筑反射隔热涂料应具有抗裂防渗性能。

（4）采用建筑反射隔热涂料的建筑物，其外围结构总的热工性能必须符合现行国家和地方建筑节能工程相关标准的规定。

（5）建筑反射隔热涂料具有物理-化学稳定性。所有组成材料应彼此相容并具有防腐性。

（6）在正常使用和正常维护的条件下，建筑反射隔热涂料的使用寿命不应少于 10 年。当表面涂层的隔热性能、装饰性能不能满足要求时，应及时维修；表面涂料层正常维修周期不应大于 10 年。

3. 材料性能要求

（1）建筑反射隔热涂料面漆的性能指标应符合 JC/T 1040—2007 或 JG/T 235—2007 的规定。

（2）建筑反射隔热涂料涂饰中配套使用的腻子和封闭底漆必须与选用的饰面涂料面漆性能相适应。封闭底漆的主要技术指标应符合《建筑内外墙底漆》（JGJ/T210）的规定。外墙腻子的主要技术指标应符合《建筑外墙用腻子》（JG/T 157）的规定，且不开裂。

当采用保温腻子或保温砂浆构造层时，保温砂浆的性能指标应满足 GB/T 20473—2006 的要求，保温腻子应满足表 3-34 的规定。

保温腻子性能指标　　表 3-34

项　目		技 术 指 标
容器中状态		无结块、均匀
施工性		刮涂无障碍
干燥时间（表干）/h	≤	5
初期干燥抗裂性（6h）		无裂纹
打磨性		手工可打磨
吸水量（g）/10min	≤	2
耐碱性（48h）		无异常
耐水性（96h）		无异常
粘结强度（MPa）	≥	
标准状态		0.6
冻融循环（5 次）		0.4
动态抗开裂性（mm）	≥	
基层裂缝		0.1
腻子层		无裂纹
低温储存稳定性		−5℃冷冻 4h 无变化，刮涂无困难
复合涂料层的耐水性（96h）		无异常
复合涂料层的耐冻融性（5 次）		无异常
导热系数［W/（m·K）］	≤	0.10

（3）增强网应采用耐碱玻纤网格布，其性能指标应满足《民用建筑节能工程施工质量验收规程》（DGJ 32/J 19—2007）中关于耐碱玻纤网格布的要求。

4. 设计

（1）设计要求

1）应根据建筑隔热保温项目的技术要求、区域自然条件、建筑结构特点、工程使用寿命、维修管理等因素，进行多方案的技术经济分析，确定最优的建筑反射隔热涂料工程设计方案。

2）采用建筑反射隔热涂料的建筑物传热阻值等应符合《夏热冬冷地区居住建筑节能设计标准》（JGJ 134）、《公共建筑节能设计标准》（GB 50189）和相关地方节能设计标准的要求。设计时应进行热工计算，建筑外墙反射隔热涂料的等效热阻计算值见表 3-35。

建筑外墙反射隔热涂料的等效热阻计算值　　表 3-35

墙 体 方 向	等效热阻（$m^2 \cdot K/W$）	热惰性指标
东、西	0.20	0
南	0.19	0
北	0.18	0

注：1. 热惰性指标不应低于规定的最低值要求。

2. 当热阻限值与热惰性指标相关时，取热惰性指标高值时的限值。

3）建筑反射隔热涂料构造应包覆门窗外侧洞口、女儿墙、凸窗以及封闭阳台等热桥部位。

4）建筑反射隔热涂料用于隔热保温工程应做好密封和防水构造设计，水平或倾斜的出挑部位以及延伸至地面以下的部位应做防水处理。

5）建筑反射隔热涂料的抹面层中应设计分格缝。分格缝应根据建筑物立面分层设置，并应做防水处理。

（2）基本构造

1）建筑反射隔热涂料构造主要由墙面腻子、底涂层、隔热涂料面漆层及有关辅助材料组成，具体构造见图 3-18（a）。

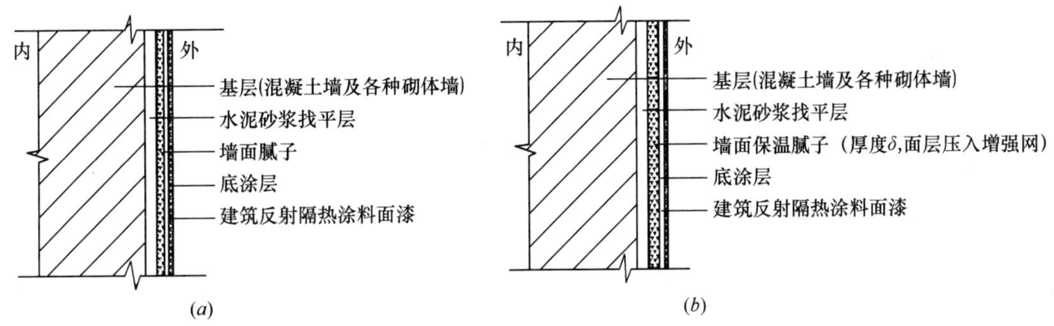

图 3-18　建筑反射隔热涂料系统基本构造示意图

（a）无保温层；（b）有保温层

2）当采用保温腻子保温层时，建筑反射隔热涂料构造主要由保温腻子保温层、底涂层、隔热涂料面漆层及有关辅助材料组成，具体构造见图 3-18（b）。

（3）设计指标

1）当建筑反射隔热涂料构造中无保温层时，外墙热工设计指标见表 3-36～表 3-38。

2）当建筑反射隔热涂料构造中有保温层时，外墙热工设计指标应在表 3-36～表 3-38 的基础上，根据墙面保温腻子保温层的厚度，相应计入其增加的热阻值和热惰性指标，按照下式计算。

$$\Delta R=8.3\delta$$

$$\Delta D=18\delta$$

式中　ΔR——墙面保温腻子保温层增加的热阻值［$m^2\cdot$（K/W）］；

ΔD——墙面保温腻子保温层增加的热惰性指标；

δ——墙面保温腻子保温层的厚度（m）。

为方便设计，外墙面保温腻子保温层可根据厚度等效代替表 3-36～表 3-38 中的内保温层。

5. 施工

（1）施工准备

建筑反射隔热涂料外墙热工设计指标（东、西向外墙） **表 3-36**

内保温层厚度（mm）	基层墙体 / R_0/D	钢筋混凝土	KP1 砖	KM1 砖	混凝土单排孔砌块	混凝土双排孔砌块	页岩模数砖	灰砂砖	炉渣砖	蒸压粉煤灰砌	长江淤泥烧结多孔砖	加气混凝土砌块
		h=190mm	h=240mm	h=190mm	h=190mm	h=190mm	h=240mm	h=240mm	h=240mm	h=240mm	h=240mm	h=200mm
		λ=1.74	λ=0.58	λ=0.58	λ=1.02	λ=0.68	λ=0.45	λ=1.10	λ=0.81	λ=0.62	λ=0.42	λ=0.22
0	R_0	0.51	0.81	0.72	0.58	0.68	0.93	0.61	0.69	0.78	0.97	1.08
	D	2.47	3.77	3.09	1.59	2.17	2.41	3.27	3.58	3.87	4.99	3.76
10	R_0	0.59	0.89	0.81	0.66	0.76	1.01	0.69	0.78	0.86	1.05	1.16
	D	2.73	4.03	3.35	1.85	2.43	2.67	3.53	3.84	4.13	5.25	4.02
15	R_0	0.64	0.93	0.85	0.71	0.80	1.05	0.74	0.82	0.91	1.10	1.20
	D	2.97	4.27	3.58	2.08	2.67	2.91	3.76	4.08	4.36	5.49	4.25
20	R_0	0.68	0.98	0.90	0.76	0.85	1.10	0.79	0.87	0.96	1.14	1.25
	D	3.20	4.50	3.82	2.32	2.90	3.14	4.00	4.31	4.60	5.72	4.49
25	R_0	0.73	1.03	0.94	0.81	0.90	1.15	0.83	0.92	1.00	1.19	1.30
	D	3.44	4.74	4.05	2.56	3.14	3.38	4.24	4.55	4.83	5.96	4.72
30	R_0	0.78	1.08	0.99	0.85	0.94	1.20	0.88	0.96	1.05	1.23	1.35
	D	3.67	4.97	4.29	2.79	3.37	3.62	4.47	4.79	5.07	6.19	4.96

注 1. 建筑反射隔热涂料外墙是否加内保温层，根据计算确定。

2. 当建筑反射隔热涂料外墙采用外保温系统时，外保温系统应根据外墙热工要求另行设计。

3. 外墙传热阻 R_0［单位：（m^2，K）/W］包括基层墙体热阻、保温层热阻（当设计要求时）、内外粉刷砂浆热阻、建筑反射隔热涂料等效热阻和内外表面换热阻，计算时内外粉刷砂浆层厚度取 20mm。当厚度变化时，应相应调整计算值。

4. 建筑反射隔热涂料的等效热阻：东、西向外墙取 0.20（m^2·K）/W；南向外墙取 0.19（m^2·K）/W；北向外墙取 0.18（m^2·K）/W。

5. 内保温材料按照石膏保温砂浆计算，导热系数为 0.085W/（m·K），蓄热系数为 1.80，修正系数取 1.25；与石膏保温砂浆配的石膏抹灰砂浆按照 5mm 计算。当内保温材料不是石膏保温砂浆时，外围护结构传热阻 R_0、热惰性指标 D 应另行计算，做相应调整。

建筑反射隔热涂料外墙热工设计指标（南向外墙） 表 3-37

内保温层厚度（mm）	基层墙体 / R_0/D	钢筋混凝土	KP1 砖	KM1 砖	混凝土单排孔砌块	混凝土双排孔砌块	页岩模数砖	灰砂砖	炉渣砖	蒸压粉煤灰砌	长江淤泥烧结多孔砖	加气混凝土砌块
		h=190mm	h=240mm	h=190mm	h=190mm	h=190mm	h=240mm	h=240mm	h=240mm	h=240mm	h=240mm	h=200mm
		λ=1.74	λ=0.58	λ=0.58	λ=1.02	λ=0.68	λ=0.45	λ=1.10	λ=0.81	λ=0.62	λ=0.42	λ=0.22
0	R_0	0.50	0.80	0.7[illegible]	0.57	0.66	0.92	0.60	0.68	0.77	0.95	1.06
	D	2.47	3.77	3.09	1.59	2.17	2.41	3.27	3.58	3.86	4.99	3.75
10	R_0	0.58	0.88	0.79	0.65	0.75	1.00	0.68	0.76	0.85	1.03	1.15
	D	2.73	4.03	3.35	1.85	2.43	2.67	3.53	3.84	4.12	5.25	4.02
15	R_0	0.63	0.93	0.84	0.70	0.79	1.04	0.73	0.81	0.90	1.09	1.19
	D	2.96	4.26	3.58	2.08	2.66	2.91	3.76	4.08	4.36	5.48	4.25
20	R_0	0.68	0.97	0.88	0.75	0.84	1.09	0.78	0.85	0.94	1.14	1.23
	D	3.20	4.50	3.82	2.32	2.90	3.14	4.00	4.31	4.59	5.72	4.49
25	R_0	0.72	1.02	0.93	0.79	0.88	1.14	0.83	0.90	0.99	1.18	1.28
	D	3.43	4.73	4.05	2.55	3.13	3.38	4.23	4.55	4.83	5.95	4.72
30	R_0	0.77	1.06	0.98	0.84	0.93	1.19	0.87	0.95	1.04	1.22	1.33
	D	3.67	4.97	4.29	2.79	3.37	3.61	4.47	4.78	5.06	6.19	4.96

注 1. 建筑反射隔热涂料外墙是否加内保温层，根据计算确定。

2. 当建筑反射隔热涂料外墙采用外保温系统时，外保温系统应根据外墙热工要求另行设计。

3. 外墙传热阻 R_0［单位：（$m^2 \cdot K/W$）］包括基层墙体热阻、保温层热阻（当设计要求时）、内外粉刷砂浆热阻、建筑反射隔热涂料等效热阻和内外表面换热阻，计算时内外粉刷砂浆层厚度取 20mm。当厚度变化时，应相应调整计算值。

4. 建筑反射隔热涂料的等效热阻：东、西向外墙取 0.20（$m^2 \cdot K$）/W；南向外墙取 0.19（$m^2 \cdot K/W$）；北向外墙取 0.18（$m^2 \cdot K$）/W。

5. 内保温材料按照石膏保温砂浆计算，导热系数为 0.085W/（m·K），蓄热系数为 1.80，修正系数取 1.25；与石膏保温砂浆配的石膏抹灰砂浆按照 5mm 计算。当保温材料不是石膏保温砂浆时，外围护结构传热阻 R_0、热惰性指标 D 应另行计算，做相应调整。

建筑反射隔热涂料外墙热工设计指标（北向外墙） 表 3-38

内保温层厚度(mm)	基层墙体 / R_0/D	钢筋混凝土	KP1 砖	KM1 砖	混凝土单排孔砌块	混凝土双排孔砌块	页岩模数砖	灰砂砖	炉渣砖	蒸压粉煤灰砌	长江淤泥烧结多孔砖	加气混凝土砌块
		h=190mm	h=240mm	h=190mm	h=190mm	h=190mm	h=240mm	h=240mm	h=240mm	h=240mm	h=240mm	h=200mm
		λ=1.74	λ=0.58	λ=0.58	λ=1.02	λ=0.68	λ=0.45	λ=1.10	λ=0.81	λ=0.62	λ=0.42	λ=0.22
0	R_0	0.49	0.79	0.70	0.56	0.65	0.91	0.59	0.67	0.76	0.94	1.05
	D	2.47	3.77	3.09	1.59	2.17	2.41	3.27	3.58	3.86	4.99	3.76
10	R_0	0.57	0.87	0.78	0.64	0.74	0.99	0.68	0.75	0.84	1.03	1.14
	D	2.73	4.03	3.35	1.85	2.43	2.67	3.53	3.84	4.12	5.25	4.02
15	R_0	0.62	0.92	0.83	0.69	0.78	1.04	0.72	0.80	0.89	1.08	1.19
	D	2.96	4.27	3.58	2.08	2.66	2.91	3.76	4.08	4.36	5.49	4.25
20	R_0	0.67	0.96	0.88	0.74	0.83	1.09	0.77	0.85	0.93	1.12	1.23
	D	3.20	4.50	3.82	2.32	2.90	3.14	4.00	4.31	4.60	5.72	4.49
25	R_0	0.71	1.01	0.93	0.78	0.88	1.14	0.81	0.89	0.98	1.16	1.28
	D	3.44	4.74	4.05	2.55	3.14	3.38	4.23	4.55	4.83	5.96	4.72
30	R_0	0.76	1.05	0.97	0.83	0.93	1.18	0.86	0.94	1.03	1.22	1.33
	D	3.67	4.97	4.29	2.79	3.37	3.61	4.47	4.78	5.07	6.19	4.96

注 1. 建筑反射隔热涂料外墙是否加内保温层，根据计算确定。

2. 当建筑反射隔热涂料外墙采用外保温系统时，外保温系统应根据外墙热工要求另行设计。

3. 外墙传热阻 R_0［单位：$(m^2 \cdot K)/W$］包括基层墙体热阻、保温层热阻（当设计要求时）、内外粉刷砂浆热阻、建筑反射隔热涂料等效热阻和内外表面换热阻，计算时内外粉刷砂浆层厚度取 20mm。当厚度变化时，应相应调整计算值。

4. 建筑反射隔热涂料的等效热阻：东、西向外墙取 0.20 $(m^2 \cdot K)/W$；南向外墙取 0.19 $(m^2 \cdot K)/W$；北向外墙取 0.18 $(m^2 \cdot K)/W$。

5. 内保温材料按照石膏保温砂浆计算，导热系数为 0.085W/$(m \cdot K)$，蓄热系数为 1.80，修正系数取 1.25；与石膏保温砂浆配的石膏抹灰砂浆按照 5mm 计算。当保温材料不是石膏保温砂浆时，外围护结构传热阻 R_0、热惰性指标 D 应另行计算，做相应调整。

1）施工单位应根据工程情况、基层条件、设计选定样式、色彩、光泽、材料种类、涂饰遍数、单位用量、作业平台及涂装机械等编制涂饰工程施工方案。

2）涂饰作业平台应符合下列要求：

a. 应符合《建筑施工高处作业安全技术规范》(JGJ 80）的规定。

b. 施工面与施工平台的距离应充分考虑涂料的种类、式样，便于操作。

c. 按施工高度要求搭设脚手架。脚手架应稳定、牢固、可靠。

3）建筑涂饰所用的材料应有产品名称、执行标准、种类、颜色、生产日期、保质期、生产企业地址、使用说明和产品合格证，并具有出厂检验报告、型式检验报告。

4）施工单位对涂饰材料的备料和存放应符合下列要求：

a. 应根据选定的品种、工艺要求，结合实际面积及材料单位用量和损耗，确定备料量。

b. 应根据选定的色卡颜色订货。超越色卡范围时，应由设计者提供颜色样板，并取得建设方认可后订货。

c. 涂饰材料应存放在指定的专用仓库，并按品种、批号、颜色分别堆放。专用仓库应阴凉干燥且通风，温度在5～40℃之间。

5）施工前应由施工人员按工序要求做好“样板”或“样板间”，并保留到竣工。

6）涂饰施工前应准备下列合格工具、器具：

a. 涂刷排笔、盛料桶、天平、磅秤等刷涂及计量工具。

b. 羊毛辊桶、海绵辊桶、配套专用辊桶及匀料板等滚涂工具。

c. 塑料辊桶、铁质压板滚压工具。

d. 无气喷涂设备、空气压缩机、手持喷枪、喷斗、各种规格口径的喷嘴、高压胶管等喷涂机具。

（2）作业条件

1）建筑反射隔热涂料工程施工应编制施工方案，施工人员应经过培训后方可上岗操作。

2）建筑反射隔热涂料工程的施工应符合下列条件：

a. 基层施工质量验收合格。

b. 对外门窗框或辅框应安装完毕，洞口尺寸、位置应进行验收，其质量和指标应符合设计和相关规范要求。

c. 伸出室外墙面的消防梯、水落管、各种进户管线和空调器等的预埋件、连接件应安装完毕。

3）建筑物改造工程采用建筑反射隔热涂料基层必须坚实、平整，并应清理干净原涂料装饰面层、污染的墙面。铲平已松动、空鼓、开裂的部位，并用1∶3水泥砂浆补平。

4）涂饰施工温度应在5℃以上，施工时空气相对湿度宜小于85%。当遇大雾大风下雨时应停止施工。

（3）作业条件

1）建筑反射隔热涂料施工应从建筑物顶部向下部进行，施工分段应以墙面分格缝、墙面阴阳角或水管为分界线。

2）建筑反射隔热涂料施工宜按下列程序进行：墙面清理→填补缝隙、局部刮腻子→

磨平→第一遍满刮腻子→磨平→第二遍满刮腻子→磨平→涂饰底涂层→复补腻子→磨平→第一遍面层涂料→第二遍面层涂料。

若外墙找平层符合施工要求，宜采用抗碱底漆和面漆直接涂饰外墙。

3）当采用有保温层构造时，施工宜按下列程序进行：墙面清理→填补缝隙、局部刮腻子→磨平→施工墙面保温层（如保温腻子或砂浆）→压入增强网，压平→施工墙面保温层（如保温腻子或砂浆）→磨平→涂饰底涂层→复补腻子→磨平→第一遍面层涂料→第二遍面层涂料。

4）涂饰工程宜按“一底两面”的要求进行施工。后一遍涂饰材料的施工必须在前一遍涂饰材料表面干燥后进行；每一遍涂饰材料应涂刷均匀，各层涂饰材料必须结合牢固。对有特殊要求的工程可增加面漆涂层次数。底漆涂层厚度不应小于60μm；涂饰面漆厚度不应小于120μm。

5）施工过程中，涂饰材料应根据施工方法、施工季节、温度等条件严格控制，并有专人按说明书负责调配，不得随意加水。配料及操作场所应经常清理保持完整，保持良好的通风条件。未用完的涂饰材料应密封保存，不得泄露或溢出。

6）同一墙面同一色彩应用相同批号的涂饰材料，当同一颜色批号不同时，应预先混匀，以保证同一墙面不产生色差。

7）旧墙面复涂出新时，应清理旧墙面粉化的涂层，铲除疏松起壳部分，除去残留的涂膜，视基层特点采用不同的程序施工处理。

8）雨期施工时应采取有效的防雨措施；夏季施工时应搭设防晒布等避免阳光暴晒。

9）施工过程中应采取措施防止对周围环境的污染。

10）施工后应采取必要的成品保护措施。

6. 工程质量验收

（1）基本要求

1）质量验收应按《建筑工程施工质量验收统一标准》（GB 50300）、《建筑装饰装修工程质量验收规程》（GB 50210）、《建筑节能工程施工质量验收规范》（GB 50411）及现行国家和地方有关标准执行。

2）材料和配套辅件（材）必须符合国家及地方现行工程建设标准、产品标准和设计要求。材料或产品进入施工现场时，应具有中文标识的出厂质量合格、产品出厂检验报告、型式检验报告。

3）材料进场验收应进行复检。面漆涂料复检项目包括耐水性、耐碱性、半球发射率（白色）、太阳光反射比（白色）。当采用墙面保温腻子时，还应复检保温腻子的导热系数、粘结强度、吸水量，增强网的单位面积质量、耐碱拉伸断裂强力、断裂强力保留率。

（2）一般规定

1）分项工程质量验收应在建筑反射隔热涂料、内保温砂浆（当采用内保温时）等相关检验批全部验收合格的基础上，进行质量记录检查和现场热工性能检测，确认达到验收条件后方可进行。

2）现场热工性能检测应按《建筑节能工程施工质量验收规范》（GB 50411）和地方民用建筑节能工程施工质量验收规程及地方建筑节能工程现场热工性能检测标准的要求执行。

3）检验批应按下列规定划分：每一栋楼的同类涂料装饰的墙面每 $1000m^2$ 划分为 1 个检验批，不足 $1000m^2$ 也划分为一个检验批。

4）每个检验批的检查数量应符合下列规定：每 $100m^2$ 应检查 1 处，每处 $10m^2$。

5）检验批质量验收合格，应符合下列规定：

a. 检验批应按主控项目和一般项目验收。

b. 主控项目应全部合格。

c. 一般项目应合格；当采用计数检验时，至少应有 90％以上的检查点合格，且其余检查点不得有严重缺陷。

d. 应具有完整的施工操作依据和质量检查记录。

6）分项工程质量验收合格，应符合下列规定：

a. 分项工程所含的检验批应符合合格质量的规定。

b. 分项工程所含的检验批的质量验收记录应完整。

7）验收时应检查下列资料：

a. 设计文件、图纸会审记录、设计变更和节能专项审查文件。

b. 设计与施工执行标准、文件。

c. 材料产品质量验收合格证、出厂检验报告、有效期内的型式检验报告及进场验收记录等。

d. 材料进场抽检复验报告。

e. 检验批、分项工程验收记录。

f. 施工记录。

g. 质量问题处理记录。

h. 现场抽样检测报告。

i. 其他必须提供的资料。

8）分项工程验收合格资料应汇总到建筑节能分部工程中。

（3）主控项目

1）建筑反射隔热涂料的性能应符合设计要求。

检验方法：检查产品合格证书、出厂检验报告、型式检验报告、复验报告、进场验收记录。

2）建筑反射隔热涂料的颜色、图案应符合设计要求。

检验方法：观察

3）建筑反射隔热涂料应涂饰均匀、粘结牢固，不得漏涂、透底、起皮和掉粉。

检验方法：观察；手摸检查。

4）当采用有保温层的构造时，保温层平均厚度必须符合设计要求，不允许有负偏差；保温腻子层与墙体基层之间必须粘结牢固，无拖层、空鼓，面层无粉化、起皮、裂缝。

检验方法：用钢针插入和尺量检查；用小锤轻击和观察检查。

5）建筑反射隔热涂料其他主控项目的验收按照《建筑装饰装修工程质量验收规程》（GB 50210）等标准执行。

（4）一般项目

1）建筑反射隔热涂料层的涂刷质量和检验方法应符合表 3-39 的规定。

建筑反射隔热涂料层的涂饰质量和检验方法 **表 3-39**

项次	项　　目	涂　刷　质　量	检　验　方　法
1	颜色	颜色一致	观察
2	光泽、光滑	光泽均匀一致、光滑	观察、手摸检查
3	刷纹	无刷纹	观察
4	挂棱、流坠、皱皮	不允许	观察
5	装饰线、分色线直线度允许偏差	1mm	拉 5m 线检查，不足 5m 拉通线，用钢直尺检查

2）建筑反射隔热涂料层与其他装修材料和设备衔接处应吻合，界面应清晰。

检查方法：观察。

参考文献

［1］ 浙江省工程建设标准. 建筑保温砂浆系统技术规程. DB33/1054—2008.

［2］ 安徽省建设系统工法. 胶粉聚苯颗粒外墙外保温（面砖饰面）施工工法（AHGF 19-07）.

［3］ 安徽省建设系统工法. 胶粉聚苯颗粒外墙外保温（涂料饰面）施工工法（AHGF20-07）.

［4］ 安徽爱迪尔涂料公司. “有机一无机复合型外墙外保温系统与应用技术研究”鉴定资料，2009 年 1 月，合肥.

［5］ 华北标准定额办公室 88JZ38（2007）图册（［XRY 节能装饰板外墙外保温体系］图集）.

［6］ 陈永波，张君实，石方奇. 外墙保温装饰一体板施工. 新型建筑材料，2009，36（3）：44～45.

［7］ 田英良，顾闻周，李文彪等. 泡沫玻璃在建筑节能中的应用. 新型建筑材料，2002，(6)；41～42.

［8］ 卫军，朱惠英，柳朝慧。泡沫玻璃和聚苯板外墙外保温系统性能及施工方法，新型建筑材料，2008，35（2）：48～50.

［9］ 任俊，吴纪昌，徐同英. 墙体岩棉外保温技术研究. 新型建筑材料，2003，(1)：27～29.

［10］ 建设部标准定额研究所. 外墙外保温工程技术导则. 北京：中国建筑工业出版社，2006，10 月第一版.

［11］ 王金台，路国忠. 太阳热反射涂料隔热. 涂料工业：2004，34（10）：17～19.

［12］ 任秀全. 太阳热反射弹性涂料的研究. 新型建筑材料：2004，(2)：26～28.

［13］ 徐峰，么文新. 日光热反射型外墙涂料. 南方涂饰：2003，(4)：30～31.

［14］ 江苏晨光涂料有限公司. CHG-HI 薄层弹性隔热保温涂料产品评估资料. 南京：2006 年 6 月.

［15］ 建筑反射隔热涂料应用技术规程. 苏 JG/T 026—2009.

第四章　墙体自保温和外墙内保温技术

第一节　墙体自保温技术概述

一、墙体自保温技术特征

墙体自保温技术是指使用的墙体围护结构材料本身具有一定的保温隔热性能，再配以相应的辅助措施（例如使用轻质保温砌筑砂浆、保温抹灰砂浆等），由此构成的墙体具有良好的保温隔热效果。在砌体结构完成后，进一步对现浇的梁、柱及砌体结构节点和热工性能差的部位进行外保温处理，这样构成的墙体围护结构能够满足50%或者65%的节能或者更高目标的节能要求。可见，墙体自保温技术同前两章介绍的外墙外保温技术一样是一种系统，而非单一材料或者单一技术。

同外墙外保温和外墙内保温技术相比，墙体自保温技术既有其自身的一些性能优势也有不足。

1. 性能优势

(1) 简化施工工序、省去外墙外保温施工显而易见，具有墙体自保温性能的建筑物无须再进行外墙外保温施工。这就可以避免因外墙外保温系统所带来的各种弊端，例如外墙外保温所带来的系统开裂、渗水甚至脱落以及防火问题，外保温施工所带来的工期延长、大量的施工劳动和工程质量管理的困难等。在很多情况下，还能够使工程综合造价降低。

(2) 耐久、与建筑物同寿命，维护费用低。墙体自保温系统构成建筑物“主体”结构的一部分，基本实现与建筑物同寿命的耐久性能目标。同时，墙体自保温系统在使用期间几乎不需要维护费用。这与现有外墙外保温系统一般只有25年的使用寿命，在整个建筑物的寿命周期内，潜在的维护和更新费用巨大的情况相比，显然具有最大的优势。

(3) 保温隔热效果可靠。由于墙体自保温系统的性能更为稳定、耐久，使之所具有的保温隔热效果不会随使用时间的延长而劣化，在整个建筑物使用期间内具有更为可靠的保温隔热效果。

(4) 良好的防火性能墙体自保温系统多数为无机不燃材料，与聚苯板、聚氨酯等类的有机保温材料相比具有极为安全的防火性能，而且多数墙体自保温系统即使在高温下也不会产生有毒有害的气体和物质。

(5) 灵活的再装饰性能聚苯板、聚氨酯等类外墙外保温系统在需要进行面砖和装饰性块材类装饰时，往往受到一定的限制或约束，或者需要采取很多安全措施，大大增加工程造价。同时，这类外墙外保温系统还不能够使用溶剂型涂料。显然，墙体自保温系统在这些方面都灵活得多，没有月蚀、限制。

(6) 绿色环保墙体自保温系统的材料多数为无机材料，属于硅酸盐类制品，其中有些产品能够利用大量的工业废渣或废料，有利于资源利用和环保，因而属于国家产业政策推荐或提倡使用的产品或材料。例如，一些工业废渣砌块能够利用大量粉煤灰、炉渣或工业尾矿渣等。

2. 性能不足

墙体自保温技术所存在的不足主要是建筑物结构方面难以处理的问题。例如，一些高层建筑由于抗震或结构的需要，大量使用剪力墙，使得自保温技术无法应用；再例如，在框架结构中，对一些梁、柱结构的保温处理；梁、柱保温与非保温部位接缝处容易出现裂缝等。因此，对于梁、柱保温与非保温部位接缝处的结构处理有时变得非常重要。

二、墙体自保温技术中使用砌块的种类和特征

从所使用的砌筑材料的不同来说，墙体自保温技术可以分为三类。一类是普通混凝土小型空心砌块中插入保温性能好的膨胀聚苯板或者挤塑聚苯板，通常称为夹芯砌块或插板砌块类；一类是本身具有良好保温隔热性能的多孔砌块，通常称为轻质空心砌块类；如水泥膨胀珍珠岩类空心砌块、陶粒砌块或者其他轻骨料混凝土小型空心砌块；第三类是本身具有良好保温隔热性能的加气混凝土砌块。表 4-1 中比例了三类具有保温性能的砌块的特征。

墙体自保温用砌块材料的特征 **表 4-1**

性　能　项　目	砌　块　类　别		
	夹芯砌块类	砂加气混凝土砌块	轻质多孔砌块类
一、生产工艺、原材料和工业废渣利用情况			
工艺特征	免烧结，蒸养或常温水养护，工艺相对简单	高压蒸养	免烧结，蒸养或常温水养护，工艺相对简单
原材料和工业废渣利用情况	一般可就近取材，可利用工业废渣	应靠近石英矿矿区，可少量利用工业废料	就近取材，可利用工业废料
二、砌块材性			
厚　度	一般 240mm，可调整	一般 240mm，可调整	一般 240mm，可调整
传热系数［W/（m^2·K)］	0.85～0.94	0.43～0.48	0.80～1.20
吸水率（%）	10～20	35～60	40～60
密度（kg/m^3）	800～1300	560～850	400～1200
强度级别（MU）	3.5～10.0	3.5～7.0	3.5～10.0
外观误差	±2.0mm	±3. mm	±2.0mm
墙体内钢筋锈蚀情况	不易发生锈蚀	可能会锈蚀，需要进行处理	不易发生锈蚀
三、应用情况			
砌体是否能够满足节能要求	根据砌块本身性能和自保温墙体系统性能的不同，有的能够满足寒冷地区节能 50%的要求和夏热冬冷地区节能 65%的要求，有的仅能够满足夏热冬冷地区节能 50%的要求		
产品有无承重规格	有	无	有

续表

性能项目	砌块类别		
	夹芯砌块类	砂加气混凝土砌块	轻质多孔砌块类
是否能够应用于外墙	有的规格产品可用	有的规格产品可用	有的规格产品可用
是否能够应用于有水、潮湿环境	有的规格产品可用	有的规格产品可用，但应加强防水、防潮措施	有的规格产品可用，但应加强防水、防潮措施
保温隔热原理	复合型保温	单一材料保温	单一材料保温
砌体内是否可用膨胀螺栓	可用	不可用	不可用
四、施工方面情况			
内粉刷前是否需要使用界面剂处理	不需要	需要	不需要
对专用保温砌筑砂浆的需求	根据砌块块型而定，有的块型必须，有的块型不需要	需要专用保温砌筑砂浆	需要专用保温砌筑砂浆
粉刷施工情况	一遍成活	三遍成活	两遍成活
是否有粉刷问题	同普通黏土砖	比黏土砖难度大，易出现裂纹、空鼓	一般
管线盒砂浆嵌固	容易嵌固	较难嵌固，需要使用专用砂浆嵌固	一般

三、墙体自保温体系中梁、柱外保温与无保温部位接缝抗裂技术

在框架结构建筑的墙体自保温体系中，墙材采用导热系数较低的砌块，但仍需对结构的梁、柱部分进行保温。在上面叙述该类墙体自保温技术的不足时，曾述及在框架结构中，梁、柱保温与非保温部位接缝处容易出现裂缝，如何处理保温和不保温部位的交界接缝，确保接缝处不开裂，往往变得非常重要。下面介绍其处理技术及施工方法[1]。

1. 组成及结构

主体保温材料为 25mm 厚挤塑聚苯板，辅材包括：聚苯板专用粘结剂、聚苯板抹面胶浆、聚苯板界面处理剂、耐碱玻纤网布、锚固钉、双组分弹性防水膜、密封膏等。墙体的梁柱部位需比周边砌块凹进一定厚度，待梁柱保温部位做好后，再与周边做齐。保温部位与不保温部位的接缝采用双组分弹性防水膜、无纺布、耐碱玻纤网布和抹面砂浆搭接处理，如图 4-1 所示。

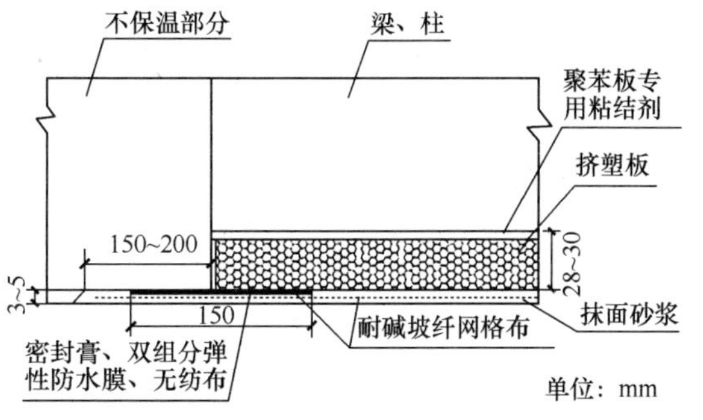

图 4-1 保温部位与不保温部位接缝处理示意

2. 施工工艺

(1) 基层处理用 1∶3 水泥砂浆找平，充分养护，要求平整、密实、无空鼓、不开裂。梁、柱周边 150～200mm

宽度的延伸带需同时找平，找平后延伸带比梁、柱高28～30mm。

（2）裁切挤塑板，将挤塑板朝里的一面涂覆界面处理剂，充分晾干。

（3）粘结剂配制：按干粉料：水＝5：1 的质量比，用电动搅拌机搅拌，静置 5min，再搅拌 1 次，即可。

（4）用粘结剂将挤塑板（已涂过界面剂的一面）粘贴到墙面预定位置，用力拍打，使板贴实，养护 24h。

（5）在预定位置打孔，安装固定件。

（6）板间拼接的缝隙，采用合适的挤塑板扁条塞平，再用粗砂纸打磨，使所有的接缝处于平整。

（7）挤塑板与周边墙体的接缝，用密封膏进行填封。

（8）跨缝刷涂 1 层 100mm 宽的双组份弹性防水膜，并用无纺布增强，养护 24h。

（9）挤塑板上涂覆界面处理剂，充分晾干。

（10）在挤塑板上抹第一层抹面砂浆，并延伸至周边墙体 150～200mm，厚度约 2mm。

（11）在挤塑板与周边墙体的接缝处，跨缝铺贴 1 层 150mm 宽的玻纤网格布。随后再大面积铺贴 1 层玻纤网格布，用抹刀适当抹压，使玻纤网格布全部埋人抹面砂浆中，养护 24h。

（12）抹第 2 层抹面砂浆，养护 24h。2 层总厚度约 3mm。

（13）接缝处需配套使用弹性腻子和弹性涂料。

3. 方法效果

该方法将玻纤网布和抹面砂浆延伸至周边墙体，同时在接缝处用弹性防水膜、无纺布和密封膏进行密封和增强，该防水膜与水泥基材和挤塑板均具有极好的粘结力，其断裂伸长率不小于 200％，再结合无纺布的增强作用，显著提高接缝处的抗裂功能，同时具有极好的防水抗渗效果，能够很好的解决外墙梁、柱保温与非保温交界部位接缝处的开裂问题。

第二节　夹芯砌块类墙体自保温系统

一、夹芯砌块的基本构造及规格

1. 基本概念

夹芯砌块是利用混凝土砌块的块型结构进行设计，用孔型变化并复合保温材料（挤塑聚苯板或者膨胀聚苯板）而实现节能保温的新型墙体材料。即首先以水泥为胶结料，石子、砂等为粗骨料，石粉或工业废渣（如粉煤灰）为细骨料，加入适量掺合剂，制成一定孔型的混凝土砌块，再在砌块孔洞中插入聚苯板而制成具有良好保温隔热性能的自保温砌块。

2. 基本构造及各部位名称

自从 2006 年国家实施建筑节能以来，夹芯砌块因其结构功能和保温隔热功能一体化而受到高度重视，得到大量研究，有很多专利公开，有很多产品投入市场并应用于建筑工程。

这些产品技术的不同之处在于块型（如三排孔、两排孔）、内插保温板的种类（主要是挤塑聚苯板和膨胀聚苯板的不同）和不同砌块之间接缝（灰缝）的热桥隔断处理方法等方面。不同专利产品在这些方面各有其自己的独特之处。如图 4-2 所示夹芯砌块结构基本构造及各部位名称。

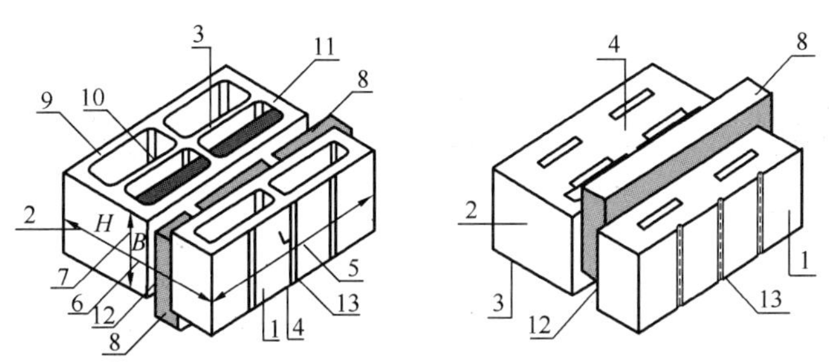

图 4-2　夹芯砌块基本构造及各部位名称示意图

1—条面；2—顶面；3—坐浆面（外壁、肋的厚度较小的面）；4—铺浆面（外壁、肋的厚度较大的面）；5—长度；6—宽度；7—高度；8—外插保温隔热材料板块；9—外壁；10—肋；11—边肋；12—榫槽；13—浆槽

3. 夹芯砌块规格

夹芯砌块规格通常根据外形尺寸、密度和强度级别而定，一般需要形成系列产品以满足不同工程的要求。不同生产商一般需要具有自己完整的产品系列，各产品系列并不完全相同。除了主产品外，还需要具有与芯柱等结构构件配套的配块，以满足建造的特殊要求。

例如，某类产品 240mm（190mm）宽度系列主砌块的外形尺寸规格有：390mm×240mm（190mm）×190mm；290mm×240（190mm）mm×190mm；190mm×240（190mm）mm×190mm；90mm×240mm（190mm）×190mm。系列芯柱配套砌块的外形尺寸规格有：390mm×240mm（190mm）×190mm；290mm×240mm（190mm）×190mm；190mm×240mm（190mm）×190mm 等，如图 4-3 所示。

强度等级规格有：MU3.5、MU5.0；MU7.5；MU10.0；MU15.0；MU20.0 等。

密度（kg/m^3）等级有：700、800、900、1000、1200、1400、1600 等；并需要与强度等级相对应。

二、应用技术条件

1. 质量要求

夹芯砌块型自保温墙体节能系统属于近年来开发的新技术，夹芯砌块产品一般执行企业标准。企业标准通常参照有关混凝土小型空心砌块、混凝土多孔砖产品检验方法的国家标准和行业标准制定，并引入砌块砌体的传热系数（热阻）和热惰性指标等热工性能。

不同企业标准对砌块产品质量的规定大同小异。鉴于这一状况，下面以某些[2,3]企业标准为例介绍对夹芯砌块产品的质量要求。

（1）规格

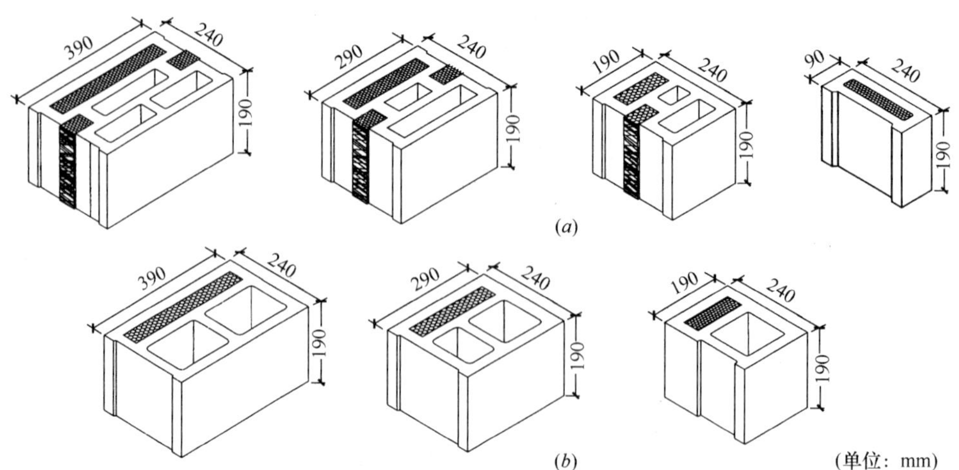

图 4-3　某产品 240mm 宽度系列外形尺寸规格示意图

(a) 主砌块与配块；(b) 芯柱配套砌块

1）夹芯砌块的外形为直角六面体；主规格尺寸为 240mm×240mm×115mm；240mm×190mm×115mm；290mm×240mm×115mm；290mm×190mm×115mm。其他规格尺寸可由供需双方协商。

2）孔洞率应不小于 40%。

（2）尺寸允许偏差　尺寸允许偏差应符合表 4-2 的要求。

尺寸允许偏差　　**表 4-2**

项目名称	一等品	合格品	项目名称	一等品	合格品
长度	±1	±2	高度	±1.5	±2.5
宽度	±1	±2			

（3）外观质量　应符合表 4-3 的要求。

外　观　质　量　　**表 4-3**

项　目　名　称			一等品	合格品
弯曲		≤	2	2
掉角缺棱	个数，个	≤	0	2
	三个方向投影尺寸最小值	≤	0	20
裂纹延伸投影尺寸累计		≤	0	20

（4）密度等级　应符合表 4-4 的要求。

密　度　等　级　　**表 4-4**

密度等级	干表观密度（g/m³）	密度等级	干表观密度（g/m³）
700	710～800	1200	1210～1400
800	810～900	1400	1410～1600
900	910～1000	1600	1610～1800
1000	1010～1200	1800	1810～2000

（5）强度等级　应符合表 4-5 的要求。

强　度　等　级　　　　**表 4-5**

强度等级	抗压强度（MPa）		强度等级	抗压强度（MPa）	
	平均值≥	单块最小值≥		平均值≥	单块最小值≥
MU3.5	3.5	2.8	10.0	10.0	8.0
MU5.0	5.0	4.0	15.0	15.0	12.0
MU7.5	7.5	6.0	20.0	20.0	16.0

（6）传热系数和热惰性指标

1）传热系数　根据夹芯砌块主规格（厚度）的不同，对其砌体传热系数 K 的规定不同。对厚度为 240mm 的夹芯砌块，$K \leqslant 0.84$W/（m^2 · K）；对厚度为 190mm 的夹芯砌块，$K \leqslant 0.96$W/（m^2 · K）。

2）热惰性指标 D　$D=2.5\sim3.5$。

（7）干燥收缩率和相对含水率

1）干燥收缩率　应不大于 0.045%。

2）相对含水率相对含水率为砌块的含水率与吸水率之比。根据应用地区湿度条件的不同，夹芯砌块应符合表 4-6 的规定。

夹芯砌块的相对含水率指标　　　　**表 4-6**

干燥收缩率	相　对　含　水　率		
	潮湿地区（相对湿度>75%）	中等地区（相对湿度 50%～75%）	干燥地区（相对湿度<50%）
<0.03%	45	40	35
0.03%～0.045%	40	35	

（8）抗冻性　抗冻性应符合表 4-7 的规定。

夹芯砌块的抗冻性指标　　　　**表 4-7**

使用环境		抗冻标号	指　　标
夏热冬冷地区		D15	质量损失≤5%；强度损失≤25%
寒冷地区	一般环境	D20	
	干湿交替环境	D30	

（9）抗渗性　应用于外墙的砌块，应进行抗渗性试验，且 3 块试块中任一块试块的水面下降高度不应大于 10mm。

（10）放射性　应符合 GB 6566 的规定。

2. 配套产品

夹芯砌块本身强度很高，如果在砌缝处已经有热桥隔断，一般使用符合强度等级、和易性等指标满足要求的砌筑砂浆即可。如果砌块没有考虑砌缝处的热桥隔断，往往需要使用专用砌筑砂浆。表 4-8 中列出某夹芯砌块专用砌筑砂浆的质量指标[4]。

某夹芯砌块专用砌筑砂浆质量指标　　表 4-8

项　目	单　位	性能指标	项　目	单　位	性能指标
干密度	kg/m³	≤1200	导热系数	W/（m·K）	≤0.23
分层度	mm	≤20	抗压强度	MPa	≥7.5
凝结时间	h	3～5			

3. 基本应用条件

(1) 使用夹芯砌块产品及其配套材料，按照建筑节能设计标准及其他相关标准规定要求，对新建、扩建、改建等民用建筑围护结构的非承重墙体所进行的节能设计、施工和验收，所得到的砌体工程必须能够能满足地方建筑节能的要求（如技能 50%）。

(2) 砌体结构各部分的传热系数和热惰性指标，均应能够符合本地区建筑节能设计标准的规定，并按照建筑热工计算方法确定。

(3) 砌体容重、传热系数、隔声性能、耐火极限及砌体的静力设计、抗震设计均应符合国家相关设计标准规定的要求，并应满足《混凝土小型空心砌块建筑技术规程》（JGJ/T 14）的相关规定。

(4) 建筑设计要求

框架结构填充小砌块墙体的平面模数网格宜采用 2M，竖向模数网格宜采用 1M，墙体的分段净长应为 1M，即平面参数是 200mm 倍数，竖向高度是 100mm 的倍数。

框架梁、柱、门窗洞口的平面和竖向（高度）尺寸应符合 1M 的基本模数。

当墙体超过层高 1.5～2 倍时，应采用构造柱或芯柱，间距根据砌体受力或稳定要求由工程设计确定。

三、夹芯砌块施工技术[5]

1. 材料质量要求

(1) 夹芯砌块产品质量要求

夹芯砌块的品种、强度应符合设计要求且外墙不低于 MU5.0，其他性能应符合产品标准要求。

(2) 其他要求

1）进入施工现场的夹芯砌块的养护期不得少于 28d，相对含水率不大于 35%，具有产品出厂合格证或经检验合格后方可使用。

2）当砂浆和混凝土掺外加剂时，外加剂应符合《混凝土外加剂应用技术规程》（GBJ 119）的有关规定，并应通过试验确定其掺量。

3）保温砌块砂浆宜使用生产厂家提供的成品保温砌筑砂浆，保温性能应满足设计要求，且用于外墙的砌筑保温砂浆强度等级不低于 M7.5，保温砌筑砂浆的导热系数应不大于 0.24W/（m·K）。

4）外墙梁、柱与砌体交接处用热镀锌钢丝网，宜采用密度大于 290g/m²，丝径为 0.9mm，孔径为 12.7mm×12.7mm，并应符合有关现行标准，具有出厂合格证。

5）内墙梁、柱与砌体交接处用耐碱玻纤网格布，网眼尺寸不大于 8mm×8mm，单位面积重量不大于 130g/m²，并应符合有关现行标准，具有出厂合格证。参照《耐碱玻璃纤维网格布》（JG 841）有关规定。

2. 砌体施工

（1） 施工要求

1） 堆放夹芯砌块场地应预先夯实平整，不同规格型号、强度等级的砌块应分别堆放、标识，垛间应留有适当宽度的通道，堆置高度不宜超过 1.6m；装卸时不得翻斗自卸和随意抛掷；露天堆放砌块时，应有防雨、防潮、排水措施。

2） 施工前宜按照设计施工图编绘夹芯砌块平、立面排块图；排列时应根据夹芯砌块规格、灰缝厚度和宽度、门窗洞口尺寸等进行搭接排列，以主块规格为主，辅以相应辅块。并沿框架柱每 400mm 高度预埋 2ϕ6、长度不小于 1000mm 拉结钢筋与砌体连接加固。

3） 严禁使用有竖向裂纹、断裂、龄期不足 600 度·天且相对含水率大于 35%的夹芯砌块；夹芯砌块在施工前不宜浇水湿润，在天气干燥炎热的情况下，可提前洒水湿润，外表面受潮或有浮水的夹芯砌块不得砌筑施工。

4） 用于砌筑夹芯砌块砌体的砂浆，宜采用成品保温砌筑砂浆；除品种和强度等级必须满足设计要求外，还应具有良好的工作性能，稠度宜控制在 50～70mm。

5） 现场制作保温砌筑砂浆应采用机械搅拌，搅拌时间应从投料完毕算起，不宜少于 2min。

6） 夹芯砌块砌体施工时严禁将砌块侧砌，用孔洞作脚手眼，应采用双排脚手架施工。

（2） 砌体施工

砌体施工工艺流程：基层处理→夹芯砌块试排块→墙体放竖向控制线砌筑（预埋拉结钢筋或钢筋网片）→预留门、窗洞口和预埋砌体塞顶施工→墙面防渗抗裂处理→墙体抹灰。

1） 基层处理　施工前，应先清理基层，用提高一级强度等级的保温砌筑砂浆将梁面或楼层结构面按照标高找平。

2） 砌块试排列夹芯砌块排列按不同规格在墙体范围内分块定尺划线，排列夹芯砌块时应从基础面开始，使上下皮夹芯砌块的竖缝相互错开搭接，搭接长度不宜小于 90mm。当无法错缝时，其竖向缝不得大于 2 皮通缝。

3） 墙体放线及设竖向、水平控制线施工前，放出第一皮夹芯砌块的轴线、边线、门窗洞口线等，放线结束后应进行复线。应在柱与墙体交接处设置竖向控制线和水平控制线。

4） 砌筑

a. 砌块应采取“反砌”法。有转角的墙体，砌筑时应从房屋转角处开始，砌一皮，校正一皮，拉线控制砌体标高和墙面平整度。在砌筑夹芯砌块时，保温砌筑砂浆应满铺。夹芯砌块在砌筑时保温插板面宜统一设在外墙外侧。

b. 砌体砌筑时尽量采用 390mm 长的主砌块，少用辅助砌块，上下皮应错缝搭接，搭接长度为 200mm，每两皮为一循环，个别条件下自保温砌块的搭接长度不应小于 90mm。

c. 厨房、卫生间等有防水要求的四周墙根，当无防水反梁时，应现浇混凝土防水

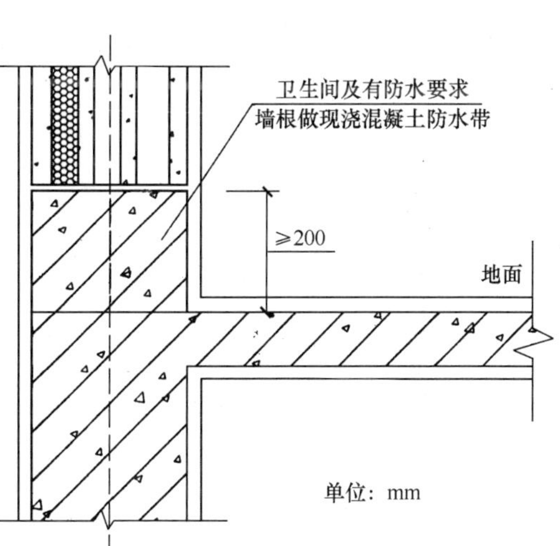

图 4-4　墙根防水处理

带。如图 4-4 所示。

d. 外墙转角和内外墙交接处应同时砌筑。不能同时砌筑而又必须留置的临时间断处，应砌成斜槎，斜槎长度小于其高度的 2/3。夹芯砌块砌体与钢筋混凝土柱（墙）交接处，应按照设计要求在柱（墙）内预留或用化学结构胶钻孔锚固拉结钢筋，应沿墙高每 400mm 设置 2 ϕ 6 拉结钢筋（或ϕ 4 点焊钢筋网片），伸入墙内不应小于 1000mm；夹芯砌块砌体与后砌隔墙交接处应沿墙高每 400mm 设置 2 ϕ 6 拉结钢筋（或ϕ 4 点焊钢筋网片），伸入墙内不应小于 1000mm，埋设端应带有 90°弯钩，如图 4-5 所示。

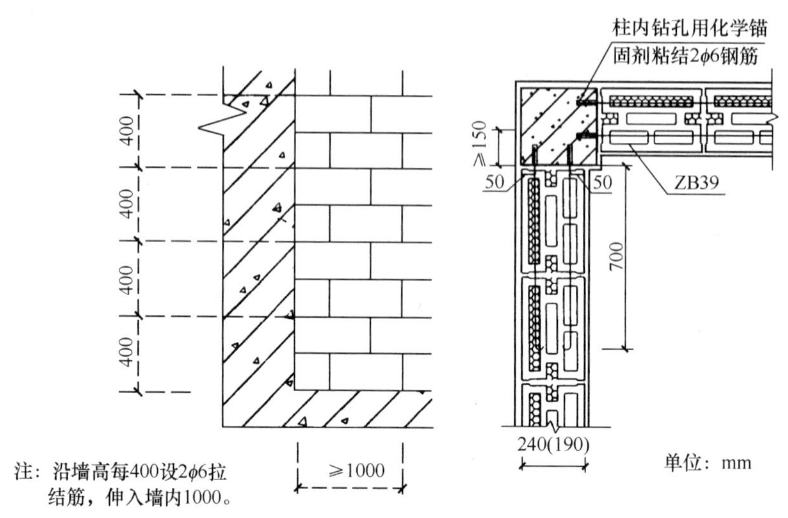

图 4-5 砌体拉结筋设置示意图

e. 砌筑夹芯砌块采用满铺浆法，一次铺浆长度不超过两块夹芯砌块 80cm 长度，水平灰满铺砌块全部壁肋，水平灰缝饱满度不低于 90％；竖向灰缝应在已就位和即将就位的砌块的端面同时铺砂浆，随即用挤浆法将新砌块就位，竖向灰缝饱满度不低于 80％。

f. 水平灰缝高度和竖向灰缝宽度宜为 10mm，但不得小于 8mm，不应大于 12mm；墙面宜用砌筑原浆做勾缝处理，宜做成 2～3mm 凹缝，缺灰处应补浆压实。

g. 严禁使用断裂或壁肋有裂纹的夹芯砌块砌筑墙体，不得与其他不同材料在墙体中混砌。

h. 日砌筑高度应根据气候、风压和墙体的具体不同部位，正常施工条件下，夹芯砌块砌体的日砌筑高度宜控制在 1. 6m 范围内。

i. 伸缩缝、沉降缝、防震缝中夹杂的落灰与杂物应清除干净。

j. 雨季施工应有防雨措施，雨后继续施工应复核墙体垂直度，砌块表面有浮水的不得施工。

k. 施工中需要在砌体中设置临时施工洞，其侧边离交接处的墙面不应小于 800mm，在施工洞两边砌体中，每 40cm 各设 2 ϕ 6 拉筋加固，并应在顶部设置过梁；补砌筑施工洞的保温砌筑砂浆强度应提高一个等级。

5）预留门窗洞口和管线预埋。

a. 当设计对外墙门窗洞口的两侧砌体强度有要求时，宜在夹芯砌块边设置钢筋混凝土抱框，厚度不小于 12cm，竖向宜不少于 2 根不小于 10mm 钢筋。门窗头应设置过梁；

窗台板应用混凝土现浇或预制，并应按设计要求施工，如图 4-6 所示。

b. 电器管道竖向管敷设在相应的砌块芯孔内，开关插座及线盒位置应预留，如图 4-7 所示。

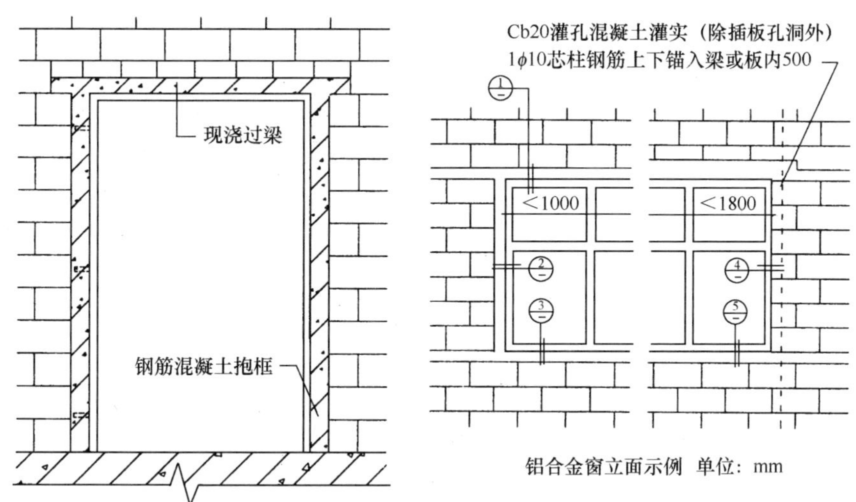

图 4-6 门窗框安装示例示意图

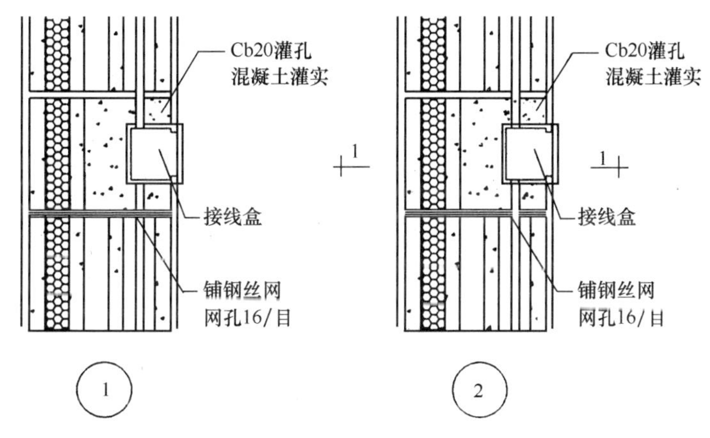

图 4-7 两种电气管线安装示例示意图

c. 设备及支架固定，宜设在梁、柱混凝土上，采用长度不小于 80mm 膨胀螺栓、塑料膨胀管固定；若需设在砌体上，在砌体施工时（插板芯孔外）芯孔内应灌满 C20 细石混凝土，如图 4-8 所示。

6）砌体顶层处理 砌筑到梁顶部时应预留一定的空隙，待砌体砌筑完毕至少 7 天后，采用夹芯砌块辅助块斜砌，逐一敲紧挤实，并用保温砌筑砂浆灌实，如图 4-9 所示。

7）防渗抗裂处理

a. 施工时，应按相关标准、规范、夹芯砌块砌体施工图和设计要求，设置砌体及门窗洞口周边的拉结筋或钢筋网片、包柱等防裂构造，如图 4-10 所示。

b. 对于夹芯砌块砌体内墙与混凝土柱、梁、板或其他墙体接缝部位，在砌体抹灰前，

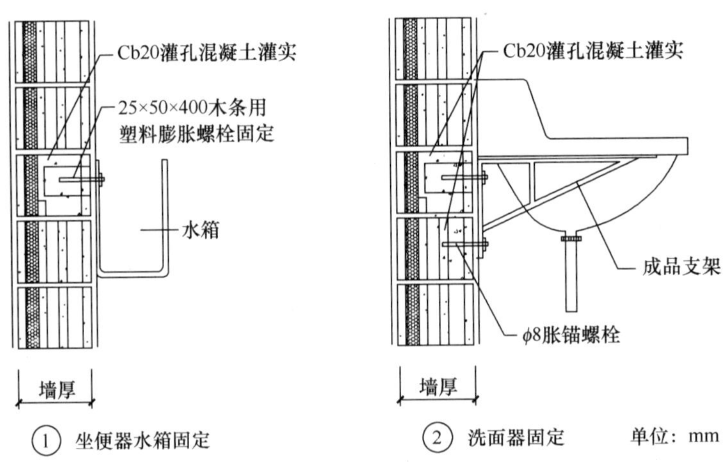

图 4-8 墙上设备固定示例示意图

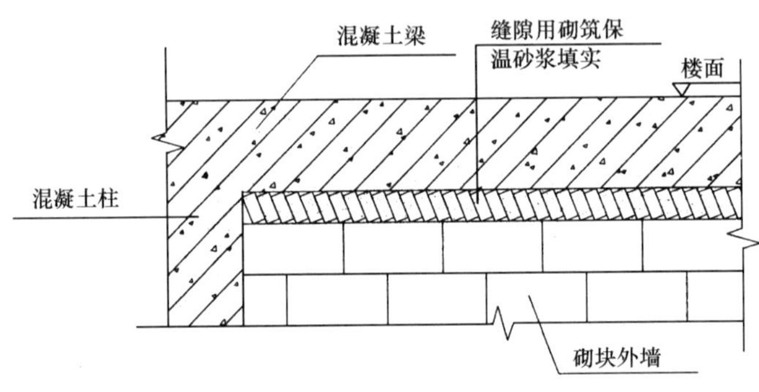

图 4-9 砌块顶部处理示意图

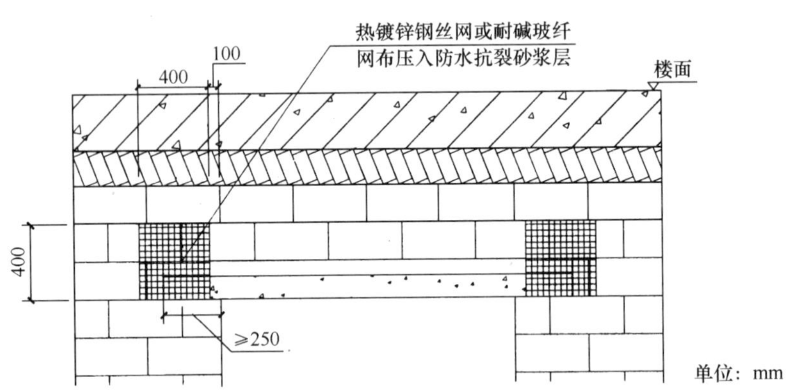

图 4-10 门窗洞口周遍部位防裂处理示意图

宜用砂浆嵌缝打底后，压入耐碱玻纤网格布，其宽度宜盖缝两侧不小于 200mm；对于外墙梁、柱等重点接缝部位，宜砂浆打底嵌缝后，采用盖缝两侧不小于 200mm 的热镀锌钢丝网进行防护加强，钢丝网两侧用锚栓辅助锚固，间距不大于 300mm。

8）芯柱施工

a. 芯柱混凝土要具有高流动度、低收缩的性能，其强度等级应不低于 Cb20。

b. 所用原材料技术要求及配合比应符合《混凝土砌块（砖）砌体用灌缝混凝土》（JC 861—2008）标准的有关规定，并经试验符合要求后，方可使用。

c. 芯柱混凝土的灌注必须待墙体砌筑砂浆强度等级大于 1MPa 时方可浇灌。

d. 芯柱宜按层分段、定量浇注。每次浇注的高度应≤1.5m，混凝土注入芯孔后要用小直径（d≤30mm）振捣棒略加捣实，待 3～5 分钟多余水分被块体吸收后再进行二次振捣，以保证芯柱灌实，如图 4-11 所示。

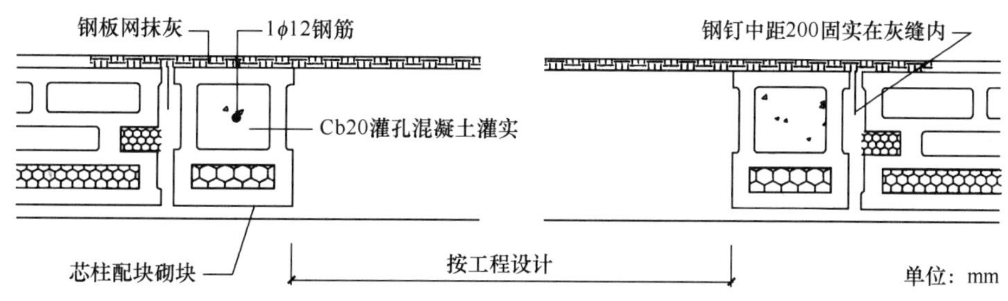

图 4-11　芯柱施工示意图

e. 施工的每层芯柱混凝土至少应制作一组试块（每组三块）；当混凝土强度等级变更或配合比调整时，应制作相应试块。

9）抹灰夹芯砌块墙体砌筑完后应使其充分干燥、收缩后再进行抹灰作业。砌体抹灰前对墙面设置抗裂网的部位，应现采取抗裂砂浆或界面剂等材料满涂后，方可进行抹灰施工。

（3）冬期施工

夹芯砌块冬期施工应执行《混凝土小型空心砌块建筑技术规程》JGJ/T 14 的规定：

1）不得使用水浸后受冻的砌块，砌筑前应清理冰雪等冻结物。

2）当日最低气温≥－5℃时，需用抗冻保温砂浆，砂浆强度等级应按照常温施工提高一级；气温低于－5℃时不得进行施工。

3）每日砌筑后，应使用保温材料覆盖新砌筑的砌体。

3. 砌体工程质量验收

夹芯砌块砌体工程质量验收的主控、一般项目验收内容应按国家标准《砌体工程施工质量验收规范》（GB 50203）有关要求执行。主要有：

（1）主控项目

1）夹芯砌块和砌筑砂浆的强度等级应符合设计要求。

检验方法：检查夹芯砌块的产品合格证、产品性能检测报告和砂浆的试验报告。

保温砌筑砂浆强度等级应在标准养护条件下，以 600 度·天的试件抗压强度试验结果为准。抗压强度平均值不得低于设计强度，最小值不得低于设计强度 80%。

抽检数量：每层楼或 250m^3 砌体，每种强度等级的保温砌筑砂浆至少应制作一组试件，每组 6 块。

2）钢筋的品种、规格和数量应符合设计要求。

检验方法：检查钢筋的合格证书、钢筋性能试验报告、隐蔽工程记录。

（2）一般项目

1）填充墙砌体尺寸和位置的允许偏差，应符合表 4-9 的规定：对表中 1、2 项，在检验批的标准间中随机抽查 10%，但不应少于 3 间；大面积房间和楼道按两个轴线或每 10 延长米按一标准间记数。每间检验不少于 3 处。对表中 3、4 项，在检验批中抽检 10%，且不应少于 5 处。

填充墙砌体尺寸和位置的允许偏差　　表 4-9

序　号	项　　目	允许误差（mm）	检　查　方　法
1	轴线位移	10	用经纬仪或拉线和尺寸检查
2	墙面垂直度＜10m	10	用经纬仪或拉线和尺寸检查
3	表面平整度	8	用 2m 靠尺检查
4	门窗洞口	±5	用尺结合吊线检查
5	窗口偏移	20	用经纬仪、拉线或吊线检查

2）拉结钢筋或网片的位置应与块体皮数相符合。拉结钢筋或网应置于灰缝中，埋置长度应符合设计要求，竖向位置偏差不应超过一皮高度。

抽检数量：在检验批中抽检 20%，且不应少于 5 处。

检验方法：观察和用尺量检查。

3）夹芯砌块辅块长度不应小于 90mm；竖向通缝不应大于 2 皮。

抽检数量：在检验批的标准间中抽查 10%，且不应少于 3 间。

检验方法：观察和用尺检查。

4）墙体砌筑至梁、板底时，应留一定空隙，待填充砌体砌筑完并应至少间隔 7d，再将其补砌挤紧。

抽检数量：每验收批抽 10%填充墙片（每两柱间的填充墙为一墙片），且不应少于 3 片墙。

检验方法：观察检查。

自保温夹芯砌块砌体工程节能验收的主控和一般项目应按国家标准《建筑节能工程施工质量验收规范》（GB 50411）的相关要求执行。主要有：

（1）主控项目

1）用于墙体节能材料、构件等品种、规格应符合设计要求和相关标准规定。

检验方法：观察、尺量检查；核查质量证明文件。

检验数量：按进场批次，每批随机抽取 3 个试样进行检查；质量证明文件应按照其出厂检验批次进行核查。

2）墙体节能工程使用的保温隔热材料、其导热系数、密度和抗压强度应符合设计要求。

检验方法：核查质量证明文件。

检验数量：全数检查。

3）夹芯砌块砌筑的墙体，应采用具有保温节能功能的砂浆砌筑。砌筑砂浆的强度等级应符合设计要求，水平灰缝饱满度不低于 90%，竖向灰缝饱满度不低于 80%。

检验方法：对照设计核查施工方案和砌筑强度试验报告。用百格网检查灰缝砂浆饱满度。

检验数量：每层楼的每个施工段至少抽查一次，每次抽查5处，每处不少于3个砌块。

(2) 自保温夹芯砌块砌体工程质量验收

砌块砌体工程质量验收应提供下列文件和记录：

1) 节能工程系统的设计文件、图纸审查文件、节能备案文件以及变更文件。

2) 自保温夹芯砌块生产厂家提供的法定检验单位出具的导热系数检测报告、产品合格证和出厂检验报告。材料进场验收记录和保温砌筑砂浆强度试验报告。

3) 各检验批的主控、一般项目和节能验收项目记录。

4) 施工质量控制资料、施工方案。

5) 隐蔽工程验收记录。

6) 其他必须提供的资料。

四、现浇发泡夹芯墙体保温系统简介[6]

1. 特征和性能简介

现浇发泡夹芯墙体保温系统是采用高压向已经砌筑好的空心砌块墙体中灌注有机发泡材料。发泡材料在压力作用下灌入砌块的孔洞中以后，在极短的时间内（约60s）充满孔洞并随之固化成泡沫保温材料，使墙体产生能够满足节能要求的保温性能。其中，有机发泡材料是水性双组分反应固化型脲醛树脂，也称UF现浇泡沫保温材料；空心砌块可以是多孔砖、混凝土小型砌块等。

现浇发泡夹芯墙体保温系统具有如下一些性能特征。

(1) 墙体的保温构造变得简单，无“热桥”现浇发泡夹芯墙体保温系统是在墙体砌筑完成后灌注发泡的，基本上不改变墙体的结构，不增加墙体的厚度。同时，灌注泡沫在墙体中固化形成连续、整体的保温层，阻断了墙体灰缝的“冷桥”、“热桥”。

(2) 施工简单、安全发泡和灌注都是在建筑物的内墙上进行的，不需要在脚手架上操作，施工安全、便捷。在发泡灌注的同时，可进行外墙面的装饰施工。因此，整个施工工期比膨胀聚苯板薄抹灰外墙外保温系统缩短30%左右。施工中使用的材料均为水性，无毒、无害、不燃，卫生安全和防火安全性能好。同时，施工劳动强度低，施工工艺简单，便于管理。

(3) 保温性能可靠、耐久，该材料的保温性能优异，其导热系数为0.030～0.034W/(m·K)。所使用的发泡剂是非制冷剂型的，克服了制冷剂发泡保温材料（如聚氨酯）的导热系数会随着时间推移制冷剂挥发损失而导致材料传热能力增大的弊端。在砌块孔洞中所形成的泡沫保温材料固化后与内、外墙形成非刚性连接，受到外界的破坏作用小；同时，由于发泡保温材料处于墙体结构的内部，受到墙体材料的保护，因而耐久性好，可保持与建筑物同寿命。

(4) 造价低、防火安全性能高使用UF现浇泡沫保温材料的墙体保温系统的造价比相同保温性能的聚苯板薄抹灰外墙外保温系统低10%～15%。UF现浇泡沫保温材料本身的燃烧性能分级达到E级标准，又处于墙体结构的内部，接触不到明火，因而在使用过程中其防火性能极高。

2. 基本施工过程

现浇发泡夹芯墙体保温系统的基本施工过程如图 4-12 所示的工艺流程；其基本施工工艺是按照配合比配制发泡材料，计量、搅拌混合发泡。再在内墙体上按照孔距 1m 的间隔钻孔，形成孔洞网络，孔直径为 18～20mm。混凝土砌块墙体的钻孔位置如图 4-13 所示。然后，通过高压管道将发泡泡沫高压灌注到墙体孔洞中。泡沫进入墙体孔洞中约 1 分钟后固化形成泡沫保温材料。如图 4-14 所示，是灌注与发泡过程的状况照片。

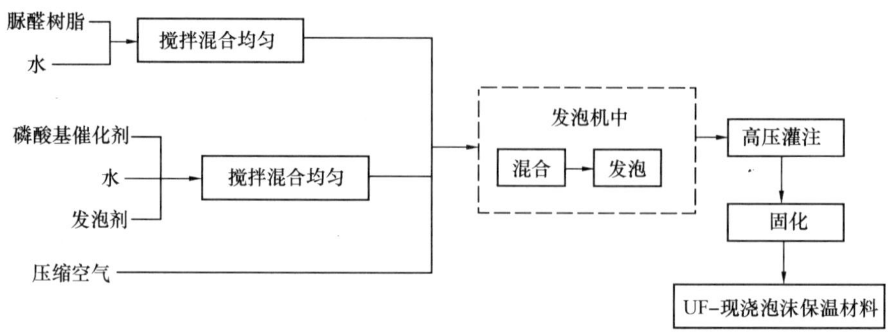

图 4-12　现浇发泡夹芯墙体保温系统的基本施工工艺流程图

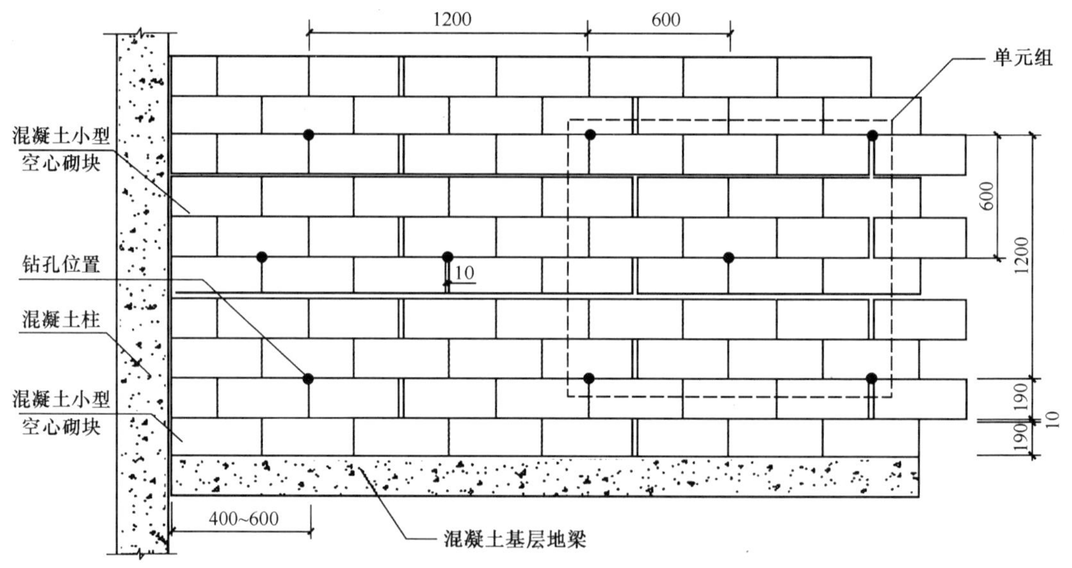

图 4-13　混凝土砌块墙体的钻孔位置示意图

3. UF 现浇泡沫保温材料的性能指标

德国关于 UF 现浇泡沫保温材料的性能指标为：湿密度 45～60kg/m^3；固化反应时间≤60s；干密度 10～15kg/m^3；憎水率≥85%；干湿状态尺寸变化率≤4%；高温尺寸稳定性［(100±2)℃］≤4%；低温尺寸稳定性［(−30±2)℃］≤2%；导热系数≤0.034［W/(m·K)］；阻燃性能达到 E 级。

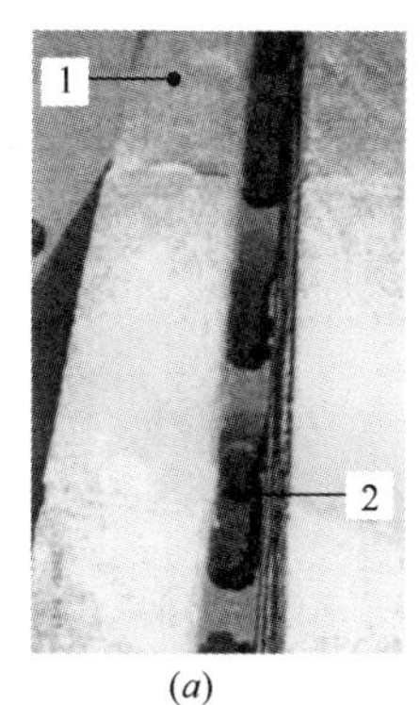

(a)

(b)

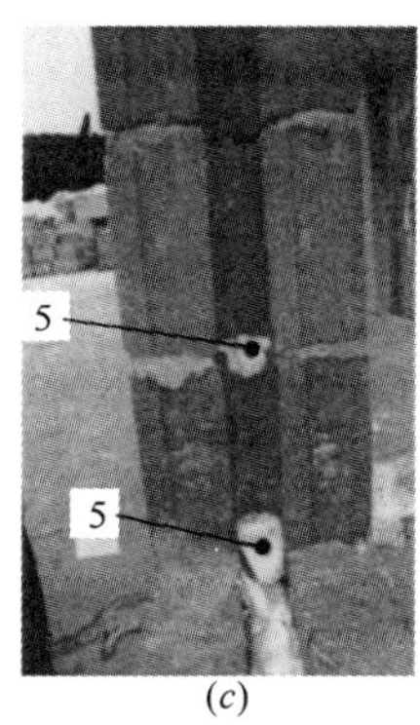

(c)

图 4-14　现浇发泡夹芯墙体保温系统的泡沫保温材料的灌注和固化过程

(a) 混凝土砌块孔洞中发泡泡沫在压力作用下的流淌状态；

(b) 正在向砌块墙体中高压灌注发泡泡沫的操作状况；

(c) 从砌块孔洞中溢出的少量固化发泡泡沫保温材料状况

1—混凝土空心砌块；2—正在压力作用下流淌的发泡泡沫；3—发泡泡沫高压灌注管；4—已经砌筑完工的混凝土空心砌块墙体；5—在压力作用下从密闭性差的局部部位溢出砌块孔洞、并已经固化的发泡泡沫保温材料

第三节　蒸压加气混凝土砌块墙体自保温系统

一、蒸压加气混凝土的基本特性[7]

蒸压加气混凝土是由磨细的硅质材料、钙质材料、发气剂和水等搅拌、浇筑、发泡、静停、切割和蒸压养护等工艺过程而得到的多孔混凝土制品，属硅酸盐混凝土。由于采用蒸压养护工艺，故称为蒸压加气混凝土，一般简称加气混凝土。

加气混凝土具有轻质、保温隔热、隔声、阻燃等特点，可以加工制作成不同规格的砌块、板材和保温制品。其生产具有低污染、低消耗的优势，在世界各国得到广泛应用，在我国也有广阔的发展前景。

蒸压加气混凝土砌块既能用作围护结构，又有良好的热工性能，因此将其用做外墙是较为合理的节能保温途径。蒸压加气混凝土保温材料在加气混凝土外保温体系中，加气混凝土既是墙体围护材料又是保温材料，加气混凝土的力学性能和热工性能会直接影响加气混凝土外保温体系性能。下面介绍蒸压加气混凝土的基本特性。

1. 重量轻

加气混凝土的干密度一般为 500～700kg/m^3，相当于黏土砖的 1/3，混凝土的 1/4，单排孔空心砌块的 1/2，三排孔空心砌块的 1/3，采用加气混凝土的墙体可大大减轻建筑物自重，进而减小建筑物的基础及梁、柱等结构构件的尺寸，节约建筑材料和工程费用。

2. 保温性能好

加气混凝土内部具有大量的气孔和微孔，因而具有良好的保温隔热性能，加气混凝土的导热系数通常为 0.09～0.22W/（m·K），仅为黏土砖的 1/4～1/5，普通砖的 1/5～1/10。20cm 厚的加气混凝土墙的保温隔热效果相当于 49cm 厚的普通黏土砖墙。

3. 可加工性好，施工便捷

加气混凝土不用粗骨料，具有良好的可加工性，可锯、刨、钻、钉，并可用适当的粘结材料粘结．给建筑施工提供了有利的条件，一块砖相当于 18 块红砖，降低劳动力成本，提高砌筑速度。

4. 耐火极限高

加气混凝土砌块的耐火极限在 700℃以上，受到 700℃以下的温度作用其强度不会受到明显损失，为一级耐火材料。

5. 隔声性能好

加气混凝土的多孔结构使其具备良好的吸音、隔声性能。100mm 厚砌块墙体双面抹灰，平均隔声量为 40.6dB。

6. 绿色环保

加气混凝土制品的 γ 射线照射量仅为 12μγ/h，远低于 37μγ/h 的国家标准和 24μγ/h 的国际标准。

7. 原料来源广，生产效率高，生产能耗低

加气混凝土可以用砂子、矿渣、粉煤灰、水泥等原料生产，可以根据各地的实际条件确定品种和生产工艺，并且可以大大利用工业废渣。加气混凝土生产耗能较低，其单位制品的生产能耗仅为同体积黏土砖能耗的 50%。

8. 耐久性好

加气混凝土不易老化、风化，是一种耐久的建筑材料，其正常使用寿命完全可以和各类永久性建筑物的寿命相匹配。

9. 抗震性能好

加气混凝土砌块砌体具有良好的抗震性能，日本大阪地震中唯有加气混凝土板材建造的房屋破坏最轻。

二、蒸压加气混凝土砌块的质量指标

蒸压加气混凝土砌块的现行标准为国家标准《蒸压加气混凝土砌块》（GB 11968—2006），下面根据该标准介绍对蒸压加气混凝土砌块的性能要求。

1. 尺寸允许偏差和外观质量

蒸压加气混凝土砌块的尺寸允许偏差和外观质量见表 4-10。

尺寸偏差和外观 **表 4-10**

项目			指标	
			优等品（A）	合格品（B）
尺寸允许偏差（mm）	长度	*L*	±3	±4
	宽度	*B*	±1	±2
	高度	*H*	±1	±2
缺棱掉角	最小尺寸不得大于（mm）		0	30
	最大尺寸不得大于（mm）		0	70
	大于以上尺寸的缺棱掉角个数，不多于/个		0	2

续表

项目		指标	
		优等品（A）	合格品（B）
裂纹长度	贯穿一棱二面的裂纹长度不得大于裂纹所在面的裂纹方向尺寸总和的	0	1/3
	任一面上的裂纹长度不得大于裂纹方向尺寸的	0	1/2
	大于以上尺寸的裂纹条数，不多于/条	0	2
爆裂、黏膜和损坏深度不得大于（mm）		10	30
平面弯曲		不允许	
表面疏松、层裂		不允许	
表面油污		不允许	

2. 物理力学性能

蒸压加气混凝土砌块的砌块的抗压强度应符合表4-11的规定；砌块的干密度应符合表4-12的规定；砌块的强度级别应符合表4-13的规定；砌块的干燥收缩、抗冻性和导热系数（干态）应符合表4-14的规定。

砌块的立方体抗压强度　　表4-11

强度级别	立方体抗压强度		强度级别	立方体抗压强度	
	平均值不小于	单组最小值不小于		平均值不小于	单组最小值不小于
A1.0	1.0	0.8	A5.0	5.0	4.0
A2.0	2.0	1.6	A7.5	7.5	6.0
A2.5	2.5	2.0	A10.0	10.0	8.0
A3.5	3.5	2.8			

砌块的干密度　　表4-12

干密度级别		B03	B04	B05	B06	B07	B08
干密度	优等品（A）	300	400	500	600	700	800
	合格品（B）	325	425	525	625	725	825

砌块的强度级别　　表4-13

干密度级别		B03	B04	B05	B06	B07	B08
强度级别	优等品（A）	A1.0	A2.0	A3.5	A5.0	A7.5	A10.0
	合格品（B）			A2.5	A3.5	A5.0	A7.5

干燥收缩、抗冻性和导热系数　　表4-14

干密度级别			B03	B04	B05	B06	B07	B08
干燥收缩值	标准法（mm/m） ≤		0.50					
	快速法（mm/m） ≤		0.80					
抗冻性	质量损失（%） ≤		5.0					
	抗冻强度（MPa）≥	优等品（A）	0.8	1.6	2.8	4.0	6.0	8.0
		合格品（B）			2.0	2.8	4.0	6.0
导热系数（干态）[W/（m·K）] ≤			0.10	0.12	0.14	0.16	0.18	0.20

加气混凝土密度越低，强度越低，导热系数越小，保温隔热性能越好。B03 级加气混凝土尽管具有较低的导热系数，但其抗压强度只有 1.0MPa，特别是冻后强度只有 0.8MPa，不适合做墙体保温材料。B04 级以上可以用作单一墙体外保温材料。

3. 蒸压加气混凝土砌块与其他墙体材料的热工性能比较

蒸压加气混凝土与其他墙体材料的热工性能比较见表 4-15。

加气混凝土砌块与几种墙体材料导热系数比较　　表 4-15

种　类	密　度 (kg/m³)	导热系数 [W/ (m·K)]	种　类	密　度 (kg/m³)	导热系数 [W/ (m·K)]
加气混凝土	400～700	0.12～0.18	烧结多孔砖	800	0.28
烧结实心砖	1600	0.81	蒸压灰砂砖	1400	0.44～0.64
烧结多孔砖	1200	0.43	钢筋混凝土	2300	1.75

由表 4-15 可以看出，目前加气混凝土是我国主要的外墙材料中导热系数最低，密度最小的材料。

4. 墙体传热系数指标

不同厚度 B04 级加气混凝土墙体传热系数见表 4-16。

不同厚度 B04 级加气混凝土砌块外墙传热系数　　表 4-16

保温材料厚度 (mm)	外墙总厚度 (mm)	主断面传热阻 [(m²·K) /W]	传热系数 [W/ (m²·K)]	热惰性指标
150	180	1.12	0.89	3.21
180	210	1.31	0.76	3.75
200	230	1.44	0.70	4.16
240	270	1.69	0.59	4.92
250	280	1.75	0.57	5.10
300	330	2.06	0.49	6.05
350	380	1.37	0.42	7.00
400	430	1.69	0.37	7.94

由表 4-16 可以看出，墙体传热系数随墙体厚度的增加而显著降低。

三、蒸压加气混凝土砌块砌体专用砂浆质量指标

蒸压加气混凝土砌块砌体专用砂浆包括砌筑砂浆和抹面砂浆两种。砌筑砂浆是指由水泥、砂、掺合料和外加剂制成的用于蒸压加气混凝土的砌筑材料；抹面砂浆是指由水泥或石膏、砂和外加剂制成的用于蒸压加气混凝土的抹面材料。建材行业标准《蒸压加气混凝土用砌筑砂浆与抹面砂浆》(JC 890—2001) 规定了其产品质量指标，如表 4-17 所示。

蒸压加气混凝土用砌筑砂浆与抹面砂浆的质量指标　　表 4-17

项　　目	砌　筑　砂　浆	抹　面　砂　浆
干密度 (kg/m³)	≤1800	水泥砂浆≤1800；石膏砂浆≤1500
分层度 (mm)	≤20	水泥砂浆≤20

续表

项　　目	砌 筑 砂 浆	抹 面 砂 浆
凝结时间（h）	贯入阻力达到 0.5MPa时，3～5h	水泥砂浆：贯入阻力达到0.5MPa时，3～5h 石膏砂浆：初凝≥1；终凝≤8
导热系数［W/（m·K）］	≤1.1	石膏砂浆：≤1.0
抗折强度（MPa）	—	石膏砂浆：≥2.0
抗压强度（MPa）	2.5、5.0	水泥砂浆：2.5、5.0 石膏砂浆：≥4.0
粘结强度（MPa）	≥0.20	水泥砂浆：≥0.15；石膏砂浆：≥0.30
抗冻性25次（%）	质量损失≤5； 强度损失≤20	水泥砂浆：质量损失：≤5；强度损失：≤20
收缩性能	收缩值≤1.1mm/m	水泥砂浆：收缩值≤1.1mm/m 石膏砂浆：收缩率≤0.06%

注：有抗冻性能和保温性能要求的地区，砂浆性能还应符合抗冻性和导热性能的规定

四、加气混凝土自保温与聚苯板外保温墙体保温隔热性能对比[8]

1. 胶粉聚苯颗粒贴砌聚苯板外保温体系

（1）基本构造胶粉聚苯颗粒贴砌聚苯板外保温做法采用《胶粉聚苯颗粒复合型外保温体系》（CAS 126—2005）中提出的“贴砌聚苯板LBL型”外墙外保温系统做法，系统的基本构造如图4-15（*a*）所示。根据《民用建筑热工设计规范》（GB 50176—93），墙体各部分材料的热工参数见表4-18。

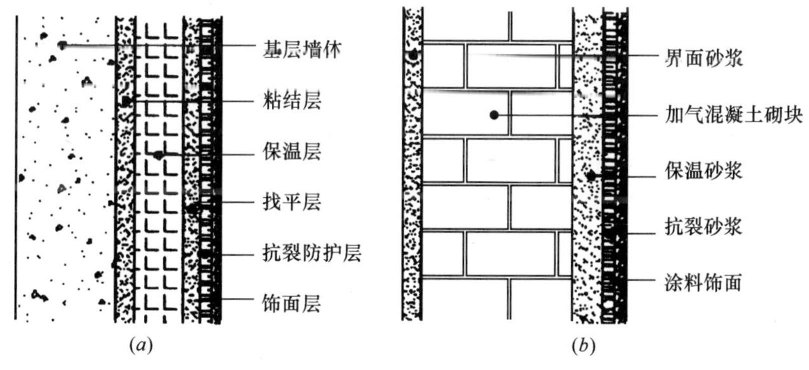

图4-15　胶粉聚苯颗粒贴砌聚苯板外保温系统和加气混凝土自保温墙体系统构造示意图

（*a*）胶粉聚苯颗粒贴砌聚苯板外保温系统；（*b*）加气混凝土自保温墙体系统

（2）热工性能保温墙体的保温隔热性能通常用传热系数或传热热阻来评价。经计算，胶粉聚苯颗粒贴砌聚苯板外墙的传热热阻 $R_0=2.13$（m^2·K）/W，传热系数 $K=0.469$W/（m^2·K）；热惰性指标 $D=2.971$。

根据《夏热冬冷地区居住建筑节能设计标准》（JGJ 134—2001），外墙部分的传热系

数、热惰性指标应满足以下要求：当传热系数 $K \leqslant 1.5$ 时，热惰性指标 $D \geqslant 3.0$；当传热系数 $K \leqslant 1.0$ 时，热惰性指标 $D \geqslant 2.5$。对于胶粉聚苯颗粒贴砌聚苯板外墙外保温墙体，其热工性能满足这一要求。

胶粉聚苯颗粒贴砌聚苯板（EPS）外保温系统各层材料热工参数　　表 4-18

基本构造	材料名称	厚　度 (mm)	密　度 (kg/m³)	比　热 [J/（kg·K)]	蓄热系数 [W/（m²·K)]	导热系数 [W/（m·K)]
基层墙体	混凝土	190	2500	920	17.20	1.74
粘结层	界面砂浆	2	1500	1050	9.44	0.76
	保温浆料	15	200	1070	1.02	0.07
保温层	聚苯板	60	200	1070	0.36	0.04
找平层	保温浆料	10	200	1070	1.02	0.07
防护层	抗裂砂浆	5	1600	1050	10.12	0.81
饰面层	涂　料	3	1100	1050		0.50

注：饰面层涂料的蓄热系数没有统一的规定，在进行热工性能计算时，略去涂料饰面层对墙体热功性能的影响。

2. 蒸压加气混凝土自保温体系

基本构造及热工性能对于加气混凝土保温体系，选用 B04 级加气混凝土砌块，鉴于加气混凝土砌块墙体均需作表面抹灰，同时墙体厚度不比胶粉聚苯颗粒贴砌聚苯板外墙外保温墙体厚度大，方能显现其自保温结构的竞争力，因此假设其保温构造如图 4-15（*b*）所示，保温砂浆的作用是使加气混凝土自保温墙体厚度与胶粉聚苯颗粒贴砌聚苯板外墙外保温墙体厚度相同，保温砂浆的厚度可依据加气混凝土墙基层厚度及总体保温隔热要求确定，各层材料的性能见表 4-19。

加气混凝土保温体系各层材料物理参数　　表 4-19

材料名称	厚　度 (mm)	密　度 (kg/m³)	比　热 [J/（kg·K)]	蓄热系数 [W/（m²·K)]	导热系数 [W/（m·K)]
界面砂浆	5	1500	1050	10.12	0.81
加气混凝土	d_2	500	1050	2.42	0.12
保温砂浆	d_1	200	1070	1.02	0.07
抗裂砂浆	5	1500	1050	10.12	0.81
涂料饰面	3	1100	1050		0.50

假设两种保温墙体的保温隔热性能完全相同，则二者热阻相同。以胶粉聚苯颗粒贴砌聚苯板外保温墙体为基准，计算相同厚度的两种保温体系在传热阻相同时加气混凝土砌块保温墙体各层材料的厚度。考虑灰缝的影响，在进行墙体热工参数计算时，加气混凝土的导热系数和蓄热系数均乘以 1.25 的放大系数。

当要求加气混凝土墙体与胶粉聚苯颗粒贴砌聚苯板保温墙体具有相同保温性能时，加气混凝土自保温墙体中加气混凝土的厚度经计算为 251mm，并再施工厚度为 21mm 的胶粉聚苯颗粒保温砂浆。

此时，经计算加气混凝土自保温墙体的热惰性指标 $D=5.49>2.5$。其传热系数 $K=0.469W/(m^2 \cdot K)<1.0W/(m^2 \cdot K)$。由此可知，加气混凝土保温墙体的热工性能满足要求。考虑到施工的可行性，实际工程中加气混凝土和保温浆料的厚度可以分别取250mm 和 22mm，由于保温浆料的导热系数小于加气混凝土的导热系数，调整后的做法不会导致保温墙体保温性能的降低。

3. 两种保温系统的实时温度场对比

为了能够更直观地比较两种保温系统的保温性能和墙体内部温度分布，以北京地区为例，计算两种保温系统冬、夏两季南墙的实时温度场，并假定冬季为 20℃、夏季为 25℃的恒温。计算结果发现，无论冬季还是夏季，两种保温墙体内表面温度基本相同，表明两种系统保温隔热性能基本相同；同时外饰面温度基本相同，表明对加气混凝土墙体外表面防护砂浆在热应力抗裂方面的要求与聚苯板保温系统要求相当。与胶粉聚苯颗粒贴砌聚苯板外保温做法相比，加气混凝土保温浆料保温做法中加气混凝土基体内的温度变化高于前者的混凝土或其他墙体。

计算结果还发现，聚苯板和加气混凝土保温层两侧的温差都很大，说明保温层具有很好的保温隔热效果。此外，两种保温墙体的保温砂浆层两侧的温差也较大，这会导致两侧产生较大的变形差异。当变形差值达到一定值时，将导致该材料层开裂；如果与相邻材料层之间的粘结性能较差，将会导致墙面出现凸起，影响墙体的保温性能和墙体的外观装饰。因而，保温墙体抗裂砂浆面层具有开裂的可能性。

五、蒸压加气混凝土砌块施工技术

1. 材料要求和准备

（1）按照施工要求准备所需规格的蒸压加气混凝土砌块、与砌块配套使用的专用砌筑砂浆、抹灰砂浆和墙拉筋等。

（2）砌块专用粘合剂（砌筑砂浆）轻质砂蒸压加气混凝土砌块专用粘合剂是一种工厂预拌、品质严格控制的专用于轻质砌块砌筑用的水泥基粘合剂，它可以使轻质混凝土砌块接缝具有良好的粘合性，使用方便，只要加水混合搅拌均匀即可。

专用粘合剂的特点是粘结强度高，能提高耐久性，工作性能好，易操作，有效使用时间长，接缝表面不需要预湿润，能提高生产效率。专用粘合剂的质量指标应符合建材行业标准《蒸压加气混凝土用砌筑砂浆与抹面砂浆》（JC 890）的要求。某商品砌筑砂浆的某些特性和技术参数见表 4-20。

粘合剂（砌筑砂浆）技术参数指标 **表 4-20**

项　目	技术参数及特性
调制混合比	50kg 专用粘合剂可加入 12～15L 水
有效使用时间	25℃拌和后 4h 内用完，超过 30min 必须重新搅拌使用
涂覆量	砌筑规格 600mm×250mm×125mm 砌块墙体，涂覆厚度 3mm，粘合剂用量为 $3.5kg/m^2$
搅拌时间	用手电钻加 ϕ12 圆钢自制搅拌头的手持式搅拌机搅拌 3～5min
包装及储存	每包重 50kg，在干燥处储存时间为 4 个月

2. 施工机具准备

（1）切割砌块的机械设备采用手提式电动切割机和手提式锯刀；刨削砌块的操作工具有钢齿磨板（图4-16）和磨平每皮砌块表面用的磨砂板；采用毛刷清除砌块表面粉尘。

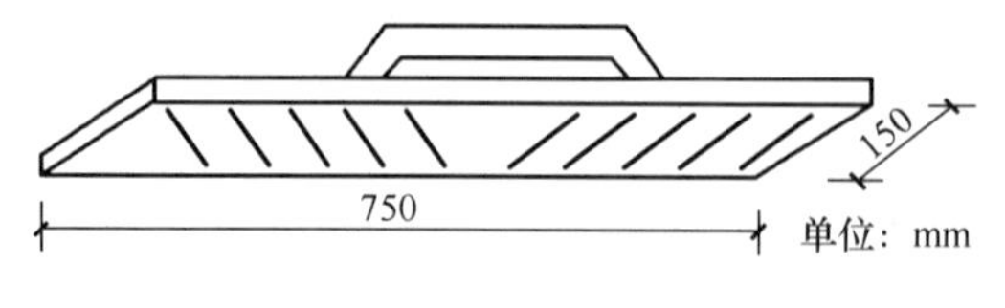

图4-16 钢齿磨板示意图

（2）控制第一块砌块用的水平尺，控制墙面水平度和平整度的小线；披灰用的披灰勺（图4-17），清除灰缝处挤出的粘合剂的刮灰刀；控制平整度、敲紧砌块用的橡皮锤。

（3）在混凝土柱上固定L形连接铁件（图4-18）用的射钉枪，在砌块上固定L形连接铁件用的铁锤。

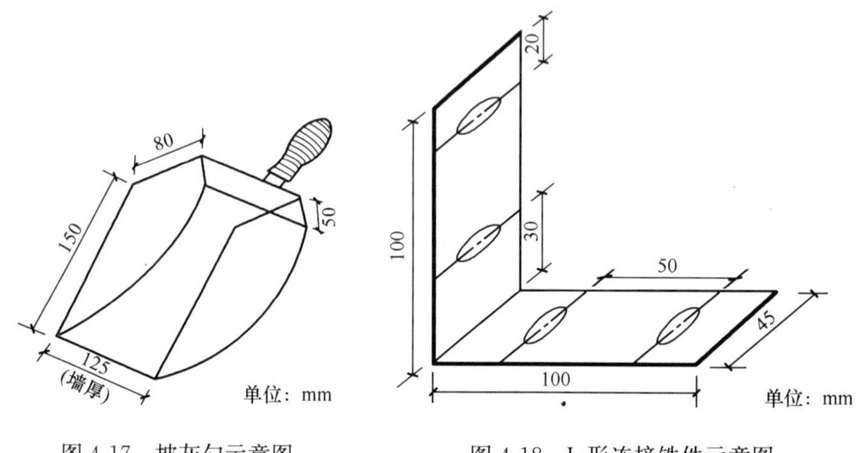

图4-17 披灰勺示意图

图4-18 L形连接铁件示意图

（4）其他 搅拌机，后台计量设备，孔径5mm筛子、手推车、大铲、铁锹、刀锯、带刃齿、线锤、托线板、小白线、灰桶、铺灰铲、小锤、小水桶、水平尺、砂浆吊斗及垂直运输工具等。

3. 作业条件

（1）施工部位按栋号划分，施工部位植筋工程必须全部完成后方可砌筑。

（2）砌块应堆置于室内或不受雨雪影响的干燥场所。在运输装卸砌块时严禁翻斗倾卸和抛掷。砌块应按品种、规格、强度等级分别堆码整齐，高度不应宜超过2.0m。砌块堆垛应设有标志，堆垛间应留有通道。砌块施工时，砌块龄期不应小于28d，施工时含水率应小于等于15％。

4. 施工方法

（1）砌块砌筑

1）砌筑前应先清理基层，按设计要求弹出墙的中线、边线与门洞位置。

2）砌筑时砌块龄期须达到28d，应以皮数杆为标志拉水准线，并从转角处两侧与每道墙的两端开始。

3）厨房、卫生间等潮湿房间及底层外墙等地面有防水要求，底皮应采用具有防水性能的砌块，或砌在高度不小于200mm的钢筋混凝土楼板的四周翻边上或相同高度的混凝土导墙上。砌筑墙体第一皮砌块时，应先用水润湿基面，再用M7.5水泥砂浆铺砌，砌块的垂直灰缝应批刮粘合剂，并以水平尺等校正砌块的水平和垂直度，并应做好墙面防水处理。

4）第二皮砌块须待第一皮砌块水平灰缝的砌筑砂浆凝固后方可砌筑。

5）每皮砌块砌筑前，宜先将下皮砌块表面（铺浆面）用磨砂板磨平，并用毛刷清理干净后再用披灰勺铺刮水平、垂直缝处的粘合剂。

6）每块砌块砌筑时，宜用水平尺与橡皮锤校正水平、垂直位置，做到上下皮砌块错缝搭接，其搭接长度一般不宜小于1/3，且不小于100mm。

7）砌体转角和交接处应同时砌筑，对不能砌筑而又必须留设的临时间断处，应砌成斜槎。接槎时先清理槎口，然后铺粘合剂接砌。

8）砌块的垂直灰缝可先铺粘合剂于砌块侧面，然后上墙砌筑，用橡皮锤轻击砌块，要求灰缝饱满，并及时将挤出的粘合剂清除干净，做到随砌随勒，灰缝厚2～4mm。若遇一皮砌块的最后一块砌块稍长排不下时，可用钢齿磨板锉刮侧面至合适灰缝为止。

9）砌上墙的砌块不应任意移动或受撞击，若需校正应重新铺抹粘合剂进行砌筑。

10）墙体砌完后必须检查表面平整度，不平整处应用磨砂板磨平，使偏差值控制在允许范围内。

11）砌体与钢筋混凝土柱（墙）相接处应设置L型连接铁件或拉结钢筋进行拉结，设置间距应为两皮砌块的高度。当采用L型铁件时，砌体与钢筋混凝土柱（墙）间应预留10～15mm的空隙，待墙体砌筑完成后，该空隙用PU发泡剂嵌填。采用拉结钢筋时，可采用植盘法或预埋钢筋。

12）砌块墙顶面与钢筋混凝土梁底面间应预留10～15mm空隙，然后在墙顶中间部位每隔600mm用经防腐处理的木楔楔紧固定，再在木楔两侧用水泥砂浆或玻璃纤维棉、矿棉和PU发泡剂嵌严。

13）跨度小于等于1000mm的非承重过梁可采用梁高250mm的轻质砂蒸压加气混凝土专用过梁；跨度大于或等于1500mm的非承重过梁可用梁高400mm的专用过梁，例如用钢筋混凝土过梁或钢筋砌块过梁。使用钢筋混凝土过梁时过梁的宽度宜比砌块墙两侧墙面各凹5～10mm。

14）若砌块墙较长，需增强墙体整体刚度时，可在墙长的中间部位设置型钢柱，型钢柱由砌块包裹，墙面仍平整顺直。

15）装饰踢脚线凸出墙面太厚时，可用钢齿磨板将该部位的砌块磨薄后，再用粘合剂镶贴踢脚板块，这样贴脚线出墙厚度薄，观感好。

16）砌筑时，严禁在墙体中留设脚手洞。墙体修补及空洞堵塞宜用专用修补材料（和聚合物水泥砂浆）修补。

（2）墙与门窗樘的连接

1）普通木门。应在门洞两侧的墙体按上、中、下位置每边砌入带防腐木砖的C25混凝土块，然后用钉子将木门樘与混凝土块连接固定。C25混凝土块两侧墙面处采用厚20mm砌块贴面，使预埋块与整个墙面观感一致。

2）塑钢、铝合金门窗。应在门窗洞两侧的墙体中按上、中、下位置每边砌入C25混凝土块，然后用尼龙锚栓或射钉将塑钢、铝合金门窗连接铁件与混凝土固定，并在连接铁件内填充PU发泡剂。门窗樘与墙体面层结合处用建筑密封胶封口。

(3) 墙体暗敷管线

1) 水、电、通讯及智能管线的暗敷工作，须待墙体完成并达到一定强度后方可进行。开槽时，应使用手提式电动切割机并辅以手工镂槽器。凿槽时与墙面夹角不得大于 45°，开槽深度不宜超过墙厚的 1/3。

2) 敷设管线后的槽应用 1∶3 水泥砂浆填实，宜比墙面微凹 2mm，再用粘合剂补平，沿槽长外贴宽度不小于 100mm 的玻璃纤维网格布增强。

3) 浇楼板中的管线弯进墙体时，应贴近墙面敷设，且垂直段高度不低于一皮砌块的高度。

(4) 墙体抹灰和装饰施工

装饰作业前，应将墙面基层清理干净。墙的阳角部位宜用 25mm×25mm 镀锌角网条或 300mm 宽玻璃纤维网格布护角。

砌体、钢筋混凝土柱、梁与墙交接处均应铺设等于或大于 500mm 宽玻璃纤维网格布或钢丝网。窗台板、表具箱、配电箱、消火箱、电话箱等与砌体交接处的缝隙，应用 PU 发泡剂封填。

墙面批嵌腻子、粘贴瓷砖（面砖）抹灰的施工宜在墙顶空隙的嵌填作业完成后 7d 进行。

墙面抹灰前，基层应清扫干净再抹专用界面剂或采用喷浆处理，界面剂厚度宜在 2～3mm，采取喷浆处理，应及时养护，待浆面凝结达到一定强度后（不小于 1MPa），方可根据抹灰层厚度做灰饼，冲筋。界面剂施工作业应在 5℃以上的气温环境下进行。

墙面抹灰 24h 前应浇水湿润，抹灰前再洒一遍水。墙面抹灰应分层，先抹专用灰砂浆过滤层，每层厚度为 5～7mm，下一层抹灰应待前一层抹灰终凝后进行。抹灰分层接搓处，先施工的抹灰层应稍薄，要均匀结合，接搓不应过多，防止面层凹凸不平。罩面灰应边抹边用钢抹子抹平压实、抹光。

门窗、各种箱盒侧壁分层填实抹严后，用抹子划出 3mm×3mm 的沟槽，避免框体侧壁与砌体交接处空鼓、裂缝。需要打密封胶的框体周围，抹灰时应留出 7mm×5mm 的缝隙，以便嵌缝打胶。

5. 质量验收标准和检验方法

(1) 砌块和粘合剂的强度等级应符合设计要求。具体检验方法是检查砌块和粘合剂的合格证书、产品性能检测报告和工地现场抽样试验报告。

(2) 砌体的灰缝厚度饱满度及检验方法应符合表 4-21 的规定。

砌体灰缝厚度、饱满度及检验方法 **表 4-21**

灰缝及厚度（mm）	饱满度及要求	检验方法	抽检数量
水平缝 2～3	≥80%	用百格网检查砌块底面及顶面粘合剂粘结痕迹面积	每步架不少于 3 处 每处不应少于 3 块
垂直缝 2～3	≥8%		

(3) 在一般情况下，上下皮砌块错缝搭接长度不得小于 100mm。在墙体端部出现上下皮砌块错缝搭接长度小于 100mm 现象时，其面积不得大于该墙体总面积的 20%。

(4) 砌体墙面应平整、干净、无裂缝，灰缝处无溢出的粘合剂。

(5) 砌块墙体的允许偏差应符合规定。

6. 其他要求

（1）轻质砂蒸压加气混凝土砌块在运输、装卸过程中严禁抛掷和倾倒。进场后应按品种、规格分别堆放整齐，堆置高度不宜超过 2m。

（2）露天堆放的轻质砂蒸压加气混凝土砌块应采用防雨布覆盖，以防雨淋。

（3）轻质砂蒸压加气混凝土砌块不得与其他块材混砌。

六、加气混凝土砌块填充墙的控裂防渗

蒸压加气混凝土砌块填充（围护）墙抹灰层的空鼓、开裂、渗水是很常见的工程质量缺陷下面介绍一种控裂防渗配套施工新技术。

（一）加气混凝土砌块墙体开裂情况

加气混凝土砌块墙易开裂，裂缝的产生不仅严重影响墙体外观质量，更重要的是引起渗漏，影响建筑物的使用功能，导致墙体含湿量大幅度提高，进而显著降低墙体的保温隔热功能。

1. 裂缝形式

加气混凝土砌块墙体裂缝形式多种多样，一般常出现在墙体、墙梁板、墙与面的交接处。主要表现为以下几种[9]：

（1）单个砌块表面裂缝这种裂缝一般都发生在单个制品表面，裂缝并不贯通，并往往出现在年代较久未经饰面，直接受阳光照射和雨水浸蚀的墙面上，而在有覆盖层的外廊，凹阳台内部较少出现。

（2）不规则裂缝砌块切割开槽产生的裂缝，由于墙面上不可避免地要埋设水电管线，配电箱开关、插座等构件，在构件四周或沿埋管部位极易产生不规则裂缝，裂缝的长度、宽度都较大，贯穿墙体，有些裂缝从墙体顶部延伸到底部，宽度可达 2～3mm；墙体抹灰面裂缝，这种裂缝存在于墙体大面积部位，裂缝形式为不规则的横、斜交叉，缝宽大多为 1～2mm，中间宽，两端窄，长度为 0.13～1.15m，影响面积大，返工量大。

（3）水平裂缝出现在顶层屋面板上、下附近的范围，纵、横墙均有，以及门窗洞口过梁下方。大多数水平裂缝可以沿厚度和长度方向贯穿整个墙体。

（4）竖向裂缝一般存在于墙体中部，填充墙与混凝土柱或剪力墙交接处，该缝贯通全高且贯穿整个墙体。

（5）周边裂缝一般出现在砌块与墙体镶嵌黏土砖的交接处以及门窗框四周。

（6）斜向裂缝

1）正“八”字裂缝一般出现在建筑物上部的窗口转角，窗间台、窗台墙、外墙及内墙上。

2）倒“八”字裂缝少部分建筑物的窗转角、窗间墙、窗台墙，其形态同正“八”字裂缝。

2. 裂缝分类

（1）按裂缝是否贯穿墙体分类可分为贯穿性裂缝和表面裂缝。有些裂缝在填充墙的两面对称出现，延伸方向和长度一致，基本可判定该裂缝贯穿墙体。斜裂缝和水平裂缝大多数为贯穿性裂缝，而竖向裂缝有些只是墙体表面抹灰层开裂。贯穿性斜裂缝和竖向裂缝有以下几种情况：砌块开裂、灰缝开裂以及砌块和灰缝同时开裂，但一般是砌块和灰缝同时

开裂；贯穿性水平裂缝一般都是灰缝开裂。

（2）按裂缝出现的时间分可分为为早期裂缝和后期裂缝。早期裂缝是指填充墙砌筑后到加气混凝土砌块含水率达到气干状态这一阶段（一般为填充墙砌筑后的6个月）出现的裂缝。早期裂缝多数是竖向裂缝和水平裂缝，斜裂缝很少。此阶段加气混凝土砌块填充墙的裂缝主要是砌块和砂浆之间的粘结裂缝。填充墙墙体中部的水平裂缝大多数出现在早期。

后期裂缝是指加气混凝土砌块达到气干状态以后（一般为填充墙砌筑6个月以后）出现的裂缝。此阶段竖向裂缝多出现在墙体中部及墙柱连接处；而斜裂缝多出现在门窗洞口、管线穿凿处和填充墙墙体开洞处。水平裂缝多出现在梁与墙交接处、门窗洞口的过梁下方。

加气混凝土砌块填充墙早期裂缝相对较少，而后期裂缝相对较多。

（二）砌块墙体开裂的主要影响因素

1. 材料自身特点

加气混凝土是一种具有高分散性多孔结构的混凝土制品，总孔隙率可达70%～85%，且特有“肚大口小”的孔结构，这些孔多是封闭及半封闭型，其决定了加气混凝土具有以下特点：吸水速度慢，比砖墙慢3倍左右；吸水量大，吸水率达70%～80%，正常使用状态下含水率稳定在5%左右；导湿性、解湿性差。温度变形、干湿循环均会引起材料的收缩变形，在完全约束的状态下，极易在表面出现拉应力，使墙体开裂。

（1）砌块干缩的影响砌块干燥收缩值过大是导致砌块墙体空、裂、渗的重要因素。砌块的吸水率大，而且吸水慢、干燥也慢。砌块在不低于温度20℃以上，相对湿度不低于65%，自然通风条件下储存40d左右，砌块中心平均含水率不高于18%，这样可以满足规范[10]要求。施工中因场地限制或其他原因，往往按施工进度分批进场，缺少出厂后的储存干缩过程，砌筑时砌块内芯含水率大于25%，收缩率仅完成50%左右，体积很不稳定，抹灰后墙体继续干缩徐变，导致梁底、柱侧节点缝处抹灰层开裂和墙面抹灰层空鼓、开裂，情况严重时甚至脱落。

（2）砌块湿胀的影响为满足常用砌筑及抹灰砂浆粘附力和硬化条件要求，传统做法是在砌筑和抹灰前充分浇水湿润砌块，此时砌块墙体会产生吸水膨胀现象，抹灰后逐渐干燥又会引起收缩，与砌块上墙时的残余收缩应力形成叠加收缩应力，加大墙体空鼓、开裂和梁底及柱侧节点的开裂。

2. 砂浆质量的影响

（1）砌筑砂浆一些工程在砌筑墙体时直接使用水泥砂浆。由于水泥砂浆保水性差，而加气混凝土砌块吸水性较强，影响砂浆的水化，降低填充墙的抗剪强度及砂浆与砌块的粘结强度。同时，水泥砂浆本身的粘结强度低，韧性小，抗裂性差。

在砌筑时竖向灰缝的饱满度往往达不到要求，许多竖向灰缝宽度不到10mm，也会造成砂浆和砌块之间的粘结强度降低，墙体容易出现竖向裂缝。水平灰缝的饱满度一般能达到要求，但厚度过大甚至达到30mm，不仅浪费砂浆而且灰缝的收缩也将加大。由于砂浆早期收缩较大，水平灰缝厚度过大必然加剧填充墙的竖向沉降，影响砌体与梁或板底的紧密结合，产生结合部位的水平裂缝。而且随着灰缝厚度的增加，灰缝内砂浆横向变形加大，加剧了砌体受压后内部拉、弯、剪等复杂应力，使墙体开裂。

（2）抹面砂浆的影响一般抹灰材料均为脆性材料，弹性模量大，而加气混凝土弹性模量小，吸水后膨胀，失水后收缩，造成 2 种材料变形不一致，在干缩或温度变化时，其结合面处产生剪应力。同时由于界面材料与砌体的收缩特性相差过大，使砌体内部产生拉应力，这种应力负荷到干缩而产生的拉应力上来，就加剧了裂缝的发展及过早地出现。而常用的 1∶2.5、1∶3 抹灰水泥砂浆强度也大大高于加气混凝土砌块，使抹灰层易出现空鼓。

同时加气混凝土砌块几何尺寸较大，相应灰缝少，因而削弱了砌体灰缝对抹灰层的嵌固作用。其表面存在一些鱼鳞纹的疏松散粒，也起到了一定的隔离作用。

另一方面，加气混凝土表面空隙率大，毛细孔为封闭性或半封闭性，阻碍了水的渗透速度。它的吸水时间持续较长，10d 左右才能达到平衡，由于长时间的吸收表面层水分，使砂浆过早脱水，失去水化条件，降低了抹灰层与砌块墙体的粘结强度。因此，当砌块的变形应力超过结合面粘结力时，便引起抹灰的起鼓、掉皮，出现大量较集中的裂缝。此外，抹灰面层养护不够，甚至没有养护，而产生层面裂缝[11]。

3. 结构方面的作用

（1）构造柱两侧压剪应力的影响当砌块墙长超过层高 2 倍时，在墙长的 1/2 处设置钢筋混凝土构造柱[12]，与框架梁底连接形成了刚性节点，当框架梁受荷下挠时，使构造柱产生压应力集中现象，导致两侧拉结筋范围内的砌块剪切变形而开裂。

（2）门窗洞口过梁的影响施工时门窗洞口的过梁一般都直接支撑在砌块上，梁端支承处砌块的局部受压属于局部不均匀受压。当过梁上方填充墙高度较大时，与梁端底部接触的砌块产生较大的压缩变形，梁端顶部与砌块的接触面积减小，甚至脱离，使填充墙产生水平裂缝或斜裂缝。

（3）悬臂构件下挠的影响悬臂构件在上部墙体和其他荷载作用下产生下挠，导致下部墙体压溃，上部墙体弯曲开裂。

（4）楼梯踏步板与填充墙相交处抹灰粘连的影响当上下楼梯人流较集中时，会使踏步板变形下挠，而带动相交处的砌块墙产生剪切开裂。

4. 施工因素

（1）未严格执行规范

1）加气混凝土砌块出釜时的含水率约为 35%，以后逐渐干缩，体积不稳定。有些施工单位将新出釜的砌块刚采购进场就进行砌筑，或将进场的砌体随意堆放，任其雨淋；或是在墙体砌筑前将加气混凝土砌块浇水湿透，使砌筑时砌块含水率较高，体积膨胀，之后随时间收缩产生裂缝。

2）将不同出厂日期、不同干密度的砌块或不同强度等级砌块混砌，造成含水率较高的块体收缩变形较大，反之变形较小，使不均匀变形产生墙中部的不规则裂缝。

3）施工前不做加气混凝土砌块的排列组砌设计，致使上块体的搭接长度在某些部位偏短，而填充墙使用的砂浆强度等级较低；施工时如没按要求加钢筋网补强，会使墙体收缩产生轴心受拉，沿齿缝出现垂直裂缝。

4）填充墙在砌筑过程中与钢筋混凝土框架柱连接部位没有进行必要的基底处理，同时与柱边相交部位未采用水泥砂浆填缝，使之有效粘结。在实际工程中，柱与填充墙之间空隙均用混合砂浆填塞，因强度等级较低，密实性差达不到质量要求而产生裂缝。

5）在抹灰前，对砌块墙体表面没做处理或处理不当，抹灰层砂浆中的水分过早地被加气混凝土砌块吸走而失去凝结硬化条件，使抹灰层达不到预期的强度，引起空鼓开裂。

6）砌筑砂浆竖向灰缝欠饱满，不均匀，造成砂浆和砌块之间的粘结强度降低，墙体出现竖向裂缝；水平灰缝厚度过大，加剧竖向沉降，影响了砌体与梁或板底的紧密结合，产生结合部位的水平裂缝。而且随着灰缝厚度的增加，灰缝内砂浆横向变形加大，加剧了砌体受压后内部拉、弯、剪等复杂应力使墙体开裂。

（2）抢工期

1）为了加快进度和减少工序，一次性将填充墙砌至梁底。

2）用砂浆塞实梁下缝隙后即抹墙面砂浆，墙体砌筑和抹灰在较短时间内完成。这样不仅加大砌体自重，更重要的使砌块墙体随砌体失水体积收缩，出现水平及垂直裂缝。

（3）其他

1）在钢筋混凝土框架梁与填充墙的接触部位不用柔性连接（柔性连接保证有足够的变形量留给钢筋混凝土框架梁在荷载作用下变形的需要），而用水泥砂浆或C20细石混凝土塞实，在框架梁受荷载作用产生变形时，无形中向填充墙局部施加了压力，从而导致墙体开裂。

2）门窗框两侧塞灰不严，墙体预埋木砖距离过大或经开关振动木砖松动，在门窗框处产生空鼓、裂缝。

3）因布设电线管在加气混凝土填充墙上猛击猛敲剔线槽敲击出微裂缝，而没有采取有效补强措施。或是线管布设不牢固，使线管处抹灰层空鼓开裂。

（三）砌块墙体控裂技术措施

1. 设计方面

（1）砌筑前应根据墙面尺寸进行砌块排列图设计，设计排列图时要考虑砌块上下搭接错缝。

（2）采取相应的构造措施，沿填充墙高度每隔1.5m左右设水平混凝土现浇板带，板厚为60mm，内配2ϕ8钢筋；沿填充墙长度方向每隔3m左右设后浇钢筋混凝土构造柱；门窗过梁支座处设置钢筋混凝土垫块；框架结构与砌块之间应按设计要求留设拉结筋；在抹面砂浆第一遍找平层上铺设镀锌钢丝网。

（3）砌块墙长超过层高2倍时，在墙长1/2处设置钢筋混凝土构造柱，切割砌块形成阳槎，并将构造柱与框架梁的节点设置为柔性节点（图4-19）[13]，使其既能抵抗地震时的水平推力，又能消除柱两侧墙体压应力集中导致的剪切变形开裂。

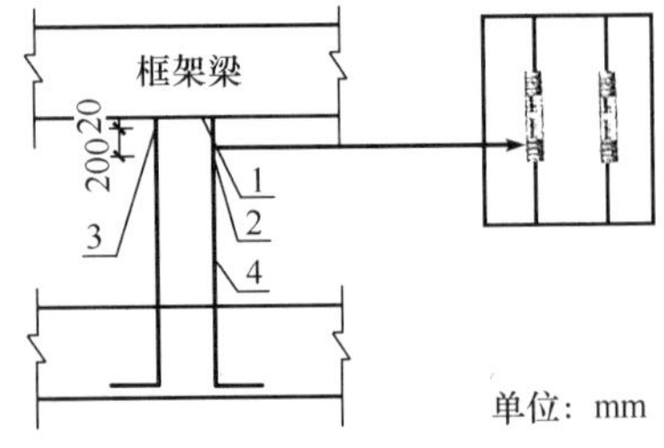

图4-19　构造柱与框架梁的柔性连接示意图

1—梁底预埋铁3mm×240mm×240mm；2—*DM*15钢套筒与构造柱受力筋焊接；3—预埋铁上焊100mm长钢筋，位置、直径同柱纵筋；4—构造柱纵筋

砌体高度大于4m时，在墙体半高部分设钢筋混凝土水平系梁，以提高整体性和抗震能力。

（4）悬臂梁上的墙体，在L形和T形交接处均设置构造柱，与悬臂梁节点柔性连接。每2皮砌块高度设2ϕ6通长拉结筋与构造柱可靠连接，墙顶与悬臂梁之间用20mm厚聚苯板填实，内外装饰时留出10mm宽缝，用耐候硅酮胶嵌成防水柔性缝，以消除悬臂梁下挠而导致的墙体开裂。

（5）窗台部位增设3ϕ6拉结筋，伸入窗洞口2侧各 500mm，并用 C20 细石混凝土将洞口处浇成 120mm 厚的拉结带；以防洞口下部砌体和抹灰层开裂。

2. 采购和现场堆放

(1) 购买砌块前首先到生产厂家进行质量考察，看是否按相同日期、等级、级别、密度分类标识，并堆放于通风、防雨，且有排水措施的场所，是否具有生产许可证、推广证和检测报告，并符合规范《蒸压加气混凝土砌块》(GB/T 11968—2006) 规定的尺寸偏差和外观要求，现场抽样并委托法定检测机构检验，主要性能指标（干密度、抗压强度、导热系数、抗冻性、弹性模量和干燥收缩值等）应符合 GB/T 11968 的要求，然后按设计空间预先绘制好的砌块排列图规格、型号在使用前 30d 购进。

(2) 砌块进场后按生产日期、规格、质量等级分别堆放，每 2 块宽度 10 皮高度为 1 行，行间保留 20cm 宽通风道，并做好排水、防雨措施；如场地窄狭，可在框架完成 3 层后按上述方法和操作层所用数量堆放于楼面上预干缩，但必须进行堆载计算，使堆放砌块每平方米重量不高于楼面设计允许活荷载的 2/3。

(3) 选用粘结力强、保水性好的加气混凝土专用砌筑砂浆和专用抹灰砂浆。

3. 施工方面的技术措施

(1) 砌筑准备　自砌块生产日期起算，通风养护预干缩 40d 左右，从每行砌块竖向中部各抽 1 块，进行核心部位钻芯取样，试样立即装入塑料袋中密封，采用接触式含水率测试仪进行现场检测，当平均含水率不高于 18%时，砌块方可上墙。

砌筑前，先在框架柱、剪力墙砌体侧面抄平，按砌块墙顶标高距框架梁底标高 130mm 控制砌体高度，并在柱、剪力墙的砌体侧面划出皮数控制线（水平缝厚度按 13～15mm 控制），然后按皮数线位置和设计要求精确定位焊接砌体拉结筋；按预先绘制的砌块排列图划排数线，竖向灰缝按 18～20mm 控制，砌体端部非整块按大于砌块长度的 1/3 且不低于 150mm 切割。然后将楼板上的平面控制网采用经纬仪借线法，投测砌体轴线、边线于柱、剪力墙侧面弹线，以便砌筑外墙不留脚手架眼，铁马凳内脚手架砌筑时的墙体垂直、平整度的随时监控。

(2) 应使用加气混凝土砌块专用砌筑砂浆砌筑。

(3) 应尽量避免在高温下砌筑填充墙，以减小由温差造成的温度变形。

(4) 砌筑过程中，砌体与框架柱、剪力墙的节点缝逐步填实砂浆后，在每侧划入 30mm 深作控制缝，释放砌体残余收缩应力；每砌完 5 皮砌块，用嵌缝抹子将内外灰缝原浆压实，以封闭毛细孔。门窗洞口及构造柱和墙体端部的非整砌块，采用无齿锯切割成型，严禁用黏土砖补充。砌至距框架梁底 130mm，15d 后采用 60°角斜砌砖砌筑并将梁底节点处砂浆划入 30mm 深作控制缝，释放砌体残余收缩应力。在内外墙抹灰前，用水灰比为 0.4 的 1∶2 补偿收缩水泥砂浆（掺加水泥 12%用量的膨胀剂），将梁底、柱侧节点缝打捻严实。

(5) 为减少由于砌筑砂浆不饱满、不密实而造成的墙体裂缝，可采用“预压原理”控制。从水平和垂直两个方向用橡皮锤进行敲击，砌筑砂浆一部分被挤出，灰缝砂浆被挤压，处于微受压状态，一方面可以抵消因砌体收缩产生受拉应力，另一方面可以使灰缝密实饱满，增加砂浆和砌块的粘结力，提高砌体的抗拉强度，从而达到控制裂缝的目的[14]。

(6) 填充墙砌至接近梁、板底部时，应留有一定的空隙，待填充墙砌筑完成至少

30d，沉降基本完成后再补砌。

(7) 楼梯踏步板施工时，与填充墙间设 20mm 厚聚苯板柔性滑动层，使填充墙抹灰后仍能与踏步板隔离，以适应踏步变形时的自由滑动，防止此处填充墙剪切开裂。

(8) 砌块墙底部采用 3 皮实心黏土砖砌筑，以免踢脚部位因使用砌块而吸潮胀裂或受碰撞开裂。

(9) 在墙体预埋电气配管，可待砌筑砂浆达到设计强度后用无齿锯切槽，开槽宽度、深度基本与线管吻合，敷管后在管槽两侧钉钉子并用铁丝扎牢，再在管上用 100mm 宽镀锌钢丝网加强。用专用抹灰砂浆抹平压实并搓毛。

(10) 对穿越墙体的通风空调管道，在砌筑时准确预留孔洞、严禁遗漏；对消防、给水系统穿越墙体的管道，用成孔机在墙体上打孔，并埋设钢套管。各种管道应在地上入户处设置柔性防水套管，以防渗漏。

(11) 抹灰前对墙面作封闭处理，刷 1 道界面粘结剂，封闭加气混凝土的表面气孔，避免它吸收砂浆中的水分，使砂浆能正常水化，保证砂浆的粘结能力，消除界面薄弱区。

(12) 分层抹灰厚度尽量薄些（6～8mm 为宜），垂直缝厚度不大于 15mm，水平缝厚度不大于 20mm，每层抹灰间隔时间不宜少于 24h。

(13) 外墙抹灰时，在墙与柱、墙与梁节点缝处，采用专用抗裂抹灰砂浆，每边抹压宽度不小于 100mm，然后开始抹专用抹灰砂浆。分 2 层打底找平，常温下待底灰喷水不起皮时即可开始喷水养护 7d。

第四节　轻质空心砌块墙体自保温技术

一、轻质空心砌块的基本特性和热工性能

1. 基本特性

轻质混凝土小型空心砌块属于轻骨料混凝土小型空心砌块的一种，通常简称轻质空心砌块或轻质砌块，具有密度小、强度适中、保温性能好、隔热、隔声、抗冻性能好以及与抹灰材料相容性好，不易空鼓、脱落，有利于结构设计，且施工方便，降低建筑造价。

这类砌块在生产过程中往往能够使用粉煤灰、炉渣等工业废料，有利于环境保护，符合国家节土、节能、利废政策的要求。其生产过程中不涉及对环境和人体健康不利的物质，不消耗石油化工资源，因而是国家产业政策提倡使用的新型墙体材料。

轻质混凝土小型空心砌块的导热系数一般为 0.23～0.55W/（m·K），具有适当的保温隔热性能，配合以具有适当保温隔热性能的砌筑砂浆和辅助适当的保温隔热性能的抹灰砂浆（或保温砂浆保温）等，可以使所得到的砌体围护结构的传热系数小于 1.0W/(m^2·K）或者更小，能够满足国家 50％节能标准的要求，属于自保温墙体系统。但是，对于寒冷、严寒气候区或者节能标准更高要求的气候区，仅使用轻质空心砌块及其配合辅助措施，通常保温效果很难达到节能标准要求。

2. 应用中的不利因素

轻质空心砌块材料为多孔材料，孔隙率高，其吸湿一放湿特性有点类似于上节介绍的蒸压加气混凝土砌块。即吸水速度慢，仅为黏土砖的 25％左右，施工预湿处理难达饱水

状态，使抹灰时仍吸收砂浆中的水分，影响砂浆的强度和粘结力，造成抹灰层的质量问题。同时，内部水分的挥发也缓慢，解湿时间长，砌体内水分和抹灰砂浆水分不能同时蒸发，产生干缩应力差，使抹灰层空鼓开裂；其干缩系数较砂浆大，易导致抹灰层开裂。此外，轻质砌块表面强度低也对砂浆粘结力产生不利影响。

与上节介绍的蒸压加气混凝土砌块相比，由于“座浆面”小，因而对砌筑技术的要求更高。

3. 轻质空心砌块的热工性能

表 4-22 中列出轻质空心砌块保温隔热性能的参数。表中的传热系数是在使用普通砌筑砂浆情况下砌筑所得到的砌体的热工性能。

不同密度等级轻质空心砌块热工性能 **表 4-22**

砌块尺寸 (mm)	排孔数	孔洞率 (%)	表观密度 (kg/m^3)	传热阻 [$(m^2 \cdot K)/W$]	传热系数 [$W/(m^2 \cdot K)$]
390×240×190	3	34.5	520	0.87	1.15
390×190×190	2	34.5	670	0.74	1.35
390×190×190	2	34.5	790	0.70	1.42
390×240×190	3	38	716	0.86	1.16
240×200×115	3	38	896	1.19	0.84

注：安徽省六安恒兴节能建材有限公司鉴定资料中检测报告数据。

从表 4-22 中可见，有些产品仅使用普通砌筑砂浆砌筑的轻质空心砌块砌体，还不能够满足建筑节能的要求。因此，砌块砌筑时必须使用轻质砌筑砂浆，同时采取适当的辅助措施，例如使用轻质砂浆抹灰或者配合以保温砂浆保温等。另一方面，有些专利产品具有很好的保温隔热性能（如表中最后一栏的产品）。

二、轻质空心砌块产品类别和质量指标

1. 分类

轻质空心砌块的质量指标可以执行国家标准《轻集料混凝土小型空心砌块》（GB/T 15229—2002），该标准按砌块孔的排数将轻质空心砌块产品分为实心（0）、单排孔（1）、双排孔（2）、三排孔（3）和四排孔（4）五类；按砌块密度等级分为 500，600，700，800，900，1000，1200 和 14000 等八个等级（注实心砌块的密度等级不应大于 800）；按砌块强度等级分为 1.5，2.5，3.5，5.0，7.5 和 10.0 等六个等级；按砌块尺寸允许偏差和外观质量分为：一等品（B）和合格品（C）两个等级。

轻集料混凝土小型空心砌块（LHB）按产品名称、类别、密度等级、强度等级、质量等级和标准编号的顺序进行标记。例如密度等级为 600 级、强度等级为 1.5 级、质量等级为一等品的轻集料混凝土三排孔小砌块的标记为：LHB（3）6001.5BGB/T15229。

2. 主规格

轻质空心砌块产品主规格尺寸为 390mm×190mm×190mm。其他规格尺寸由供需双方商定。

3. 几何尺寸允许偏差和外观质量

轻质空心砌块的尺寸允许偏差应符合表 4-23 的要求；外观质量应符合表 4-24 的要求。

规格尺寸偏差 **表 4-23**

项目名称	一等品	合格品	项目名称	一等品	合格品
长度（mm）	±2	±3	宽度	±2	±3
高度（mm）	±2	±3			

注：1. 承重砌块最小外壁厚不应小于 30mm，肋厚不应小于 25mm。
2. 保温砌块最小外壁厚和肋厚不宜小于 20mm。

外 观 质 量 **表 4-24**

项 目 名 称	一等品	合格品
缺棱掉角（个数，不多于）	0	2
3 个方向投影的最小尺寸（mm，不大于）	0	30
裂缝延伸投影的累计尺寸（mm，不大于）	0	30

4. 密度等级

轻质空心砌块的密度等级应符合表 4-25 的要求。

密 度 等 级 **表 4-25**

密度等级	砌块干燥表观密度的范围（kg/m^3）	密度等级	砌块干燥表观密度的范围（kg/m^3）
500	≤500	900	810～900
600	510～600	1000	910～1000
700	610～700	1200	1010～1200
800	710～800	1400	1210～1400

5. 轻质空心砌块的物理力学性能指标和要求

（1）强度等级强度等级符合表 4-26 要求者为一等品；密度等级范围不满足要求者为合格品。

强 度 等 级 **表 4-26**

强度等级	砌块抗压强度（MPa）		密度等级范围
	平均值	最小值	
1.5	≥1.5	1.2	≤600
2.5	≥2.5	2.0	≤800
3.5	≥3.5	2.8	≤1200
5.0	≥5.0	4.0	
7.5	≥7.5	6.0	≤1400
10.0	≥10.0	8.0	

（2）吸水率、相对含水率和干缩率

1）吸水率不应大于 20%。

2）干缩率和相对含水率应符合表4-27的要求。

干缩率和相对含水率　　表4-27

干缩率/%	相对含水率/%		
	潮　湿	中　等	干　燥
<0.03	45	40	35
0.03～0.045	40	35	30
>0.045～0.065	35	30	25

注：1. 相对含水率即砌块出厂含水率与吸水率之比

$W=w_1/w_2$

式中　W为砌块的相对含水率（%）；

w_1为砌块出厂时的含水率（%）；

w_2为砌块的吸水率（%）。

2. 使用地区的湿度条件为：潮湿系指年平均相对湿度大于75%的地区；中等系指年平均相对湿度50%～75%的地区；干燥系指年平均相对湿度小于50%的地区。

3）碳化系数和软化系数加入粉煤灰等火山灰质掺合料的小砌块，其碳化系数不应小于0.8，软化系数不应小于0.75。

4）抗冻性应符合表4-28的要求。

抗 冻 性 指 标　　表4-28

使用条件	抗冻标号	质量损失/%	强度损失/%
非采暖地区	F15	≤5	≤25
采暖地区：相对湿度≤60% 相对湿度>60%	F25 F35		
水位变化、干湿循环或粉煤灰掺量≥取代水泥量50%时	F50		

注：1. 非采暖地区指最冷月份平均气温高于－5℃的地区；采暖地区系指最冷月份平均气温低于或等于－5℃的地区。

2. 抗冻性合格的砌块的外观质量也应符合前述“表4-24外观质量”的要求。

5）放射性掺工业废渣的砌块其放射性应符合GB 6566要求。

三、轻质空心砌块施工技术措施

1. 工程概况

轻质空心砌块施工技术的施工技术很多方面类似于前面介绍的两类砌块，介绍种类施工技术的资料很多，这里不再详细介绍施工技术，而是以某大型工程为例介绍施工轻骨料混凝土小型空心砌块时所采取的技术措施。

某工程主体结构为框架剪力墙形式，内部隔墙主要采用轻骨料混凝土小型空心砌块，强度等级MU5.0，MU3.5，工程量约为22800m³。砌筑砂浆采用水泥粉煤灰砂浆，强度等级M5.0。墙体厚度为100、200、300mm三种。墙体抗震设防烈度为8度。构造柱、现浇混凝土带、抱框等强度等级均为C20，配筋为HPB235、HRB335两种级别钢筋。

2. 施工工艺流程

材料选择→样板墙砌筑→基层清理→墙体放线→砌筑页岩砖坎台→排砖撂底→拌制砂浆→砌筑→校正→竖缝填实砂浆→勾缝→构造柱→现浇混凝土带→验收。

3. 施工要点

(1) 材料选择　由于该工程层高较高，对隔声要求也较高，故对砌体材料的强度和密度提出严格要求。对于隔声要求高的机房类房间，要求采用强度等级为 MU5.0，密度不大于 1200kg/m^3（尽可能接近）的砌块，其他部位采用强度等级为 MU3.5，密度不大于 1000kg/m^{3}的砌块。

(2) 钢筋生根方式由于该工程规模大，可变因素多，属于典型的“三边”工程，在结构施工期间，隔墙具体位置未能明确，故构造柱、抱框、混凝土现浇带中的钢筋及墙体拉结筋均未能预留，均采取后生根的方式。

(3) 构造柱墙端、拐角、丁字交叉、十字交叉处均设置构造柱，长度大于 4m 的墙体中部也应设构造柱，相邻构造柱间距不得大于 4m。

构造柱一律做上、下生根处理，采用 M12 加长型膨胀螺栓植入顶板或梁内，锚入部分长度 70mm，外露部分长度 80mm，构造柱主筋与膨胀螺栓以 5d（即 60mm 长）双面满焊连接。钻孔时遇梁部位，先找出梁主筋位置，不得伤及梁内主筋。构造柱主筋生根时，膨胀螺栓应靠构造柱内侧下，保证箍筋能紧贴主筋（图 4-20）。

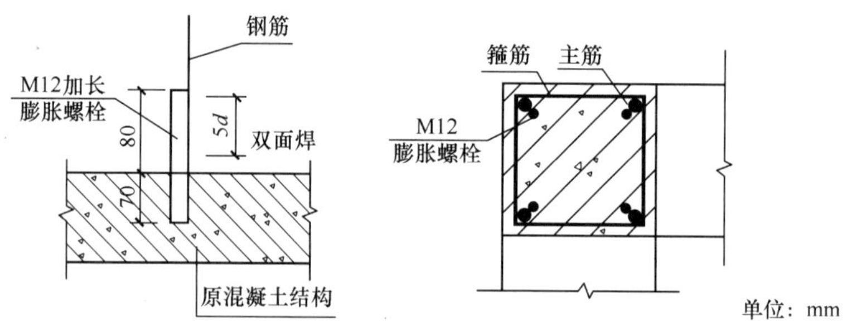

图 4-20　构造柱钢筋生根方式

(4) 门窗洞口抱框抱框截面为墙厚×100mm，主筋为 2 ϕ 12，搭接长度 650mm，接头错开 845mm。主筋需做生根处理，方法同构造柱，另配置 S 形拉筋，间距 200mm，S 形拉筋端头弯钩为 180°。当门窗洞口净宽不小于 2100mm 时，抱框应通顶设置，当门窗洞口净宽小于 2100mm 时，抱框顶部至门窗上部过梁，抱框主筋锚入过梁内 35d。

(5) 现浇钢筋混凝土带外填充墙的窗台下部和门窗上部及高度大于 4m 的墙中部每隔 2m 设置与柱连接且沿墙贯通的现浇钢筋混凝土带，内填充墙在门上部及高度大于 4m 的墙中部每隔 2000mm 设置与柱连接且沿墙贯通的现浇钢筋混凝土带。

截面为墙厚×200mm，配筋为 4 ϕ 10，搭接长度 540mm，接头错开 700mm，箍筋 ϕ 6@250。

在框架柱或剪力墙上弹出现浇带位置线，采用 4 根加长型 M12 膨胀螺栓植入柱或墙内，现浇带主筋与膨胀螺栓以 5d（即 50mm 长）双面满焊连接，方法同构造柱。

(6) 墙体拉结筋砌筑墙与框架柱或剪力墙相接处设置拉结筋，墙厚小于 300mm 时拉结筋为 2 ϕ 6@400，墙厚不小于 300mm 时拉结筋为 3 ϕ 6@400，拉结筋沿墙全长通长布设，拉结筋埋设在砂浆灰缝中（图 4-21、图 4-22）。

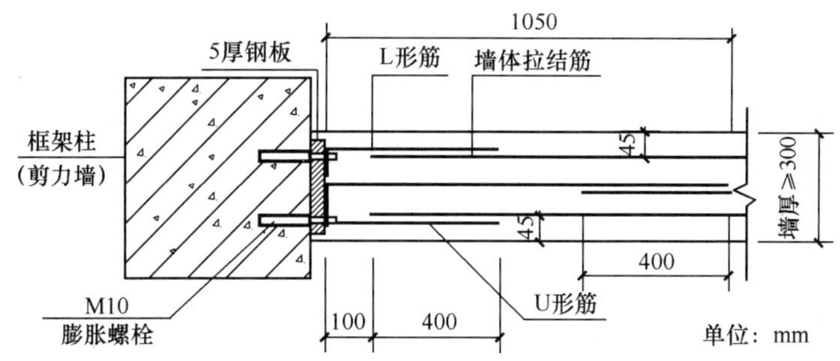

图 4-21 墙厚不小于 300 时设一 U 形筋和一 L 形筋示意图

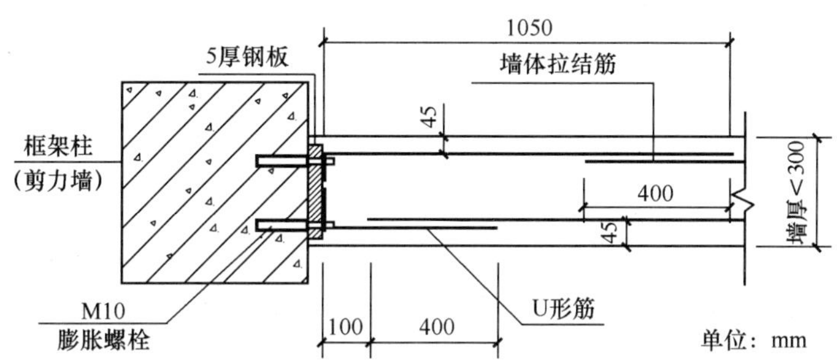

图 4-22 墙厚小于 300 时设一 U 形筋示意图

在框架柱或剪力墙上弹出砌块位置线和拉结筋位置线，墙体拉结筋与原混凝土结构采用焊接方式连接，采用 2 根 M10 膨胀螺栓将 5mm 厚钢板固定于混凝土结构上，所用钢板平面尺寸为 50mm×（墙厚 40mm），采用 U（或 L）形钢筋（ϕ 6）与钢板以 10d 单面焊接，拉结筋与 U（或 L）形筋搭接 400mm，接头相互错开 550mm，对于 200 厚的墙，其接头沿墙竖向也应相互错开。

墙体拉结筋保护层厚度为 45mm，构造柱、现浇带、抱框内主筋保护层均为 25mm。

砌筑工程中的模板工程、混凝土工程施工均按混凝土结构中的质量标准严格要求，确保混凝土构件的施工质量。模板工程施工中，为确保混凝土不漏浆，在混凝土构件部位的砌块墙上粘贴海绵条。

（7）砌筑小砌块底面朝上反砌于墙上。日砌筑高度控制在 1.5m 以内（一砌筑架步距）。砌筑时对孔错缝搭砌，上下皮竖向灰缝相互错开 1/2 砌块长。采用半砖和七分头调整组砌，严禁砖墙上出现半砖以下尺寸的砖。所有墙体下部采用页岩砖砌筑 200mm 高（以室内建筑地面标高为基准）坎台，有防水要求的房间现浇 200mm 高素混凝土坎台。

墙体转角处、沿墙 10m 左右立皮数杆，控制灰缝标高及砌块标高。填充墙砌至接近梁、板底时，应留一定空隙，待填充墙砌筑完并应至少间隔 7d 后，再用页岩砖将其补砌挤紧，补砌时要求斜砌且逐块敲紧砌实，砂浆饱满，倾斜角度 60°为宜。区别墙顶不同情况采用不同措施。

1）隔墙满顶混凝土结构板或梁时根据排砖要求，当砌块墙顶至混凝土结构板（梁）底的距离不小于 120mm 时，满足斜砌条件，使用页岩砖进行斜砌；否则不满足斜砌条件，采用单侧支模，用 C20 干硬性混凝土捣实。

2）隔墙一部分顶结构梁底，一部分顶结构板底时顶板底的部分墙宽不小于 120mm 时，采用页岩砖砌筑，墙中加设一道ϕ 6 水平拉结筋（图 4-23）。

顶板底的部分墙宽小于 120mm 时，采用 C20 干硬性混凝土捣实，墙中加设两道ϕ 6 水平拉结筋，竖向每 600mm 加一道ϕ 6 竖筋，与水平筋绑扎，两者中间加设一道钢板网（图 4-24）。

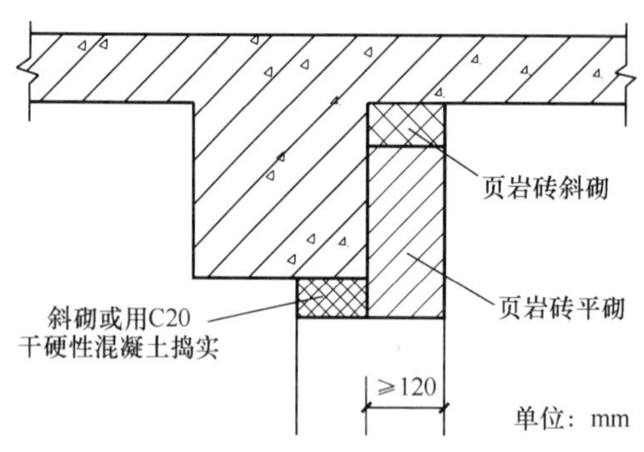

图 4-23　顶板底的部分墙宽不小于 120 示意图

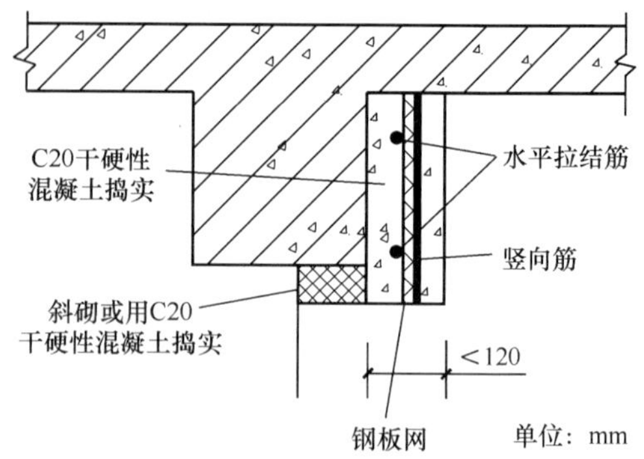

图 4-24　顶板底的部分墙宽小于 120 示意图

构造柱及抱框部位墙体砌成高 400mm 的马牙槎，先退后进。墙体内的各种管线，提前找好位置，管线躲开砖肋位置，砌块上打孔，管线直接穿砖孔，线盒处使用无齿锯切割，并且用 C20 灌孔混凝土将线盒部位的砌块灌实。

有设备吊挂的墙体应将其固定点处的砌块用 C20 混凝土灌实，采用膨胀螺栓进行设备吊挂。暗装式配电箱的位置应在砌筑时预留。对已砌筑完成的墙体均进行质量标识。

四、轻质砌块墙体抹灰层防裂技术措施

和前面介绍的加气砌块一样，轻质砌块墙体抹灰层空鼓、开裂是这类墙体常见的质量缺陷，因而施工时采取适当技术措施防止抹灰层空鼓、开裂是很重要的。

1. 轻质砌块墙体抹灰层开裂的原因

轻质砌块墙体粉刷层开裂一般裂缝宽度在 0.05～0.20mm，少量裂缝宽度可达 1.2mm，主要是温度裂缝和干缩裂缝。裂缝产生的原因可能有以下几个方面，其中有些和上面介绍的蒸压加气混凝土砌块墙体裂缝出现原因有相似之处。

（1）轻质砌块自身特性轻质砌块孔隙率高且吸水速度慢，施工预湿处理难达饱水状态，同时内部水分挥发也慢，解湿时间长，砌块和抹灰砂浆产生干缩应力差，使抹灰层空鼓开裂；砌块干缩系数较砂浆大，温湿度变化引起的胀缩应力大于抹灰砂浆抗拉粘结强度时，抹灰层就出现空鼓开裂；同时，轻质砌块表面强度较低也影响砂浆粘结力而易产生空鼓开裂。

有的轻质砌块外形尺寸偏差大，造成灰缝宽窄不一，抹灰层厚薄不均，收缩变形不等；砌块自身密度大小差异大，养护龄期不达标，含水率差异大造成收缩变形不一致等也易造成抹灰层空鼓开裂。

（2）水泥抹灰砂浆特性普通水泥抹灰砂浆性脆而干缩大、保水性及施工和易性差、易失水、粘结强度低，无纤维增强时自身抗裂性能差。

对抹灰砂浆来说，要求粘结力强，不空鼓；施工和易性好，便于操作；而体积稳定，干缩小。传统水泥抹灰砂浆不能满足轻质砌块墙体粉刷的施工要求，在施工中必须添加能改善砂浆保水性、增强粘结力、减小收缩、具有抗裂性的外加剂组分，或使用专用砂浆。

（3）设计和施工不当设计时未考虑温度应力的变化；梁下柱边与砌块连接塞和拉结筋设置要求不明确；未考虑采用与轻质砌块相匹的抹灰砂浆；对抹灰工序及电线管、开关盒、消防栓的安装法无详细技术交底，这些都是造成抹灰层开裂的原因。

未严格按设计和规范要求施工也是造成抹灰层空鼓、开的主要因素。如墙面抹灰时未按设计要求基层进行处理，一般按设计要求砌体与混凝土结构结合处应挂钢丝网，墙面清除浮灰后应施工界面砂浆；抹灰成活工序控制不严，墙面一次抹灰过厚；墙体预留施工洞口，新开管线槽、开关盒、消防栓箱等处不按要求进行填补处理，引起局部开裂等。

2. 轻质砌块砌筑施工防裂控制措施

（1）确保砌块在使用前达到稳定期砌体的干缩变形特征是早期发展比较快，以后逐步减慢。因此，使用前应确保砌块已达到使用龄期，体积已基本稳定，干缩变形较小。

（2）严格控制砌块含水率砌块的含水率对砌体的收缩性能影响很大，要严格控制砌块上墙时的含水率。除选用含水率符合标准的产品外，砌块上墙前还必须避免淋湿。

（3）采用正确的施工方法必须根据砌块干缩变形相对较大的特点，采取正确的施工方法和控制措施。重点是砌块的砌筑方法及洞口处理两方面，主要有以下一些要点：

1）施工现场的砌块应按规格堆放，堆放高度不宜超过 1.6m，并应采取防雨措施，砌筑前砌块不宜洒水淋湿，以防相对含水率超标。

2）砌筑时应尽量采用主规格砌块，并应清除砌块表面污物及底部毛边，尽量对孔搭砌，砌体的灰缝应横平竖直并且饱满，以确保墙体质量。

3）应严格控制日砌高度，高 3m 及以上的墙体砌体必须隔日顶紧砌筑，避免引起结合部位开裂。

4）不能随意砍凿砌块，禁止采用不同材料混砌。

5）砌块与混凝土柱连接处及施工留洞后填塞部位应增加拉结钢筋，锚固钢筋必须展平后砌入水平灰缝中。

6）严格控制墙体孔洞预留及开槽，以避免削弱墙体强度。洞边砌块应填实及加设边框等处理，以确保墙体的整体性。

3. 抹灰层防裂技术措施

（1）使用专用抹灰砂浆专用抹灰砂浆的性能应能够满足粘结力强、施工和易性好干缩小不开裂和成本低。

（2）施工方法和裂缝处理技术措施采用专用抹灰砂浆施工时，应清除基层表面浮灰，按要求施工界面砂浆进行处理；施工作业时，如基层较平整，可以单层 5～15mm 薄灰施涂，使用木抹板配合直边大刮尺（或冲筋）进行初步找平，然后再用钢抹子将表面抹平。对需分层施工墙面，底层抹灰厚度不应小于 8mm，用木抹子压平搓毛，使其与基层粘结牢固。待底层抹灰具有一定强度后，再进行第二层抹灰施工。

第五节　外墙内保温技术

一、概述

1. 内、外保温性能的差异

外墙外保温和内保温各有优势和特点，在采暖条件下一般认为外保温优于内保温。两种不同的保温形式的优势和不足如表4-29所示。

外墙外保温和内保温性能对比　　表4-29

保温形式	外　墙　外　保　温	外　墙　内　保　温
优点	①墙身结构整体温度提高，可进一步改善墙体的保温性能，有利于室温稳定；②保护主体结构，延长建筑物寿命，保温层设于围护结构外侧，缓冲了因温度变化导致结构变形产生的应力，可保护主体结构，提高主体结构的耐久性；③基本消除热桥，较好发挥材料的节能保温功能，防止热桥部位结露，又可消除热桥造成的附加热损失；④减少内墙面裂缝，方便室内装修及墙面悬挂、固定物件；⑤改善墙体潮湿情况，墙体内部不会发生冷凝，无需设置隔气层；⑥提高防水功能和气密性；⑦减少保温材料用量，不占用房屋的使用面积	①保温层位于室内，耐久性好，使用安全；②施工难度小，施工进度快；③成本较低
缺点	①保温层暴露在室外，受风雨侵袭，耐久性差，相对易剥落，有潜在危险；②施工复杂，在高层建筑等复杂条件下施工难度较高；③对原材料产品质量要求高	①保温隔热效果差，外墙平均传热系数高；②“热桥”保温处理困难，不易处理结露现象；③保温层易出现裂缝，外墙结构层表面温度应力大，易引起内表面保温层的开裂；④不利于室内装修，包括重物钉挂困难等；⑤占用室内使用面积

通过表4-29中的比较可以发现，在寒冷地区和夏热冬冷等地区条件下，外墙内保温主要存在墙体保温性能差、易产生冷凝结露等问题，因外墙内保温的使用；而在夏热冬暖气候区的气候条件下，这些技术缺陷并不存在[16]。

2. 夏热冬暖气候区更适合使用外墙内保温技术

一般认为，外墙内保温的缺陷在夏热冬暖气候区并不存在，而在安全性、耐久性和施工与成本等方面则更具有优势，因而夏热冬暖气候区更适合使用外墙内保温技术。

（1）热桥与总体传热系数问题外墙内保温会在楼板、檐口等处产生冷、热桥。冷、热桥会提高外墙的整体传热系数，造成更大的传导热损失。在寒冷地区和夏热冬冷等地区冬季室内采暖条件下，还会在外墙热桥的内壁或内部产生局部结露，这是外墙内保温技术的主要缺点。

夏热冬暖气候区常年室内外温差很小，采用外保温和内保温形式所产生的外墙总体传热系数和建筑能耗差异甚微，冷、热桥问题可以忽略，在这一方面外墙内保温并不存在技术缺陷。

(2) 结露现象外墙内保温引发的结露问题有三种情况：一是热桥温度低，易形成局部结露；二是间歇性供暖的房间在停止供暖时，墙体内表面温度下降较快，产生表面结露；三是由于保温材料热阻大，而水蒸气渗透阻小，在内保温层和墙体结构之间易产生内部结露。这三种情况的共同前提是：建筑物在采暖期室内外温差和绝对湿度差很大；同时墙体内表面或内部界面的温度低于室内空气露点温度。

夏热冬暖气候区建筑一般为空调制冷和自然通风的运行状态。在空调制冷的状态下，墙体表面或内部界面的温度高于室内气温；在自然通风条件下，室内外空气连通。在这两种情况下都不会因为采用外墙内保温而引起结露问题。

(3) 外墙温度应力和开裂在周期性传热条件下，内保温与外保温相比，外墙温度变化幅度更大，因此会产生更大的温度变化应力。随着昼夜和四季的更替，易在保温板的板缝部位、顶层建筑女儿墙沿屋面板的底部、两种不同材料在外墙同一表面的接缝部位以及外墙外侧的悬挑构件部位造成开裂。

在寒冷地区和夏热冬冷等地区采暖状态下，室内外温差超过 20～40℃，才会产生显著的温度应力，引起开裂问题；而夏热冬暖气候区常年温度变化幅度在 15℃以下，室内外温差不超过 5～10℃，一般的外墙主体结构采取适当构造措施完全能够应对温度应力变化，而内保温层在进行表面抗裂等处理后也基本可以保证不出现温度裂缝。

(4) 影响室内装修问题外墙内保温是否会影响室内装修和在墙面上悬挂、固定物件的问题，与所采用的保温材料有密切关系。采用泡沫聚苯板或挤塑聚苯板作为内保温层，由于硬度和抗拉强度低，会对室内装修和悬挂、固定物件造成较严重的问题。

夏热冬暖气候区对墙体传热系数的要求相对宽松，外墙保温材料选用保温砂浆类材料较多，保温层厚度一般不超过 20mm，其硬度和强度方面能适应室内装修的要求。

此外，外墙内保温范围集中在外墙剪力墙等部位，一般空调室内机或其他较重物件，往往钉挂在不需采取保温措施的内隔墙上。可避免与外墙内保温层发生冲突，将内保温层对装修的影响降低到最小。

(5) 内保温占用面积问题采用墙体内保温层，会占用一部分室内使用面积，造成实用率下降。外保温层虽然不减少使用面积，却会增加建筑面积。因此外保温同样会造成实用率的下降。因此，外墙内保温比外保温更加浪费使用面积是一种认识上的误区。

(6) 夏热冬暖气候区外墙内保温的优势根据以上分析可见，外墙内保温技术缺陷在夏热冬暖气候区并不存在，而且其在安全性、耐久性和施工与成本控制等方面更具有优势。

1) 安全性夏热冬暖气候区墙体保温多用于高层建筑剪力墙外墙，而该地区沿海风力较大，建筑外立面风荷载较大。外保温层与结构墙体的粘结都相对薄弱，特别是在高空风力拉拔作用下，安全隐患很大，所以夏热冬暖气候区高层建筑应慎用聚苯板类外保温做法。而内保温则不存在安全隐患。

2) 保温材料的耐久性夏热冬暖气候区太阳辐射总量大，时数长，空气湿度高，空气中含盐量高，这些因素都会加速材料的腐蚀。一般保温材料抗风化、抗老化和抗腐蚀能力本身低于结构材料，采用外保温时，保温材料暴露于室外大气和太阳辐射中。必然造成外保温的使用周期大大低于结构安全寿命，不利于建筑全生命周期内的节能。如果在未来进行改造则会产生大量的建筑垃圾，特别是对于高层建筑进行改造的难度会很大。

外墙内保温不会暴露于室外大气和太阳辐射中，使用寿命较长，耐久性优于外墙外保温。

3）施工与成本控制外墙外保温施工必须借助脚手架，施工难度和成本较高；而内保温施工则在室内进行，施工难度小，成本低。

3. 外墙内保温的应用

由于上面介绍的固有性能的原因，外墙内保温在夏热冬暖气候区得到很多应用。但这并不意味着外墙内保温在寒冷和夏热冬冷等气候区没有使用。实际上，外墙内保温在寒冷和夏热冬冷等气候区也有一定应用。主要鉴于以下几种情况而使用外墙内保温。

一是内、外墙复合保温。在有些情况下仅使用外保温难以满足节能要求，内保温作为一种补充，满足节能法规的要求；二是应用于具有良好保温性能墙体的内保温，如前几节介绍的砌块类墙体，得到更好的节能效果；三是外墙在采用面砖、饰面块材等饰面时，鉴于安全考虑，采取内保温和其他措施综合使用，避免使用外墙外保温；四是住户在内装修前，为了得到更好的节能效率，在已经具有外墙外保温的前提下再自行进行内保温；五是既有建筑中业主无法对外墙统一进行保温隔热施工，而为了提高保温隔热效果进行外墙内保温处理。

4. 应用于外墙内保温的材料或技术

原则上说，应用于外墙内保温的材料或技术都可以在内保温中应用，或者在经过适当处理和改进后应用。但实际上鉴于应用场合和实际要求的变化，内、外保温应用的差别很大。

一般的说，相比较外墙外保温，内保温在耐久和物理力学性能等方面的要求要低些，但在防火、环保方面的要求则更高。例如，聚苯板用于内墙保温时，在聚苯板表面粘贴无机防火板，以此进行良好的防火处理。

除了聚苯板外，在外墙内保温中应用的还有聚合物水泥基保温砂浆、胶粉聚苯颗粒保温浆料、酚醛树脂泡沫、石膏基保温砂浆等。

二、建筑保温砂浆外墙内保温应用技术

适合于外墙内保温的材料目前广泛认同较有优势的是建筑保温砂浆，特别是以玻化微珠为保温隔热骨料的保温砂浆，因其具有防火、对环境无影响和适当的保温隔热性能。

保温砂浆内墙保温系统的构造可以像设置防护层的外墙保温一样，即由基层墙体（可以是混凝土墙体或各种砌体墙体）→界面层→保温层→抗裂防护层（抗裂砂浆复合耐碱网格布）→饰面层构成；也可以不设置防护层，施工保温层后仅施工腻子找平后即进行涂料饰面。

例如，某应用于外墙内保温的保温砂浆技术性能为[17]：干表观密度 360～400kg/m^3；导热系数 0.11W/（m·K）；7d、14d、28d 压缩强度分别为 300、470、500kPa；28d 粘结强度为 70kPa；28d 抗拉强度为 170kPa；7d 至 28d 的体积收缩率为 1.3%。

不同厚度玻化微珠保温砂浆的传热阻和热惰性指标。当导热系数为 0.11W/（m·K），传热系数为 2.0W/（m^2·K）时，25mm、30mm 厚的玻化微珠保温砂浆的传热阻分别为 0.23（m^2·K）/W、0.27（m^2·K）/W。热惰性指标分别为 0.46、0.54。

使用该建筑保温砂浆进行内墙保温施工时，虽然保温层表面不设置复合有耐碱玻纤网布的抗裂防护层，但保温层表面批涂一层 2～3mm 厚抗裂砂浆层，与保温层共同形成保温、抗裂、防火、耐水体系。

建筑保温砂浆内墙保温的施工比之外墙保温更为简单，但注意内保温构造的某些节点处理。例如，不采暖地下室保温系统，其地下室顶板的保温系统构造从内到外依次为无机复合保温砂浆、玻纤网格布、抗裂防水砂浆、内饰面。再例如，做木踢脚时需要剔洞（ϕ 30mm），然后嵌入木垫块（中距 600mm），并用强力胶粘于墙上。将木踢脚用钉子钉于木垫块上，背面衬油纸一层。当使用地砖踢脚板时，可用强力胶直接粘贴；用水泥做踢脚时，用聚合物水泥砂浆打底，1∶2.5 水泥砂浆罩面。

此外，对于门、窗口等的节点处理则更为复杂，应当严格按照设计图纸进行施工。

三、酚醛泡沫塑料内保温材料简介

1. 基本性能与要求

（1）基本性能酚醛泡沫塑料保温材料常简称酚醛泡沫。酚醛泡沫的英文为 phenolic-foam，因而也简称为 PF 泡沫。酚醛泡沫是以酚醛树脂为主要原材料，加入固化剂、发泡剂和其他辅助组分，在树脂交联固化的同时，发泡剂产生气体而均匀的分散于物料中而形成的泡沫塑料。和前面介绍的聚氨酯泡沫材料一样，酚醛树脂的发泡属于物理发泡。酚醛泡沫具有如下[18]一些优异的性能。

1）具有均匀的闭孔结构，导热系数低，绝热性能好，与聚氨酯相当，优于聚苯乙烯泡沫。

2）在火焰直接作用下具有结碳、无滴落物、无卷曲、无熔化现象，火焰燃烧后表面形成一层“石墨泡沫”层，有效的保护层内的泡沫结构，抗火焰穿透时间可达 1h。

3）适用的温度范围大，短期内可在-200～200℃下使用，可在 140～160℃下长期使用，优于聚苯乙烯泡沫（80℃）和聚氨酯泡沫（110℃）。

4）酚醛分子中只含有碳、氢、氧原子，受到高温分解时，除了产生少量 CO 气体外，不会再产生其他有毒气体，最大烟密度为 5.0%。25mm 厚的酚醛泡沫板在经受 1500℃的火焰喷射 10min 后，仅表面略有炭化却烧不穿，既不会着火更不会散发浓烟和毒气。

5）酚醛泡沫除了可能会被强碱腐蚀外，几乎能够耐所有无机酸、有机酸、有机溶剂的侵蚀。长期暴露于阳光下，无明显老化现象，因而具有较好的耐老化性。

6）具有良好的闭孔结构，吸水率低，防蒸汽渗透力强，在作为隔热目的（保冷）使用时，不会出现结露。

7）尺寸稳定，变化率小，在使用温度范围内尺寸变化率小于 4%。

8）酚醛泡沫的成本低，仅相当于聚氨酯泡沫的 2/3。

（2）质量要求对酚醛泡沫塑料的质量要求如表 4-30 所示。

2. 在建筑外墙内保温中的应用

对于防火要求严格的建筑，若需要采用外墙内保温、隔热天花板、各类房屋及吊顶隔板等时，酚醛泡沫保温材料是较好的选择。下面介绍酚醛泡沫在外墙内保温中的应用。

（1）基本构造

以酚醛泡沫板为保温措施的外墙内保温系统的基本构造如图 4-25 所示。

酚醛泡沫保温材料的质量要求 **表 4-30**

项　　目	指　　标	检测参考标准
导热系数［W/（m·K）］	0.025～0.040	GB 10294—88
氧指数（%）	≥45	GB 2406—93
燃烧性能	难燃 B_1 级	GB 8625—88
烟密度（%）	≤3	GB 8627—99
压缩强度（压缩 10%）（MPa）	≥0.12	GB 8813—88
尺寸稳定性（%）	≤2	GB 8811—88
体积吸水率（v/v）（%）	≤7	GB 8810—88

（2）施工流程

墙面清理→弹线、分档、拉水平控制线→粘贴保温板→贴灰饼→第一遍罩面→贴玻璃纤维增强网格布→刮腻子、做踢脚。

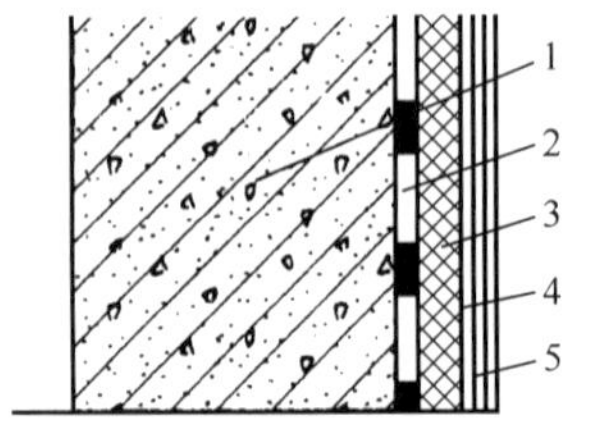

图 4-25　酚醛泡沫板外墙内保温系统的基本构造

1—基本墙体；2—粘结层；3—酚醛泡沫保温板；4—罩面层；5—饰面层

（3）施工工艺与技术要点

1）用扫帚或者钢丝刷清理墙面浮灰，混凝土墙面必须做拉毛处理，拉毛的毛钉高度不大于 4mm。

2）以 50cm 线为基准线弹出垂直中心线；用吊锤找出垂直，并以门窗为基准，向两侧按照保温板宽度分别弹出垂直分档线；按照保温层厚度，在墙、顶、地面上弹出保温墙面的边线，在保温墙面四角分别打入水泥钉，根据边线拉出贴板的水平控制线。

3）采用点框粘贴的方式，在保温板的四边分别打 6～10cm 宽的粘贴带，并在其余部位均匀分布 6 个粘贴点，粘贴带和粘贴点的胶粘剂厚度应为 3～4mm，且粘贴带要留出 8～10cm 的出气孔，如图 4-26 所示。此外，可以参照膨胀聚苯板薄抹灰外墙外保温系统施工时粘贴面积不小于聚苯板的 40%的要求，应保证酚醛泡沫板具有一定的粘贴面积。

4）以 90cm 线为基准线，窗口以下从中心线向两侧贴板，窗口以上从窗梆向两侧贴板。贴板时要适当用力将保温板贴实，并利用水平控制线控制整个保温面的平整度。板与板之间不留缝隙。

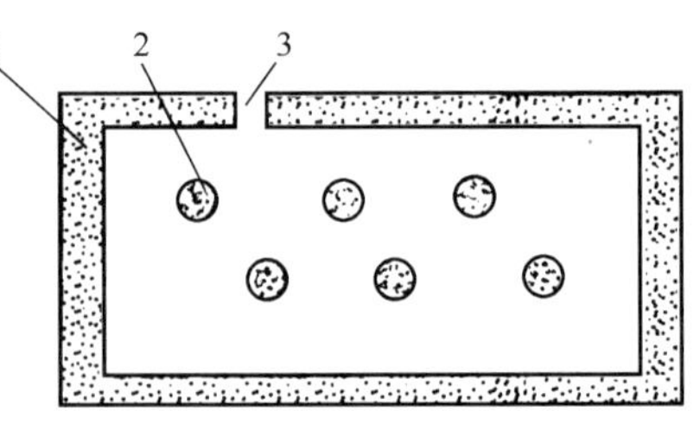

图 4-26　酚醛泡沫保温板胶粘剂布置示意图

1—粘贴带；2—粘贴点；3—出气孔

5）贴完保温板 5h 后，在保温层上贴 5cm×5cm 的灰饼，灰饼间距应在 1.5～2.0m。

6）在保温板粘贴 24h 后，进行第一次罩面作业，第一次罩面材料的调制要稀一些，抹涂的厚度为 2～3mm，作业范围应在 2m×2m，抹灰时要用力压实。

7）在第一遍罩面完成后即进行第二遍罩面。罩面厚度为 2～3mm，作业范围与第一遍相同，用大杠找平。

8）在每一个作业范围罩面找平后即进行贴网格布。要求网格布横贴。先用木抹子揉搓，将网格布压入罩面石膏浆体内；阴阳角、墙与顶、门窗洞口周边网格布均长出 5～

10cm包至非保温作业面，网格布之间应有不小于5cm的接茬，门窗洞口的45°方向上均加贴一块200mm×300mm的网格布。

9）在罩面层固化后，刮1～3mm厚的防水腻子，然后用聚合物水泥砂浆作出与罩面层厚度相同的平踢脚，并将长出的5～10cm网格布压入踢脚内。

3. 应用与发展

（1）20世纪80年代，国外科学家通过对酚醛泡沫及其制品研究，发现他们具有突出的难燃、低烟、低毒特性和优异的耐热性。90年代以来酚醛泡沫材料得到很大发展，首先受到英、美军方的重视，用之于航天航空、国防军工领域，后又被应用于民用飞机、船舶、车站、油井等防火要求严格的场所，并逐步推向高层建筑、医院、体育设施等领域。

国内1996年在上海首次采用酚醛泡沫作为空调保温材料。此后，以酚醛泡沫为基本原材料制成的保温材料在国内开始应用于宾馆、医院、大型体育场、高层建筑的中央空调的绝热系统、石油、化工、热电厂等低压蒸汽管道、设备的绝热系统、建筑内、外墙体和屋面的保温隔热以及各种复合墙体等[19]。

酚醛泡沫保温材料的应用形式通常有以下几种：一是生产成大块泡沫，再使用电脑程序控制的仿形线切割机切割成各种泡沫保温板材或管壳，作为保温隔热功能、防火功能和装饰功能而应用于各种场合；二是直接生产成贴面薄板或者大型板材，用于建筑内装饰板材或者防火墙、防火板和防火隔墙等；三是现场浇注泡沫，可在室外15℃以下浇注大型储罐、反应器和管道等保温层；四是现场喷涂泡沫，用喷枪喷涂矿井、隧道和地下建筑表面作保温隔热层。

（2）发展由于聚苯乙烯泡沫和聚氨酯泡沫都易燃，不耐高温，在一些工业发达国家中正受到消防部门的限制使用，对防火要求严格的场所，政府部门已有明文规定只能用酚醛泡沫及其夹芯板。因而，酚醛泡沫保温材料是更适合于有苛刻要求的环境条件下使用的高性能材料，有着良好的发展前景。

酚醛泡沫塑料材料存在的问题是性脆、强度低和闭孔率低等，围绕着这些问题相继进行研究和改性。对酚醛泡沫的改性通常有两种方法[20]，一是在树脂合成过程中加入其他柔性化学成分，如加入糠醛、异氰酸酯和磷酸酯衍生物等；二是在发泡配方中加入多羟基醇、橡胶和多糖等物质，提高酚醛泡沫的强度，降低脆性。

四、内外墙组合保温系统[21]

1. 系统构造和热工计算

（1）系统构造无机不燃型内外墙组合保温系统是一种既作外保温，又作内保温的组合保温系统。主要是以无机不燃型外保温砂浆，以及配套的界面砂浆、抹面砂浆、玻纤网格布等材料组成外墙的外保温层；同时，利用燃煤电厂的脱硫废渣开发透气型的内保温砂浆，以取代外墙内侧的水泥砂浆，兼具内墙的找平层和保温层，该系统的结构如图4-27所示。

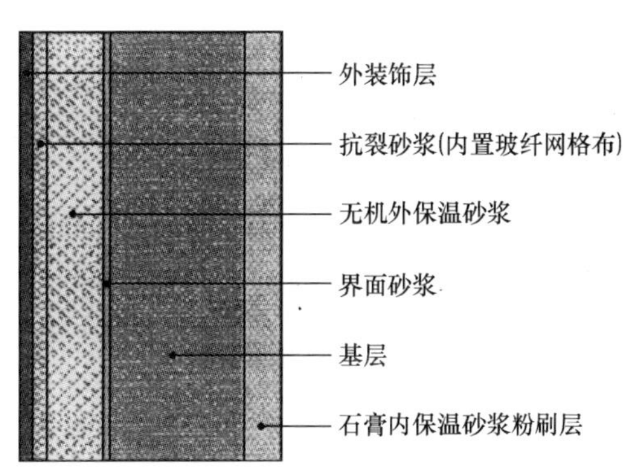

图4-27　外墙内外保温系统结构示意

另外，考虑到夏热冬冷地区以及夏热冬暖地区住宅建筑中使用空调的特点：普遍只有卧室或起居室才使用空调，而厨房、卫生间不使用空调；以及空调的使用随人员对房间使用情况而变化，因此空调与非空调房之间的隔墙保温也尤其重要。在不增加建筑物造价的基础上，开发内隔墙以及顶棚的保温材料也是一种有效的建筑节能措施。用于内隔墙及顶棚节能的石膏轻质砂浆由此应运而生，它同时可代替传统的水泥砂浆作墙面找平层。

石膏轻质砂浆具有防火、吸声、调节空气湿度等功能；同时该砂浆将彻底改变传统水泥砂浆易开裂、起壳的建筑通病。石膏轻质砂浆的强度与底层粉刷石膏（找平层）基本相同，导热系数大于石膏保温砂浆，但只有水泥砂浆的 1/5 左右，在内隔墙做双面找平抹灰，将进一步提高夏热冬冷地区住宅建筑的节能水平。

因此，内外墙组合保温系统在不增加建筑物墙体厚度的前提下，真正能达到节能效果。

不燃型内外组合保温系统的保温特征是保持外墙保温系统，增加居住建筑的外墙内保温、分户墙保温和顶棚保温，不仅确保外墙的保温性能、安全性和使用寿命，而且可提高外墙保温材料的强度。

（2）热工计算在原有的建筑节能设计中，不考虑外墙内保温，分户墙保温以及顶棚保温，外墙内侧和分户墙采用的水泥砂浆导热系数计算值为 0.87W/（m·K），采用石膏基内保温砂浆抹在外墙内侧，其导热系数计算值为 0.08W/（m·K），抹在分户墙的两侧以及顶棚代替找平层的轻质石膏砂浆，其导热系数计算值为 0.15W/（m·K），内外保温系统热工计算说明如下：

1）石膏基内保温砂浆的导热系数计算值为 0.08W/（m·K），20mm 厚内保温砂浆的热阻计算值 $R=0.02\div(0.08\times1.2)\approx0.21$（$m^2\cdot K$）/W。

2）外墙外保温砂浆自厚度为 30mm，导热系数计算值为 0.08W/（m·K），30mm 厚外保温砂浆热阻计算值$=0.03\div(0.08\times1.2)\approx0.31$（$m^2\cdot K$）/W。

3）20mm 厚内保温砂浆、30mm 厚外保温砂浆组成的内外组合保温层热阻计算值$R=0.21+0.31=0.52$（$m^2\cdot K$）/W。

4）25mm 厚膨胀聚苯板的热阻计算值 $R=0.025\div0.045\approx0.55$（$m^2\cdot K$）/W。所以，内外组合保温材料的热阻值之和接近于 25mm 厚膨胀聚苯板外墙外保温热阻值。

5）石膏基轻质砂浆导热系数计算值为 0.15W/（m·K），20mm 厚石膏基轻质砂浆找平层的热阻值 $R=0.02+(0.15\times1.2)\approx0.11$（$m^2\cdot K$）/W，水泥砂浆的导热系计算值为 0.87W/（m·K），20mm 厚水泥砂浆的热阻计算值 $R=0.02\div0.87\approx0.02$（$m^2\cdot K$/W）；石膏基轻质砂浆比同样厚度的水泥砂浆增加热阻值 0.09（$m^2\cdot K$）/W。

在分室使用空调和采暖的地区，采用石膏轻质砂浆找平后，由于住宅分户墙是双面抹灰，墙体热阻较水泥砂浆增加 0.18（$m^2\cdot K$）/W；由于住宅分户墙的面积约是外墙的 2 倍，加上顶棚的面积，单个分室的墙面热阻值增大较多，在分室使用空调和采暖时，能保证有效节能。

2. 石膏基内保温砂浆和轻质石膏砂浆的性能

内保温砂浆和轻质石膏砂浆的胶凝材料选择烟气脱硫石膏，不仅降低成本，而且符合国家节能减排政策。

脱硫石膏与天然石膏相比，价格低，作为建筑石膏其强度普遍优于天然石膏。以脱硫石膏为胶凝材料，膨胀珍珠岩为轻骨料，配制石膏基保温砂浆和轻质砂浆。

水泥基外保温砂浆、石膏基内保温砂浆、轻质石膏砂浆的技术性能如表 4-31 所示。其中轻质石膏砂浆因为采用了轻集料代替砂，其抗压强度可适当降低至 2.5MPa（同德国标准 DIN1168）。

外保温砂浆、内保温砂浆、轻质石膏砂浆的性能指标　　表 4-31

项　　目	性　能　指　标		
	外保温砂浆	内保温砂浆、	轻质石膏砂浆
干密度（kg/m^3）	≤350	≤350	≤600
导热系数［W/（m·K）］	≤0.08	≤0.08	≤0.15
抗压强度（MPa）	≥0.4	≥0.4	≥2.5
软化系数	≥0.5	—	—
体积收缩率（%）	≤0.3	—	—
难燃烧	不燃	不燃	不燃

保温砂浆的导热系数较低，保温性能良好，达到保温层粉刷石膏的性能标准，但其强度不够高，需在其外再覆盖防护面层。

外保温砂浆表面采用聚合物水泥砂浆护面层，护面层内压入增强耐碱玻纤网格布，内保温砂浆的表面采用轻质石膏砂浆，因为轻质石膏砂浆的微膨胀作用，使其与基底材料粘结牢固，表面光滑细腻无收缩。

该内、外组合保温系统主要采取的是传统抹灰工艺，与现有的外墙贴板工艺相比，施工简单，可操作性强。

五、胶粉聚苯颗粒外墙内保温系统施工技术[22]

1. 工程概况

某商住楼工程为一栋 25 层高层建筑，建筑面积 2.6 万 m^2，设计要求外墙采用内保温，选用胶粉聚苯颗粒外墙内保温系统。

2. 胶粉聚苯颗粒外墙内保温系统基本构造及施工流程

（1）基本构造系统基本构造是：基层界面处理剂→胶粉聚苯颗粒浆料保温层→抗裂防护层→饰面层。

（2）施工工艺流程系统施工工艺流程为：基层墙体处理→墙体混凝土基面涂专用界面剂→吊垂直、套方、弹控制线→用保温浆料做灰饼、冲筋→施工保温浆料保温层→施工抗裂砂浆→铺设玻纤网布→抹抗裂砂浆→内保温层、抗裂防护层验收→饰面层施工。

3. 胶粉聚苯颗粒外墙内保温系统的施工

（1）对基层面的要求为保证工程质量，减少材料浪费，本系统要求基层面：干燥、平整、毛糙，平整度用 2m 靠尺测量，误差应小于 5mm；基层表面强度不小于 0.5MPa；基层应无油污、浮尘或空鼓的疏松层等。

当基层面处理完毕后，用滚筒或齿状镘刀在混凝土墙面及混凝土砌块上均匀涂刷界面剂，增强基层面强度。

（2）胶粉聚苯颗粒保温浆料的施工

1）胶配制粉聚苯颗粒保温浆料在桶内加入洁净水（总质量的88%～90%），用手持式电动搅拌器边搅拌边加入胶粉和聚苯颗粒（1袋胶粉加1袋颗粒），充分搅拌5～7min直至均匀。

2）保温浆料的施工基层清理干净后，分2层涂抹保温浆料：第1层涂抹约10mm厚，要用抹刀压紧压实，在第1层养护至强度达到要求后，再涂抹第2层厚10mm的保温浆料。

3）涂抹完工的保温层养护5～7d后，再进行保护面层的施工。

（3）施工抗裂砂浆

1）将抗裂砂浆加水充分搅拌，将其均匀涂抹（2mm厚）在胶粉聚苯颗粒保温层上。

2）将耐碱玻纤网格布按规定尺寸裁好，将翘曲的环形边裁齐，用抹子将网格布搓柔压平，将抗裂砂浆在网格布上均匀抹平整。贴网格布时竖、横向接搓部位搭接宽度不小于100mm。大面积网格布埋填应沿水平方向绷直绷平，并将弯曲的一面朝里，用抹刀压铺固定，以确保网格布紧贴砂浆粘结。注意耐碱玻纤格布必须压实并搓出抗渗防裂砂浆，防止空鼓。

对门、窗洞口内侧周边与大墙面成45°阳角部分各加1层300mm×200mm玻纤网布进行加强，大面积玻纤网格布搭接在门窗洞口周边的玻纤网格布上，不得有皱褶、空鼓、翘边等现象。

3）待第一道砂浆固化良好后再均匀批涂第二道抗裂砂浆抹面，抹面层以盖住网格布为准（1～1.2mm厚）。

4）当脚手架拆除后，应立即对孔洞进行填补，并用水泥砂浆压平，待表面干燥后，将调好的胶粉聚苯颗粒保温浆料抹入压实；保温层养护干燥固化后，用抗裂砂浆粘结并把内置网格布抹平，干燥24h后再涂抹第二遍保温浆料，并与原有面层平齐。注意嵌入的网格布大小能覆盖整个修补区域，与原有网格布至少重叠65mm。对墙面遭受其他损坏的区域，修补处理方法同上。

六、聚苯板外墙内保温系统施工技术

1. 简述

以粉刷石膏粘贴聚苯板构成的外墙内保温系统具有很多优势：与保温砂浆相比，避免了可能出现的空鼓和强度低的缺点；与预制保温板相比，避免了墙面可能出现裂缝的缺陷。

增强粉刷石膏聚苯板外墙内保温体系是以聚苯板为保温材料，以粘结石膏为粘结剂，中碱玻纤网布增强，粉刷石膏罩面的一种保温体系。该体系可应用于各种工、民建外墙内保温，和楼梯间、地下室、外挑阳台顶板的保温等。与其他保温体系相比，有以下特点：①从结构上合理地消除了板缝间的热桥，热工性能好；②聚苯板与墙体之间的空气层共同保证了良好的隔声、隔热效果；③罩面层采用干缩值低的粉刷石膏，双层玻纤网布增强，既保证了保温墙体的面层强度，又避免了板缝及门、窗洞口部位的开裂；④依靠粉刷石膏凝结硬化快的特点，可大大缩短工期；⑤采用现场施工工艺，省去工厂预制过程，降低内保温成本。

2. 材料选择

（1）保温材料阻燃型聚苯板，密度可依设计要求，一般以大于 18kg/m³。

（2）胶粘剂以建筑石膏为较凝材料，采用适当添加剂配制成粉状胶粘剂，虽然石膏基胶粘剂耐水性不良，但粘结强度高，触变性能好，施工方便，能够满足内墙应用的要求。

（3）石膏基抹面胶浆石膏基抹面胶浆干燥固化快，粘结强度，不会出现空鼓开裂，表面微孔结构可改善呼吸透气效果，并具有良好的防火性能。

（4）玻纤网布采用涂覆中碱玻纤网布，能提高内保温的整体强度、刚度和表面抗裂性及抗冲击性能。

3. 施工工序

表面清理→弹线→粘贴聚苯板→灰饼冲筋→抹罩面灰→表面嵌入 A 层网格布→作窗口护角→粘贴 B 层网布→刮耐水腻子。

4. 施工要点

（1）清理基层凡凸出墙面 10mm 的砂浆、混凝土块必须剔除，并扫净墙面。

（2）弹线根据墙体上的 500mm 控制线、空气层与聚苯板的设计厚度以及墙面平整度，在与外墙内表面相邻的墙面、顶棚和地面上弹出聚苯板粘贴控制线和门窗洞口控制线。

（3）粘贴聚苯板用石膏基胶粘剂呈梅花形在聚苯板上设置粘贴点，沿聚苯板四边设矩形粘贴条，同时在矩形条上预留排气孔。将聚苯板粘贴在墙面上，留出 10mm 左右空气层。聚苯板的粘贴面积应不小于聚苯板面积的 40%。

（4）抹灰、铺玻纤网布外墙内保温专用石膏基抹面胶浆直接抹灰冲筋，灰饼厚度控制在 7～8mm，待灰饼硬化后在聚苯板上直接批涂石膏基抹面胶浆。据灰饼厚度，用杠尺将抹面胶浆刮平，用抹子搓毛后，在抹面胶浆层初凝之前，横向绷紧被覆 A 层中碱玻纤网布，用抹子拍入到抹灰层内，然后搓平、压光。

（5）门窗护角、厨厕间、踢脚板作法护角用水泥砂浆抹灰，厨房、卫生间用耐水型石膏基抹面胶浆。

（6）粘贴 B 层玻纤网布待抹面胶浆层初凝前，粘贴 B 层中碱玻纤网布。

（7）刮耐水腻子待面层抹面胶浆凝固硬化后，即可满刮两遍耐水腻子。

第六节 《建筑节能工程施工质量验收规范》（GB 50411—2007）中墙体节能验收项目

GB 50411—2007 在第四章墙体节能分项工程中，规定了采用板材、浆料、块材及预制复合墙板等墙体保温材料或构件的建筑墙体节能工程的质量验收。这些材料包括了本书第二、第三章和本章所介绍的各种墙体节能材料。

墙体节能工程安装施工的质量验收规定分为“主控项目”和“一般项目”两类。

一、验收规范规定的项目

1. 主控项目

（1）材料、构件等应符合设计要求和相关标准的规定。

（2）保温隔热材料的导热系数、密度、抗压（压缩）强度、燃烧性能应符合设计要求。该项指标是必须考核且满足要求的指标。

（3）应对保温材料、粘结材料、增强网等进行见证取样送检复验。

（4）严寒、寒冷地区外保温使用的粘结材料的冻融试验应符合相关要求。

（5）施工前应按照设计和施工方案的要求对基层进行处理，并符合保温层施工工艺的要求。

（6）墙体节能工程各层构造做法应符合设计要求，并应按照经过审批的施工方案进行施工。

（7）保温材料的厚度应符合设计要求；保温板与基层及各构造层之间的粘结或连接必须牢固。粘结强度和连接方式应符合设计要求和相关标准的规定；不应脱层、空鼓和开裂。浆料保温层应分层施工。当采用预埋或后置锚固件时，其数量、位置、锚固深度和拉拔力应符合设计要求，后置锚固件应进行锚固力现场拉拔试验。该项指标是必须考核且满足要求的指标。

（8）外墙采用预置保温板现场浇筑混凝土墙体时，保温材料的验收应执行 GB 50411 第 4.2.2 条的规定；保温板的安装应位置正确、接缝严密，保温板在浇筑混凝土过程中不得移位、变形，保温板表面应采取界面处理措施，与混凝土应粘结牢固。混凝土和模板的验收应执行 GB 50204 的相关规定。

（9）当外墙采用保温浆料做保温层时，应在施工中制作同条件试件，检测其导热系数、干密度、压缩强度。试件见证取样送检。

（10）墙体节能工程各类饰面层的基层及面层施工，应符合设计要求和 GB 50210 的规定。外墙外保温工程不宜采用粘贴饰面砖做饰面层。当采用时，必须保证保温层与饰面砖的安全性。外墙外保温工程的饰面层不应渗漏。当外墙外保温工程的饰面层采用饰面板开缝安装时，保温层表面应具有防水功能。外墙外保温层及饰面层与其他部位交接的收口处，应采取密封措施。

（11）保温砌块砌筑的墙体，应采用具有保温功能的砂浆砌筑。砌筑砂浆的强度等级应符合设计要求。砌体的水平灰缝饱满度不应低于 90％，竖直灰缝饱满度不应低于 80％。

（12）预制保温墙板应有型式检验报告安装性能。报告中应含安装性能的检验。保温墙板的结构性能、热工性能及与主体结构的连接方法应符合设计要求，与主体结构连接必须牢固。保温墙板的板缝、构造节点及嵌缝做法应符合设计要求。保温墙板板缝不得渗漏。

（13）当设计要求在墙体内设置隔气层时，隔气层的位置、使用的材料及构造做法应符合设计要求和相关标准的规定。隔气层应完整、严密，穿透隔气层处应采取密封措施。隔汽层冷凝水排水构造应符合设计要求。

（14）外墙和毗邻不采暖空间墙体上的门窗洞口四周墙面，凸窗四周墙面或地面，应按设计要求采取隔断热桥或节能保温措施。

（15）严寒和寒冷地区外墙热桥部位，应按设计要求采取节能保温等隔断热桥措施。该项指标是必须考核且满足要求的指标。

2. 一般项目

（1）进场节能保温材料与构件的外观和包装应完整无破损，符合设计要求和产品标准的规定。

（2）当采用加强网作防止开裂的加强措施时，加强网的铺贴和搭接应符合设计和施工工艺的要求。

（3）设置空调的房间，其外墙热桥部位应按设计要求采取隔断热桥措施。

（4）施工产生的墙体缺陷如穿墙套管、脚手眼、孔洞等，应采取隔断热桥的保温密封修补措施。

（5）墙体保温板材接缝方法应符合施工方案要求，保温板拼缝应平整严密。

（6）墙体采用保温浆料时，保温浆料层宜连续施工；保温浆料厚度应均匀、接茬应平顺密实。

（7）不同材料基体交接处、容易碰撞的阳角及门窗洞口转角处等特殊部位的保温层应采取防止开裂和破损的加强措施。

（8）采用现场喷涂或模板浇注有机类保温材料做外保温时，有机类保温材料应达到陈化时间后方可进行下道工序施工。

二、验收规范规定的检验方法和检查数量

1. 主控项目

（1）检验方法：观察尺量检查；核查质量证明文件。

检查数量：按进场批次，每批随机抽取 3 个试样进行检查；质量证明文件应按照其出厂检验批进行核查。

（2）检验方法：核查质量证明文件及复验报告。

检查数量：全数检查。

（3）检验方法：随机抽样送检，核查复验报告。

检查数量：同一厂家同一种产品，当单位工程建筑面积在 2 万 m^2 以下时各抽查不少于 3 次；当单位工程建筑面积在 2 万 m^2 以上时各抽查不少于 6 次。

（4）检验方法：核查质量证明文件。

检查数量：全数检查。

（5）检验方法：对照设计和施工方案观察检查；核查隐蔽工程验收记录。

检查数量：全数检查。

（6）检验方法：对照设计和施工方案观察检查；核查隐蔽工程验收记录。

检查数量：全数检查。

（7）检验方法：观察；手扳检查；保温材料厚度采取针插法或剖开法尺量检查；粘结强度和锚固力核查试验报告；核查隐蔽工程验收记录。

检查数量：每个检验批抽查不少于 3 处。

（8）检验方法：观察检查；核查隐蔽工程验收记录。

检查数量：全数检查。

（9）检验方法：核查试验报告。

检查数量：每个检验批应抽样制作同条件养护试块不少于 3 组。

（10）检验方法：观察检查；核查试验报告和隐蔽工程验收记录。

检查数量：全数检查。

（11）检验方法：对照设计核查施工方案和砌筑砂浆强度报告，用百格网检查灰缝砂

浆饱满度。

检查数量：每楼层的每个施工段至少抽查一次，每次抽查 5 处，每处不少于 3 个砌块。

(12) 检验方法：检查型式检验报告、出厂检验报告、对照设计观察和淋水试验检查；核查隐蔽工程验收记录。

检查数量：型式检验报告、出厂检验报告全数核查；其他项目每个检验批抽查 5%，并不少于 3 处。

(13) 检验方法：对照设计观察检查；核查质量证明文件和隐蔽工程验收记录。

检查数量：每个检验批抽查 5%，不少于 3 处。

(14) 检验方法：对照设计观察检查；必要时抽样剖开检查；核查隐蔽工程验收记录。

检查数量：每个检验批抽查 5%，不少于 5 个洞口。

(15) 检验方法：对照设计和施工方案观察检查；核查隐蔽工程验收记录。

检查数量：按不同热桥种类，每种抽查 20%，并不少于 5 处。

2. 一般项目

(1) 检验方法：观察检查。

检查数量：全数检查。

(2) 检验方法：观察检查；核查隐蔽工程验收记录。

检查数量：每个检验批抽查不少于 5 处，每处不少于 $2m^2$。

(3) 检验方法：对照设计和施工方案观察检查；核查隐蔽工程验收记录。

检查数量：按不同热桥种类，每种抽查 10%，并不少于 5 处。

(4) 检验方法：对照施工方案观察检查。

检查数量：全数检查。

(5) 检验方法：观察检查。

检查数量：每个检验批抽查 10%，并不少于 5 处。

(6) 检验方法：观察、尺量检查。

检查数量：每个检验批抽查 10%，并不少于 10 处。

(7) 检验方法：观察检查；核查隐蔽工程验收记录。

检查数量：按不同部位，每类抽查 10%，并不少于 5 处。

(8) 检验方法：对照施工方案和产品说明书进行检查。

检查数量：全数检查。

参考文献

[1] 吴玉林，肖建. 外墙梁柱保温与非保温部位接缝的处理方法。新型建筑材料，2006，(4)：42.

[2] 混凝土保温砖. Q/DSJC 08—2008. 安徽德森建材科技发展有限公司.

[3] 复合自保温技能砌块. Q/SP 01—2009. 安徽森普新型材料发展有限公司.

[4] 安徽森普新型材料发展有限公司企业标准. 自保温砌块砌筑砂浆. Q/SP 02—2009.

[5] 复合自保温节能砌块鉴定资料. 复合自保温节能砌块砌体工程施工及质量验收规程. 安徽森普新型材料发展有限公司. 2009 年 9 月.

[6] UF—现浇泡沫保温材料推广项目申报资料. 天津优宁福姆节能科技开发有限公司. 2001.

[7] 邹海江，贾宝书. 蒸压加气混凝土砌块复合保温外墙性能与构造. 建筑技术，2009，40 (1)：67～69.

[8] 高原，张君. 加气混凝土自保温与聚苯板外保温墙体保温隔热性能对比. 新型建筑材料，2010，37 (3)：48～52.

[9] 易晓园，杨长辉。加气混凝土砌块墙体裂缝成因及防治措施。新型建筑材料，2007，(3)：5～7.

[10] GB 50011—2001，建筑抗震设计规范.

[11] 康作喜，张仁，魏明岩. 浅析加气混凝土保温砌块砖砌体裂缝及片层的原因. 黑龙江水利科技，2002 (2)：141.

[12] GB 50203—2002. 砌体工程施工质量验收规范.

[13] 李晓民，贾华远. 加气混凝土砌块填充墙控裂防渗技术. 新型建筑材料，2007，(5)：49～51.

[14] 孙林柱. 控制加气混凝土墙体开裂的关键技术. 新型建筑材料，2006 (2)：57.

[15] 孙保军，郭岳，张春峰. 轻骨料混凝土小型空心砌块施工技术措施. 建筑技术，2007，38 (4)：285～287.

[16] 袁磊，张道真. 夏热冬暖气候区外墙内保温的适用性分析. 建筑技术，2009，40 (40)：313～315.

[17] 陈振基，罗秋苑，黄远洋. 夏热冬暖地区内保温的特点和做法。新型建筑材料，2006，(5)：7～9.

[18] 刘刚，王新民，钱金广. 酚醛泡沫在建筑节能中的应用. 新型建筑材料，2001，(6)：32～33.

[19] 殷宜初. 国内外酚醛泡沫的开发与应用. 新型建筑材料，2004，(10)：46～47.

[20] 唐二军，田宝勇，张革红. 无毒不燃型酚醛泡沫塑料的研制. 新型建筑材料，2002，(6)：39～40.

[21] 叶蓓红，赵磊。不燃型内外墙组合保温系统. 新型建筑材料，2009，36 (5)：60～62.

[22] 张希媛. 胶粉聚苯颗粒外墙内保温系统的施工技术. 新型建筑材料，2005，(7) 64～65.

[23] 李占锋. 节能与增强粉刷石膏聚苯板在高层商务楼外墙内保温体系中的应用. 建筑技术，2006，37 (2)：130.

第五章　屋面保温隔热技术

第一节　概　　述

一、屋面保温隔热的特点

屋面是建筑物围护结构的重要部位，是建筑节能需要进行处理的首要对象。目前，在多层住宅建筑中，屋面的能耗约占建筑总能耗的5%～10%，占顶层楼能耗的40%以上[1]。因此，屋面保温隔热性能的好坏是顶层楼居住条件和降低空调（采暖）能耗的重要因素。从所受到的自然气候条件来说，屋面的保温隔热比之墙体有着更为苛刻的要求。例如，屋面对防水的要求和屋面所可能受到的最高、最低温度和温度骤变以及防水层的布置等，都是需要考虑的问题。

与墙面相比，屋面的保温隔热和结构方式有许多特点和差别。必须对这些差别予以注意并分别对待和采取相应的处理方式。

1. 保温和隔热的概念有明显区别

屋面的保温和隔热的概念有时会完全分开。墙面虽然也存在着这样的概念，但通常还是互相联系的，即墙面的保温隔热层在能够提供保温的同时，往往也同时能够提供隔热的功能，尤其是外墙外保温更是如此。而屋面则不同，虽然应用于北方寒冷和严寒地区的保温隔热屋面也能够同时起到保温隔热的作用，但对于应用于南方夏热冬暖地区的隔热屋面，例如架空、蓄水、种植等隔热屋面来说，则只能够起到隔热作用，而基本上没有保温效果。因而，对于屋面工程来说，保温和隔热的概念区别明显。

2. 与墙面具有完全不同的隔热处理方式

在南方夏热冬暖地区，对于有些方式的屋面的隔热处理，是只能够针对屋面这种结构特征进行的，这些隔热措施根本不可能应用于墙面，例如架空、蓄水、种植等隔热屋面等，与墙面在提供隔热作用的同时，也能够起到保温作用截然不同。

3. 屋面的保温隔热层与防水层关系密切并互相影响

从结构顺序来说，屋面的保温隔热层有两种构造方式，一是处于防水层的上面，一是置放于防水层的下面。但不管处于什么样的结构，屋面的保温隔热层与防水层都存在着密切关系并互相影响。即后施工的结构层影响着先施工的结构层。例如，如果屋面的保温隔热层处于防水层的上方，则在施工保温隔热层时，其施工作业对其下面的防水层会产生直接影响。因而，施工注意事项或者操作细则都对此做出规定或者提示，以免造成损害。例如，国家标准《屋面工程技术规范》（GB 50345—2004）中规定："保温层设置在防水层上部时，保温层的上面应作保护层；保温层设置在防水层下部时，保温层的上面应做找平层"。

4. 屋面与墙面的保温隔热层细部处理有根本差别

屋面保温隔热层的细部处理涉及的多是管道、女儿墙、排水口等，而墙面保温隔热层的细部处理所涉及的往往是门窗洞口、阴阳角和很少量的穿墙管道等，二者的细部处理有着根本区别，所需要采用的措施和技术也根本不同。

二、屋面保温隔热材料的种类及性能特征

屋面保温隔热材料的种类主要有板块类和现场施工类两大类。板块类保温隔热材料主要有聚苯乙烯泡沫塑料板、泡沫玻璃、加气混凝土类、膨胀珍珠岩、膨胀蛭石和水泥聚苯泡沫塑料板等类别；现场施工类的保温隔热材料主要有现喷硬质聚氨酯泡沫塑料、现浇水泥聚苯颗粒保温层等，这些材料的特征如表 5-1 所示。屋面隔热层目前主要使用的有架空、蓄水、种植等类型。由于架空、蓄水、种植等隔热屋面属于使用普通建筑材料进行现场施工而得到的隔热结构，不在本书的讨论范围。

屋面保温隔热材料和隔热层的种类及性能特征　　表 5-1

种类	材料类别	产品举例	性能特征概述
板块类	聚苯乙烯泡沫塑料板	挤塑型聚苯乙烯泡沫塑料板；模塑型聚苯乙烯泡沫塑料板	是有机保温材料，这类材料具有极好的保温隔热性能，其导热系数一般为 0.030～0.045W/（m·K）；且吸水率很低（挤塑型≤1.5%；模塑型≤6.0%）和强度相对很高（压缩强度≥0.25MPa；抗拉强度≥0.10MPa）
	泡沫玻璃	泡沫玻璃板	是无机保温材料，具有很好的保温隔热性能，其导热系数一般≤0.062W/（m·K）；几乎不吸水（吸水率≤0.5%），耐化学腐蚀，抗压强度高，变形小，耐久性好成本相对较高
	加气混凝土类	各种加气混凝土砌块或板材	是无机保温材料，具有适当的保温隔热性能，其导热系数一般在 0.1～0.2W/（m·K）范围；较高的结构强度（抗压强度≥2.0MPa），但吸水率很高，是该类材料长久存在的性能缺陷
	膨胀珍珠岩、膨胀蛭石	水泥膨胀珍珠岩板、水泥膨胀蛭石板、沥青膨胀珍珠岩板、沥青膨胀蛭石板、水玻璃膨胀珍珠岩板、水玻璃膨胀蛭石板等	是传统使用的无机类屋面保温隔热材料，保温隔热性能因产品不同而异，其导热系数一般≤0.087W/（m·K）；产品特性因种类不同相差很大，水泥基膨胀珍珠岩、膨胀蛭石板的吸水率高，是该类材料长久存在的性能缺陷；沥青基膨胀珍珠岩、膨胀蛭石板的产品成本高，应用量很小；水玻璃基膨胀珍珠岩、膨胀蛭石板几乎不吸水，保温性能也很好
	废聚苯泡沫板	水泥废聚苯泡沫塑料板等	是近年来研制的新型保温隔热材料，保温隔热性能、吸水率和体积稳定性等均优于膨胀珍珠岩以及膨胀蛭石制品，并且能够大量的利用废弃的泡沫塑料和粉煤灰，有利于环保和节约资源
现场浇注施工类	聚氨酯	现喷硬质聚氨酯泡沫塑料	具有很好的保温隔热性能，其导热系数一般≤0.027W/（m·K）；吸水率低（吸水率≤3.0%）；能够形成整体无缝的保温隔热层，在产生保温隔热效果的同时具有防水性能，是目前性能优异的保温隔热材料，尤其适用于屋面工程，而且施工方便，但成本较高
	聚苯颗粒	现浇粉煤灰水泥聚苯颗粒保温层、现浇发泡水泥聚苯颗粒保温层等	具有适当的保温隔热性能，其导热系数一般≤0.06W/（m·K）；吸水率因浇注施工时采用的配方不同，差别很大；能够形成整体无缝的保温隔热层；能够大量的利用废弃的泡沫塑料，有利于环保和节约资源，成本低

续表

种类	材料类别	产品举例	性能特征概述
现场浇注施工类	泡沫混凝土	现浇水泥泡沫混凝土屋面保温层	系水泥基无机材料，具有抗老化性能好，抗压强度高，防火、耐高温、体积稳定以及整体性好等特征，但吸水率高，吸水后保温性能变差。泡沫混凝土的干密度为 400～800kg/m³；导热系数 0.09～0.21W/（m·K）；吸水率 23％
	其　　他	现浇膨胀珍珠岩保温隔热层、膨胀蛭石保温隔热层等	具有一定的保温隔热性能（由于现场施工的质量控制上的差异，其导热系数一般比其相应制品的高）；曾是我国使用的主要屋面保温隔热层，但由于吸水率大和新材料的引入，现在的应用已经很少

注：表中吸水率和导热系数数据参照的国家或行业标准有：《绝热用模塑聚苯乙烯泡沫塑料》（聚苯乙烯泡沫）（GB/T 10801.1—2002）；《绝热用挤塑聚苯乙烯泡沫塑料》（XPS）（GB/T 10801.2—2002）；《建筑物隔热用硬质聚氨酯泡沫塑料》（GB 10800—89）；《膨胀珍珠岩绝热制品》（GB/T 10303—2001）；《泡沫玻璃绝热制品》（JC/T 647—2005）、《蒸压加气混凝土砌块》（GB 11968—2006）和《胶粉聚苯颗粒外墙外保温系统》（JG 158—2004）等。

三、屋面的结构形式和提高保温隔热的措施

1. 屋面的结构形式

常见的屋面有平屋面和坡屋面两大类，二者的保温隔热处理方式不同，例如对于坡度较大的屋面，保温层应采取防滑措施；对于平屋面，当使用吸湿性较大的保温材料作为封闭式保温层时，宜采用排气屋面等。

就屋面的应用功能来说，通常分为上人屋面与非上人屋面，这两种不同的屋面对保温隔热材料和保温隔热层构造的要求有很大差别。前者要求保温隔热材料和保温隔热层构造均需要具有较高的强度，同时需要给予特殊的结构处理等。

2. 提高屋面保温隔热的措施

降低屋面热量的损耗，是降低建筑总体热量损耗的重要环节。要真正实现建筑节能达到 50％，并逐步过渡到 65％的要求，除了对墙体，外门窗必须采取有效的保温措施外，还必须对屋面采取必要的保温隔热措施。

（1）选用热导率小、重量轻、强度高的新型保温材料　进行屋面保温工程设计时，在综合考虑经济发展水平的情况下，应优先采用热导率小、重量轻、吸水率低、抗压强度高的新型保温材料。如选用现场喷涂硬泡聚氨酯，这种保温材料重量轻，热导率极小，吸水率非常小，适用于形状比较复杂的屋面，还具有防水功能。

（2）增加保温层的厚度　要使建筑物整体达到节能 50％、65％的目标，应根据建筑物耗热量指标及所选用保温材料的品种、屋面相关层次的构成，以及当地的室外计算温度，在确保室内温度的条件下，通过计算增加保温层的厚度，以降低热量的损失。

（3）做好防水层，降低保温层内的含水率　渗漏水是屋面工程的质量通病。屋面渗漏水、雨水通过防水层，进入保温层，使保温层含水量大大提高而降低保温效果。因而，要降低热量损耗就必须做好屋面防水层，以确保保温层的含水率相当于当地自然风干状态下的平衡含水率。

（4）采用吸水率低的保温材料　屋面保温工程宜选用一些吸水率低的保温材料，如沥

青膨胀珍珠岩、聚苯乙烯泡沫板、硬泡聚氨酯泡沫等，以保证保温层在使用期间能够保持很低的含水率。

(5) 设置排气屋面　设置排气屋面的目的就是要将保温层内的水分逐步排出，以降低保温层的含水率，使保温层能达到当地自然风干状态下的平衡含水率，减少屋面部分的热量损耗，确保保温效果。

(6) 采用生态型的节能屋面　利用屋顶植草栽花，甚至种植灌木或蔬菜，使屋顶上形成植被，成为屋顶花园，起到了良好的隔热保温作用。

种植屋面分为覆土种植屋面和无土种植屋面两种，覆土种植屋面是在屋顶上覆盖种植土壤，厚度 200mm 左右，有显著的隔热保温效果。无土种植屋面是用水渣、蛭石等代替土壤作为种植层，能够减轻屋面荷载，提高屋面隔热保温效果，降低能源消耗。

四、屋面保温隔热层的有关设计要求和热工计算举例

下面根据国家标准《屋面工程技术规范》(GB 50345—2004) 的规定，介绍有关保温隔热屋面的设计要求。

1. 保温隔热屋面的类型和构造设计，应根据建筑物的使用功能，屋面的结构形式、环境气候条件、防水处理方法和施工条件等因素，经技术经济比较确定。

2. 保温层厚度设计应根据所在地区按照现行建筑节能设计标准计算确定。

3. 保温层的构造应符合下列规定：

(1) 保温层设置在防水层上部时，保温层的上面应做保护层。

(2) 保温层设置在防水层下部时，保温层的上面应做找平层。

(3) 屋面坡度较大时，保温层应采取防滑措施。

(4) 吸湿性保温材料不宜用于封闭式保温层，当需要采用时，宜采用排气屋面，排气屋面的设计应符合下列规定：

1) 找平层设置的分隔缝可兼作排气道，铺贴卷材时宜采用空铺法、点粘法、条粘法。

2) 排气道应纵横贯通，并同与大气连通的排气管相通；排气管可设在檐口下或屋面排气道交叉处。

3) 排气道应纵横设置，间距宜为 6m，屋面面积每 $36m^2$ 宜设置一个排气孔，排气孔应做防水处理。

4) 在保温层下也可铺设带支点的塑料板，通过空腔层排水、排气。

(5) 倒置式屋面（当屋面的保温隔热层设置在防水层的上面时，所得到的屋面系统称为倒置式屋面）的设计应符合下列规定：

1) 倒置式屋面的坡度不宜大于 3%；

2) 倒置式屋面的保温层应采用吸水率低的且长期浸水不腐烂的保温材料；

3) 保温层可采用干铺或者粘贴板类保温材料，也可采用现喷硬质聚氨酯泡沫塑料；

4) 保温层的上面采用卵石保护层时，保护层与保温层之间应铺设隔离层；

5) 现喷硬质聚氨酯泡沫塑料与涂料保护层之间应具有相容性；

6) 倒置式屋面的檐沟、水落口等部位，应采用现浇混凝土或砖砌堵头。

4. 屋面热工计算举例

按照建筑节能的要求，根据当地气候条件和建筑物屋面的构造型式，在正确进行屋面

热工计算的基础上，经过技术经济比较，进行合理的屋面保温层的设计。

进行屋面保温层设计时，首先要通过综合比较，选定保温材料，确定保温层厚度。以常见的屋面构造作法为例，即室内水泥石灰砂浆面层（20mm 厚）→现浇钢筋混凝土板（100mm 厚）→焦渣找坡层（平均 70mm 厚）→保温层→水泥砂浆找平层（20mm 厚）→防水层。

选用无机类保温材料时，保温层厚度和屋面总热阻 R_0、传热系数 K，见表 5-2。选用有机类保温材料时，保温层厚度和屋面总热阻 R_0、传热系数 K，见表 5-3。

无机类保温材料屋面热工计算指标举例 **表 5-2**

保温层厚度（mm）	水泥膨胀珍珠岩板		水泥膨胀蛭石板	
	总热阻 R_0 [（m^2·K）/W]	传热系数 K_0 [W/（m^2·K）]	总热阻 R_0 [（m^2·K）/W]	传热系数 K_0 [W/（m^2·K）]
80	1.290	0.775	—	—
95	1.428	0.700	—	—
110	1.565	0.639	—	—
125	1.703	0.587	1.258	0.795
160	2.205	0.494	1.4555	0.687
200	—	—	1.681	0.595
220	2.577	0.388	—	—
260	—	—	2.019	0.495

有机类保温材料屋面热工计算指标举例 **表 5-3**

保温层厚度（mm）	模塑聚苯板（EPS）		挤塑聚苯板（XPS）		硬泡聚氨酯	
	总热阻 R_0 [（m^2·K）/W]	传热系数 K_0 [W/（m^2·K）]	总热阻 R_0 [（m^2·K）/W]	传热系数 K_0 [W/（m^2·K）]	总热阻 R_0 [（m^2·K）/W]	传热系数 K_0 [W/（m^2·K）]
25	—	—	1.312	0.762	1.326	0.754
30	—	—	1.463	0.683	1.480	0.676
35	1.265	0.790	1.615	0.619	1.634	0.612
40	—	—	1.766	0.566	1.789	0.559
45	1.469	0.681	1.918	0.521	1.943	0.515
50	1.570	0.637	2.069	0.483	2.097	0.477
55	1.672	0.598	2.221	0.450	2.252	0.444
65	1.872	0.533	2.524	0.396	2.560	0.391
75	2.078	0.481	—	—	2.869	0.349
80	2.090	0.478	2.987	0.336	—	—

第二节 喷涂硬泡聚氨酯屋面保温隔热技术

一、喷涂硬泡聚氨酯屋面保温防水工程的特征

硬泡聚氨酯保温材料是一种用途广泛的节能材料，在第二章第四节中曾介绍过硬泡聚

氨酯墙体保温隔热系统。与墙面应用不同的是，墙面应用时既可现场喷涂，也可以预制成板材。而当应用于屋面时，目前绝大多数是现场喷涂施工，而很少有应用聚氨酯板材的。这主要是因为屋面为水平结构，很容易现场喷涂施工，而且喷涂厚度容易掌握和控制。

由于屋面对于防水的要求远远高于墙面，硬泡聚氨酯的优异防水性能在屋面保温应用时得到极好的发挥，所以其应用于屋面时称为“硬泡聚氨酯屋面保温防水工程”。

经直接喷涂的高闭孔率硬泡聚氨酯具有防水保温一体化的功能。硬泡聚氨酯材料具有无毒，无污染，自重轻，强度高，防水保温性能好，使用寿命长，与其他建筑材料粘结能力强等优异性能。

聚氨酯防水保温复合屋面以硬泡聚氨酯为防水保温层，用聚合物砂浆做防水抗裂保护层。它将防水保温功能结合为一体，组成可靠的屋面系统，解决屋面的渗漏难题和保温与防水相互影响的通病，使屋面具有长期的节能效果，该技术曾被原建设部列入“节能省地型建筑推广应用技术目录”中。

喷涂硬泡聚氨酯应用于屋面保温防水工程具有如下特征。

1. 防水功能强

硬泡聚氨酯是一种结构致密的微孔泡沫体，闭孔率达92%以上，具有光滑的自结皮，既不透水且水蒸气渗透阻很高。采用直接喷涂成型的施工技术。使硬泡聚氨酯层成为无接缝壳体，形成完整的不透水层，防止水从缝隙渗入。

硬泡聚氨酯与基层粘结牢固，粘结强度可超过泡沫体本身的撕裂强度，不会与基层脱离，避免水沿层间渗漏。

2. 保温节能效率高

硬泡聚氨酯是结构致密、封闭的非连通孔隙。材料中的孔隙率小，不产生热的对流作用，导热系数低，保温隔热性能好，节能效果明显。

在实际工程应用中，相同的建筑，与传统做法的屋面相比，硬泡聚氨酯防水保温复合屋面室内温度冬季可提高5～6℃，夏季可降低4～5℃。

3. 可靠性高

硬泡聚氨酯是一体化材料，由于功能可以兼顾互补，防水和保温性能同时得到保证，大大增强了系统的可靠性。

4. 力学性能好

硬泡聚氨酯表观密度小，强度高，延伸率大，抗冲击性好，不开裂，适应基材变形能力强。例如表观密度为35～40kg/m^3，抗压强度在0.2～0.3MPa之间，伸长率平均在10%～14%之间。

5. 耐化学腐蚀性强

在苯、汽油等一般溶剂和稀浓度的酸、碱、盐溶液等环境作用下，硬泡聚氨酯具有良好的化学稳定性，也不会发生霉变和腐烂。

6. 无毒性，无生物寄生性

硬泡聚氨酯泡沫无毒，无刺激性，操作安全便捷，更不会像玻璃棉那样在作业时使人产生瘙痒，不会寄生细菌或者菌类，也不会滋养寄生虫。

7. 耐温性和防火性

在－50℃低温下硬泡聚氨酯体积收缩率小于1%。也不会发生变脆和开裂等现象；在

120℃条件下，体积和强度无明显变化；在150℃较高温度下，聚合体不会发生降解，因此可供高温下使用。它不会像膨胀聚苯板或挤塑聚苯板材料那样发生熔化滴落现象，而且硬泡聚氨酯材料在燃烧的过程中，会形成一个焦化的保护层来抑制燃烧的蔓延。

8. 使用寿命长

为确保硬泡聚氨酯长期发挥防水保温作用，使其外表面不受阳光、大气侵蚀和外力损坏，在外表面层上涂覆一层厚3～5mm的聚合物砂浆保护层，保护层与防水保温层材料相溶，不仅保护了防水保温层而且本身具有很强的防水性能，将两种材料粘结在一起，可以提高防水保温材料的耐久性。欧美发达国家大量工程经验表明，具有保护层的屋面，其工程耐用年限可达30年以上。

9. 施工简便

硬泡聚氨酯采用浇注发泡和喷涂发泡等成型技术，工艺、设备简单，操作方便；材料固化速度很快，喷涂后20min即可上人，简化整体施工工序，缩短施工周期；适用于任何形状的屋面工程，如平面、立面、波纹状等结构，适用于旧屋面翻新维修和改造等；尤其适合形状复杂、管道纵横的基层表面施工，易于保证工程质量。硬泡聚氨酯屋面施工时不需大型吊装设备，一套设备在良好条件下每天可完成屋面1000m^{2}左右。

10. 尤其适用于既有建筑屋面改造中的应用

硬泡聚氨酯特别适用于既有建筑屋面的保温改造。它集保温与防水一体，且重量轻、强度高，保温防水效果好，能防止屋顶结露。适用于形状复杂的屋面，施工时不会破坏原有的屋面保护层。国内外不少建筑屋面改造采用聚氨酯硬泡，也取得了良好效果。

（1）国外喷涂聚氨酯硬泡屋面改造情况　英国20世纪60年代已将聚氨酯硬泡泡沫应用于屋面，美国建筑应用聚氨酯硬泡有50%用于维修旧屋面。

据美国聚氨酯工业协会统计[3]：为达到节能50%～70%的目的，美国房屋保温系统采用的保温材料已由玻璃纤维材料转向聚氨酯保温材料。澳大利亚一大型工厂将原纤维水泥屋顶用聚氨酯喷涂法进行保温改造后，不仅彻底解决了渗漏问题，且保温隔热性能优良，节能效果明显，改造的总投资在3年内即可收回[4]。

（2）我国喷涂聚氨酯硬泡屋面改造情况　我国存在大量非节能的既有建筑需进行屋面节能改造，聚氯酯喷涂更显示出它解决屋面渗漏、施工工序简单，产生建筑垃圾量最少，使用寿命长和技术经济效果好等诸多优势。该屋面材料在科技部办公楼屋面种植系统应用后，耗能由一般办公楼的200～300W/m降至73W/m，节能达70%以上。

二、硬泡聚氨酯屋面保温防水工程的基本应用条件

1. 硬泡聚氨酯屋面保温防水工程基本要求

（1）伸出屋面的管道、设备、基座或预制件等、应在硬泡聚氨酯施工前安装牢固，并做好密封防水处理。硬泡聚氨酯施工完成后，不得在其上凿孔、打洞或重物撞击。确需在已完工后的硬泡聚氨酯防水保温层上凿孔开洞的，凿孔开洞后应由专业施工队进行修补。

（2）硬泡聚氨酯保温层上不得直接进行防水材料热熔、热粘法施工。

（3）硬泡聚氨酯同其他防水材料（指涂料、卷材）或防护涂料一起使用时，其材性应相容。

（4）硬泡聚氨酯表面不得长期裸露，硬泡聚氨酯喷涂完工后，应及时做水泥砂浆找平

层、抗裂聚合物水泥砂浆层或防护涂料层。

2. 材料要求

(1) 喷涂硬泡聚氨酯　屋面用喷涂硬泡聚氨酯的物理性能应符合表 5-4 的要求

屋面用喷涂硬泡聚氨酯物理性能　　表 5-4

项　目	性能要求			试验方法
	Ⅰ	Ⅱ	Ⅲ	
密度 (kg/m^3)	≥35	≥45	≥55	GB/T 6343
导热系数 [W/(m·K)]	≤0.024	≤0.024	≤0.024	GB 3399
压缩性能 (形变 10%) (kPa)	≥150	≥200	≥300	GB/T 8813
不透水性 (无结皮) 0.2MPa, 30min	—	不透水		本规范附录 A
尺寸稳定性 (70℃, 48h) (%)	≤3	≤2	≤1	GB/T 8811
闭孔率 (%)	≥90	≥92	≥95	GB/T 10799
吸水率 (%)	≤3	≤2	≤1	GB 8810

(2) 抗裂聚合物水泥砂浆　配制抗裂聚合物水泥砂浆所用的原材料应符合下列要求：

1) 聚合物乳液的外观质量　应均匀，无颗粒、异物和凝固物，固体含量应大于 45%。

2) 水泥　水泥宜采用强度等级不低于 32.5 的普通硅酸盐水泥。不得使用过期或受潮结块水泥。

3) 砂宜采用细砂，含泥量不应大于 1%。

4) 水应采用不含有毒物质的洁净水。

5) 增强纤维宜采用短切聚酯或聚丙烯等纤维。

6) 抗裂聚合物水泥砂浆的物理性能应符合表 5-5 的要求。

抗裂聚合物水泥砂浆物理性能　　表 5-5

项　目	性能要求	试验方法
粘结强度 (MPa)	≥1.0	JC/T 984
抗折强度 (MPa)	≥7.0	JC/T 984
压折比	≤3.0	JC/T 984
吸水率 (%)	≤6	JC 474
抗冻融性 (−15℃～+20℃) 25 次循环	无开裂、无粉化	JC/T 984

7) 硬泡聚氨酯的原材料应密封包装，在贮运过程中严禁烟火，注意通风、干燥，防止曝晒、雨淋，不得接近热源和接触强氧化、腐蚀性化学品。

8) 硬泡聚氨酯的原材料及配套材料进场后，应加标志分类存放。

三、硬泡聚氨酯屋面保温防水工程设计要点

1. 设计厚度

屋面工程分为 4 个防水等级，按不同等级进行设防。喷涂硬泡聚氨酯防水保温材料可

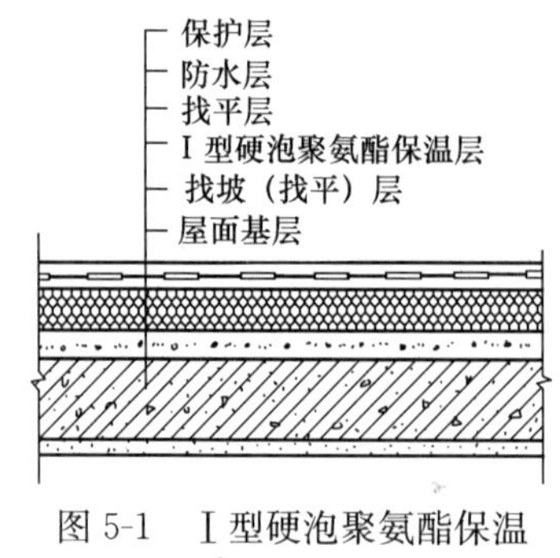

图 5-1　I 型硬泡聚氨酯保温防水屋面构造示意图

作为一道设防，不同防水等级的设防要求应符合《屋面工程技术规范》（GB 50345—2004）的有关规定。屋面硬泡聚氨酯保温层的设计厚度，应根据国家和本地区现行的建筑节能设计标准规定的屋面传热系数限值，进行热工计算确定。

2. 屋面硬泡聚氨酯保温防水构造

采用硬泡聚氨酯的屋面主要由结构层、硬泡聚氨酯防水保温层、保护层构成。屋面硬泡聚氨酯保温防水构造由找坡（找平）层、硬泡聚氨酯保温（防水）层和保护层组成（图 5-1～图 5-3）。

3. 坡度

平屋面排水坡度不应小于 2%，天沟、檐沟的纵向坡度不应小于 1%。屋面单向坡长不大于 9m 时，可用轻质材料找坡；单向坡长大于 9m 时，宜做结构找坡。

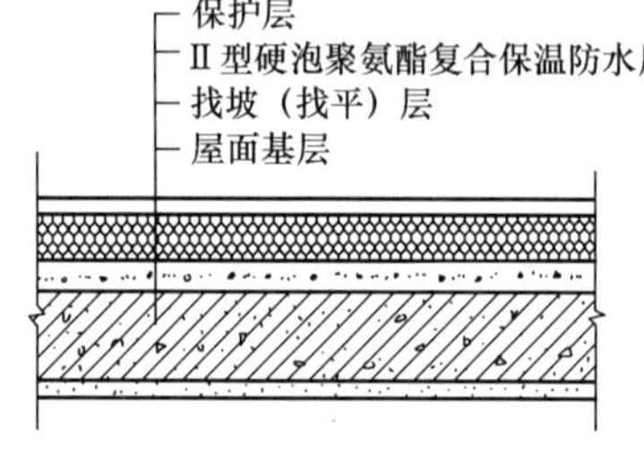

图 5-2　II 型硬泡聚氨酯保温防水屋面构造示意图

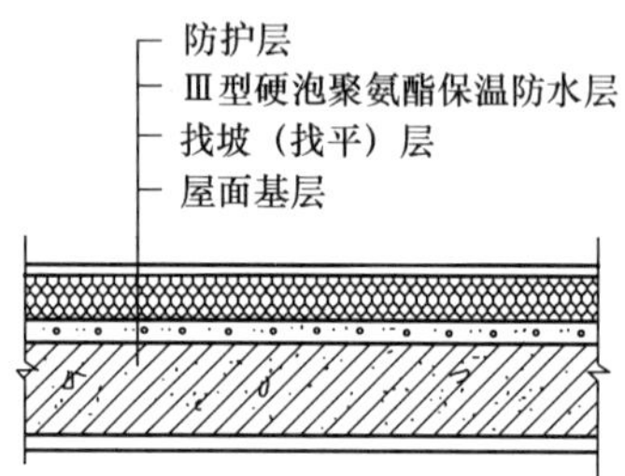

图 5-3　III 型硬泡聚氨酯保温防水屋面构造示意图

4. 硬泡聚氨酯屋面找平层

硬泡聚氨酯屋面找平层应符合下列规定：

（1）当现浇钢筋混凝土屋面板不平整时，应抹水泥砂浆找平层，厚度宜为 15～20mm。

（2）水泥砂浆的配合比宜为 1∶2.5～1∶3。

（3）（I 型）硬泡聚氨酯保温层上的水泥砂浆找平层，宜掺加增强纤维；找平层应设分隔缝，缝宽宜为 5～20mm，纵横缝的间距不宜大于 6m；分隔缝内宜嵌填密封材料。

（4）突出屋面结构的交接处，以及基层的转角处均应做成圆弧形，圆弧半径不应小于 50mm。

5. 板缝处理规定

装配式钢筋混凝土屋面板的板缝，应用强度等级不小于 C20 的细石混凝土将板缝灌填密实；当缝宽大于 40mm 时，应在缝中放置构造钢筋；板端缝应进行密封处理。

如遇到大面积结构层（如超过 $500m^2$ 以上），为防止混凝土板因温差变化收缩开裂破坏聚氨酯硬泡层，需在结构墙及女儿墙交接处涂刷 1～2 遍高弹性柔性防水材料（如丙烯酸涂料、聚合物水泥防水涂料）作过渡层，以适应基层在一定范围内的收缩裂缝，而不直接破坏聚氨酯硬泡层。

6. 硬泡聚氨酯的表面防护

聚氨酯硬泡的保护层可选用 40mm 厚的 1∶3 的钢网水泥砂浆或 C15 的无筋细石混凝土，同时设立分格缝。

硬泡聚氨酯防水保温层根据屋面的使用情况，可分为上人屋面和不上人屋面。喷涂硬泡聚氨酯非上人屋面采用复合保温防水层，必须在（Ⅱ型）硬泡聚氨酯的表面刮抹抗裂聚合物水泥砂浆。抗裂聚合物水泥砂浆的厚度宜为 3～5mm。

喷涂硬泡聚氨酯非上人屋面采用保温防水层，应在（Ⅲ型）硬泡聚氨酯的表面涂刷耐紫外线的防护涂料。

上人屋面应采用细石混凝土、块体材料等作保护层，保护层与硬泡聚氨酯之间应铺设隔离材料。细石混凝土保护层应留设分隔缝，其纵、横向间距宜为 6m。

硬泡聚氨酯用作坡屋面保温防水层时，应符合现行国家标准《屋面工程技术规范》（GB 50345）的有关规定；当采用机械固定防水层（瓦）时，应对固定钉做防水处理。

四、硬泡聚氨酯屋面保温防水工程细部构造

1. 天沟、檐沟保温防水构造

天沟、檐沟保温防水构造应符合下列规定：

（1）天沟、檐沟部位应直接地连续喷涂硬泡聚氨酯；喷涂厚度不应小于 20mm（图 5-4）。

（2）硬泡聚氨酯的收头应采用压条钉压固定，并用密封材料封严。

（3）高低跨内排水天沟与立墙交接处，应采取能适应变形的密封处理。

（4）屋面为无组织排水时，应直接地连续喷涂硬泡聚氨酯至檐口附近 100mm 处，喷涂厚度应逐步均匀减薄至 20mm；檐口收头处可用压条钉压固定和密封材料封严。

2. 山墙、女儿墙、泛水保温防水构造

山墙、女儿墙、泛水保温防水构造应符合下列规定：

（1）泛水部位应直接地连续喷涂硬泡聚氨酯，喷涂高度不应小于 20mm。

（2）墙体为砖墙时，硬泡聚氨酯泛水可直接地连续喷涂至山墙凹槽部位（凹槽距屋面高度不应小于 250mm）或至女儿墙压顶下，泛水收头应采用压条钉压固定和密封材料封严。

（3）墙体为混凝土时，硬泡聚氨酯泛水可直接地连续喷涂至墙体距屋面高度不小于 250mm 处；泛水收头应采用金属压条固定和密封材料封固，并在墙体上用螺钉固定能自由伸缩的金属盖板（图 5-5）。

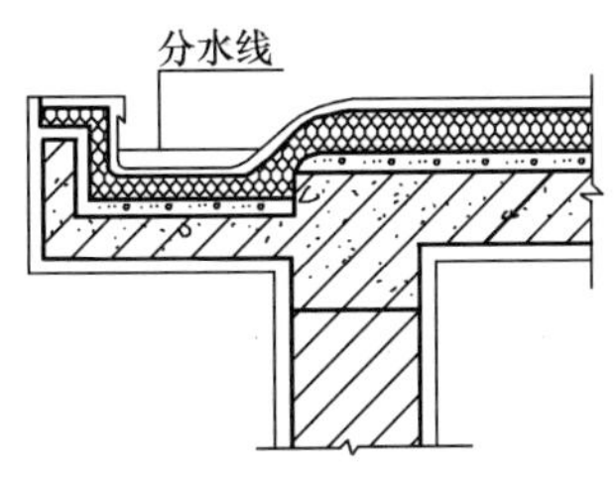

图 5-4 屋面檐沟构造示意图

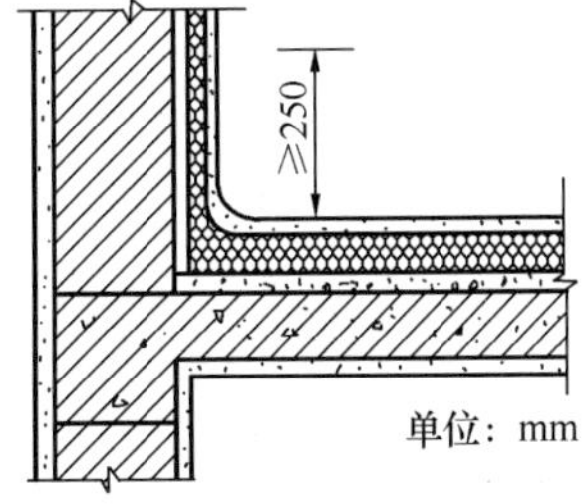

图 5-5 山墙、女儿墙泛水构造示意图

3. 变形缝保温防水构造

变形缝保温防水构造应符合下列规定：

（1）硬泡聚氨酯应自接地连续喷涂至变形缝顶部。

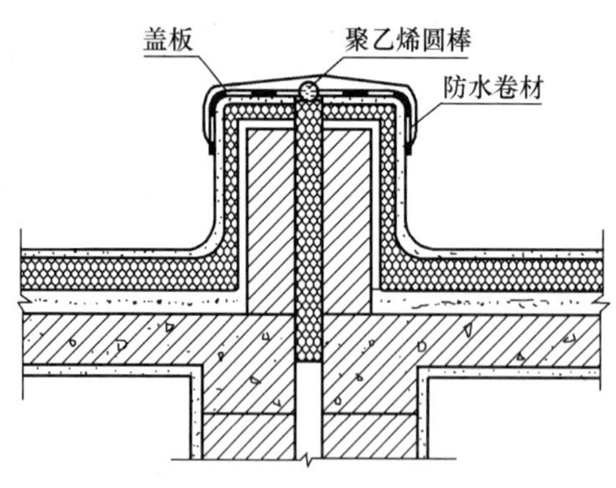

图 5-6　屋面变形缝构造示意图

（2）变形缝内宜填充泡沫塑料，上部填放衬垫材料，并用卷材封盖。

（3）顶部应加扣混凝土盖板或金属盖板（图 5-6）。

4. 水落口保温防水构造

水落口有直式落水口和横式落水口之分，直式水落口周围 1m 范围内的坡度不应小于 2%；横式水落口在山墙、女儿墙上应根据泛水高度要求设置。落水口杯宜采用塑料或铸铁制品，落水口应作密封处理，在喷涂硬泡聚氨酯前，应先加铺聚氨酯防水涂料附加层。

水落口保温防水构造应符合下列规定：

（1）水落口埋设标高应考虑水落口设防时增加的硬泡聚氨酯厚度及排水坡度加大的尺寸。

（2）水落口周围直径 500mm 范围内的坡度不应小于 5%；水落口与基层接触处应留宽 20mm、深 20mm 凹槽，嵌填密封胶。

（3）喷涂硬泡聚氨酯距水落口 500mm 的范围内应逐渐均匀变薄，最薄处厚度不应小于 15mm，并伸入水落口 50mm（图 5-7 和图 5-8）。

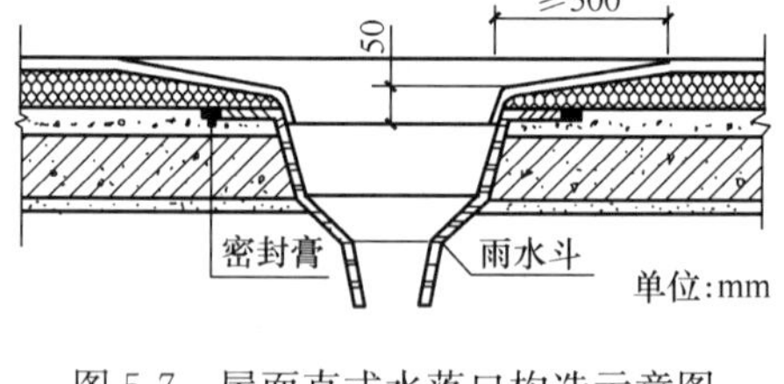

图 5-7　屋面直式水落口构造示意图

5. 伸出屋面管道保温防水构造

伸出屋面管道保温防水构造应符合下列规定：

（1）伸出屋面管道周围的找坡层应做成圆锥台。

（2）管道与找平层间应留凹槽，并嵌填密封材料。

（3）硬泡聚氨酯应直接地连续喷涂至管道距屋面高度 250mm 处，收头处应采用金属箍将硬泡聚氨酯箍紧，并用密封材料封严（图 5-9）。

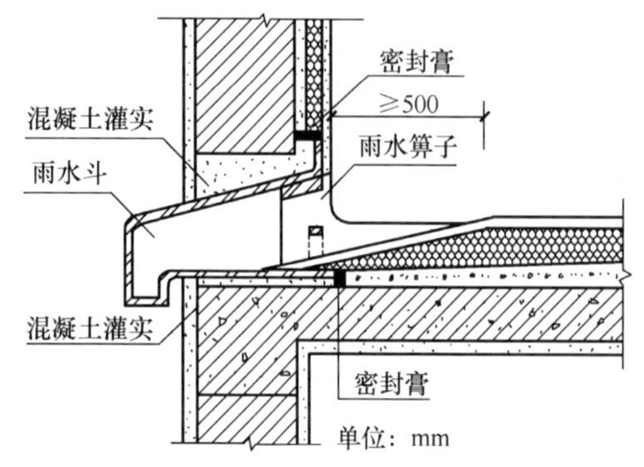

图 5-8　屋面横式水落口构造示意图

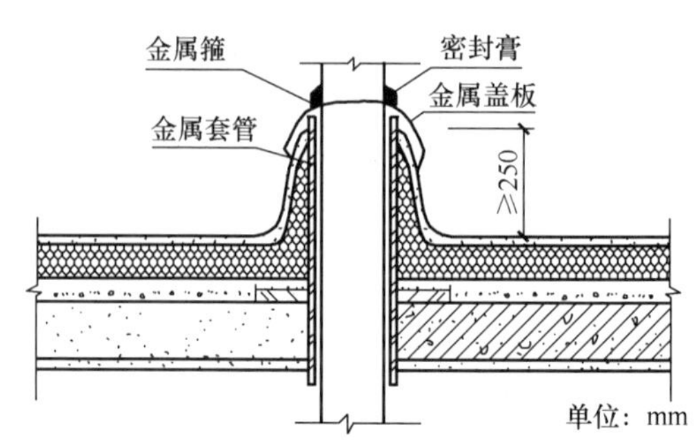

图 5-9　伸出屋面管道构造示意图

6. 屋面出入口保温防水构造

屋面出入口保温防水构造应符合下列规定：

(1) 屋面垂直出入口硬泡聚氨酯应直接地连续喷涂至出入口顶部；收头应采用金属压条钉压固定和密封材料封严。

(2) 屋面水平出入口硬泡聚氨酯应直接地续喷涂至出入口混凝土踏步下，收头应采用金属压条钉压固定和密封材料封严，并在硬泡聚氨酯外侧设护墙。

五、硬泡聚氨酯屋面保温防水工程施工

1. 基本要求

喷涂硬泡聚氨酯屋面的基层应符合下列要求：

(1) 基层应坚实、平整、干燥、干净。

(2) 对既有建筑屋面基层不能保证与硬泡聚氨酯粘结牢固的部分应清除干净，并修补缺陷和找平。

(3) 基层经检查验收合格后方可进行硬泡聚氨酯施工。

(4) 屋面与山墙、女儿墙、天沟、檐沟及凸出屋面结构的交接处应符合细部构造设计要求。

2. 施工基本要求

喷涂硬泡聚氨酯屋面保温防水工程施工应符合下列规定：

(1) 喷涂硬泡聚氨酯屋面施工应使用专用喷涂设备。

(2) 施工前应对喷涂设备进行调试，喷涂三块 500mm×500mm、厚度不小于 50mm 的试块，进行材料性能检测。

(3) 喷涂作业，喷嘴与施工基面的间距宜为 800～1200mm。

(4) 根据设计厚度，一个作业面应分几遍喷涂完成，每遍厚度不宜大于 15mm。当日的施工作业面必须于当日连续地喷涂施工完毕。

(5) 硬泡聚氨酯喷涂后 20min 内严禁上人。

3. 聚合物水泥砂浆和涂料施工基本要求

用于（Ⅱ型）硬泡聚氨酯复合保温防水层的抗裂聚合物水泥砂浆施工，应符合下列规定：

(1) 抗裂聚含物水泥砂浆施工应在硬泡聚氨酯层检验合格并打扫干净后进行。

(2) 施工时严禁损坏已固化的硬泡聚氨酯层。

(3) 配制抗裂聚合物水泥砂浆应按照配合比，做到计量准确，搅拌均匀。一次配制量应控制在可操作时间内用完，且施工中不得随意加水。

(4) 抗裂聚合物水泥砂浆层，应分 2～3 遍刮抹完成。

(5) 抗裂聚合物水泥砂浆硬化后宜采用干湿交替的方法养护。在潮湿环境中可在自然条件下养护。

(6) 用于（Ⅲ型）硬泡聚氨酯保温防水层的防护涂料，应待硬泡聚氨酯施工完成并清扫干净后涂刷，涂刷应均匀一致，不得漏涂。

4. 硬泡聚氨酯防水保温工程的施工

硬泡聚氨酯防水保温材料现场喷涂操作工艺流程为：原料验收入库→按比例调配组合

料→设备调整、试喷→基层清理→喷涂聚氨酯泡沫体→清理废料→清理设备。

根据配方进行配料，配制组合料（A料），按整个工程的需要量计算出各材料的用量，将多元醇聚醚、催化剂、均泡剂、阻燃剂、防老剂、发泡剂等混合在搅拌器中充分搅拌均匀。

将搅拌均匀的A料取小样与异氰酸酯（B料）按一定的配比做发泡试样，试样进行有关的物理性能、阻燃性能等系列。经过不断调整配方、取样、性能测试，直至样品的性能指标达到用户要求为止。最后还要重复3～5次试验，直到所有试验样品的性能完全一致。

喷涂硬泡聚氨酯防水保温材料的施工，应使用现场连续喷涂施工设备，其机具应有可靠的计量装置，误差不应大于4%，喷枪宜采用高压回旋式喷头，泵压力不宜低于0.4MPa。

施工基面经检查验收合格后即可喷涂施工，根据防水保温层的厚度，一个施工作业面应不少于3遍喷涂完成，屋面上的异形部位应按照细部构造的设计要求进行喷涂施工。施工时的环境温度宜为10～40℃，风速不大于5m/s，相对湿度小于80%。当施工时环境温度低于10℃时，应采取可靠的技术措施。

喷涂作业时，应先通压缩空气再启动物料泵，开始时的料液应放弃，待料液的比例正常后方可正式开始喷涂作业，喷枪头距作业面的距离不宜大于500mm，喷枪移动的速度要均匀，第1层喷涂的厚度不宜超过10mm，以后每层喷涂的厚度不宜超过20mm。

在前次喷涂的表面不粘手后，才能喷涂下一层。在喷涂作业中，应随时检查发泡的质量，发现问题及时解决。

在喷涂作业中途应喷涂1块500mm×500mm×≥50mm试块，以备检测用。当暂停喷涂作业时，应先停物料泵，待管路中物料吹净后方能停压缩空气。在喷涂作业后，30min内聚氨酯泡沫体上不得上人行走或受压。

5. 硬泡聚氨酯屋面保温防水工程施工质量验收

（1）硬泡聚氨酯复合保温防水层和保温防水层分项工程应按屋面面积以每500～1000m^{2}划分为一个检验批，不足500m^{2}也应划分为一个检验批；每个检验批每100m^{2}应抽查一处，每处不得小于10m^2。细部构造应全数检查。

（2）主控项目的验收应符合下列规定：

1）硬泡聚氨酯及其配套辅助材料必须符合设计要求。

检验方法：检查出厂合格证、质量检验报告和现场复验报告。

2）复合保温防水层和保温防水层不得有渗漏水和积水现象。

检验方法：雨后或淋水、蓄水检验。

3）天沟、檐沟、檐口、水落口、泛水、变形缝和伸出屋面管道的防水构造，必须符合设计要求。

检验方法：观察检查、检查隐蔽工程验收记录。

4）硬泡聚氨酯保温层厚度必须符合设计要求。

检验方法：用钢针插入和测量检查。

（3）一般项目的验收应符合下列规定：

1）硬泡聚氨酯应与基层粘结牢固，表面不得有破损、脱层、起鼓、孔洞及裂缝。

检验方法：观察检查及检查试验报告。

2）抗裂聚合物水泥砂浆应与硬泡聚氨酯粘结牢固，不得有空鼓、裂纹、起砂等现象；涂料防护层不应有起泡、起皮、皱褶及破损。

检验方法：观察检查。

3）硬泡聚氨酯复合保温层和保温防水层的表面平整度，允许偏差为5mm。

检验方法：用1m直尺和楔形塞尺检查。

（4）硬泡聚氨酯屋面保温防水工程验收时，应提交下列技术资料并归档：

1）屋面保温防水工程设计文件、图纸会审书、设计变更书、洽商记录单。

2）施工方案或技术措施。

3）主要材料的产品合格证、质量检验报告、进场复验报告。

4）隐蔽工程验收记录。

5）分项工程检验批质量验收记录。

6）淋水或蓄水试验报告。

7）其他必需提供的资料。

（5）喷涂硬泡聚氨酯屋面保温防水工程主要材料复验应包括下列项目：

1）喷涂硬泡聚氨酯：密度、压缩性能、尺寸稳定性、不透水性。

2）抗裂聚合物水泥砂浆：压折比、吸水率。

6. 硬泡聚氨酯施工中的常见问题与防治措施

影响硬泡聚氨酯防水保温材料质量的因素很多，为了便于掌握操作要领，表5-6列举了施工中常见的一些质量通病及其原因和解决办法[5]。

硬泡聚氨酯防水保温材料施工中的常见问题与防治措施　　表5-6

现　　象	原 因 分 析	解 决 方 法
硬泡聚氨酯发脆、强度低	①环境温度、料温低 ②水分掺入量大 ③催化剂用量不足 ④搅拌不充分	①提高组分及被保温表面的温度 ②注意空气干燥和避免外界水分 ③适当提高催化剂用量 ④提高搅拌速度、延长搅拌时间
泡沫发软、熟化慢	①固化剂量小 ②A组分过量 ③料温或表面温度过低	①提高有机锡含量 ②提高B组分含量 ③提高料温或加热工作表面
泡孔偏大、不均匀	①稳泡剂少 ②反应温度低 ③搅拌不充分	①补加稳泡剂 ②提高料温或增加催化剂、固化剂 ③提高搅拌速度或延长搅拌时间
闭孔率低、通孔率高	①催化剂过量 ②稳泡剂量少 ③B组分纯度过低 ④B组分用量过少	①提高有机锡含量，降低胺类含量 ②补加稳泡剂 ③更换B组分 ④提高B组分用量
塌泡、泡沫不稳定	①稳泡剂失效 ②稳泡剂过量 ③固化剂量少	①更换稳泡剂 ②减少稳泡剂 ③增加固化剂

续表

现　　象	原　因　分　析	解　决　方　法
表观密度偏大	①发泡剂含量过少 ②料温或环境温度低 ③催化剂、固化剂量少 ④搅拌不充分 ⑤投料太多、内压过大	①补加发泡剂 ②提高料温 ③增加催化剂、固化剂用量 ④提高搅拌速度或延长搅拌时间 ⑤准确计算投料量
收缩变形	①反应不充分 ②A组分过量 ③阻燃剂过多	①提高料温、延长搅拌时间 ②增加B组分用量 ③调节阻燃剂用量
泡沫开裂或中心发焦、发黄	①固化剂过量 ②反应温度太高 ③发泡体积过大	①减少有机锡用量 ②减少催化剂用量 ③减少发泡块体积

六、硬泡聚氨酯在彩钢压型板屋面体系中的应用

彩钢压型板屋面体系自20世纪80年代初在我国出现以来，发展相当迅速。目前已在工业厂房、体育场馆、大型仓库等建筑中获得了大量应用，其施工便捷、成本低廉等特点，被业内人士所广泛认可。然而，由于在设计施工中缺乏成熟经验，一些彩钢压型板屋面体系中存在结露、渗漏现象，阻碍了彩钢压型板屋面体系的发展。使用现场喷涂硬泡聚氨酯作为彩钢压型板屋面体系的防水保温层，能够很好地解决这类屋面结露、渗漏现象。

1. 工程概况

某天然果汁厂工程采用轻钢结构系统，门式钢架，长度78.36m，宽度66.36m，檐高7.2m，局部15m×66.36m设有2层，檐高8.5m，C型钢檩条120mm×50mm×3mm，檩距1500mm，内侧板采用吊装SX-135型彩钢压型板，板上喷涂厚度为40mm的硬泡聚氨酯，外侧安装SX-475型彩钢压型板。制得喷涂泡沫的密度在45kg/m^{3}左右，抗压强度不小于0.2MPa，导热系数小于0.023W/（m·K），氧指数不小于26，闭孔率不小于92%。

2. 现场喷涂硬泡聚氨酯彩钢压型板屋面体系的结构

现场喷涂硬泡聚氨酯彩钢压型板屋面体系，一般由内板、檩条（副檩）、泡沫层及外板组成。为保证建筑物的美观，通常是在檩条的下面吊挂内层彩钢压型板，内板及檩条的上面喷涂硬泡聚氨酯防水保温层，最上层为外层彩钢压型板。

据《屋面工程技术规范》(GB 50207—2002）的规定，在我国室内湿度不大于75%的北纬40°以北地区，以及室内湿度不大于80%的其他地区，可以不设隔汽层。聚氨酯硬泡具有较低的水蒸气渗透系数和良好的不透水性，因此可以不设置隔汽层。

3. 硬泡聚氨酯屋面的施工

硬泡聚氨酯在屋面施工，采用现场喷涂发泡成型方法，工艺、设备简单，操作方便，能够在任何复杂的屋面上进行施工作业。通常施工由3人即可操作，每天可喷涂20m^{3}以上，按厚度40mm计算，每天约可喷涂500m^3。

（1）聚氨酯硬质泡沫的原材料　聚氨酯硬质泡沫喷涂施工前由A、B两个组分构成。A组分为异氰酸酯（黑料），外观为棕褐色液体，采用德国拜耳公司的44V20S产品；B

组份系组合聚醚（白料），由多种聚醚加催化剂、发泡剂、稳定剂、阻燃剂等助剂组成，外观为浅棕黄色透明液体。

（2）发泡方法　工程施工设备采用美国进口的 GUSMER FF-3500 型高压无空气聚氨酯喷涂发泡机，人员行走用自制的檩条轨道车，原料对撞压力控制在 10～16MPa，加热器温度为 35～40℃，将 A、B 组份物料高压混合、雾化喷出发泡。这种喷涂形式环境污染小，泡沫分布均匀，绝热、防水、隔音效果好。

（3）施工操作工艺　硬泡聚氨酯屋面施工的工艺流程为：基层处理→原料提取→预热→计量→高压混合→喷涂→固化→检查。

具体操作过程如下：

1）施工前需对屋面进行处理，清除油污及杂物，堵塞缝隙，特殊节点处（易受温度影响变形较大部位）用塑料胶带设置好空铺层。

2）将 A、B 物料抽料泵分别放入相应的料桶内，接通电源，调节好加热器及管道温度，检查设备运行情况。连接好喷枪。

3）先启动空压机，打开压缩空气开关；再启动发泡机料泵。在正式喷涂作业前，应先进行试喷，混合均匀，喷出的料液为黄颜色时再开始正式喷涂施工。

4）施工时，喷枪与基层间的距离控制在 600～1000mm（可根据环境温度、原料反应速度适当调整），移动速度要均匀，喷涂顺序由下风口逐渐向上风口，施工人员面向下风口，倒退行进，喷涂范围为一个檩距（约 1500mm）。

5）每次喷涂的厚度要适宜，一般 20～30mm，太薄粘结不牢，不易保证施工质量；太厚热量散发不出去，易烧芯，且不易控制平整度。

6）大面积喷涂时，可分段分片进行，接槎处必须结合良好，涂层均匀平整。

7）喷涂过程中压缩空气不能中断，施工间歇不超过 1h，在不停压缩空气的前提下可以不必清枪。

8）喷涂作业完毕，应先关闭料泵，用压缩空气吹净枪内残留的料液，然后拆枪清洗。

9）检查聚氨酯硬泡层施工质量。聚氨酯硬泡层的泡孔应均匀致密，色泽均匀并呈淡黄色，无发脆发软现象，不得起鼓脱层，檩条及突出内板的转角处为弧形。

聚氨酯硬泡在喷涂 30min 后即可基本固化，可在其上面行走，2h 后可进行下道工序的施工。

4. 施工注意事项

（1）选择的彩钢压型板内涂层材质应为环氧树脂、丙烯酸树脂、聚酯树脂等，因这 3 种涂层与聚氨酯泡沫粘结强度高，泡沫不易脱层起鼓。

（2）屋面排水应优先采用外排水，多跨及集水面积较大的屋面才应采用内排水。

（3）屋面设计施工时，应尽量使屋面内板简洁流畅，避免不必要的隅撑、斜拉等突出点。

（4）屋脊、钢板纵向搭接部位等易受温度影响变形较大部位，应设置宽度不小于 100mm 的空铺层，避免泡沫开裂。

（5）檩条、山墙、排气口、天沟、采光板等突出屋面结构部位，喷涂时应采用圆弧连接，其圆弧半径 $R=80\sim100$mm。

（6）聚氨酯硬泡在喷涂后 30min 内严禁上人行走，且所有施工人员必须穿软底鞋。

（7）施工现场应严禁吸烟，且泡沫施工完毕后，不应再使用电焊、气割设备。

5. 工程应用效果

该工程于施工当年 8 月验收后投入使用，经过整个雨季后屋面防水性能良好。进入冬季后，室外温度最低达－30℃，室内温度 15～20℃，整个工程屋面保温性能良好，未出现结露点，春季积雪融化时，也未出现渗漏。

七、上人硬泡聚氨酯防水保温复合屋面施工技术[7]

1. 工程概况

某 17 层框架剪力墙结构住宅楼根据屋面工程设计要求，采用防滑地砖硬泡聚氨酯倒置式上人屋面，屋面防水按Ⅱ级设防。屋面采用 50mm 厚硬泡聚氨酯防水保温层，既起到良好的保温隔热功能，又可以利用硬泡聚氨酯的防水性能，对防水层起到补充作用。

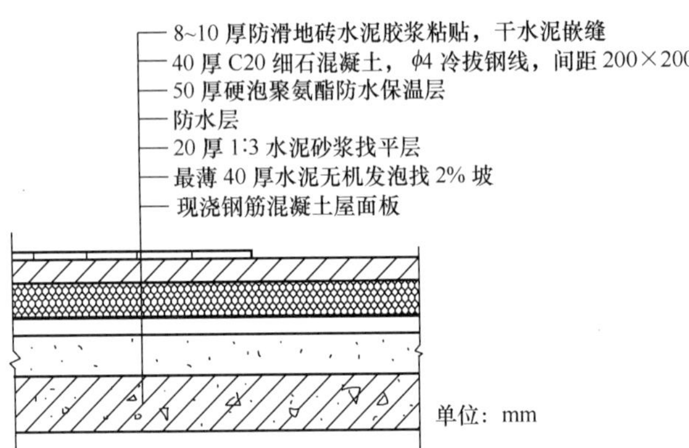

图 5-10　防滑地砖硬泡聚氨酯屋面构造示意图

该工程使用硬泡聚氨酯防水保温层面积约 6000m^2，屋面的具体构造做法如图 5-10 所示。

2. 施工准备

（1）基层条件　基层表面应平整、牢固、干燥（含水率小于 9%）、无油污，并清扫干净。平屋面的排水坡度不小于 2%，天沟、檐沟的纵向排水坡度不应小于 1%。基层与山墙、女儿墙、管口等突出屋面结构部位的转角处应为圆弧形，其圆弧半径不小于 100mm。有组织排水的落水口周围应做成略低的凹坑。伸出屋面的管道、设备或预埋件等，均必须在喷涂硬泡聚氨酯防水保温层施工前安装完毕。防水保温层完工后，应避免在其上凿孔打洞。无法避免而必须在已完工的硬泡聚氨酯防水保温层上凿孔开洞时，应由聚氨酯专业施工队进行修补。

（2）气候条件　施工现场的大气温度不宜低于 10℃，当气温低于 10℃时，应采取可靠的技术措施。空气相对湿度宜小于 80%，否则会影响工程质量、降低施工效率和固化时间；风力宜小于 3 级，否则硬泡聚氨酯在风力作用下会四处飞扬，影响施工现场的周围环境和喷涂施工，无法保证硬泡聚氨酯喷涂层表面呈现连续的、均匀的喷涂波纹。严禁在雨天、雪天和 3 级风及其以上时施工。

（3）施工机具　包括移动式发泡机、空压机、料桶、笤帚、防护面具及防护工作服等。施工机具应具有可靠的计量装置，并能保证配料准确，喷枪宜采用高压回旋式喷头，工作时泵压力不宜低于 0.4MPa。每次施工完成后应及时清洗机具的喷头、泵体、管路等。

（4）物料准备　异氰酸酯（MDI）与聚醚多元醇（polyo1）应为密封桶装，在热反应过程中不应产生有毒气体。发泡剂等添加剂不应含氟并无毒。阻燃剂应为长效阻燃剂。物料现场存放应排放整齐、严防雨水渗透和目光曝晒。

3. 施工操作方法

（1）工艺流程　施工准备→基层验收→喷涂硬泡聚氨酯防水保温层→检查验收→成品保护。

（2）基层验收　基层表面应平整，表面压光，结构找坡应符合设计要求，以便控制现场喷涂硬泡聚氨酯防水保温层的厚度。同时要求基层干净、干燥，不得有浮灰、油污和灰尘等，因硬泡聚氨酯中的异氰酸酯遇水生成含脲的脆性物质，严重影响硬泡聚氨酯与基层的粘结性能，故要求基层必须干燥（含水率小于9%）。

检验基层干燥程序的简易方法是：将1m大小的防水卷材平坦无褶皱地平放（干铺）在基层上，静置3～4h后掀起观察，在基层的覆盖部位及卷材底面未见水印或水珠，即认为基层含水率符合要求。

（3）试喷　正式喷涂作业前先试喷，试喷时应先启动空压机，打开压缩空气开关，再启动发泡机料泵，待喷出的料液为黄色时再开始正式喷涂施工。

（4）喷涂

1）移动式发泡机自动计量装置应能保证A、B料液配比准确无误，其误差不应大于4%。

2）喷枪宜采用高压回转式喷头，输料泵压力应调整至10MPa，压缩空气压力调整至0.4MPa。

3）开喷前应将设备空运转3～5min，确认机械运转安全可靠后方能进行喷涂。

4）喷涂作业时，应先通压缩空气，再启动物料泵，开始时的物料应放弃，待料液配比正常后方可正式喷涂作业。

5）施工喷涂应从女儿墙转角处开始喷，喷枪倾斜角度应保持在45°～60°，喷枪头距作业面的距离不大于500mm，喷枪移动的速度应均匀。

6）施工厚度利用50mm高塑料贴饼钉控制，喷涂作业应控制在4～5层成型。

7）第1层施工应沿屋面结构层的纵向（或横向）略喷硬泡聚氨酯薄面1层，厚度2～6mm，作为硬泡聚氨酯与屋面基层的温差接应，同时给第2层硬泡聚氨酯提供相融性的基层，以保证第2层硬泡聚氨酯发泡均匀。

8）第2层施工应在前一层硬泡聚氨酯固化后进行，喷涂施工方向与第1层相互垂直，同时填补第1层硬泡聚氨酯的“砂眼”。

9）第3、4层施工方法同上。喷涂作业完成后的30min内，硬泡聚氨酯上严禁上人行走或受压。喷涂作业应随时检查发泡质量，发现问题时立即停机，查明原因并纠正故障后方可重新作业。当暂停喷涂作业时应先停物料泵，待喷枪中物料吹净后才能停压缩空气。在喷涂作业中，应喷涂1块500mm×500mm×50mm试块，以备材料的性能检测。

10）喷涂作业完成后的30min内，硬泡聚氨酯上严禁上人或受压。

（5）清洗发泡机　喷涂作业完毕，应先关物料泵，停止送料，用压缩空气吹净残存在料管中的物料，然后将喷枪零件卸下浸泡在丙酮溶剂中，并彻底清洗干净。若24h之内继续使用，料桶及料泵可不清洗，但必须采取措施，保证泵内与外部空气隔绝。隔绝方法是将喷枪从供料管拔下，2根料管分别插入各自料桶内的液面以下后将料桶盖严。正常情况下，使用3～5d要彻底清洗一次物料泵。

(6) 细部构造节点增强处理

1) 适时调整组合聚醚配比，加强施工操作监控，以确保硬泡聚氨酯的延伸性能。

2) 屋面与女儿墙间的硬泡聚氨酯防水保温层应直接连续地喷涂至泛水高度，且不得低于250mm（图5-11）。

3) 伸出屋面的管道（如烟道）要根据泛水高度要求连续地直接喷涂，最低不得小于250mm（图5-12）。

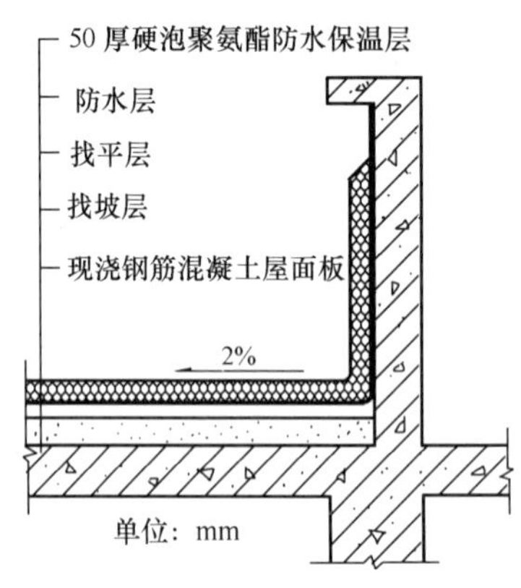

图5-11 女儿墙节点构造示意图

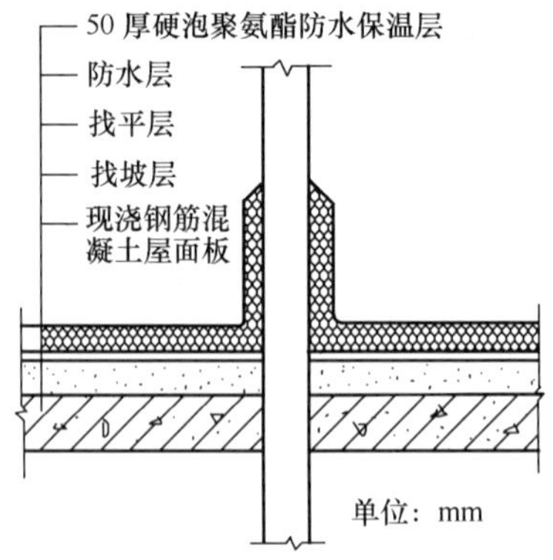

图5-12 管道节点构造示意图

4) 增加1～2遍硬泡聚氨酯喷涂层数以保证节点处确实得到增强。

(7) 成品保护 喷涂施工完毕后，高出部位锯掉，低洼部位补喷，将现场垃圾、下脚料等杂物清除干净，然后用1∶3水泥砂浆做20mm厚保护层。

4. 质量验收

(1) 材料进场时，应向监理单位提供产品质量证明文件、检查材料的品种、规格等是否符合现行国家产品标准和设计要求，经监理单位审核合格后方可进场使用。

(2) 硬泡聚氨酯的厚度、密度、导热系数、强度及吸水率必须符合现行国家产品标准和设计要求。

(3) 硬泡聚氨酯防水保温层应按配比准确计量，发泡厚度均匀一致，厚度的允许偏差：+10%，−5%。

(4) 硬泡聚氨酯防水保温层不应有渗漏、起鼓、断裂等现象，表面应平整，最大喷涂波纹应小于5mm。

(5) 平屋面、天沟、檐沟等处的表面排水坡度应符合设计要求。

(6) 屋面与山墙、女儿墙、天沟、檐沟以及突出屋面结构连接处的连接方式与结构形式应符合设计要求。

5. 注意事项

(1) 卷材防水施工在前的倒置式保温屋面，允许在卷材面层上直接喷涂聚氨酯硬泡保温层，卷材上的沥青油膏可以不加清除。

(2) 喷涂聚氨酯硬泡仅起保温作用，没有防水功能要求时，屋面凸起部分的“翻边”可以不做。

(3) 倒置式屋面硬泡聚氨酯防水保温层下直接为PVC防水层，不宜采用针刺法检测保温层厚度，本工程采用切割三角形试件的方法进行检查。

(4) 为确保喷涂硬泡聚氨酯保温层的质量，施工单位应根据原材料情况、现场条件、气温等，经计算、试配，确定有关技术参数后方可进行现场施工。

(5) 在喷涂硬泡聚氨酯前，应将不需喷涂部位临时遮盖，以免喷涂时污染。

(6) 为避免阳光辐射和机械损坏，应在完成喷涂发泡72h内铺设保护层。铺设保护层过程中，应对聚氨酯硬泡层加以保护，避免机械损伤以及重物撞击和反复踩踏，运输材料时应铺设木板。

(7) 防水保温层完工后，应避免在其上凿孔打洞。

第三节　泡沫混凝土屋面保温技术

一、应用原理和性能特征

1. 泡沫混凝土的应用原理

泡沫混凝土是使用物理方法，先将泡沫剂水溶液制备成泡沫，再加入到由水泥基胶凝材料、骨料（可以添加轻骨料）、掺合料、其他外加剂和水等，经混合搅拌、浇注成型，并通过养护而形成的轻质多孔混凝土。其中，泡沫剂是能够显著降低液体（水）的表面张力而产生大量均匀、稳定泡沫的添加剂。

泡沫混凝土在制备过程中，通过高速搅拌所形成的微细均匀泡沫再被分散于水泥基胶凝材料浆体中，水泥基胶凝材料凝结固化后，微细泡沫被固定，在材料中形成大量独立、封闭的微孔，并赋予材料多孔、轻质、保温隔热和阻火、不燃等所需要的特性，同时水泥基胶凝材料产生一定强度，能够满足某些功能和应用要求。

2. 泡沫混凝土的基本应用特性

泡沫混凝土属于新型节能、利废（能够利用一定比例的粉煤灰或其他工业废渣）、环保的保温隔热材料，曾被原建设部列入“节能省地型建筑推广应用技术目录”中。将泡沫混凝土应用于屋面保温和楼地面填充层工程，既能够减轻建筑物的自重，又能满足建筑节能的要求。特别是现场浇筑泡沫混凝土屋面，能够大大提高屋面的整体性能，减少屋面施工的劳动强度。

与有机保温隔热材料相比，泡沫混凝土屋面保温隔热工程具有如下性能。

(1) 耐压强度高、耐久性好　泡沫混凝土系水泥基无机材料，抗老化性能好，抗压强度高。当泡沫混凝土的干密度为350g/m^{3}时，其28d抗压强度约为0.9MPa，7d抗压强度约为0.6MPa。

(2) 防火、耐高温、体积稳定　泡沫混凝土是无机不燃材料，防火性能好；能够在250℃以下使用，且在高温下体积稳定。与之相比，聚苯板在75～80℃就可能软化，体积发生较大变形。

(3) 施工简单、施工速度快　泡沫混凝土是由机械高压输送的高流动性浆体，施工机械化程度高，施工速度快，每台班能够施工3000～4000m^2，节约人力、物力和缩短工期。

(4) 与基层的结合性好　泡沫混凝土是水泥基材料，和水泥基基层的结合牢固，和现浇屋面或砂浆层能够形成整体，不会产生空鼓现象，不容易产生起壳质量问题。

（5）整体性好　泡沫混凝土屋面能够一次浇筑成型，无接缝。

（6）性能不足　由于泡沫混凝土是水泥基材料，具有混凝土的部分特性，当高温下施工时，操作不当可能产生裂缝。因此，当施工时气温高于 30℃时应特别注意及时洒水养护以防止开裂。另一方面，当温度过低情况下施工时，泡沫混凝土容易受到永久性冻害而显著降低强度和使综合性能劣化，因此应适当掺加外加剂以提高泡沫混凝土拌合物的抗冻性，或者采取措施防止冻害发生。

3. 泡沫混凝土与聚苯板两类屋面保温隔热工程特性的比较

表 5-7 中比较了泡沫混凝土与聚苯板两类屋面保温隔热工程的特性。从表中可以看出二者不同的性能优势。

泡沫混凝土与聚苯板保温隔热屋面特性比较　　表 5-7

比较项目		泡沫混凝土屋面保温隔热系统	聚苯板屋面保温隔热系统
施工工序比较	倒置式防水保温屋面	防水层→泡沫混凝土保温层	找坡层→找平层→防水层→保温层→隔离层→保护层（需配筋）
	普通防水保温屋面	泡沫混凝土保温层→防水层→隔离层→保护层	找坡层→找平层→保温层→找平层→防水层→隔离层→保护层（需配筋）
屋面荷载		泡沫混凝土保温层本身比聚苯板重，但因省去找坡层和找平层，二者给屋面增添的荷载相近	虽然聚苯板保温层本身比泡沫混凝土轻，但需要找坡层和找平层，使屋面荷载增加较多
保温性能		泡沫混凝土本身的保温性能比聚苯板相差较多，但可以将保温层设计得较厚，在相同成本下二者的保温性能相近	保温性能非常优异，在节能要求高时，比泡沫混凝土更具有优势
抗渗水性、吸水性		泡沫混凝土保温层现场浇筑，整体性好，防水层渗漏时不会串水，容易找到渗漏点，并且可以制备成防水泡沫混凝土保温层。泡沫混凝土保温层的吸水率高，与聚苯板相比是性能不足	聚苯板保温层接缝多，当防水层有渗漏时水会沿着接缝串水，不容易找到渗漏点，不易维修。但聚苯板的吸水率极低，不会因渗漏而降低保温性能
耐　久　性		耐久性好，几乎能够和建筑物保持同寿命	有机材料的耐久性相对较差，但在防水层的保护下仍具有很好的耐久性

二、泡沫混凝土质量指标举例

泡沫混凝土尚无国家或行业标准，一般执行企业标准。某企业标准规定的泡沫混凝土产品质量指标如表 5-8 所示。

某企业标准规定的泡沫混凝土产品质量指标　　表 5-8

项　　目	质量指标				
	04	05	06	07	08
干密度（kg/m^3）	400±50	500±50	600±50	700±50	800±50
导热系数［W/（m·K）］　≤	0.09	0.12	0.14	0.18	0.21
吸水率（%）	23	23	22	22	21

续表

项　　目	质　量　指　标				
	04	05	06	07	08
抗压强度（MPa）	0.5	0.8	1.2	2..5	3.5
抗冻性	需要抗冻性的场合，产品抗冻性应满足 F25 次要求（冻融循环 25 次后，质量损失率不大于 5%，且强度损失率不大于 20%）				
放射性	符合 GB 6566 的规定。				

三、泡沫混凝土保温隔热屋面施工技术

1. 施工准备

（1）技术准备

1）熟悉施工图，踏勘施工现场，与设计、监理、业主及总包方相互沟通。

2）根据施工图、相关施工验收规范以及现场情况编制施工方案。按照施工方案要求做好技术、安全交底。

（2）场地、材料及水、电源准备

1）停放生产设备的施工现场应平整夯实，并做好排水措施。

2）对进现场的水泥、粉煤灰等材料应有出厂合格证和材料检验报告，以备现场进行复验。

3）生产的施工现场，应有充足的水源，电源应满足机械荷载。

4）上料机口应有水泥等原材料堆放场地，且要有防潮、防淋及排水措施。

2. 施工工艺流程

设备进场→管道架设→基层清理→管道通道堵漏→放线→做灰饼→地面喷水处理→现场浇注第一遍找坡→现场浇注第一遍兼找坡→表层去浮刮平处理→成品养护→验收

3. 基层清理

基层应清理干净、清洗油渍、清洗浮灰等。基层松动、风化部分应剔除干净。表面凸起物大于 10cm 时应剔除。管道通道及突出屋面部位的处理。

（1）基层与突出屋面的部分（女儿墙、山墙、天沟、通风口、变形缝、烟囱等）的交接处和基层的转角处均应做成圆弧形；内部排水的水落口周围应做成略低的凹坑。

（2）管道通道必须封堵密实，防止施工时产品初凝前而流淌漏掉，封堵材料应易拆除。

4. 放线、做灰饼、基层喷水处理

必须严格按照设计的泛水坡度及厚度放线、打泡以保证屋面的排水及热工性能。施工前基层喷洒一定水，润湿表层，便于浇筑。洒水要均匀，不得有积水。

5. 现场浇筑找坡、刮平等施工处理

（1）采用无机发泡混凝土找坡时，坡度应不少于 1.5%；天沟、檐沟沿纵向找坡，坡度不应小于 1%，但沟底落差不得超过 150mm。

（2）施工前先检查其发泡质量，泡沫外观应有海绵状细密小泡，不乱流淌。

（3）在发泡质量符合要求后，按照配合比，计量加入水泥、粉煤灰、水，搅拌时间以

2.5～3.5min 为宜，使其浆料稠度合适，细腻柔滑，富有光泽和弹性，均匀性好。

（4）在混合浆料制备符合要求后，即可进行泵送试打施工，检查其混合浆料通过泵送输送至施工面的情况，如浆体均匀，上部无泡沫漂浮积聚，下部无沉积物，泡沫损失率＜10％，无塌陷，且浇筑后不出现大量泌水，即可大面积施工。

（5）浇筑厚度如大于 10cm 时，宜进行分两层施工，第二层施工的时间宜在第一层浇筑终凝有一定强度后（以能上人为准）进行。第一次浇筑根据放线坡度进行一半找坡。同时在第二层浇筑中边去浮泡，边进行刮平处理，使其浇筑面气泡去除，达到封孔作用，并满足泛水要求。

（6）在浇筑的同时应留置 7.07mm×7.07mm×7.07mm 共 3 组立方体试快（计 9 块）。以便测定 28 天的抗压强度、密度。

（7）屋面浇筑完后，根据天气温度，适时洒水养护（一般在浇筑 24h 后进行）。当温度在 30℃以上时可适当提前洒水养护。

（8）当温度小于 10℃时，应待浆体初凝时及时覆盖塑料布。

（9）整体现浇保温层应表面平整，找坡正确，其保温层（兼找坡）厚度的允许偏差＋10％～－5％。表面平整度≤7mm。

（10）在无机发泡混凝土含水率小于 10％时，方可进行屋面防水层施工。

6. 成品保护

（1）施工完毕后一般三天内严禁上人；

（2）如温度低于 10℃应进行保温覆盖；

（3）终凝后强度不足时如遇雨天应使用塑料布覆盖以保护面层。

7. 质量控制措施

（1）质量控制要求

1）加入的粉煤灰应符合Ⅰ、Ⅱ级粉煤灰标准。

2）当天气温度低于 10℃时，应采用≥42.5 强度等级水泥，或加入早强剂以提高其初凝速度。

3）当天气温度低于 5℃或风力大于 5 级时，不宜施工。

4）加强物料的搅拌，适当延长搅拌时间，浇筑后泡沫不漂浮。

5）减少浇筑后的振动。

6）浇筑前应根据实验室的配合比，根据工程特点、天气温度、使用材料等因素在现场适当调整。

7）浇筑后及时采取成品保护措施，三天内不得上人。严禁雨天施工。

（2）无机发泡混凝土气孔技术要求

①气孔基本是封闭的；②气孔的形状应接近于球形；③气孔孔径应在 0.5～1mm 之间；④气孔应大小均匀；⑤孔隙率应与强度相适应；⑥孔间壁应薄而密实，机械强度高。

（3）质量验收

应根据《屋面工程质量验收规范》（GB 50207）、《建筑节能工程施工质量验收规范》（GB 50411）等标准进行屋面保温层验收。

屋面节能专项验收主要资料如下：

1）节能工程系统的设计文件，图纸会审，设计变更等；

2）屋面保温施工方案；

3）水泥、粉煤灰出厂合格证，检测报告及复试报告；

4）无机发泡混凝土试块力学检测复式报告（抗压强度、密度）；

5）放线找坡，基层处理等隐蔽工程验收记录；

6）屋面浇筑工程检验批质量验收记录。

（4）整体现浇保温层的允许偏差及检验方法应符合表 5-9 的规定。

允许偏差及检验方法 **表 5-9**

项　　次	项　　目	允　许　偏　差	检　查　方　法
1	厚　　度	+10%、-5%	用钢尺插入尺量检查
2	表面平整度	≤7	用 2m 靠尺和楔尺检查
3	分格条（缝）平直	3	拉 5m 小线和尺量检查

注：施工质量检验批量应按屋面每 $100m^2$ 抽查一处。

8. 部分节点构造图

节点的处理常常成为屋面工程施工成败的关键。有鉴于此，并根据中南地区建筑标准设计推荐图集[9]中的部分节点做法，在图 5-13～图 5-20 列出泡沫混凝土屋面保温隔热部分节点构造图。

四、某泡沫混凝土保温隔热屋面渗漏的处理

现浇泡沫混凝土以其造价低、保温隔热效果好、施工方便等优点，在屋面保温隔热工程中得到很多应用，但也会因为某些（如设计、施工等方面）原因而产生渗漏，影响泡沫混凝土的应用。下面介绍对某现浇泡沫混凝土隔热层屋面渗漏的处理。

1. 某工程渗漏原因分析

某 11 层住宅楼，屋面面积 $736m^2$，屋面构造为泡沫混凝土保温隔热层内未设排汽槽，仅按 3m×3m 间隔设置分格缝。投入使用半年后，顶层住户室内墙中间部位即出现一块 1.5m×1.8m 的水迹，水迹上析出焦黄色物质，并有焦油味。

由于整幢建筑物中，唯一使用含焦油物质的部位是屋面的聚氨酯防水层，故墙体渗漏的水源来自屋面。对此采用环氧树脂对该外墙裂缝进行灌浆。灌浆完成并检验质量满足要求后修复外墙玻璃马赛克饰面。但一场台风和暴雨后该外墙又出现新的渗漏现象。

将该外墙上的屋面女儿墙天沟部位的水泥砂浆保护层、聚氨酯防水层凿去，发现水泥砂浆保护层与聚氨酯防水层间、聚氨酯防水层与结构层间均存有积水，且水还不断地从泡沫混凝土层内析出。凿去女儿墙上 200mm 高的水泥砂浆保护层，撕掉聚氨酯防水层，发现该防水层厚仅 0.5mm，与原设计要求的 2mm 厚相差甚远。女儿墙砖砌体的灰缝极度不饱满，孔洞甚多。最后确定外墙渗漏原因是屋面泡沫混凝土保温隔热层内储存的水分为渗漏水的主要来源，加上聚氨酯防水层在女儿墙上收口不严、防水层过薄，失去了防水作用。水透过防水层，通过女儿墙的砖缝往下渗，遇有外墙上的薄弱点即渗出。泡沫混凝土内储存水分是由于泡沫混凝土的吸水性及保水性（吸水后不易干燥）。

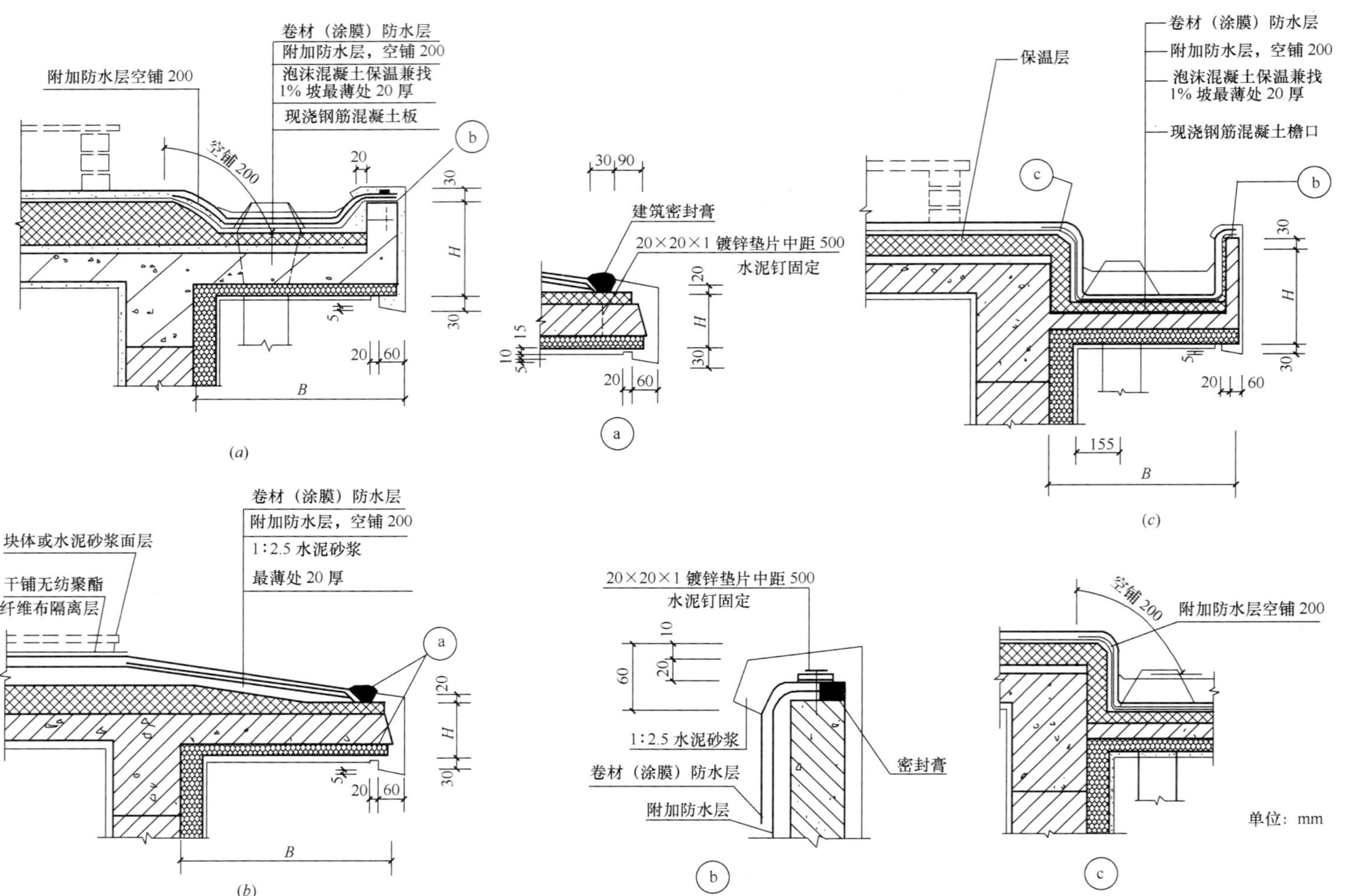

图 5-13　两种平檐口以及外天沟构造和做法示意图（图中，B，H 按照单项工程设计，涂膜防水的附加防水层，采用有胎体涂膜一层）

（*a*）平檐口（一）；（*b*）平檐口（二）；（*c*）外天沟

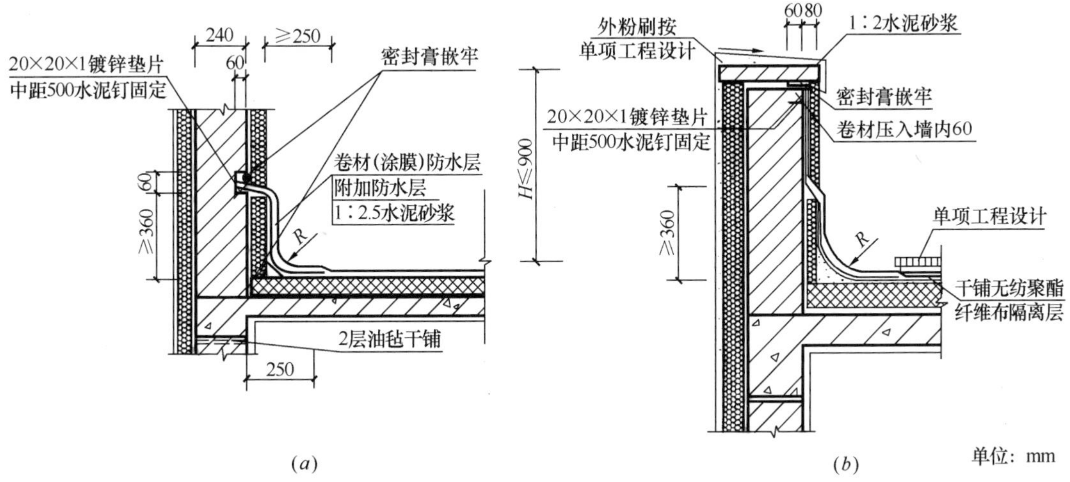

图 5-14 屋面泛水和女儿墙泛水构造示意图（压顶板采用 C25 混凝土；钢筋钢板 Q235）

（a）屋面泛水；（b）女儿墙泛水

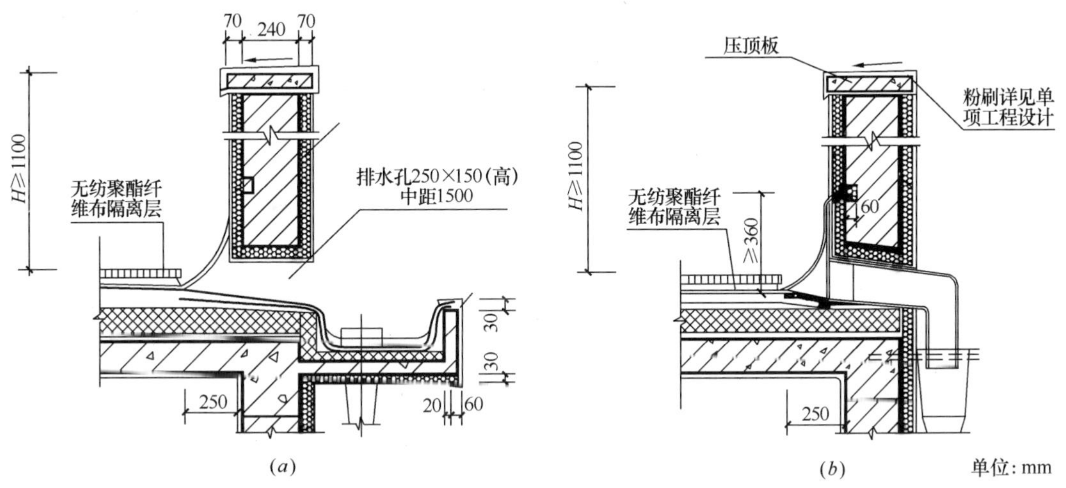

图 5-15 女儿墙外天沟和女儿墙出水口构造示意图（压顶板采用 C25 混凝土；钢筋钢板 Q235）

（a）女儿墙外天沟；（b）女儿墙出水口

2. 屋面渗漏处理方法

（1）截断渗漏水的来源　本例中渗漏水主要来自泡沫混凝土隔热层内的大量积存水，根治的方法是使泡沫混凝土内的水分与大气相通并让其自然蒸发。为此决定在原屋面的细石混凝土层和泡沫混凝土层的分格缝位置上，设置排汽槽和排汽洞，其位置见图 5-22 所示。排汽槽的构造见图 5-23，排汽洞构造如图 5-24 所示。排汽洞尺寸为 120mm×120mm×700mm，砖砌筑至上口，四边留出气口，上盖厚 40mm、550mm×550mm 的钢丝网预制混凝土板。由于泡沫混凝土层排汽通畅，解决其内积水问题。

（2）屋面排汽构造施工注意事项

1）排汽槽必须纵横贯通并与排汽洞贯通。排汽槽、排汽洞均保证畅通。

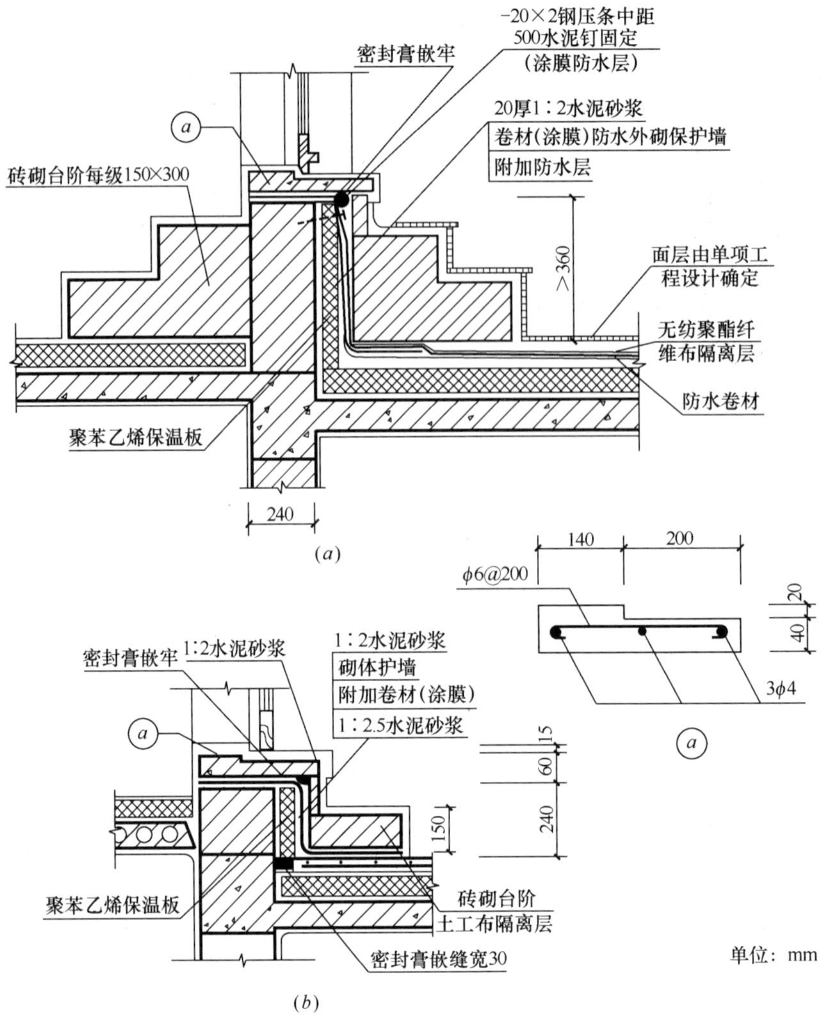

图 5-16　两种屋面出入口构造示意图

2）排汽槽两侧的多孔砖孔眼不得被堵塞。

3）排汽洞的防水必须保证质量，以免雨水由排汽洞引入排汽槽，造成更大程度的损失。

4）检查原有的细石混凝土防水面层，若发现缺陷应立即修补，以防雨水透过细石混凝土层进入泡沫混凝土隔热层。

（3）女儿墙修补作法　用掺 UEA 膨胀剂的水泥砂浆填塞女儿墙砖缝中的孔洞。在女儿墙和天沟上钉一层 22 号钢丝网，再在其上抹一层 7mm 厚掺有有机硅的防水水泥砂浆层（水泥∶有机硅＝8∶1，体积比）。待泡沫混凝土层改造完成且女儿墙和天沟的砂浆层干燥至含水率小于 9%后，涂刷 2mm 厚的聚氨酯防水层。待聚氨酯防水层完全干燥后，再做一层防水水泥砂浆加钢丝网的保护层。

该渗漏屋面经按照上述方法处理后两年未发现有重新渗漏现象。

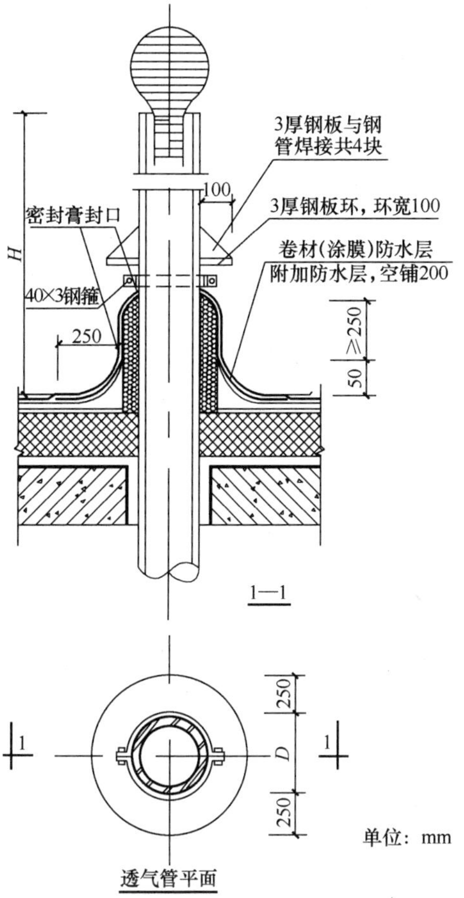

图 5-17 透气管构造示意图

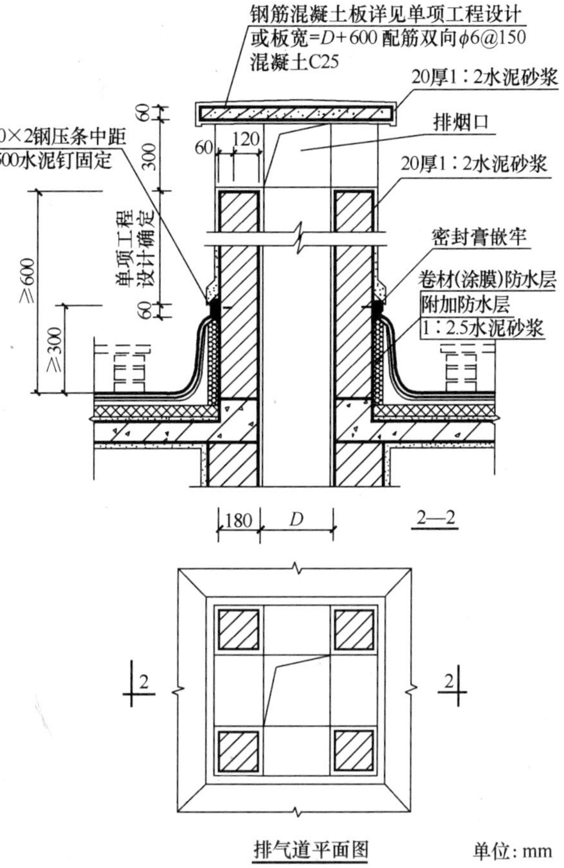

图 5-18 排气管构造示意图

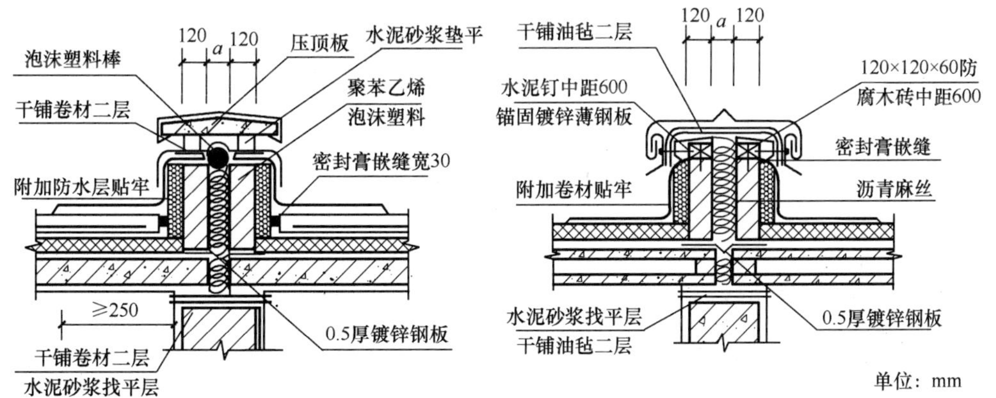

图 5-19 两种屋面变形缝构造示意图（压顶板采用 C25 细石混凝土）

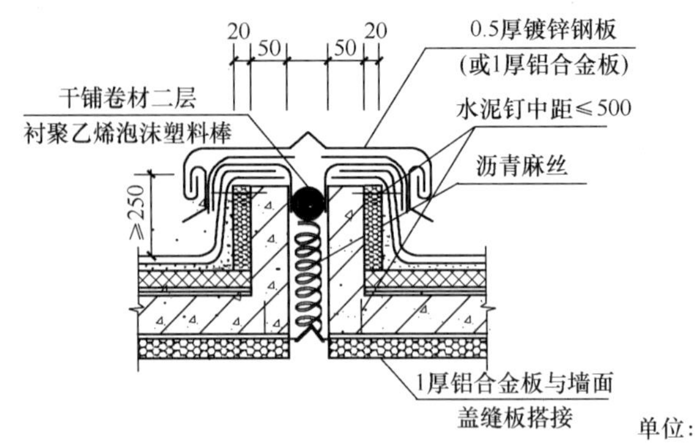

图 5-20　天沟变形缝构造示意图

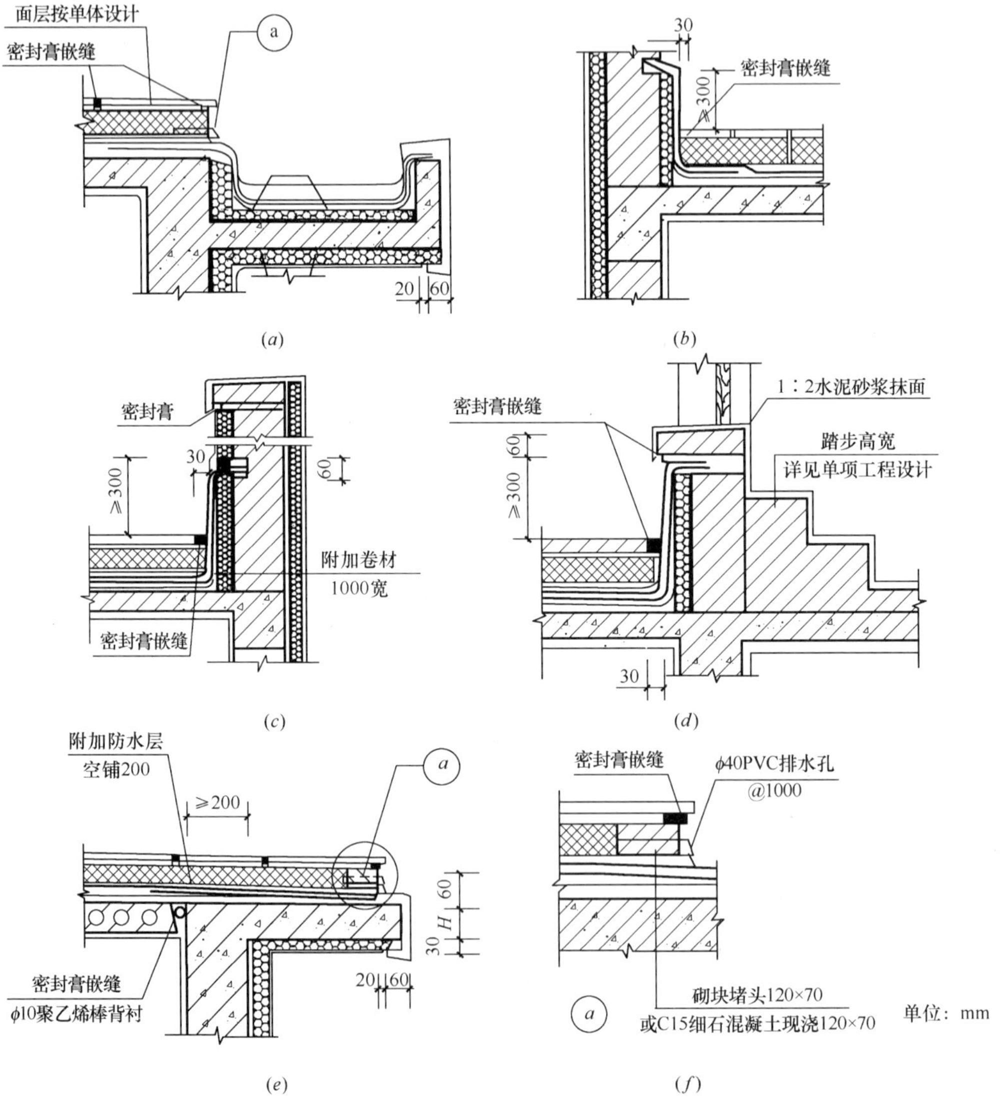

图 5-21　刚性防水屋面泡沫混凝土屋面保温的部分节点构造示意图

(*a*) 现浇天沟檐口；(*b*) 屋面泛水；(*c*) 女儿墙；(*d*) 屋面出入口；(*e*) 现浇挑板檐口；(*f*)

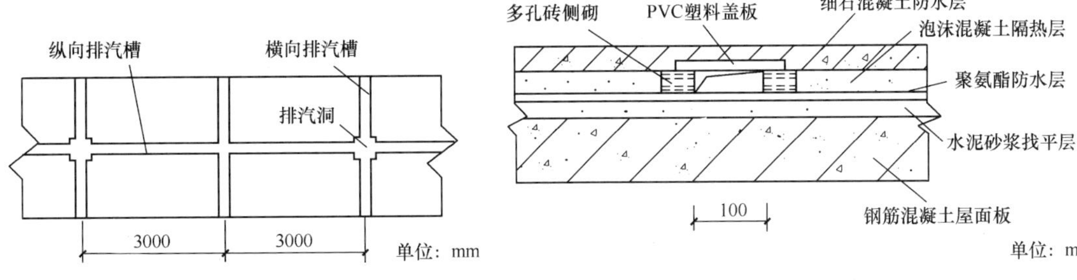

图 5-22　排汽槽、排汽洞位置示意图

图 5-23　排气槽构造示意图

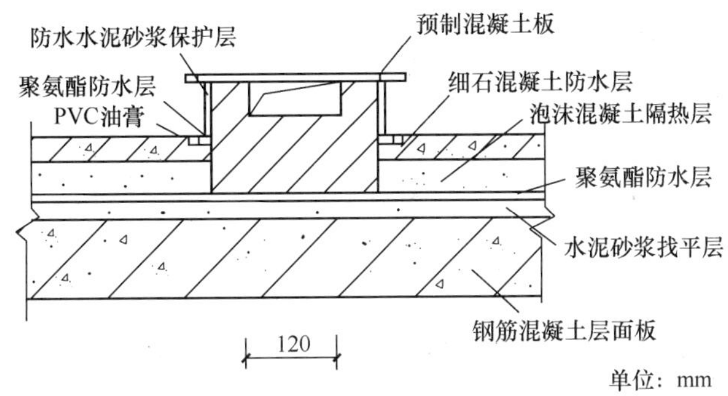

图 5-24　排汽洞构造示意图

第四节　其他屋面保温隔热技术

一、泡沫玻璃屋面保温隔热技术

泡沫玻璃是一种用途较广泛的保温隔热兼有一定装饰效果的保温隔热材料，其基本特性与技术性能要求等已在第三章外墙外保温系统技术的第三节中介绍，下面介绍泡沫玻璃在屋面保温隔热工程中的应用。

与目前在建筑工程中使用的保温材料相比较，泡沫玻璃具有独特的优点，用于屋面，能形成永久性的保温隔热层，而且，由于其优良的耐候性，尤其适合于倒置式屋面的保温隔热层。采用聚合物水泥砂浆粘结并勾缝后，还可形成一道完整的防水层，起到防水作用。用于外墙时，可直接采用聚合物水泥砂浆粘贴，施工方便，如采用彩色泡沫玻璃，既起到保温隔热作用，又可作为装饰材料。

泡沫玻璃用于屋面的保温隔热层时，由于不吸水、不吸湿、用水泥砂浆粘铺后，不会产生渗漏水现象，因而不会造成防水层的起鼓破坏；在防水层结构上不需作排气孔，并且具有很长的使用期限。泡沫玻璃具有较高的机械强度，不易被压缩，用于倒置式屋面、斜坡屋面、种植屋面等新型屋面型式，是其他许多保温材料所无法比拟的。

泡沫玻璃应用于屋面的保温隔热的结构形式有正置平屋面、倒置平屋面和坡屋面三种，分别如图 5-25（*a*）～图 5-25（*c*）所示。其中，倒置式屋面可以用于绿化，种植花草，或者作屋顶运动场或者其他用途的屋面。

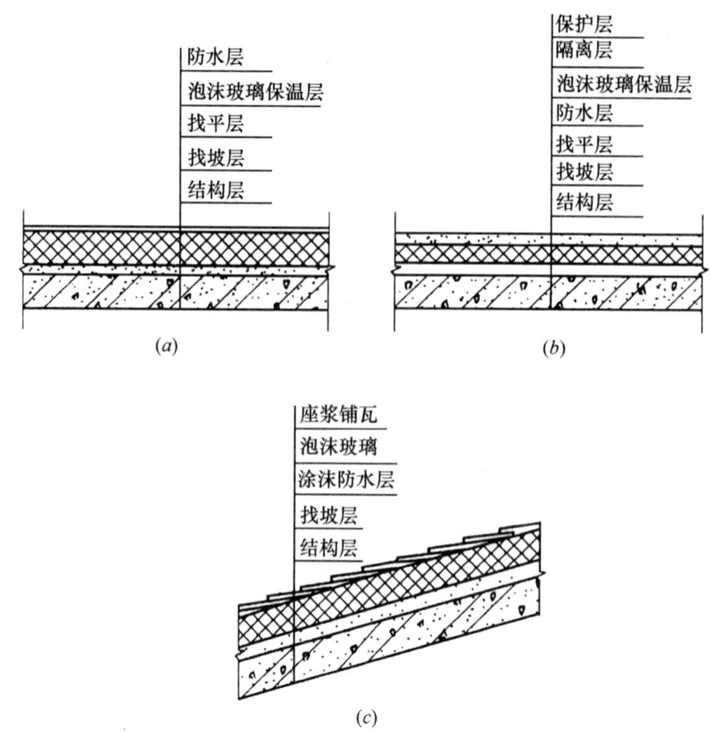

图 5-25 泡沫玻璃应用于屋面保温隔热的构造示意图

（*a*）正置平屋面；（*b*）倒置平屋面；（*c*）坡屋面

二、应用于倒置式屋面的防水保温隔热砌块及其施工[11]

倒置式屋面是保温层置于防水层之上的屋面结构形式，这种结构要求保温材料必须具有较强的憎水性、防水性和耐久性。可应用于倒置式屋面的保温材料如硬泡聚氨酯、高性能挤塑聚苯板等。下面介绍一种以粉煤灰防水保温隔热砌块为保温隔热材料的倒置式屋面施工技术。

1. 工程概况和屋面结构

某综合楼屋面面积 2475m^2，采用粉煤灰防水保温隔热砌块、SBS 改性沥青防水卷材，细部节点配合涂刷氯丁胶乳水性沥青基防水涂料，共同构成倒置式复合防水结构系统。该工程经多年使用，未出现屋面渗漏和破损，取得较好的防水保温效果。

倒置式屋面结构自下而上为现浇钢筋混凝土屋面板→20mm 厚 1∶3 水泥砂浆找平层→SBS 改性沥青卷材防水层→1∶4 水泥砂浆找坡层（屋面坡度设计为 2%，天沟内坡度设计为 5%）→大掺量粉煤灰防水隔热材料砌块（采用微膨胀砂浆砌缝）。

2. 屋面工程材料的选择

（1）保温材料　根据适用于倒置式屋面的保温材料应满足低导热系数、轻质、憎水性强和具有一定的强度的要求，采用大掺量粉煤灰防水隔热材料作为保温主体材料。其基本性能指标为：

抗压强度 2.7MPa；抗折强度 1.6MPa；密度 630kg/m^3；导热系数：0.101W/（m·K）；

抗冻性　冻融 15 次，无裂纹、脱皮、剥落等破坏现象；

不渗水性（10mm 厚）顶面饱和浸泡 7d，底面不渗水、不潮湿；

耐冷热变化－20～80℃循环 1000 次，强度损失率小于 20％（干燥状态，恒温 5h）；

质量稳定性　浸水 168h（25℃）再烘干，质量变化率小于 0.01％；

体积稳定性　浸水 168h（25℃）再烘干，体积变化率小于 0.01％。

（2）防水材料　选用 SBS 改性沥青防水卷材。

3. 施工技术

（1）工艺流程　粉煤灰防水保温隔热砌块倒置式屋面的防水施工工艺流程为：基层表面清理→涂刷基层处理剂→节点附加增强处理→定位、弹线、试铺→铺贴防水卷材→收头处理、节点密封→清理、检查和修整→砂浆找平后进行隔热层施工。

（2）基层处理要求　要求基层平整，无空鼓、起砂、无松动、掉灰等缺陷；表面平整度用 2m 直尺检查，直尺与基层间隙不应超过 5mm，且每米长度不得多于 1 处，只允许平缓变化，表面无积水，排水坡度符合设计要求。要求防水基层表面干燥，含水率一般不大于 8％或通过覆盖粘结试验。

（3）氯丁胶乳水性沥青基防水涂料施工　防水涂膜分 2 遍涂布，待先涂的涂层干燥成膜后，方可涂第 2 遍。涂刷时应先刷天沟、排水沟等较低部位，后涂女儿墙等较高部位；两次涂刷相互垂直，无漏刷、气泡。涂布厚度为 1.2mm，在雨水口周边 200mm 的范围内加厚 0.5～0.8mm。对需加强的节点部位如屋脊、天沟、雨水口、排烟风道处，将聚酯无纺布裁成相应的形状，铺贴平整，并在上面涂一层防水涂料，待干燥后进行下一道工序的施工。

（4）SBS 改性沥青防水卷材施工　卷材采用热熔法、按常规施工工艺和方法施工。

（5）粉煤灰防水保温隔热砌块铺砌　粉煤灰防水保温隔热砌块规格有 400mm×400mm×80mm 和 300mm×300mm×60mm 两种，可根据屋面实际需要选用。铺砌前在防水层上用 1∶3 砂浆将底层压实找平，根据屋面的分水线自上而下逐块铺设。所铺砌块应平稳牢固，接缝高低差一致，拼缝严密，不得有松动现象。待预留缝稍微干燥后用 1∶3 的微膨胀砂浆进行砌缝处理。施工时不得损坏防水层，砌块上禁止堆放物品。

施工完毕后，对因施工者造成的微裂缝或养护不周产生的微裂纹应急时采用微裂纹补救剂进行处理。

4. 屋面维护技术要求

（1）施工完结应及时将屋面清扫干净，防止建筑垃圾堵塞排水口，造成排水不畅。

（2）应进行充分的材料养护，养护温度 5～28℃，温度过高或过低（尤其是在北方地区的冬季和南方地区的夏季）时，应考虑在屋面铺设草帘、麻袋片或砂石粒等进行屋面保护。

（3）材料养护期一般为 1 周，每天上午和下午各浇水一次，用水量可结合天气状况进行，空气湿润时用水量小，反之则需用较多量的水进行养护。

（4）管理人员应在每年雨季、冬季来临之前进行屋面检查和清扫，发现问题应及时处理和维修。

三、轻质陶粒混凝土在屋面保温隔热中的应用[12]

使用陶粒和陶砂配制的轻质陶粒混凝土，其导热系数为 0.236W/（m·K），蓄热系数为 4.37W/（m^2·K），是一种新型屋面保温隔热材料。

轻质陶粒混凝土用于屋面保温隔热，施工工艺简单，工期短，造价低。陶粒轻质混凝土配合比的选择，主要应满足设计要求的强度、密度及施工和易性，并以合理使用材料和节约水泥为原则，必要时还应符合对混凝土性能的特殊要求（如弹性模量、抗冻性等）。

当配制 C10 以下的陶粒轻质混凝土时，允许加入占水泥用量 20%～25%的粉煤灰或其他磨细的水硬性矿物外掺料，以改善混凝土拌合物的和易性。

轻质陶粒混凝土用作屋面保温隔热材料，具有优良的保温隔热效果，施工速度快，造价低，质量轻，有利于屋面防水工程质量要求，也符合建筑节能要求。

1. 陶粒的分类及性能

陶粒是用天然原料或工业废渣，经破碎成粒、捏练造粒或粉磨配料成球后，在1200～1300℃的高温下烧制成的一种颗粒状人造轻骨料。粒径大于 5mm 的称为陶粒，小于 5mm 的称为陶砂。

陶粒主要种类有黏土陶粒、页岩陶粒、煤矸石陶粒和粉煤灰陶粒等品种，又有烧结型陶粒和烧胀型陶粒之分。陶粒的技术性能主要以其密度和强度等质量指标来评判。陶粒以其松散密度划分等级，如松散密度为 510～600kg/m^3的 600 密度级陶粒，即每一个密度等级的陶粒要求相应以一定的强度等品质指标。对于松散密度小于 500kg/m^3的陶粒，又称为超轻陶粒。

（1）陶粒的产品分类

按密度分陶粒有 400kg/m^3、500kg/m^3、600kg/m^3、700kg/m^3、800kg/m^3等 5 种。

按粒径分有 20～30mm、10～20mm、5～10mm 陶粒，小于 5mm 陶砂等 4 种。

（2）陶粒的技术指标

陶粒的密度等级与对应筒压强度见表 5-10。

陶粒的密度等级与对应的筒压强度 **表 5-10**

密度等级/（kg/m^3）	400 级	500 级	600 级	700 级	800 级
筒压强度/MPa	0.8	1.0	1.5	2.0	2.5

陶粒的其他技术指标有：吸水率（1h）≤10%；软化系数≥0.8；抗冻性为 15 次冻融循环后质量损失不大于 5%；安定性（煮沸法）为质量损失不大于 2%；导热系数（500 级，自然状态下）0.21～0.23W/（m·K）。

2. 陶粒混凝土的用途及特点

（1）陶粒混凝土的用途　轻骨料陶粒混凝土按其用途可分为结构混凝土、保温混凝土和结构保温混凝土三类，各类的用途与要求见表 5-11。

（2）陶粒混凝土的特点　陶粒主要作为轻骨料用于混凝土中，页岩陶粒是一种性能优良的新型建筑保温材料，用它拌制的轻质混凝土，具有质量轻、强度高、保温性能好、耐火、隔声、抗震、耐久性佳、抗渗；轻质陶粒混凝土在屋面保温隔热中的应用性好、施工适应性强等特点，广泛用于混凝土空心砌块，结构保温混凝土和多层、高层建筑结构混凝土，也可以用陶粒轻质混凝土生产各种墙板等，或整体现浇作屋面保温隔热层，保温隔热效果很好。

陶粒混凝土的要求及用途　　表 5-11

项　　目	混凝土强度（MPa）	混凝土密度（kg/m^3）	用　　途
保温混凝土	≤5.0	<800	用于保温隔热的围护结构或热工构筑物
结构保温混凝土	5.0；7.5；10.0；15.0	<1400	用于不配筋或配筋的围护结构
结构混凝土	15.0；20.0；25.0；30.0；40.0；50.0	<1900	用于承重的配筋构件、预应力构件或者构筑物

3. 屋面保温隔热层的施工方法

(1) 陶粒混凝土材料要求　最大粒径以陶粒累计筛余小于 10%（按质量计）时的筛孔尺寸，定为该批陶粒的最大粒径。

保温混凝土及结构保温混凝土用陶粒的最大粒径不宜大于 30mm；结构混凝土用陶粒的最大粒径不宜大于 20mm。配制保温或结构保温混凝土时，除采用轻骨料陶粒外，还应采用轻细骨料陶砂。做屋面隔热（保温）层时，可用 MU2.5 级混合砂浆座砌陶粒隔热砌块，也可以按陶粒混凝土设计配合比整体现浇保温层，待保温层达到一定强度后，再用 20mm 厚 1∶2 水泥砂浆压光找平。

页岩陶粒混凝土用于屋面保温隔热时，配合比见表 5-12，按照表中的配比配制的陶粒混凝土性能见表 5-13。

屋面保温隔热用轻质页岩陶粒混凝土试验配合比　　表 5-12

等　　级	坍落度（mm）	砂率（%）	质　量　配　合　比					
			陶　　砂	陶粒直径（mm）			河砂	水
				5～10	10～20	20～30		
CL5.0	20	0.35	0.72	0.4	0.4	0.53	—	0.48
CL10.0	25	0.41	0.4	0.3	0.3	0.4	0.31	0.51

注：1. 搅拌方式应采用机械搅拌。
2. 水泥为 P.O32.5 级，在质量配合比中的用量为 1；
3. 施工时，陶粒不用预先浸水。

屋面保温隔热用轻质页岩陶粒混凝土性能　　表 5-13

项　　目	28d 抗压强度（MPa）	干密度（kg/m^3）	导热系数［W/（m·W)］
CL5.0	6.3	876	0.2349
CL10.0	14.2	1163	0.3180

注：1. 搅拌方式为机械搅拌。
2. 水泥为 P.O32.5 级，在质量配合比中的用量为 1。
3. 施工时，陶粒不用预先浸水。

(2) 陶粒轻质混凝土施工方法

1) 计量搅拌　粗、细骨料、水泥、水和外加剂等按质量计算，其中粗、细骨料允许偏差3%；水泥、水和外加剂允许偏差2%。采用强制式搅拌机的加料顺序是：

先加细骨料、水泥和粗骨料，搅拌约1min，再加水继续搅拌不少于2min；采用自落式搅拌机的加料顺序是：先加1/2用水量，然后加粗、细骨料和水泥，均匀搅拌约1min，再加剩余水量，继续搅拌不少于2min。

2）陶粒轻质混凝土浇筑与成型　浇筑较大屋面的陶粒混凝土保温隔热层，其厚度大于24cm时，应先用插入式振捣器振捣后，再用平板式振捣器进行表面振捣。对于和易性好，流动性大，能满足强度要求的塑性砂轻混凝土拌合物以及保温、结构保温陶粒混凝土拌合物，也可以采用人工插捣或成型。

3）施工方法和注意事项　铺设屋面保温隔热层的结构表面应干燥、洁净、无裂缝、蜂窝、孔洞。倒置式屋面应采用吸水率小，长期浸水不腐烂的保温材料。松散保温隔热材料应分层铺设，并适当压实。平面保温隔热层的虚铺厚度不得大于150mm。压实后的保温隔热层，未达到一定强度不得直接在隔热层上走动或堆放重物。整体现浇保温层要表面平整，找坡正确。

对于封闭式整体保温层和倒置式屋面，应按施工验收规范在保温层中间留好排气道，排气道应纵横贯通，不得堵塞，并与大气连通的排气孔相通，排气孔的数量以每36m^{2}设置1个为宜。排气孔必须做好防水处理。

保温层施工完成后，应及时进行找平层和防水层施工；雨季施工时，保温层应采取遮盖措施。

四、聚苯颗粒保温浆料在屋面保温隔热工程中的应用

1. 聚苯颗粒保温浆料的组成材料

聚苯颗粒保温浆料的组成材料包括超轻骨料聚苯颗粒、水泥、粉煤灰和添加剂等。超轻骨料可以采用原生聚苯颗粒或者再生聚苯颗粒，或者将二者以一定比例复合使用。而当二者以原生聚苯颗粒∶再生聚苯颗粒（质量比）＝3∶7时，聚苯颗粒保温浆料具有更好的物理力学性能和施工性能。

一般要求聚苯颗粒的最大粒径小于10mm，堆积密度小于12～18kg/m^3。水泥可以使用水泥强度等级为42.5R型硅酸盐水泥或普通硅酸盐水泥，根据工程实际要求，也可考虑使用白色硅酸盐水泥，或者在通用水泥中掺入适量的高铝水泥（铝酸盐水泥）。

粉煤灰能够改善浆体稠度和稳定性，提高保温浆料后期强度，应使用Ⅱ级以上粉煤灰。为了改善保温浆料的施工流动性能和与基层的粘结强度，保温浆料中还应该适量添加纤维素醚、聚乙烯醇等。

此外，根据设计和施工需要，保温浆料中还可以适量添加早强剂、防水剂、短切纤维等，以进一步改善保温浆料的性能。

2. 聚苯颗粒保温浆料基本配合比

聚苯颗粒保温浆料可以浇注在屋面结构层上，形成屋面整体保温层，对于坡屋面和平屋面均能够方便施工；也可以预制成屋面保温块，然后再铺装于屋面上。下面主要介绍聚苯颗粒保温浆料屋面整体现浇施工技术。

聚苯颗粒保温浆料　密度为300kg/m^{3}的聚苯颗粒保温浆料，其基本配合比（质量）为：普通硅酸盐水泥150～250kg；聚苯颗粒1.0～1.4m^3；粉煤灰50～100kg；其他：

适量。

3. 施工要点

（1）聚苯颗粒保温浆料浆体拌制　先将水泥、粉煤灰、添加剂等粉料预混均匀，然后加水搅拌3～5min，再加入聚苯颗粒，搅拌1～3min，制成黏稠的聚苯颗粒保温浆料浆体。聚苯颗粒采用体积计量，其他组分按质量计量。

（2）屋面基层处理　对于平屋面只需按作业条件，将基层清理干净即可施工，施工前适当浇水湿润基层。对于坡度大于30°的混凝土斜屋面需涂刷界面剂，以提高保温层与基层的粘结力。

（3）弹线　按设计厚度及规范要求，在周边墙面弹好厚度、坡度标准线、注意排水坡向。

（4）设计保温层厚度标志线　在屋面适当位置设置厚度标准灰饼或冲筋，间距1～1.5m。

（5）浇注聚苯颗粒保温浆料　将拌制好的保温浆料按比标准厚度稍高的高度均匀摊铺在屋面上，用铁锹、木抹拍实，用木杠刮平即可。

周边、阴角、管根等连接部位需仔细填实抹平；平屋面的找坡层、找平层和保温层可以全部使用聚苯颗粒保温浆料施工处理。

保温浆料随搅随用，一般应在2h内用完：浆料保温层一般应干燥固化5～7d，待完全干燥后方可进行抗裂砂浆层和防水层施工。

4. 聚苯颗粒保温浆料复合保温屋面材料性能

（1）热工性能　绝干密度小于300kg/m^{3}的聚苯颗粒保温浆料复合屋面，导热系数一般小于0.070W/（m・K）。因而，复合保温屋面的保温层厚度应按国家有关节能标准的规定和设计要求进行设计。

（2）力学性能　建筑屋面通常要承受一定荷载（如雨雪、风荷载等），因此保温层应有足够的承载能力。屋面保温材料的压缩强度通常应大于500kPa。通常，使用水泥、粉煤灰与原生聚苯颗粒和再生聚苯颗粒复合，采用适当技术制备密度等级在300kg/m^{3}以下的屋面保温浆料，压缩强度能够满足这一要求。

（3）保温层厚度设计

1）聚苯颗粒保温浆料复合保温屋面保温层厚度设计按下式计算：

$$\delta = \lambda(R_{O,min} - R_i - R - R_e)$$

式中　δ——保温层厚度，m；

λ——复合屋面保温材料导热系数，W/（m・K）；

$R_{O,min}$——屋面系统的最小传热阻，（m^2・K）/W。

$R_{O,min}=1/K$，不同地区民用建筑屋面传热系数K值的限值见《严寒和寒冷地区居住建筑节能设计标准》（JGJ 26—2010）中和《夏热冬冷地区居住建筑节能设计标准》（JGJ 134—2010）中；

R_i——内表面热阻，取0.11（m^2・K）/W；

R——除保温层外，屋面系统材料层传热阻，（m^2・K）/W；

R_e——外表面换热阻，取0.04（m^2・K）/W。

2）除保温层外，屋面各层材料传热阻之和应按下式计算：

$$R = \delta_1/\lambda_1 + \delta_2/\lambda_2 + \cdots\cdots + \delta_n/\lambda_n$$

式中　　　　R——除保温层外，屋面系统材料传热阻，($m^2 \cdot K$) /W；

δ_1、δ_2、……δ_n——各层材料的厚度，m；

λ_1、λ_2、……λ_n——各层材料的导热系数，W/ ($m \cdot K$)。

3）各层材料的导热系数参见 GB 50176—93（民用建筑热工设计规范）附表 5.1。

4）屋面系统的最小传热阻取值，应按 JGJ 26—95 确定，并符合国家有关节能标准的规定。

第五节　《建筑节能工程施工质量验收规范》（GB 50411—2007）中屋面节能验收项目

GB 50411—2007 在屋面节能分项工程中，规定了建筑屋面的节能工程，包括采用松散、现浇保温材料、板材、块材等保温隔热材料的屋面节能工程的质量验收。建筑屋面节能工程安装施工的质量验收规定分为“主控项目”和“一般项目”两类。

一、验收规范规定的项目

1. 主控项目

（1）用于屋面的保温隔热材料，其品种、规格应符合设计要求和有关标准的规定。

（2）屋面节能工程使用的保温隔热材料，其导热系数、密度、压缩强度或抗压强度、燃烧性能应符合设计要求。

（3）屋面节能工程使用的保温隔热材料，进场时对本规范第 7.2.2 条指标进行见证取样送检复验。

（4）屋面保温隔热层的敷设方式、厚度、缝隙填充质量及屋面热桥部位的保温隔热做法，必须符合设计要求和标准的规定。

（5）屋面的通风隔热架空层，其架空层高度、安装方式、通风口位置及尺寸应符合设计及有关标准要求。架空层内不得有杂物。架空面层应完整，不得有断裂和露筋等缺陷。

（6）采光屋面的传热系数、遮阳系数、可见光透射比、气密性应符合设计要求。构造节点的安装应符合设计要求和技术标准要求。

（7）采光屋面的安装应牢固、坡度正确，密封严密，嵌缝处不得渗漏。

（8）屋面的隔汽层应符合设计要求，隔汽层应完整、严密。

2. 一般项目

（1）屋面保温隔热层敷设应按施工方案施工，并应符合规范要求。

（2）金属板保温夹芯屋面应铺装牢固、接口严密、表面洁净、坡向正确。

（3）坡屋面、内架空屋面当采用敷设于屋面内侧的保温板材做保温隔热层时，保温隔热层应有防潮措施，其表面应有保护层，保护层的做法应符合设计要求。

二、验收规范规定的检验方法和检查数量

1. 主控项目

（1）检验方法：观察尺量检查；核查质量证明文件。

检查数量：按进场批次，每批随机抽取 3 个试样进行检查；质量证明文件应按照其出

厂检验批进行核查。

(2) 检验方法：核查质量证明文件及进场复验报告。

检查数量：全数检查。

(3) 检验方法：随机抽样送检，核查复验报告。

检查数量：同一厂家同一品种的产品各抽查不少于3组。

(4) 检验方法：观察尺量检查。

检查数量：每100m^{2}抽查一处，每处10m^2，整个屋面抽查不得少于3处。

(5) 检验方法：观察尺量检查。

检查数量：每100m^{2}抽查一处，每处10m^2，整个屋面抽查不得少于3处。

(6) 检验方法：核查质量证明文件；观察检查。

检查数量：全数检查。

(7) 检验方法：观察尺量检查；淋水检查；核查隐蔽工程验收记录。

检查数量：全数检查。

(8) 检验方法：对照设计观察检查；核查隐蔽工程验收记录。

检查数量：每100m^{2}抽查一处，每处10m^2，整个屋面抽查不得少于3处。

2. 一般项目

(1) 检验方法：观察尺量称重检查。

检查数量：每100m^{2}抽查一处，每处10m^2，整个屋面抽查不得少于3处。

(2) 检验方法：观察尺量检查；核查隐蔽工程验收记录。

检查数量：全数检查。

(3) 检验方法：观察检查；核查隐蔽工程验收记录。

检查数量：每100m^{2}抽查一处，每处10m^2，整个屋面抽查不得少于3处。

参考文献

[1] 孟庆林，刘亚. 聚乙烯隔热屋面节能试验研究. 新型建筑材料，2002，(8)：29~32.

[2] 王比君，王寿华. 建筑节能与屋面保温设计. 建筑技术，2006，37 (10)：728~730.

[3] 赵霄龙，李军，管力强等. 聚氨酯硬泡外墙外保温应用技术. 建设科技，2008 (1)：151~15.

[4] 盛恩善，俞有湛. 聚氨酯硬泡技术在建筑节能领域中的应用. 住宅科技，2008 (1)：15~17.

[5] 沈春林，李芳，苏立荣. 聚氨酯防水保温材料的设计与施工. 新型建筑材料，2007，(11)：1~4.

[6] 宋建国，张庆伟. 现场喷涂硬泡聚氨酯在彩钢压型板屋面体系中的应用. 新型建筑材料，2005，(1)：39~41.

[7] 马洪涛. 硬泡聚氨酯防水保温层复合屋面的施工. 新型建筑材料，2009，36 (10)：82~83.

[8] 合肥市泰恒新型建材有限公司企业标准. TH泡沫混凝土. Q/TH 01—2009.

[9] 湖北省建筑标准设计研究院主编. 泡沫混凝土屋面保温建筑构造. 07ZTJ205.

[10] 陈志锋. 现浇泡沫混凝土隔热层屋面渗漏的处理. 建筑技术，2002，33 (7)：516~517.

[11] 牛福生，张锦瑞，倪文. 粉煤灰防水保温隔热砌块倒置式屋面施工技术. 新型建筑材料，2005，(1)：50~52.

[12] 卢光全. 轻质陶粒混凝土在屋面保温隔热中的应用. 新型建筑材料，2008，(11)：52~53.

[13] 王武祥. EPS颗粒-粉煤灰复合屋面保温材料的研究与应用（续）. 新型建筑材料，2005，(12)：28~29.

第六章　建筑门窗保温隔热技术

第一节　概　　述

一、门窗保温隔热对建筑节能的作用与意义

1. 门窗的功能、结构特性与能耗

门窗是建筑外围护结构的开口部位，是实现建筑热、声、光环境等物理性能重要功能性部件，具有建筑外立面以及室内环境双重装饰效果。同时，门窗必须具有采光、通风、防风雨、保温、隔热、隔声、防尘、防虫、防火、防盗等多种使用功能，才能为人们提供安全舒适的室内居住环境。

另一方面，窗户是建筑围护结构中的轻质、薄壁、透明构件，受窗户影响的采暖、空调、照明等能耗对整个建筑物能耗的影响很大（约占到建筑能耗的1/2左右），其节能水平与整个居住建筑节能的最终效果具有密切关系。因而，提高建筑门窗保温隔热性能、增强节能效果是提高建筑节能水平的重要环节，对建筑节能具有重要意义。

建筑外窗、外门本来是作为室内采光、通风或阻断室外交通之用。但外窗、外门又是对室外气候变化最敏感的围护构件，因门窗所能达到的气密程度，室外风力变化会迅速影响室内温度。在冬季采暖能耗中，通过外窗、外门的热量损失占很大比重。有资料表明[1]，我国华北地区一般6层楼的砖混结构住宅，通过外窗、外门的传热损失和空气渗透热损失之和约占建筑物全部热量损失的45%～50%。因此，提高外窗、外门的保温性能，就成为降低冬季采暖能耗的关键。

另一方面，建筑外窗的功能质量对居住者或使用者的健康、舒适有很大影响。窗户的节能、舒适度已经越来越引起人们的重视。窗户状况对室内热环境、声环境和光环境也都有很大影响。许多建筑物采用大窗户或落地窗，导致窗墙比发生很大变化。在这种情况下，节能窗和高性能窗的应用尤为重要。

目前，建筑外窗在建筑围护结构中相对来说还是保温隔热和节能的最薄弱环节。我国窗户的绝热性能普遍较差，窗户单位面积能耗为发达国家的2～3倍。这说明，通过提高窗户的保温隔热性能而降低其能耗，还具有很大的空间，更具有很多工作可做。

在建筑围护结构节能措施已有成熟系统、配套技术的今天，注重节能窗在建筑节能中的重要地位，制造、使用高性能的节能窗以节约采暖、空调制冷能源，降低采暖和空调制冷费用，提高建筑物内部居住、工作和其他活动的舒适环境，是实施建筑节能的重要工作。

2. 玻璃窗对舒适性的影响

玻璃窗对人体舒适性的影响主要体现在热舒适性、阻隔噪声和视觉舒适三个方面。近年来我国已研制开发出诸多的低能耗高舒适度节能窗技术，如双层（或3层）中空玻璃、

内充惰性气体中空玻璃、Low-E镀膜玻璃、低导热窗框、遮阳帘等。

(1) 热舒适性　玻璃窗会与室内人体之间进行辐射热交换。人与窗户距离不同、窗户大小不同及窗户表面温度的不同，都会导致人舒适感的明显差别。特别是盛夏与寒冬时节更是如此。

(2) 阻隔噪声　过去，我国窗户多用单层玻璃窗，加之密封不良，隔声问题突出。噪声对人们生活产生干扰，影响正常工作和休息，严重时还会令人焦躁不安。

北京市对隔声量（dB）的要求是：主干道两侧：$30 \leqslant R_w \leqslant 35$；次干道两侧：$25 \leqslant R_w \leqslant 30$。使用中空玻璃的窗户，其隔声效果能够满足对主干道两侧的隔声量要求。

(3) 视觉舒适　玻璃面积大的窗户使室内光线充足，视野宽阔，但这样的窗户为单层玻璃时会导致极高的建筑能耗：在冬季失热过多；在夏季又使过多的太阳辐射进入室内，增加空调制冷能耗。节能窗能够使窗户的热工性能大大提高，如果窗墙比较大，会对室内的舒适环境有很大帮助。

(4) 光环境质量

照明能耗占建筑总能耗的20%～40%，合理利用天然采光可节省照明能耗50%～80%：而且，由灯产生的废热所引起的冷负荷增加占总能耗的3%～5%[2]；夏季热辐射光线无遮蔽直接进入室内而增加的制冷能耗占室内制冷能耗的50%以上。

天然采光通过窗口将日光引入建筑内部，并经过窗口和建筑构造的各种方式形成光线在建筑物内部分配，从而达到光线强度、光线分布以及视觉的舒适程度。

建筑外窗的设置应满足充分利用天然光资源的需要，根据不同光气候区的要求确定室内采光系数及窗地面积比，合理选用建筑外窗玻璃，利用遮光板或反射板对入射太阳光进行调节。

总之，根据地域和建筑条件，采取相应的技术措施，选择节能型窗框，选用透光率高、传热系数低的玻璃，并设外遮阳措施。这样，我们既能受益于大玻璃窗带给我们的各种效益，又能够利用节能窗对人体舒适性产生的作用，还可节约冬季采暖和夏季制冷的能源。

3. 建筑外窗、外门热量损耗影响因素

影响外窗、外门热量损耗因素很多，主要有以下几方面。

(1) 传热系数　外窗、外门的传热系数是在单位时间内通过单位面积的传热量，传热系数越大，则在冬季通过门窗的热量损失越大。而门窗的传热系数又与门窗的材料、类型有关。

(2) 气密性　门窗的气密性是在门窗关闭状态下阻止空气渗透的能力。门窗气密性等级的高低，对热量的损失影响极大，室外风力变化会对室温产生不利的影响，气密性等级越高，则热量损失就越少，对室温的影响也越小。国家标准《建筑外窗气密性能分级及检测方法》GB/T 7107—2002规定了外窗气密性的分级。

(3) 窗墙比与朝向。一般建筑物在围护结构中外门窗的传热系数要比外墙的传热系数大，所以在允许范围内尽量缩小外窗面积，有利于减少热量损失，也就是说窗墙面积比越小，热量损耗就越小。热量损耗还与外窗朝向有关，行业标准《严寒和寒冷地区居住建筑节能设计标准》JGJ 26—2010中规定，窗户面积不宜过大，窗墙面积比北面不宜超过0.25，东西面不宜超过0.3，南向不宜超过0.35。

二、节能门窗定义与特征

1. 节能门窗定义

节能型建筑门窗是指达到国家现行建筑节能设计标准的门窗。换言之，凡是门窗的保温性能（传热系数）、隔热性能（遮阳系数）和空气渗透性能（气密性）等节能性能指标达到或高于建设部制定的《公共建筑节能设计标准》和《民用建筑节能设计标准》及各省、市、自治区颁发的实施细则技术实施的建筑门窗产品，可以称为节能门窗。

2. 节能门窗特征

一般来说，节能门窗应该是节能型窗型、节能型玻璃、节能型框扇材料（型材）、节能型五金件和节能型密封材料等很多方面的组合，通过这些单个要素的良好组合而构成具有显著节能效果的建筑门窗产品。

（1）窗型　窗型对门窗的节能效果影响显著。例如，由于推拉窗在窗框下的滑轨上来回滑动，窗扇上部与窗框之间有较大的间隙；窗扇下部与滑轮间也存在空隙，窗扇上下都会形成明显的空气对流，热冷空气的对流形成较大的热损失。这种情况下即使使用节能效果好的框扇材料也难达到节能效果。因而，推拉窗型不是节能窗型。

平开窗、固定窗等窗型的节能效果很好。平开窗的窗扇和窗框间均用良好的橡胶密封压条，在窗扇关闭后，密封橡胶压条压得很紧，几乎没有空隙，很难形成空气对流。这种窗型的热量损失主要是玻璃、窗扇和窗框型材的热传导和热辐射散热，这种散热远比对流损失少，因而平开窗的节能效果比推拉窗具有明显的优势。因而，通常认为平开窗是一种节能窗型[3]。

固定窗的窗框镶嵌在墙体内，玻璃直接安装在窗框上，玻璃周边和窗框的接触面积用密封胶密封，完全消除空气对流状况，避免因对流而导致的热损失。固定窗的热损失是通过玻璃和窗框传导的热损失，如对玻璃采取绝热措施，能够有效提高节能效果。因而，固定窗是最节能的窗型。

除了上述几种窗型外，现在还有平开带代内翻转，各种上下滑动窗，以及各种类型外开、内开窗型等，但都是推拉、平开和固定三种窗型的变形。

（2）框扇材料（型材）　断桥铝合金、PVC 塑料、实木、木塑复合、铝木复合和玻璃钢型材等类框扇材料的导热系数都较低，是节能门窗使用的框扇材料。这些框扇材料配以不同的节能玻璃能够制备出节能性能好的节能门窗产品。

（3）玻璃　玻璃约占窗户面积的 80%，对窗户的节能效果影响很大。中空玻璃、镀膜玻璃是最常用的节能玻璃产品。玻璃厚度 6mm、两层玻璃间的距离 12mm 的中空玻璃，其传热系数 K 值可控制在 3.0W/（m^2・K）以下。若改用 LOW-E 玻璃，则 K 值可控制在 2.0W/（m^2・K）以下。

（4）五金件　由于五金配件的质量直接影响门窗的气密性能，而气密性能越差，门窗的节能效果越差，因而五金配件对于门窗的节能效果影响更大。

（5）密封材料　密封材料（密封条、毛条等）和五金件一样，也会对门窗的节能效果产生明显影响，是生产节能门窗不可忽视的材料。

上面只考虑了门窗本身的节能性能，实际上，要使门窗工程达到良好的节能效果，除了选用节能性能良好的节能型门窗外，还必须进行正确的施工安装，这是门窗工程中的重要环节。施工安装时门窗框与门窗洞之间的缝隙必须用发泡聚氨酯等保温材料填充严实，内外边沿使用密封胶密封以防裂抗渗。

3. 建筑门窗节能性能标识（RISN）

建筑门窗节能性能标识是指表示标准规格门窗（1500mm×1500mm，外平开窗为1200mm×1500mm）的传热系数、遮阳系数、空气渗透率、可见光透射比等节能性能指标的一种信息性标识，标识包括证书和标签，是对企业某品种的标准规格门窗产品与建筑能耗相关的性能指标的客观描述。推行建筑门窗节能性能标识能够保证建筑门窗产品的节能性能，规范市场秩序，促进建筑节能技术进步，提高建筑物的能源利用效率。

如图 6-1 所示，为我国建筑门窗节能标识的标识示例，标识内容包括标签编号、门窗的基本信息（生产厂家、产品描述、框材、玻璃、密封条、配件建议适用地区）和门窗的节能性能评价指标数据等。

推行建筑门窗节能性能标识能够保证建筑门窗产品的节能性能，规范市场秩序，促进建筑节能技术进步，提高建筑物的能源利用效率，降低建筑能耗，实现节能目标，减少环境污染等。

目前，门窗节能性能标识只是对建筑门窗涉及节能的主要性能参数进行测量或评价，并加以标识。这些参数取决于门窗的材料、几何形状和热工参数等，可反映门窗的节能能力。

RISN

标签编号	
企业名称	
产品描述	
框　材	
玻　璃	
密封条	
配　件	
适用地区	

传热系数 (K)	$W/m^2 \cdot k$
遮阳系数 (Sc)	
空气渗透率	$m^3/m^2 \cdot h$
可见光透射比 (Tv)	

声明：生产厂家保证本产品性能标识是严格按照建设部的程序取得的。性能标识的确定是针对标准规格的产品和特定的边界环境条件，建设部不推荐和担保产品适用于任何特定用场合。如需了解产品的其他性能，请查阅产品相关详细资料。

查询网址 WWW.CCSN.gov.cn

图 6-1　建筑门窗节能性能标识

三、提高建筑外窗保温隔热性能的途径

建筑外窗的能耗包括通过玻璃和窗框的传热、窗缝的空气渗透、太阳辐射得热等三方面。提高建筑外窗保温隔热性能主要是在制造过程中合理使用窗户构件材料，即选择合适的窗框和玻璃以及采用新的制造技术。例如中空玻璃的密封、铝型材窗框的热桥隔断等。

1. 框扇材料的选择

框扇是窗户的基本构件之一，框扇材料的导热面积虽不大，但其导热系数很大，其传导热损失仍占整个窗户热损失的主要部分。例如，单层玻璃铝合金窗的传热系数为 6.2W/（m^2·K），而单层玻璃塑料窗的传热系数为 4.6W/（m^2·K），传热系数降低了25.8%。可见，窗框（扇）材料的导热系数直接影响外窗的传热系数。

常用窗框材料有木材、塑料（PVC 塑料、玻璃钢窗框等）、铝合金和钢材，这四种窗框材料的导热系数依次为 0.14～0.29W/（m·K）；0.10～0.25W/（m·K）；58.2W/（m·K）和 174.4W/（m·K）。可见木、塑材料的导热系数远低于金属材料，保温隔热性能优良。但木材资源短缺，应用受到限制。目前窗框材料使用得最多的是塑钢、铝材和玻璃钢材料。

铝合金窗框除多采用空腔结构外，最重要的是要有断热桥，断热桥的材质一般采用尼龙 66，以符合绝热和硬度的要求。例如，普通中空玻璃铝合金窗的传热系数为 3.9W/

(m²·K)，采用断热铝合金窗后其传热系数降为3.4W/(m²·K)。若断热铝合金框与Low-E中空玻璃配合使用，可使铝合金外窗的传热系数降低到2.5W/(m²·K)左右。

塑料窗框是由钢材支撑结构与多空腔的塑料构架紧密结合构成，钢骨架起支撑作用，而塑料(PVC)自身的材质有很好的阻隔热桥的性能。采用中空玻璃制作的PVC塑料窗，其传热系数K可达2.5～2.8W/(m²·K)，甚至更小，这是PVC塑料窗作为节能外窗的有利条件之一[4]。

玻璃钢窗框是近几年发展起来的新型窗框材料，在绝热和硬度上均能满足要求。

2. 窗玻璃的选择

居住建筑外窗中，玻璃面积占70%～80%，玻璃的节能效果对整个外窗节能影响显著。透过玻璃的热损失主要是由传导传热和太阳辐射直接透过两部分组成，分别用传热系数和太阳直接辐射部分的遮阳系数SC表征。

常用的窗玻璃有普通浮法玻璃、中空玻璃、镀膜玻璃等。在多年的实践中，我国的窗玻璃已由过去的单层白玻，经双层白玻、三层白玻，发展到现在的中空玻璃、中空充气玻璃、中空镀膜玻璃、中空镀膜充气玻璃以及低辐射玻璃(Low-E玻璃)等。

单层透明玻璃对阳光辐射阻挡能力很差，保温性能也比较差。例如，以6mm厚单层透明玻璃为例，其遮阳系数SC为0.99，传热系数为5.58W/(m²·K)，都比较高。不同种类玻璃的热工性能见表6-1[5]。

不同种类玻璃的热工性能 **表6-1**

玻璃种类	单片K值，[W/(m²·K)]	中空组合	组合K值，[W/(m²·K)]	遮阳系数SC(%)
透明玻璃	5.8	6白玻+12A+6白玻	2.7	72
吸热玻璃	5.8	6蓝玻+12A+6白玻	2.7	43
热反射玻璃	5.4	6反射玻+12A+6白玻	2.6	34
Low-E玻璃	3.8	6Low-E玻+12A+6白玻	1.9	42

透明中空玻璃是以两片或多片玻璃，以有效的支撑均匀隔开，周边粘结密封，使玻璃层间形成干燥气体空间。透明中空玻璃空气层为12mm厚时，其传热系数值可达到3W/(m²·K)以下，可见，中空玻璃保温性能优良。而且在中空玻璃中，若两层玻璃的厚度不同，可有效地避免玻璃窗上产生的共振，隔声效果显著。但中空玻璃的遮阳系数SC仍在0.87左右，对太阳直接辐射热的传入降低有限。

镀膜玻璃应用于住宅外窗，能有效控制远红外线与可见光的数量，减少紫外线的透射。其中主要有热反射镀膜玻璃、低辐射镀膜玻璃(Low-E玻璃)。将Low-E玻璃和中空玻璃结合，形成Low-E中空玻璃，具有很好的热学、隔声、防结霜、不结露及密封性能，具备更低的传热系数和更大的遮阳系数选择范围(0.2～0.7)，比普通中空玻璃的节能效果有很大提高。

不过，镀膜玻璃虽具有良好的热反射性能，但可见光透过率太低，影响窗户的采光，增加照明能耗，故镀膜玻璃一般不适用于居住建筑[6]。

3. 外窗密封材料的选择[7]

在相同气候条件下，外窗空气渗透量的大小取决于缝隙的宽度、深度和几何形状。因而，密封材料的选择对外窗气密性的影响很大。

（1）玻璃与窗体　玻璃装配常采用干法和湿法两种镶嵌形式。湿法是在玻璃与窗框之间采用高黏度聚氨酯双面胶带和硅酮结构玻璃胶为一体，气密性有保证，对窗的刚性和整体性也有所加强。干法是在玻璃与窗框间采用耐候性好的弹性密封条。

（2）窗扇与窗框　推拉窗一般采用毛条来封闭窗扇之间及窗扇与窗框间的间隙，而毛条本身较差的气密性，影响外窗节能效果。平（悬）开窗采用胶条密封（如三元乙丙橡胶等），但存在热胀冷缩问题。

（3）窗框与墙体　窗框与墙体之间应采用高效、保温、隔声的弹性材料来填充，一般采用发泡聚氨酯材料，密封胶采用与基底相容并粘结性能良好的中性耐候密封胶。

（4）玻璃与玻璃　中空玻璃已广泛推广，两块玻璃之间如胶结不可靠就会造成充填惰性气体的泄漏和水蒸气的进入，影响中空玻璃节能效果，也会引起玻璃结雾。目前中空玻璃周边用间隔框分开，并用密封胶封闭，常采用胶接或熔接的办法加以封闭密封。

4. 适当的外窗结构形式

目前居住建筑中常用的外窗结构形式为推拉窗、平（悬）开窗和固定窗。推拉窗因制作安装简单，通风效果好，使用可靠，造价经济而得到广泛使用。该窗型主要有框包窗及窗包框两种形式，常见的框包窗即窗扇插入窗框内滑动，采用外、中、内三级阶梯式密封，提高了外窗的气密性。但滚动滑轮及密封毛条容易磨损和变形，导致窗扇之间及窗扇与窗框之间的间隙增大，气密性降低，能耗增加。

由于热、冷气对流的大小与窗扇周边空隙大小成正比，若将推拉窗设计成单滑道形式，即其中的一扇玻璃镶嵌在窗框和中（横）梃上，形成一个固定扇，另一扇在其内侧推拉活动，则可使框扇缝隙总长度缩短40%。这样既提高了外窗的气密性，又可以使高层居住建筑推拉窗的使用安全得到保证。

平（悬）开窗主要有内平开和外平开两种形式，窗框与窗扇之间采用三级阶梯状密封，形成气密和水密两个独立系统。独立气密系统能有效保证窗的气密性。

高层建筑外开窗扇在使用过程中会形成潜在的安全隐患，《全国民用建筑工程设计技术措施》10.4.2条明确规定，高层建筑不应采用外开窗。随着建筑门窗五金配件系统的进一步发展和完善，内平开下悬外窗等更安全、更舒适的新型节能外窗将得到更多应用。

固定窗是将玻璃固定在窗的型材上，而窗型材又直接固定在窗洞口。在正常情况下，固定窗的气密性、保温节能效果最好。

实际应用中往往会顾及立面效果、抗风压（安全）、采光、通风、保温等因素，综合考虑采用何种窗型或几种窗型的组合。当采用大固定小平开的复合窗型时，不但能满足采光、通风等要求，且具有良好的保温性能，在造价方面也比较经济，是值得推广的窗型。

5. 外窗的制作和安装质量

外窗的制作和安装是确保实现各项质量指标的最后一道环节，对最终节能效果有着极其重要的影响。

（1）制作外窗的型材和窗型结构在满足抗风、气密性、水密性等设计前提下，应考虑节能因素。

（2）外窗的制作和安装质量应满足相关规范要求，特别是几何尺寸、垂直度等指标。

（3）外窗安装位置宜居中相对靠外侧为好，并做好四周充填和密闭，将窗框与四周洞口及墙面外保温作为整体，特别要解决好窗框渗水问题。

(4) 窗扇密封材料的选择要恰当，施工要精细，安装后要检查窗扇搭接和配合间隙，解决窗扇制作尺寸偏小和四周间隙过大等问题，将四周搭接量调整均匀。

从建筑节能来说，狭义建筑节能侧重于某个建筑或建筑构件本身所采取的节能措施和手段及其达到的节能效果，但广义建筑节能不仅涉及建筑设计方案、能源、生活质量等方面，还考虑整个建筑对资源、环境、气候、地理条件、维护管理、经济等方面的影响，是将建筑物的节能作为一个系统进行考虑。而广义的节能门窗不仅只考虑门窗或门窗构件的节能效果，还应考虑门窗及门窗材料在生产、加工过程中消耗的能源、资源和对环境产生的影响等问题。

第二节　节能门窗应用技术

一、建筑外门窗的气密、水密和抗风压性能分级

国家标准《建筑外门窗气密、水密、抗风压性能分级及检测方法》GB/T 7106—2008 对建筑外门窗气密、水密和抗风压性能的分级做了规定。下面介绍该标准对这三项性能分级的规定。

1. 建筑外门窗的气密性能分级

气密性能的分级指标是采用在标准状态下，压力差为 10Pa 时的单位开启缝长空气渗透量 q_1 和单位面积空气渗透量 q_2 作为分级指标。气密性能的分级指标绝对值 q_1 和 q_2 的分级表见表 6-2。

建筑外门窗气密性能分级表　　**表 6-2**

分级	1	2	3	4	5	6	7	8
单位缝长分级指标值 q_1 [m^3/(m·h)]	$4.0 \geq q_1 > 3.5$	$3.5 \geq q_1 > 3.0$	$3.0 \geq q_1 > 2.5$	$2.5 \geq q_1 > 2.0$	$2.0 \geq q_1 > 1.5$	$1.5 \geq q_1 > 1.0$	$1.0 \geq q_1 > 0.5$	≥ 0.5
单位面积分级指标值 q_2 [m^3/(m^2·h)]	$12 \geq q_2 > 10.5$	$10.5 \geq q_2 > 9.0$	$9.0 \geq q_2 > 7.5$	$7.5 \geq q_2 > 6.0$	$6.0 \geq q_2 > 4.5$	$4.5 \geq q_2 > 3.0$	$3.0 \geq q_2 > 1.5$	≥ 1.5

2. 建筑外门窗的水密性能分级

水密性能采用严重渗漏压力差值的前一级压力差值作为分级指标，按照分级指标值 ΔP 的分级见表 6-3。

建筑外门窗水密性能分级表　　**表 6-3**

分级	1	2	3	4	5	6
分级指标 ΔP	$100 \leq \Delta P < 150$	$150 \leq \Delta P < 250$	$250 \leq \Delta P < 350$	$350 \leq \Delta P < 500$	$500 \leq \Delta P < 700$	$\Delta P \geq 700$

注：第 6 级应在分级后同时注明具体检测压力差值。

3. 建筑外门窗的抗风压性能分级

抗风压性能采用定级检测压力差值 P_3 作为分级指标，分级指标值 P_3 的分级见表 6-4。

建筑外门窗抗风压性能分级表（单位为千帕，kPa）　　**表 6-4**

分　级	1	2	3	4	5	6	7	8	9
分级指标值 P_3	$1.0\leqslant P_3<1.5$	$1.5\leqslant P_3<2.0$	$2.0\leqslant P_3<2.5$	$2.5\leqslant P_3<3.0$	$3.0\leqslant P_3<3.5$	$3.5\leqslant P_3<4.0$	$4.0\leqslant P_3<4.5$	$4.5\leqslant P_3<5.0$	$P_3\geqslant 5.0$

注：第 9 级应在分级后同时注明具体检测压力值。

二、建筑外门窗保温性能、隔声性能和采光性能分级

1. 保温性能

(1) 外门、外窗传热系数　国家标准《建筑外门窗保温性能分级及检测方法》GB/T 8484—2008 规定了建筑外门、外窗传热系数的分级指标，见表 6-5。

外门、外窗传热系数分级 W/（m^2·K）　　**表 6-5**

分　级	1	2	3	4	5
分级指标值	$K\geqslant 5.0$	$5.0>K\geqslant 4.0$	$4.0>K\geqslant 3.5$	$3.5>K\geqslant 3.0$	$3.0>K\geqslant 2.5$
分　级	6	7	8	9	10
分级指标值	$2.5>K\geqslant 2.0$	$2.0>K\geqslant 1.6$	$1.6>K\geqslant 1.3$	$1.3>K\geqslant 1.1$	$K<1.1$

(2) 抗结露因子　在 GB/T 8484—2008 中，玻璃门、外窗的抗结露因子 CRF 值共分为 10 级，分级指标见表 6-6。

玻璃门、外窗抗结露因子分级　　**表 6-6**

分　级	1	2	3	4	5
分级指标值	$CRF\leqslant 35$	$35<CRF\leqslant 40$	$40<CRF\leqslant 45$	$45<CRF\leqslant 50$	$50<CRF\leqslant 55$
分　级	6	7	8	9	10
分级指标值	$55<CRF\leqslant 60$	$60<CRF\leqslant 65$	$65<CRF\leqslant 70$	$70<CRF\leqslant 75$	$CRF>75$

2. 建筑门窗空气声隔声性能分级

在国家标准《建筑门窗空气声隔声性能分级及检测方法》GB/T 8485—2008 中，对外门、外窗以“计权隔声量和交通噪声频谱修正量之和（R_w+C_{tr}）”作为分级指标；内门、内窗以“计权隔声量和粉红噪声频谱修正量之和（R_w+C）”作为分级指标。

建筑门窗的空气声隔声性能分级指标见表 6-7。

建筑门窗的空气声隔声性能分级（单位：分贝，dB）　　**表 6-7**

分级	外门、外窗的分级指标值	内门、内窗的分级指标值	分级	外门、外窗的分级指标值	内门、内窗的分级指标值
1	$20\leqslant R_w+C_{tr}<25$	$20\leqslant R_w+C<25$	4	$35\leqslant R_w+C_{tr}<40$	$35\leqslant R_w+C<40$
2	$25\leqslant R_w+C_{tr}<30$	$25\leqslant R_w+C<30$	5	$40\leqslant R_w+C_{tr}<45$	$40\leqslant R_w+C<45$
3	$30\leqslant R_w+C_{tr}<35$	$30\leqslant R_w+C<35$	6	$R_w+C_{tr}\geqslant 45$	$R_w+C\geqslant 45$

注：用于对建筑内机器、设备噪声源隔声的建筑内门窗，对中低频噪声宜用外门窗的指标值进行分级；对中高频噪声仍可采用内门窗的指标值进行分级。

3. 建筑外窗采光性能分级

国家标准《建筑外窗采光性能分级及检测方法》GB/T 11976—2002 采用窗的透光折减系数 T_r 作为采光性能的分级指标。该标准规定的窗的采光性能分级指标值及分级见表 6-8。

建筑外窗采光性能分级　　表 6-8

分　　级	采光性能分级指标值	分　　级	采光性能分级指标值
1	$0.20 \leqslant T_r < 0.30$	4	$0.50 \leqslant T_r < 0.60$
2	$0.30 \leqslant T_r < 0.40$	5	$T_r \geqslant 0.60$ *
3	$0.40 \leqslant T_r < 0.50$		

注：* T_r 值大于 0.60 时，应给出具体数值。

三、节能门窗设计要点与国家标准图集简介

1. 节能门窗设计要点

在进行节能门窗设计时，应注意以下一些问题和因素。

（1）节能外窗（包括外门的透明部分）的类型、外门不透明部分的保温措施，应根据建筑物所在地区的气候、周围环境以及建筑物高度、体型系数等因素进行个体工程设计。

（2）在选择各种节能门窗时，应充分考虑所选用门窗材料的特点、性能和适用范围，以及所在地区的具体情况，表 6-9 中介绍了一些建筑外门窗的使用性能特征，可供选用时参考。

各种材料外门窗的使用性能特征　　表 6-9

门窗品种	外观效果	耐久性能	变形性能	抗风压性能	气密性能	采光性能	防火性能	组装难易程度	维修难易程度
木　窗	◎	×	△	○	◎	△	×	○	◎
塑料窗	○	○	△	×	○	△	×	△	×
钢　窗	×	△	◎	○	×	○	○	△	◎
铝合金窗	◎	◎	○	◎	△	◎	◎	○	○

注：○—优；◎—良；△——般；×—差。

（3）根据当地采暖期的室外平均温度，选择传热系数小的外窗类型，例如选用热导率小的塑料窗框，以及采用单框中空玻璃窗或单框双玻窗等。

对窗框进行断热处理，可选用冷热断桥型窗框，即利用型材特有的材性和多腔断面形式，用高效保温材料镶嵌于金属窗框空腔之间进行隔断，以控制热导率的大小。

（4）严寒地区宜使用中空 Low-E 镀膜玻璃或者单框三玻中空玻璃窗，不宜使用推拉窗；窗框与窗扇间宜采用三级密封。

塑料门窗的框扇具有良好的保温能力，但其与墙体的连接部位往往是保温的薄弱环节。所以当采取附框法安装时，由于附框一般具有很高的传热能力，非常不利于塑料门窗的保温，所以当采取附框法与墙体连接时，附框应采取隔热措施以降低其传热系数。

在墙体采取保温措施时，窗框与保温层构造应协调，不得形成热桥。

由于相对于外墙内凹越深，其室外表面的空气流速越低，越利于保温，因而框外侧面

与外墙立面的距离不宜小于 100mm；严寒地区窗框的安装位置宜靠近室内方向安装，窗框外侧面与外墙立面的距离不宜小于 150mm。当外墙有保温层时，保温层应盖住外窗台，且窗框应尽量靠近保温层，以避免在窗框和保温层之间形成热桥，影响保温性能。

（5）根据当地采暖期室外气温及要求，按照国家标准《建筑外窗气密性能分级及检测方法》GB/T 7107—2002 选定符合气密性等级的外窗。如《严寒和寒冷地区居住建筑节能设计标准》JGJ 26—2010 规定民用建筑应采用气密性级别较高的外窗（包括阳台门），其气密性等级应按照国家标准《建筑外窗气密性能分级及检测方法》GB 7107—2002，1～6层建筑中其选用等级不低于Ⅲ级水平，7～30 层建筑中不应低于的Ⅱ级水平；《公共建筑节能设计标准》GB 50189—2005 规定公用建筑外窗的气密性能不应低于《建筑外窗气密性能分级及检测方法》GB/T 7107—2002 中规定的 4 级等。

（6）我国不同地区的气候条件对建筑物的影响有很大不同，对门窗热工性能设计的要求和指标也不相同。门窗的热工性能设计除了按照上述要求进行外，还应执行当地的相关节能设计标准。例如，有隔热要求的建筑物主要是需要阻挡夏季太阳辐射得热、室外高温辐射得热以及温差传热。由于一般情况下室内外的温差不大，所以阻挡辐射得热是主要环节。而对于塑料门窗而言，根据不同地区的气候条件选择适当的遮阳系数是隔热设计的重点。

（7）设计合理的窗墙面积比及外窗朝向。《民用建筑节能设计标准》JGJ 26—2010 对不同朝向的窗墙面积比的规定如表 6-10；对不同朝向的窗墙面积比规定值和最大值见表 6-11。

不同朝向的窗墙面积比　　表 6-10

朝　　向	窗墙面积比	朝　　向	窗墙面积比
北、西北、西、东北、东、西南	0.30	南	0.50
东南	0.35		

不同朝向的窗墙面积比规定值和最大值　　表 6-11

<table>
<tr><th>朝　　向</th><th>建　筑　类　型</th><th>窗墙面积比规定值</th><th>窗墙面积比最大值</th></tr>
<tr><td rowspan="2">北（偏东≤45°到偏西＜60°范围）</td><td>此朝向无进深＞8m 的厅</td><td>0.25</td><td>0.35</td></tr>
<tr><td>此朝向有进深＞8m 的厅</td><td>0.30</td><td>0.40</td></tr>
<tr><td rowspan="2">东（偏北＜45°到偏南≤45°范围）、西（偏北＜30°到偏南≤60°范围）</td><td>南北向板式建筑</td><td>0.15</td><td>0.25</td></tr>
<tr><td>东西向板式建筑、塔式建筑</td><td>0.30</td><td>0.40</td></tr>
<tr><td>南（偏东＜45°到偏西＜30°范围）</td><td></td><td>0.50</td><td>0.60</td></tr>
</table>

近年来，住宅建筑外窗的面积越来越大，而窗墙面积比既影响建筑能耗，又影响日照采光和自然通风。在《严寒和寒冷地区居住建筑节能设计标准》JGJ 26—2010 中，虽对窗墙面积比和朝向做了有选择性的规定，但还应结合各地的具体情况进行适当调整。

例如，山西省在地方标准《居住建筑节能设计标准》DBJ 04-242—2006 中提出：考虑到起居室在北向时的采光需要，北向的窗墙面积比可取 0.3；考虑到目前一些塔式住宅的情况，东、西向的窗墙面积比可取 0.35；考虑到南向出现落地窗、凸窗的机会较多，南向的窗墙面积比可取 0.45。这样虽然增大了南向外窗的面积，但可充分利用太阳能的辐射热降低采暖能耗，实现既有宽敞明亮的视野又不浪费能源的目的。

(8) 门、阳台门可采用夹层内填充保温材料或在门芯板上加贴保温材料。

(9) 楼梯间及公共空间的外门应设计有随时关闭的功能。

(10) 按照建工行业标准《塑料门窗工程技术规程》JGJ 103—2008 规定，在带外墙外保温层的洞口安装门窗时，宜安装室外披水窗台板，且窗台板的边缘与外墙间应妥善收口。同时，外墙窗楣应做滴水线或滴水槽，外窗台流水坡度不应小于 2%。平开窗宜在开启部位安装披水条（图 6-2）。

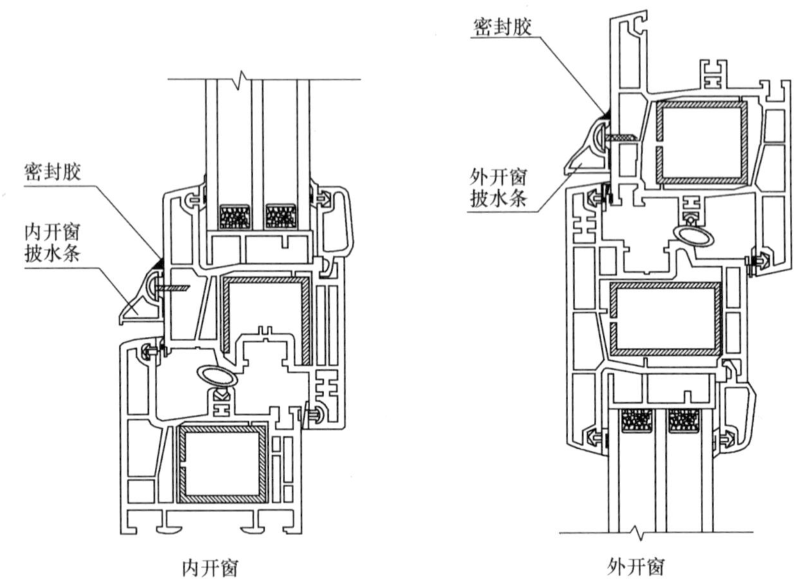

图 6-2　披水条安装位置示意图

2. 关于节能门窗的 06J607《建筑节能门窗（一）》国家建筑标准设计图集简介[8]

《建筑节能门窗（一）》（06J 607）国家建筑标准设计图集适用于满足三期节能（65%）标准要求的居住和公共及一般工业建筑。该图集主要为以铝合金、塑料、玻璃钢、铝塑及铝木等复合材料为主的符合国家现行建筑节能标准的门窗，供设计选用及安装使用。内容包括门窗立面选用图、各类节能门窗性能表及典型构造节点详图、通用安装节点详图等部分内容。

该图集的主要特点有：①符合节能规范，满足三期节能（65%）标准要求，力求适应各地节能标准的进一步提高，以满足常用一般标准的民用建筑为主，适当兼顾部分较高标准建筑的需要；②能够反映目前节能门窗的新技术、新材料、新构造的情况；③力求适应工厂化配件制品的发展，努力做到构件技术先进、材料选用适当、品种类型多样、设计选用方便。

四、建筑节能门窗施工技术简述

1. 施工技术要求

建筑节能门窗的安装施工必须符合一般门窗安装的技术规定，例如《塑料门窗工程技术规程》JGJ 103—2008 和当地的技术规定（《铝合金门窗工程技术规程》）等。此外，还应该注意一些具体问题。

（1）节能门窗的品种、型号、规格、性能、开启方向及门窗的密封处理等必须符合节能门窗的设计要求。

（2）节能门窗安装必须采用预留洞口的方法，严禁边安装边砌口或先安装后砌口。对于轻质砌块或加气混凝土墙洞口应在门窗框与墙体的连接部位设置预埋件。

（3）节能门窗洞口与门、窗框伸缩缝间的间隙应为“保温层厚度＋10mm”。

（4）节能门窗的安装应根据不同的材料情况，采用焊接、膨胀螺栓或射钉等方法固定，但砖墙上严禁用射钉固定。不论采用何种固定方法，门窗安装均必须牢固。

（5）增加窗户开启缝隙的搭接量，减小开启缝的宽度。

（6）按所用材料、断面形状、装置部位，采用各种密封条进行有效密封，以提高外窗的气密性水平。

（7）节能门窗上压缝条、密封条的安装应顺直，与门窗结合应牢固严密。

（8）当采用塑料门窗时，与塑料型材紧密接触的各种五金件、紧固件、密封条、间隔条、垫块、密封材料和保温材料等，在性能上应与 PVC 塑料的材性相容。

（9）如为塑料门窗，由于其对温度比较敏感，故门窗进入现场后应在 50℃以下的库房（棚）内存放，并远离热源。要注意塑料门窗及玻璃的安装，应避免在低温下进行施工。

（10）对金属框的窗，在保证有足够空间的条件下，用塑料、橡胶、尼龙隔热条等材料进行断桥处理，断桥的宽度不宜小于 15mm，长度应与框相等，且在安装五金件和安装窗时不得破坏断桥结构。

（11）外门窗四周侧面与墙体之间的缝隙应采用聚苯板（EPS）或聚氨酯等高效保温材料嵌填，不得采用水泥砂浆嵌填；外门窗框内、外两侧面与墙体面层之间应预留 5～8mm 深的槽口，用密封材料嵌填。

（12）在房间的气密性显著提高的情况下，从符合卫生要求的角度出发，应设置可以调节的换气设施，如在窗户上设换气孔等。

（13）安装外保温墙体的塑料门窗时，应将窗下框与洞口间隙全部用聚氨酯发泡胶填塞饱满。外侧防水密封处理应符合设计要求。外贴的保温材料应略压住窗下框（图 6-3），其缝隙应用密封胶进行密封处理。当外侧抹灰时，应做出披水坡度，并应采用片材将抹灰层与窗框临时隔开，留槽宽度及深度宜为 5～8mm。

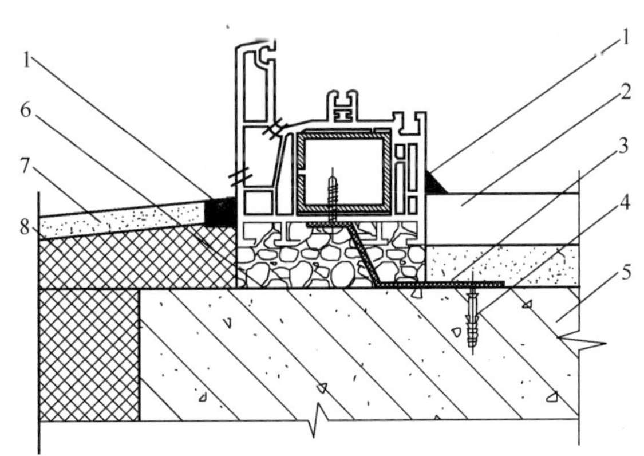

图 6-3　外保温墙体塑料门窗的窗下框安装节点示意图
1—密封胶；2—内窗台板；3—固定片；4—膨胀螺钉；5—墙体；6—聚氨酯发泡胶；7—防水砂浆；8—保温材料

2. 节能门窗施工质量控制

对于各种建筑外门窗的质量要求，应严格执行国家标准《建筑装饰装修工程质量验收规范》GB 50210 和《建筑节能工程施工质量验收规范》GB 50411—2007 中的“主控项目”和“一般项目”的规定。但从节能的角度考虑，还必须对外门窗中的热量损失有关部位进行重点质量控制，主要有以下一些方面。

（1）门窗框与墙体连接必须牢固，门窗框与墙体间的缝隙按设计应用高级保温材料嵌填饱满。

（2）门窗框四周与墙体接缝的表面，应用密封材料严密封闭，无脱落或缝隙。

（3）密封条与玻璃及槽口接触紧密、平整不露框外，无卷边、脱槽等现象。

（4）门窗关闭时，扇与框间无明显缝隙，密封面上的密封条处于均匀的压缩状态。

（5）玻璃安装应平整、牢固，垫块设置应正确、牢固，不应有松动现象。夹层玻璃内不得有灰尘和水汽。双玻间隔条设置应符合设计要求。单面镀膜玻璃应在最外层，镀膜层应在夹层中。

（6）带密封条的玻璃压条，必须与玻璃全部贴紧，压条与型材接触处无明显缝隙，接头处缝隙应小于 1mm。

（7）节能门窗关闭严密，缝隙均匀，开关灵活，无阻滞现象。

五、国家标准《建筑节能工程施工质量验收规范》（GB 50411—2007）规定的门窗节能验收项目

GB 50411—2007 在建筑门窗节能分项工程中，规定了建筑门窗包括金属门窗、塑料门窗、木质门窗、各种复合门窗、特种门窗，天窗以及门窗玻璃安装等节能工程的施工质量验收。门窗节能工程安装施工的质量验收规定分为“主控项目”和“一般项目”两类。

（一）验收规范规定的项目

1. 主控项目

（1）建筑外门窗的品种、规格应符合设计要求和相关标准的规定。

（2）建筑外窗的气密性、保温性能、中空玻璃露点、玻璃遮阳系数和可见光透射比应符合设计要求。

（3）建筑外窗进入施工现场时，应按要求进行见证取样送检复验。

（4）建筑门窗玻璃品种应符合设计要求。

（5）金属外门窗隔断热桥措施应符合设计要求和产品标准的规定等。

（6）严寒、寒冷、夏热冬冷地区建筑外窗，应对气密性做现场实体检验，检测结果应满足设计要求。

（7）外门窗框与副框之间应使用密封胶密封；门窗框或副框与洞口之间的间隙应采用弹性闭孔材料填充饱满，并使用密封胶密封。

（8）严寒、寒冷地区的外门安装，应按照设计要求采取保温、密封等节能措施。

（9）外窗遮阳设施的性能、尺寸应符合设计和产品标准要求等。

（10）特种门安装中的节能措施，应符合设计要求。

（11）天窗安装的位置、坡度应正确，密封严密，嵌缝处不得渗漏。

2. 一般项目

（1）门窗扇和玻璃的密封条，其物理性能应符合相关标准中对建筑物所在地区的规定等。

（2）门窗镀（贴）膜玻璃的安装方向应正确，中空玻璃的均压管应密封处理。

（3）外窗遮阳设施调节应灵活，调节到位。

3. 国家标准 GB 50411—2007 规定的验收检验方法

（二）验收规范规定的检验方法和检查数量

1. 主控项目的验收检验方法如下：

（1）检验方法：观察尺量检查；核查质量证明文件。

检查数量：建筑门窗每个检验批应至少抽查 5%，并不少于 3 樘，不足 3 樘时应全数检查；高层建筑的外窗，每个检验批应至少抽查 10%，并不得少于 6 樘，不足 6 樘时应全数检查。特种门每个检验批应至少抽查 50%，并不得少于 10 樘，不足 10 樘时应全数检查。质量证明文件应按照其出厂检验批进行核查。

（2）检验方法：核查质量证明文件及复验报告。

检查数量：全数检查。

（3）检验方法：随机抽样送检，核查复验报告。

检查数量：同一厂家同一品种同一类型的产品各抽查不少于 3 樘。

（4）检验方法：观察检查；核查质量证明文件。

检查数量：建筑门窗每个检验批应至少抽查 5%，并不少于 3 樘，不足 3 樘时应全数检查；高层建筑的外窗，每个检验批应至少抽查 10%，并不得少于 6 樘，不足 6 樘时应全数检查。特种门每个检验批应至少抽查 50%，并不得少于 10 樘，不足 10 樘时应全数检查。

（5）检验方法：随机抽样，对照产品设计图纸，剖开或拆开检查。

检查数量：同一厂家同一品种类型的产品各抽查不少于 1 樘。金属副框的隔断热桥措施按检验批抽查 30%。

（6）检验方法：随机抽样现场检验。

检查数量：同一厂家同一品种类型的产品各抽查不少于 3 樘。

（7）检验方法：观察检查；核查隐蔽工程验收记录。

检查数量：全数检查。

（8）检验方法：观察检查。

检查数量：全数检查。

（9）检验方法：核查质量证明文件，观察尺量手扳检查。

检查数量：建筑门窗每个检验批应至少抽查 5%，并不少于 3 樘，不足 3 樘时应全数检查；高层建筑的外窗，每个检验批应至少抽查 10%，并不得少于 6 樘，不足 6 樘时应全数检查。特种门每个检验批应至少抽查 50%，并不得少于 10 樘，不足 10 樘时应全数检查。安装牢固程度全数检查。

（10）检验方法：观察尺量检查；核查质量证明文件。

检查数量：全数检查。

（11）检验方法：观察尺量检查；淋水检查。

检查数量：建筑门窗每个检验批应至少抽查 5%，并不少于 3 樘，不足 3 樘时应全数检查；高层建筑的外窗，每个检验批应至少抽查 10%，并不得少于 6 樘，不足 6 樘时应全数检查。特种门每个检验批应至少抽查 50%，并不得少于 10 樘，不足 10 樘时应全数检查。

2. 一般项目

一般项目的验收检验方法和检查数量如下：

（1）检验方法：观察检查。

检查数量：全数检查。

（2）检验方法：观察检查。

检查数量：全数检查。

（3）检验方法：现场调节试验检查。

检查数量：全数检查。

第三节　建筑外窗安装施工中的几个技术问题

建筑外窗的综合传热系数等于窗自身传热系数加上窗洞口附加传热系数，所以建筑外窗安装施工质量直接影响其保温节能效果甚至使用功能。因而，本节根据文献资料，介绍保证建筑外窗安装施工质量的技术、造成外窗安装质量问题的原因、解决方法和预防措施等。

一、铝合金及塑钢门窗企口后塞安装法[9]

使用企口后塞安装法安装铝合金门窗、塑钢门窗，能够有效地解决铝合金、塑钢门窗渗漏、框体变形、施工交叉污染和安装不正等常见通病，下面介绍该种安装施工技术。

1. 门窗洞口处理

（1）抹灰洞口　门窗安装前，先对门窗洞（含洞口侧面及内外侧角部）冲筋、打灰饼并找出规矩；抹灰完成后的门窗洞口周圈为10mm高差企口形式：门窗框内侧线以里洞口尺寸比门窗框外径尺寸小10mm；门窗框内侧线以外洞口尺寸比门窗框外径尺寸大10mm（图6-4）。墙面为镶贴面砖等材料时，其基层按上述要求施工。

（2）清水混凝土洞口　剪力墙结构工程采用大模板清水混凝土工艺时，门窗口套模板也做成企口，拆模后门窗洞口形状与抹灰洞口相同。

2. 机具及辅助材料

（1）机具　需要使用的机具有手持式电钻、密封胶枪、套筒扳手等。

（2）辅助材料　辅助材料有镀锌胀管螺栓，$f_y \geqslant 210N/mm$；罐装发泡聚氨酯，适用大多数材料，粘结力强，1min表面消黏，20min可切割，1h后固化；硅酮密封胶应符合GB/T 13477规定。

3. 安装工艺流程

企口门窗口套成形→框体临时固定→钻孔、螺栓固定框体→发泡剂填充缝隙→割平多余发泡剂→打密封胶→安装窗扇。

4. 安装施工要点

（1）门窗口套成形后，即可进行框安装。安装时框体由外向内移动就位，四周用木楔临时固定，并按线校正位置，调整四周缝隙。

（2）门窗框采用镀锌胀管螺栓固定，规格不宜小于ϕ5mm×70mm。螺栓紧固在门窗

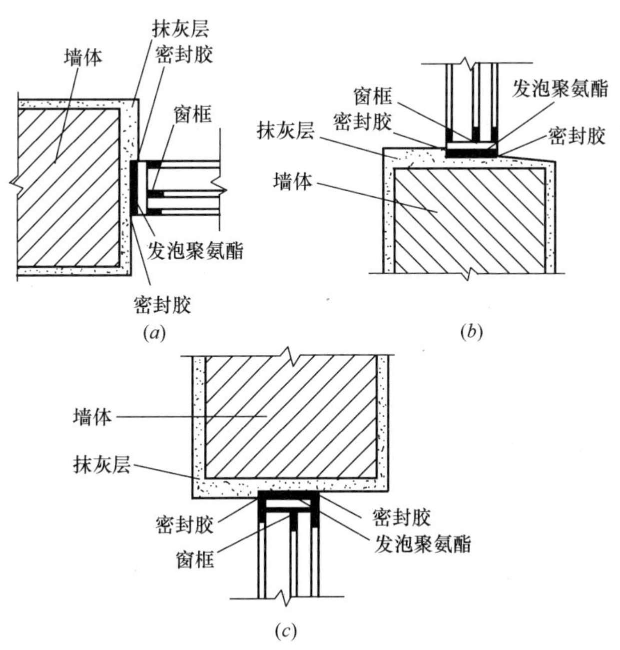

图 6-4　铝合金门窗、塑钢门窗企口后塞安装作法

(a) 窗侧节点；(b) 窗台节点；(c) 窗顶节点

框外侧壁或钢衬上，先粘胶再紧固。门窗框内壁螺栓孔用塑料盖密封。螺栓位置距门窗角、中竖框和中横框 150～200mm。螺栓间距不大于 300mm，交错设置，较大窗户的螺栓间距经验算后确定。

(3) 用罐装发泡聚氨酯泡沫胶填充门窗框与墙体间缝隙，割平凸出多余的发泡剂后再打密封胶周圈密封。

(4) 门窗扇、玻璃和小五金等的安装与常规做法相同。

5. 固定螺栓的验算

根据螺栓的受力特点，主要需验算其剪力。荷载计算可依据 GB 50009—2001 和 JGJ 102—2003 规范。风荷载标准值计算公式可参考幕墙规范（JGJ 102—2003 中 5.3.3)。剪力验算可参考幕墙规范（JGJ 102—2003 中 6.2.5 一节)。

6. 企口后塞安装法的优点

(1) 安装过程中各步质量易于控制。门窗框外基层易做到密实不透水，窗台能确保里高外低。现场发泡能保证门窗框与墙体间缝隙的密封，有效地解决门窗框边渗漏雨的通病。

(2) 在整个工程施工中，将门窗框施工工序后移，可减少工序交叉，特别是避开抹灰工序，大大减少交叉污染和半成品保护的问题。

(3) 洞口先成形再安装门窗框，使门窗框受外力影响很小，能够解决窗框变形的通病。

(4) 发泡聚氨酯具有密封防水和隔热功能，用其填充框与墙体之间的缝隙，不仅提高防水性能，还提高了保温隔热性能。

二、严寒与寒冷地区塑料门窗基本安装方法及注意事项[10]

塑料门窗的安装方法基本上是按《塑料门窗工程技术规程》JGJ 103—2008 的要求进行的，但我国幅员辽阔，地域间差别极大，气候与环境温度对塑料门窗的安装影响也极大，由于南、北地区的温度差异，塑料门窗安装的方法和要求也不尽相同：严寒、寒冷地区安装塑料门窗除了要严格执行 JGJ 103—2008 外，还要从环境温度、门窗安装位置、墙洞口保温等三个方面采取措施。

1. 环境温度

在严寒、寒冷地区使用的塑料门窗，无论是加工制作、还是安装对环境温度极为敏感。它的安装季节周期很短，即为每年的 4～10 月份，如果不遵循这个自然规律，在制作和安装中就会出现许多问题，如：型材脆性大、开裂，门窗、墙体出现结露、结霜、长霉斑等，所以要想保证塑料门窗的质量，就要从以下几个方面加以注意。

（1）门窗加工时的环境温度　在严寒地区冬季时（11 月～次年 3 月）加工塑料门窗的室内温度必须控制在 15℃以上，加工车间内要有取暖设施，焊接设备应带有预热装置，这样可以保证型材在焊接时不会因焊接区域的温度梯度大而造成型材内残余应力集中，形成焊接区域附近开裂隐患。型材在 0℃以下的户外放置时，必须在下料、焊接前于室温状态下（15℃以上）放置 24h 以上，使型材充分进行温差时效处理，然后才能进行加工。

（2）门窗安装时的环境温度　根据 JGJ 103—2008 中 5.2.12 项要求："安装门窗时，其环境温度不宜低于 5℃"。该要求对严寒、寒冷地区比较苛刻，因为进入 10 月份，白天在上午 10 时以后气温才能达 7～8℃，而下午 3～4 时气温就开始逐渐下降，有时会降到 0℃以下，而这个时期又正是塑料窗安装的高峰，当年竣工和跨年度的工程都要在这个时候安装门窗。这个时期安装塑料窗出现的开裂、玻璃破碎、保温性能差、透气漏风以及墙体结露结霜等问题很多。

当必须在低温环境下进行安装，应注意环境温度的要求，尽量创造暖环境，如安装时尽量选择在上午 10 时以后到下午 16 时之前，户外温度能保证在 5℃以上；安装玻璃时采用压条保温方法，例如：做一个压条保温箱，内衬保温材料（聚苯发泡板），再用电褥子将压条包裹加热，一般为 1h 左右，然后将加热后的压条迅速安装就位，效果很好；有的组装厂用碘钨灯对已安装好的窗框和焊角部位进行照射加热，然后迅速安装玻璃。

2. 塑料门窗安装与门窗保温的关系

塑料门窗有多种安装形式，一般常用的有固定片连接、膨胀螺栓连接、预埋件连接、焊接法连接及附框连接等。采用何种形式安装，应根据墙体的构造和施工要求确定：严寒、寒冷地区的塑料门窗安装主要解决的是窗玻璃表面与墙体结露、结霜的问题，即塑料门窗的保温性能和墙体"热桥"问题。

（1）塑料窗的保温性能与塑料窗安装位置的关系　塑料窗在墙洞口中的位置一般是距外墙向内 120mm 处，而在严寒地区按此方法安装塑料窗容易出现塑料窗表面结露、结霜、墙体结露、长霉斑、长毛等问题，严重时还有结冰现象。塑料窗的保温性能除与型材断面结构（三腔或多腔室、双玻或三玻）、加工制作（密封系统放置与密封材料选取）有关外，还与窗户在洞口中的位置有一定关系。

塑料窗易结露、结霜的原因一方面在于塑料窗安装时的位置偏向室外，远离热源；另一方面在于用户在装修时都将原窗台板上散热孔口堵死，控制了暖气热量的散发，这就造成了窗玻璃表面温度偏低（一般在 4～5℃）：当室内的热空气与窗户附近的冷空气相遇时，由于温度梯度大，极易冷凝成露水附着在窗玻璃、窗框及四周墙体表面。再加上塑料窗的密封性能好，室内的空气、人体呼吸气、烹饪油烟、蒸汽等都散发不出去，分布在窗玻璃和墙体四周，更加重了此处的空气湿度。

因而，为了防止塑料窗结露、结霜问题，一方面要从窗型结构考虑，对于节能建筑，应要求将双玻改为三玻；另一方面，窗户的洞口安装位置也应做些调整，将窗户在原安装位置基础上向室内侧移入 50～100mm。这种安装方法效果明显，基本上能够解决玻璃表面结露、结霜现象。

（2）解决墙体“热桥”的措施　对于采用膨胀聚苯板（8～10cm 厚）薄抹灰外墙外保温系统的外墙，应按照如图 6-5 所示对门窗洞口进行隔断“热桥”处理，并用发泡胶和密封胶封闭。由于塑料窗框直接与聚苯乙烯发泡板接触，彻底截断了“热桥”通道。

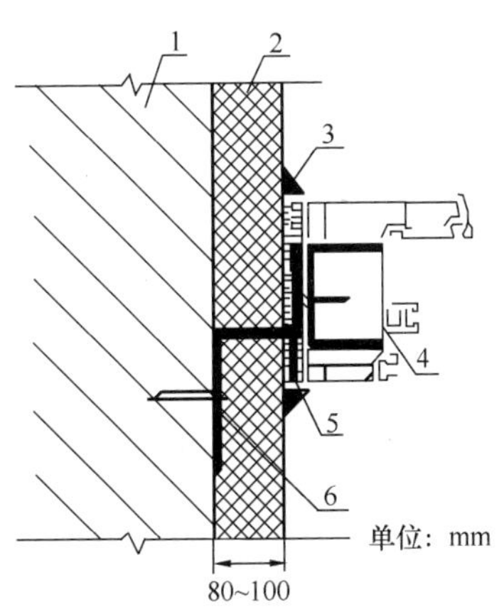

图 6-5　在施工了膨胀聚苯板薄抹灰外墙外保温系统情况下，安装塑料门窗克服墙体“热桥”措施示意图

1—砖墙；2—聚苯乙烯发泡板；3—密封胶；4—塑料门窗；5—发泡胶；6—螺钉（锚栓）

（3）窗台板的安装　塑料窗安装时，窗框底部与窗台板的配合是关键问题之一。通常窗框安装时需预留安放窗台板的空间。安装时，用各种支撑物，如砖头、木块或其他硬物将窗框垫起，待安装窗台板时将支撑物撤出，再将窗台板插入窗框底部。此种安装方法弊端较多，一是用支撑物垫起的空间距离不准确，与窗台板的厚度不易吻合，安装窗台板时就需要将窗框上提或下移，而此时窗框已经用水泥固定住，无奈只得将其破坏掉重新调整，费力、费时、费料。另一方面，窗台板深入窗框底部仅 10～20mm，剩余的空间 40～50mm 施工者或用灰土、砖块填塞，或用水泥填塞。由于撤掉了支撑物，填塞物又不密实，经常造成窗框下沉变形。在雨季或冬季，雨水和霜水会顺着填塞孔隙流到墙体中造成窗台下部出现结露、结霜、结霉斑等现象。

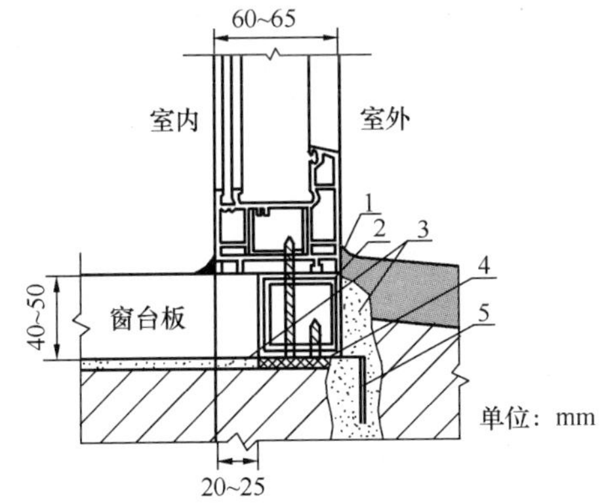

图 6-6　塑料窗台板安装时窗框底部附框安装示意

1—硅酮密封胶；2—窗附框；3—细石混凝土；4—发泡胶；5—固定片

为解决这一问题，可以采用一种窗底框用小附框（图 6-6），该附框只加在窗框底部，可内置增强型钢，安装时将附框直接做在墙体基座上，既起到支撑整窗作用，保证窗框不变形，也可以免除填充物的填塞，还可起到保温隔热作用。该附框的应用，只增加了 1 根用料，制作成本增加不多，但可保证塑料窗安装的质量。

从上面的介绍可见，严寒、寒冷地区的塑料门窗安装，必须注意环境温度、安装位置、安装措施和使用密封材料等几个问题，预防出现安装质量问题。

三、铝合金推拉门窗雨水渗漏原因分析及其解决方法[11]

建筑工程中有些推拉门窗由于气密性、水密性能差而导致雨水渗漏，对于多雨水和受台风影响地区这个问题更为突出。下面介绍对铝合金推拉门窗雨水渗漏原因分析及解决办法。

1. 铝合金推拉门窗雨水渗漏现象

（1）门窗主体产生严重的塑性变形、拉裂或损坏或玻璃破裂，致使门窗主体丧失了遮风挡雨的功能。

（2）在门窗内侧产生漏水现象，严重情况下，在室外风压较大时，室内能看到冒水现象。

（3）关闭窗扇时在密封胶条处有雨水渗漏现象。

（4）雨水通过各种装配间隙渗入门窗及主体结构之内形成渗漏水。

2. 铝合金推拉门窗雨水渗漏原因分析

（1）门窗的主体结构强度和刚度未能达到当地抗风压性能要求，造成门窗的受力杆件、五金配件、连接材料在正常风荷载作用下，产生严重的塑性变形、拉裂或损坏。或玻璃破裂，从而引起雨水渗漏。这种情况危害最大，且出现渗漏后无法修复和弥补。

（2）防水结构设计不合理，铝型材断面的密封层次不够，没有设多个排水通道。雨水在室内外风压差的作用下很容易进入门窗腔内，之后又不能通过门窗排水系统顺畅地排出室外，在门窗内溢出造成漏水。

（3）密封胶、胶条和五金配件等辅材的质量不合格，如密封胶采用酸性玻璃胶、密封胶过期使用、产品质量不良等，引起密封胶与玻璃和型材粘接不牢，或长时间不固结，或热胀冷缩导致裂缝等；密封胶条过硬，抗老化性能差，收缩即拉断；毛条毛刷过短，间隙过大，导致雨水直接飘进；五金配件质量太差，经不起多次开启就断裂，或在较大风压下配件产生塑性变形或断裂，从而使窗扇无法关闭，导致雨水渗进室内。

（4）门窗加工精度达不到质量要求，配合间隙较大，或组装前需要涂密封胶而未涂就直接组装；或装配尺寸控制不好，致使相互有搭接密封的位置错位或搭接尺寸不足引起雨水容易通过各种装配间隙渗入门窗及主体结构之内，形成渗漏水。

3. 解决铝合金推拉门窗雨水渗漏的措施

（1）设计

1）应根据工程特点按规范进行严格的计算和设计，不简单套用；可根据工程情况制作样板窗，批量生产前进行物理性能检测，以确定门窗是否达到设计要求与性能指标；尽量选用同一厂家、同一系列门窗型材，不简单拼凑；尽量选用挡水断面高的窗框：增加门窗的密封道数和锁点。

2）铝型材壁厚须满足当地建筑风荷载大小和使用要求，若断面的抵抗矩不够，还须增加壁厚或穿衬钢板来增加截面尺寸。对于某些大洞口的高窗或处于高层建筑上的门窗，宜参考幕墙设计规范，应对挑出端的局部稳定性进行验算，并对型材和玻璃作特别处理。建筑外门窗受力构件应经计算确定，铝合金外窗主要受力构件（如外框、扇框、中梃等）的型材壁厚不得小于1.4mm，铝合金门、大型组合窗外框型材壁厚不得小于2.0mm。门窗构件间连接须牢固并有可靠强度，铝合金窗立梃和横挡连接不得使用塑料塞块，而应采用角码，连接部分还应采用密封胶来密封、防水。

3）门窗防水结构设计需增加门窗密封层次，多设密封胶条；对于较大的窗扇，增加开启窗的锁点，采用三点锁或多点锁；推拉门窗用胶条代替毛条；窗框和窗扇四角的密封胶条焊接在一起；利用等压原理在门窗框下方的室外表面适当开启小口以实现内腔气压与室外压力的平衡；连接门窗外框四周的螺钉头用密封胶处理等多种方法来防止雨水渗漏。当门窗洞口面积超过单体窗允许使用的宽（高）范围时，就要用几樘、甚至几十樘门窗用拼樘料连接组合。

推拉窗墙系统的拼樘是单元式多腔雨幕结构，其防水和排水性能优异。它是一种新型的组合门窗结构，气密、水密等性能与单体窗的性能等级相适应，不因为组合而降低门窗的性能。系统在竖向窗框和窗扇间设置了防撞胶条，使得窗在关闭时，窗扇压紧防撞胶条，形成等压腔，阻挡水、气和噪声进入室内。这种推拉门窗的密封结构通过合理的结构设计，不增加推拉窗的滑行阻力。既有滑行自如的启闭功能，又具有高的防雨水渗漏性能。

4）通常的推拉门窗设计是从堵的角度或是提高下轨内外高差来提高水密性能的。由于推拉门扇是要推动的，水是不能完全堵住的，而提高下轨内外高差又影响外观效果。推拉门窗进水与排水是一个动态平衡。推拉门窗水密性能差，就是因为这个动态平衡失衡造成的，只有创造条件保证动态平衡，才可以达到提高推拉门窗水密性能的目的。

在设计中可采用水力浮动胶条去堵住进水及精确控制排水流量，有效地保证动态平衡。水力浮动胶条即在铝合金推拉窗下端增加自浮式胶条密封，提高推拉窗水密气密的密封性能。由于胶条安装在推拉窗扇下方，不会与推拉窗扇紧密接触，因此平时推拉窗扇滑动自如。当推拉窗框内进水较多时，排不出去的水会慢慢地使自浮式胶条上升，压紧推拉窗扇底部，密闭了推拉窗框与推拉窗扇之间的间隙，阻断推拉窗框内进水的通道。

在控制进水量的同时还需考虑排水流量，排水孔过多过大时进水与排水动态平衡被破坏，造成水密性差，室内侧槽内的水还是排不出去。只有通过精确控制排水流量，使进水的压力平衡在推拉窗下轨空腔内，有效地保证动态平衡。

在推拉窗防水构造中设置橡胶条构成水、气阻挡层，增加了门窗缝隙的空气渗透阻力，提高了气密性能，并且保证正常开启时胶条与门窗框的间隙，既不影响推拉滑行，又能确保水密性能。

5）对于因密封材料质量不合格引起的雨水渗漏，一般通过更换质量较好的密封材料即可解决。宜优先选用的材料有：中空玻璃、滚针或滚珠式滑轮、平板型硅化密封毛条、三元乙丙密封胶条，推荐平板型硅化密封毛条、改性聚氯乙烯或橡胶密封条。此外，在固定窗和窗扇的玻璃与铝型材接触的室外侧，最好采用中性硅酮密封胶进行密封，能减少密封胶条带来的渗漏水现象，同时也容易施工和维护。

6）对装配有间隙的构件。装配前先在型材搭接处涂上密封胶，然后再进行组装，可避免雨水通过各种装配间隙渗入门窗及主体结构之内。

7）在门窗框上墙前，选取抗风压最不利的或批量大的整体窗进行三性检测，以确定门窗的设计正确与否和门窗所能达到的性能指标。

（2）安装

1）铝合金推拉门窗与洞口墙体周边的标准间隙应控制在25～40mm之间，其最大尺寸应不超过50mm，最小不小于20mm；窗框与外墙面应留有一定的距离，门窗四周与洞口墙体连接部位需填充防水材料，它是铝合金推拉门窗安装过程中最重要的环节，也是雨水渗漏最为常见的部位。具体应注意以下几个方面：

a. 铝合金推拉门窗与洞口墙体之间的间隙．应按要求填塞防水密封材料；墙体洞口尺寸不符合要求时，应采用细石混凝土浇捣修整后方可安装施工，严禁采用劣质砌体如烧结砖或砂浆直接垫平。

b. 铝合金推拉门窗洞口四周由土建抹灰完成后，应在门窗框外侧留下宽深均不小于6mm的防水密封胶缝，注中性防水密封胶；门窗安装完毕之后应对门窗外侧与墙体的连接部位进行密封。

2）由施工塞缝的空鼓和裂缝引起的铝合金推拉门窗渗漏问题．是民用建筑出现多、危害大的问题。当使用防水砂浆塞缝出现空鼓时，首先检查要安装的铝合金推拉门窗的洞口尺寸是否标准，标准的洞口尺寸比铝合金推拉门窗框大20～30mm。缝隙小于20mm的应用发泡胶密封。

四、建筑外窗抗风压性能及铝窗钢插芯加固法

建筑外窗的抗风压性能关系到建筑安全使用。当今高层及超高层建筑数量增加，对外窗的抗风压性能提出了更高的要求。下面以铝合金窗为例，介绍从设计和施工两方面提高高层及超高层建筑中建筑外窗抗风压性能的技术措施。

1. 铝合金外窗抗风压设计

外窗设计时应先考虑选用标准窗，但因受建筑规模的限制和审美需要，有时可能未采用标准尺寸外窗。对于这类工程，在进行窗的设计时须进行抗风压计算，以满足安全使用要求，具体步骤如下。

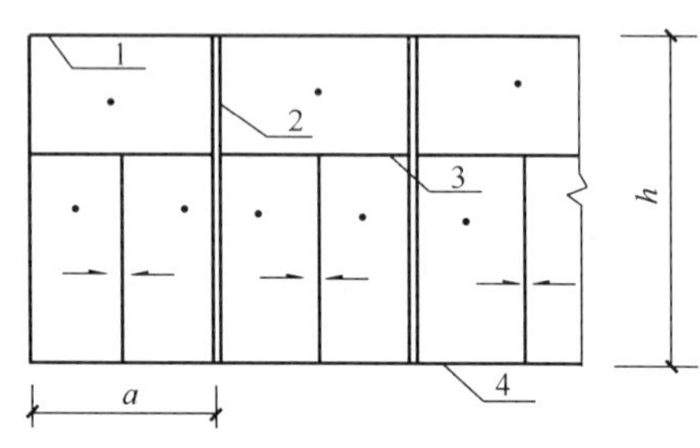

图6-7　外窗典型立面示意图

1—边框；2—立梃；3—横梃；4—窗扇

（1）力学分析　铝合金窗的一般分格形式如图6-7所示。

需要指出的是，图中窗立梃和横梃的主次关系，若为横向带形窗，应以窗立梃为主受力构件；若为竖向条形窗，则应以横梃为主受力构件。进行窗分格设计时，必须考虑每个窗扇的抗风压能力，即窗扇不能过大，否则窗扇本身的边框和玻璃无法承受风载作用。

如图6-7所示，窗的立梃、横梃及边框是窗的主要受力杆件，窗边框因有锚拉件与墙体相连，故一般可不验算，仅验算立、横梃即可。

立、横梃可简化为简支梁，而各边框及立梃、横梃相互之间构成的受荷单元则可视为四边简支的板，横、立梃各自所承受的风荷载可依据45°斜线分割法确定，将每个受荷单元内的均布风荷载分成四块，每块风荷载可视为传递给相邻构件。

（2）风荷载计算

1）风荷载标准值可根据《建筑外门窗气密、水密、抗风压性能分级及检测方法》GB/T 7106—2008 确定。

2）根据《玻璃幕墙工程技术规范》JGJ 102—2003 在进行窗构件、连接件和预埋件承载力计算时，风荷载分项系数取 1.4，在进行位移和挠度计算时取 1.0。

（3）验算应对窗的受力杆件、各杆件间及其与外墙间的连接件进行强度验算，还要对窗的主要受力杆件进行变形验算。铝合金窗杆件连接一般采用铆接，窗边框与墙体间多采用射钉或钢膨胀螺栓连接。连接设计主要对铆钉、射钉或钢膨胀螺栓进行抗剪强度验算，由此确定连接件的数量和间距。

2. 提高大型铝窗抗风压性能的措施

高层建筑中风荷载设计值较大，而铝型材的强度较低，且受型材厚度及规格的限制，型材截面的抵抗矩一般也较小（若选用非标准规格的铝型材，会造成工程成本增加），故仅靠铝型材抵抗强大的风压很不经济，对此可采用钢插芯法对铝合金窗主要受力杆件进行加固（图 6-8）。钢插芯及其连接件用 4～5mm 厚钢板焊接而成，表面经热镀锌处理，通过 2 个普通螺栓和 2 个钢膨胀螺栓与外墙的混凝土构件相连。钢插芯外观尺寸比铝合金扁通净空小 2～3mm，采用钢板焊接而成。

钢插芯的安装过程是先连接钢插芯与上端的连接件用普通螺栓，套入铝合金扁通中，在铝合金扁通下端的钢插芯与连接件连接处开长条形槽口后，将下端连接件与插芯连接牢固，最后将连接件与墙体间用膨胀螺栓连接牢固。

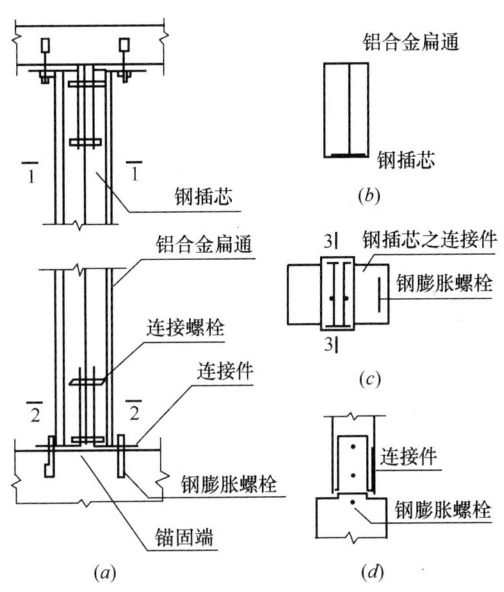

图 6-8 钢插芯施工大样

（a）纵向剖面；（b）1-1 剖面；（c）2-2 剖面；（d）3-3 剖面

施工时，须注意在窗边框粉刷前安装窗立梃，粉刷时应对连接件进行隐蔽。施工实践表明，该方法简单可行，也可降低成本。

五、高层建筑铝合金门窗的防雷接地施工

较之塑钢门窗，铝合金门窗在防雷和防静电问题上具有优势。铝合金是良导电体，将其做建筑外围护结构时。采取有效的接地措施，可以作为避雷设施。并可防止静电现象产生。下面介绍高层建筑外墙铝合金门窗的防雷接地方式。

1. 建筑物防雷类别及铝合金门窗需做防雷接地处理的确定

（1）平均年雷击次数雷云对地放电的频繁程度可用地面落雷密度 γ [次/（km^2 · d）] 表示，它与年平均雷电日 T_d（d/年）有关。T_d值可查年平均雷电日数分布图及从有关气象资料中获取，γ 与 T_d之间的关系可用经验公式近似计算：$\gamma=0.024T_d^{0.3}$。

当建筑物上各部位高低不平时．应沿其周边逐点算出最大扩展宽度，其等值受雷面积

应根据每点最大扩展宽度外端的连线所包围的面积来计算。

(2) 高层建筑物的防雷类别按强制性国家标准《建筑物防雷设计规范》GB 50057—1994（2000年修订版）第2.0.3条和第2.0.4条，确定高层建筑物是属第二类防雷建筑物、第三类防雷建筑物或者不需考虑防雷。住宅、办公楼等一般性民用建筑物，当其预计雷击次数大于0.3次/年时属于第二类防雷建筑物；当其预计雷击次数等于或小于0.3次/年，且大于或等于0.06次/年时属于第三类防雷建筑物。

(3) 铝合金门窗需做防雷接地处理的要确定铝合金门窗框架等较大的金属物，如果距离地面等于滚球半径及以上时，应将其与防雷装置连接。滚球法是以 H_t 为半径的一个球体，沿需要防直击雷的部位滚动，当球体只触及接闪器（包括被利用作为接闪器的金属物），或只触及接闪器和地面（包括与大地接触并能承受雷击的金属物），而不触及需要保护的部位时，则该部分就得到接闪器的保护。高层建筑物的滚球半径见表6-12。

各级别防雷建筑物的 H_t 值 **表 6-12**

建筑物的防雷类别	第一类防雷建筑物	第二类防雷建筑物	第三类防雷建筑物
滚球半径 H_t（m）	30	45	60

2. 铝合金门窗防雷接地施工

铝合金门窗的防雷接地施工是高层建筑防雷工程中的重要组成部分。如果不能正确进行铝合金门窗的防雷接地施工，将可能存在一定的安全隐患。

(1) 施工原理　高层建筑铝合金门窗的防雷接地施工主要解决的问题，就是将位于滚球半径以上的铝合金门窗框通过防雷装置与建筑物钢筋骨架连接，把雷电流的巨大能量通过建筑物的接地系统，迅速传送到地下，从而防止建筑物受雷击破坏。铝合金门窗位于建筑物外墙，因此主要防侧击雷的破坏。

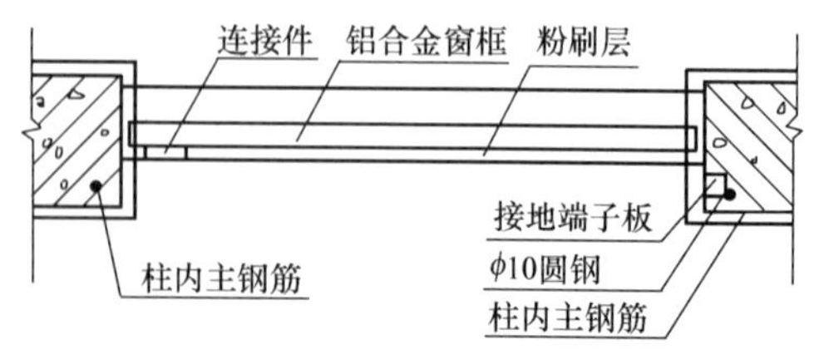

图6-9　铝合金窗框平面示意图

(2) 施工工艺　窗框防雷接地的施工要点就是将门窗框与建筑物主体引下线相连，如图6-9所示。由于铝合金门窗面积较大，铝框两端均应做防雷接地处理。

在门窗框安装之前，土建施工有外露式和内置式两种方式。外露式是采用圆钢与主体引下线主筋焊接。预留金属接地端子板与铝合金门窗防雷引线连接完成接地；内置式是在门窗预留洞口处墙体内预埋钢件（即接地端子板），该钢件与主体引下线主筋焊接，铝合金门窗防雷接地引下线与预埋件焊接。铝合金门窗防雷接地施工可根据土建等电位连接体引出方式来确定。引下线可采用圆钢或扁钢，宜优先采用圆钢，圆钢直径不应小于8mm。扁钢截面积不应小于48mm^2，其厚度不应小于4mm. 接地端子板宜采用80mm×80mm×4mm的方形钢板。接地端子板与引下线之间、引下线与建筑物主筋之间的连接均采用焊接连接，焊接长度不得小于100mm。铝合金门窗与接地端子板之间可采用镀锌钢、铜、铝等导体连接。各连接导体的最小截面积如表6-13所示。

各种连接导体的最小截面积（单位：mm^2）　　**表 6-13**

材　　料	等电位连接带之间和等电位连接带与接地装置之间的连接导体，流过大于或等于 25%总雷电流的等电位连接导体	内部金属装置与等电位连接带之间的连接导体，流过小于 25%总雷电流的等电位连接导体
铜	16	6
铝	25	10
钢（铁）	50	16

软编织铜导线作为连接导体（图 6-10），一端通过镀锌扁钢与铝门窗框相连。另一端与接地端子板（图 6-11）相连。

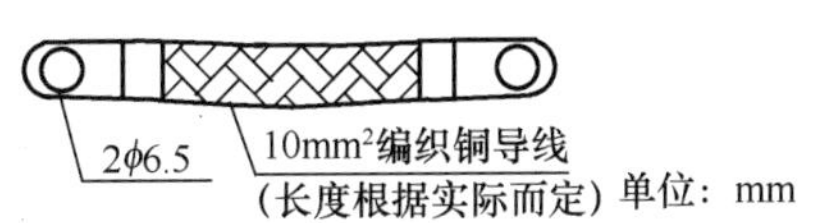

图 6-10　软编织铜导线

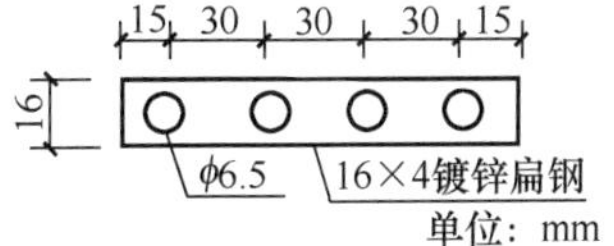

图 6-11　连接件

铝合金型材表面通常有电泳涂漆、油漆喷涂、氟碳烤漆、粉末喷涂等几种处理方式，其表面被覆层厚度最大标准值为 40μm，而厚度小于 1mm 的聚氯乙烯不属于绝缘被覆层。故连接导体与铝框之间可直接采用 M6 螺栓连接，且采用 4 点连接。软编织导线与接地端子板之间也采用 M6 螺栓连接。这种连接方式较之焊接可以不对铝框被覆层造成破坏，亦可保证连接的稳定和可靠性。铝合金窗框防雷接地施工大样图如图 6-12、图 6-13 所示。

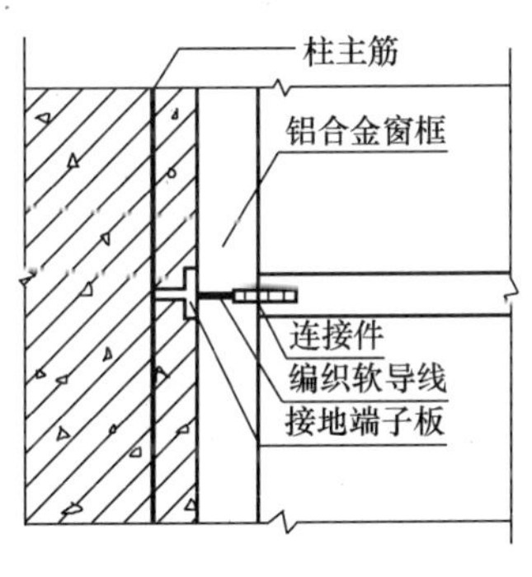

图 6-12　施工大样 a

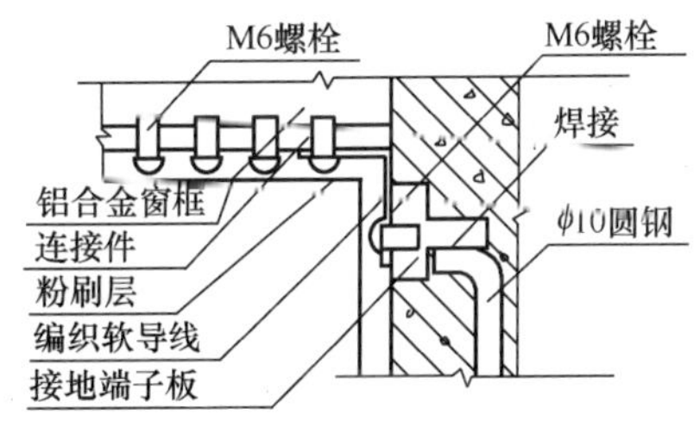

图 6-13　施工大样 b

（3）施工中常见的问题及对策

1）不能正确判定建筑物的防雷类别，造成材料的浪费及成本的增加。或者造成设计能力的不足而导致安全隐患。

在防雷设计阶段首先应该根据当地实际及建筑物的具体情况正确计算出年平均雷击次数。确定建筑物的防雷类别。只有位于滚球半径以上的铝合金门窗框才需要做防雷接地处理。

2）未严格按照防雷技术规范和防雷施工工艺进行施工，施工质量达不到要求。如铜编织导线总截面不够、连接件尺寸不足、门窗框上连接点不足 4 个。以及松动、漏装、未打磨接触面等等。应严格按照防雷技术规范和有关施工工艺施工。

3）铝合金门窗框在安装过程中，为保护其喷涂或氧化层不被破坏，其表面包裹一层临时性保护塑料薄膜。而在防雷施工时没有将该处薄膜去掉，影响导电线路的通畅。因此，在连接前首先应将防雷处的薄膜去除。

4）没有检测电路是否导通便被后续装饰工作隐蔽覆盖。在防雷施工完毕应当立即使用简易方法检测该处线路是否导通。只有检测电路导通后才能进行下一道工序，以避免日后返工。

5）遗漏现象。由于门窗框的安装和防雷施工通常由不同的专业班组完成。容易出现个别门窗框没有做防雷处理的情况，因此，在施工过程中必须做好文字记录工作，避免出现遗漏。

上述问题应当严格按照防雷设计规范和施工工艺要求进行施工。及时检查验收，方可进入下一道施工工序。

总之，高层建筑铝合金门窗防雷接地施工是铝合金门窗安装工程质量控制的重要部分，也是整个建筑物防雷系统的重要部分。在施工过程中，必须严格按照相关规范并结合实际情况进行。高层建筑物中铝合金门窗工程实施合理的防雷接地技术能显著提高建筑物的防侧击雷的能力，可在很大程度上减少雷击引发的自然灾害，保护人身和财产安全。

六、塑料窗安装质量通病及其防治[14]

塑料窗在安装过程中若不重视细部节点的构造做法，并预先采取有效保证质量的措施，则很可能会出现影响使用功能的质量问题，并显著影响其保温节能效果。这里介绍的塑料窗安装质量通病及其防治的有些内容是以原《塑料门窗安装及验收规程》JGJ 103—1996 为基础在实际中遇到的问题讨论的。由于 JGJ 103—1996 已经修订为《塑料门窗工程技术规程》JGJ 103—2008，因而有些内容可能和 2008 版规程有矛盾；有些内容可能在 2008 版中已经有了规定，但作为预防实际安装质量问题可能仍有参考意义，例如引起重视、重点处理等。

1. 塑料窗常见安装质量通病的种类

（1）塑料窗口预留尺寸不合理　在塑料窗安装过程中，洞口尺寸预留及处理是否合理是影响塑料窗能否正常发挥设计功能的关键，寒冷地区往往由于这一部位的施工质量问题而使窗口四周窗框边墙形成热桥。产生这一问题的原因很简单，窗口周边封闭不严，冷风渗透严重，而洞口间隙留设不合理或不合格就是其中原因之一。

《塑料门窗工程技术规程》JGJ 103—2008 中第 5.1.6 条对洞口与门、窗框伸缩缝间隙的预留作了表 6-14 所示的规定。

洞口与窗框间隙　　**表 6-14**

墙体饰面层材料	洞口与门、窗框伸缩缝间隙（mm）
清水墙及附框	10
墙体外饰面抹水泥砂浆或贴陶瓷马赛克	15～20
墙体外饰面贴釉面瓷砖	20～25
墙体外饰面贴大理石或花岗石板	40～50
外保温墙体	保温层厚度＋10

对上述规定可从两个方面采取措施实现：一是严格控制洞口处砌筑质量，确保洞口间

隙留设准确；二是在砌筑中确保同一类型的门窗及其相邻上、下、左、右洞口保持通线，洞口应横平竖直，这一点规程 JGJ 103—2008 的表 5.1.4 已规定了允许偏差。但问题就出现在上述两个方面。在施工现场往往由于忽略了洞口间隙问题而使所留窗口的尺寸误差极大，洞口留得不准，给采用统一方法处理间隙的密封问题带来麻烦。

另外，由于施工时不注意控制同一楼层同类窗的水平线及上下楼层的边线垂直，结果窗口游移尺寸较大。对这些横不在水平线上、竖不在垂直线上的洞口，在塑料窗安装前虽然有的工地对窗口进行了破坏性的调整，但随之也带来许多隐患，例如采用空心砌块的墙体破坏就很严重。若遇到混凝土墙、混凝土过梁和混凝土柱麻烦处理起来更困难。由于洞口尺寸的不准确，塑料窗在安装时则可能出现一头紧（顶到墙面）、一头松（间隙过大）的情况。

规程 JGJ 103—2008 第 6.2.15 条规定："窗框与洞口之间的伸缩缝内应采用聚氨酯发泡胶填充，发泡胶填充应均匀、密实。发泡胶成型后不宜切割。打胶前，框与墙体间伸缩缝外侧应用挡板盖住；打胶后，应及时拆下挡板，并在 10～15min 内将溢出的泡沫向框内压平。对于保温、隔声等级要求较高的工程，应先按照设计要求采用相应的保温、隔声材料填塞，然后再采用聚氨酯发泡胶封堵。填塞后，撤掉临时固定用木楔或者支撑垫块，其空隙也应用聚氨酯发泡胶填塞"。

（2）洞口间隙热工处理不当　前面已提到不同的外墙装饰，预留的洞口间隙是不一样的。规程 JGJ 103—2008 中只给出了洞口间隙的尺寸，但并没有规定各种不同装饰材料的节点热工处理做法；在 6.2.7.2 条中只给出一个普通抹灰墙面的安装节点图，但实际施工中外墙装饰量很大，特别是关系到粘贴大理石或花岗石板类的墙体，间隙可达到 50mm，若再加上允许偏差，则可能达到 60～70mm，对这样大的间隙，节点做法不当时很可能出现局部热桥，留下隐患。因此，这个问题应在砌筑或结构施工阶段解决。

（3）窗台处存在节点热桥　JGJ 103—2008 规程第 6.2.9.5 条给出了下框与墙体固定的节点详图，但节点处理的热工性能不理想，窗下框是一个保温性能薄弱的热桥。通常外墙设计成 490mm 厚红砖墙，塑料窗立在距外墙 120mm 处。当外墙设计成小型空心砌块时，塑料窗也立在距外墙 120mm 处。而节点图中给出的窗台板加上底灰的总厚度为 20～30mm，这在实际中几乎是不可能的，且多数窗台都设计成水磨石窗台板，其厚度为 40～50mm，若加上底灰，其总厚度可能达到 50～60mm。窗下这条水泥砂浆带是一个较大热的桥。

（4）密封胶材料和施工差　规程 JGJ 103—2008 第 6.2.13 条对保温、隔声窗提出了抹灰层与窗框预留 5mm 厚间隙，并用嵌缝胶挤入缝隙内。这里存在以下两个问题：

1）嵌胶缝不做预留或预留不规范　施工现场经常发现，外墙抹灰时未考虑预留嵌胶缝，打胶时只在阴角处表皮处理，未伸入抹灰层内，嵌缝效果不好。另一种情况是抹灰后用抹子划缝，还有用钉子划缝的，结果不光观感差，缝也极不规则，嵌缝效果差。

2）嵌缝胶质量差　嵌缝胶质量的好坏也直接影响到密封效果。好的嵌缝胶应粘结性好且低温柔性好，具有较好的弹性和耐候性，只有这样方能在不同温度下始终保持弹性状态，起到应有的封闭作用。若嵌缝胶的质量差，密封效果就差。

（5）窗口抹灰压不住窗框　规程 JGJ 103—2008 第 6.2.13.1 条规定，抹灰时灰浆靠近铰链的一侧，灰浆压住窗框的厚度宜以不影响窗扇的开启为限。这实质上是要求抹灰时必须有一定的厚度压住窗框，这不光可起固定塑料窗的作用，更重要的是提高窗口四周密闭性能。但从实际施工情况看，有相当多的窗口在抹灰时未压住窗框，或压得很小，有的甚至透光。这种情况多发生在间隙过大、采取抹灰找齐的窗口上。

（6）密封条质量差　窗框与窗墙洞口的间隙内需要塞入适量的密封条。但实际施工时效果差，例如窗框靠墙过紧时塞不进、过宽时塞不严等。即使是间隙合适，也常出现塞缝不严、透光等，还有的出现断条、不连续的情况。

（7）塑料窗本身温度变形　塑料窗也会热胀冷缩。冬期塑料窗的收缩个别很严重，经常会发现窗口四周出现微小缝隙，到夏日温度回升后，缝隙又转而消失或更小一些。对塑料窗的这一物理变化，规程 JGJ 103—2008 中采取了三个措施来弥补不足，首先是塑料窗固定采用之字形固定片，这种固定片具有一定的弹性，能适合一定变形；其次是窗框与墙体间隙内采用了具有较好弹性的保温材料（闭孔泡沫塑料或发泡聚苯乙烯）；再有就是采用弹性嵌缝胶。这三者均可在塑料窗变形时起到调整、阻塞缝隙的作用。

2. 防治措施

（1）洞口与窗框间隙预留质量控制　当外墙采用饰面砖或石材饰面时，洞口与窗框间隙过大（超过 40mm）时，在主体砌筑时采取办法留准洞口，如图 6-14 所示。

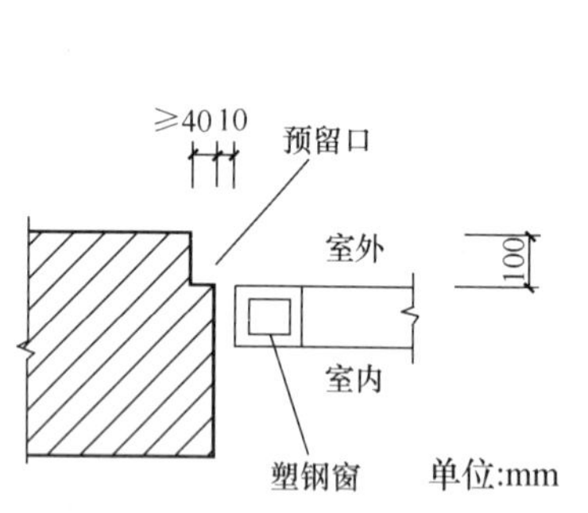

图 6-14　洞口与窗框间隙预留示意图

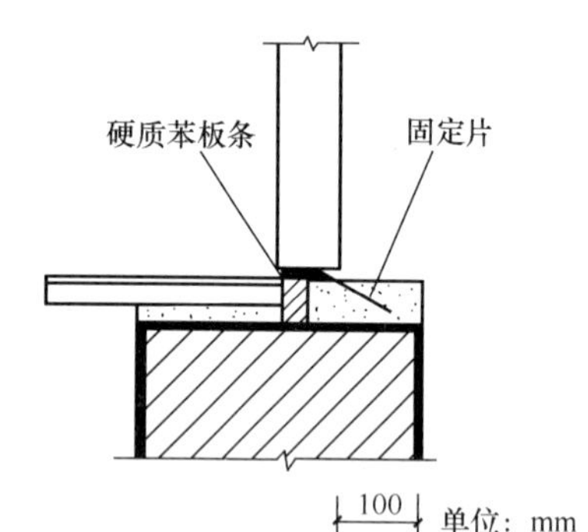

图 6-15　窗台构造示意图

由同种材料堵住过大的间隙能够防止因单纯抹灰产生的热桥，也便于间隙处的密封处理。

（2）窗台的热工处理构造　窗台处使用保温防水材料能够阻隔水泥砂浆、细石混凝土等与窗台板间的热墙，如图 6-15 所示。

（3）嵌缝胶的质量控制

1）涂料饰面外墙　在外墙抹灰时可事先准备厚 5mm、宽 100～120mm 的塑料长夹片（或五层胶合板），将抹灰层与窗框隔开 7mm，待砂浆中水泥终凝后，轻轻抽出夹片，形成完整光滑的嵌胶缝。打胶时由上而下、由左至右均匀用力即可保证质量。

2）釉面砖饰面外墙　瓷砖的厚度一般为 5mm 左右，待贴瓷砖的底子灰找平以后，在粘贴瓷砖时，可用夹片靠在塑料窗框上，顶在底子灰上，然后粘贴瓷砖，待砂浆具有一定的强度后，可轻轻抽出夹片，即形成整齐光滑的嵌胶缝（图 6-16、图 6-17）。

3）天然石材饰面外墙天然石材厚度一般为 20～30mm，若加工精度不好，厚度误差可达 10mm。JGJ 103—2008 规程中对这种饰面墙规定留出的洞口间隙是 40～50mm，但施工时显然不可能将胶打到 20mm 或 30mm，解决办法是在缝内先合理填充，然后再打胶。填充材料仍使用具有弹性的闭孔泡沫塑料或局部发泡材料，厚度控制在 12～15mm，留出打胶槽（图 6-18）。

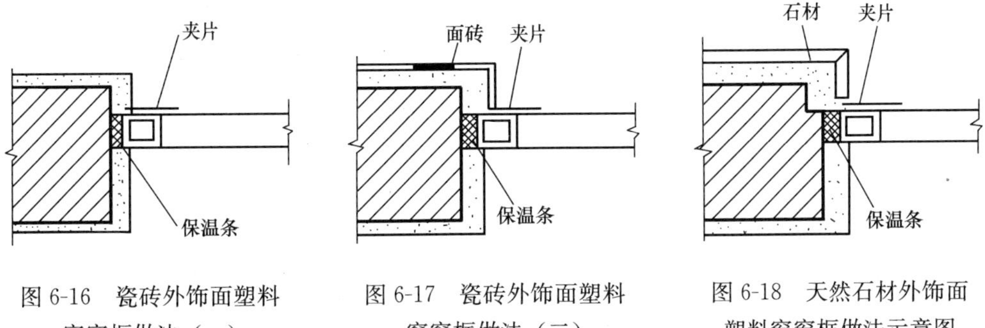

图 6-16　瓷砖外饰面塑料窗窗框做法（一）

图 6-17　瓷砖外饰面塑料窗窗框做法（二）

图 6-18　天然石材外饰面塑料窗窗框做法示意图

（4）窗口抹灰质量的控制　JGJ 103 规程已明确指出抹灰层的厚度以不影响窗扇的开启为限，所以在施工中抹灰的厚度可统一控制在距铰链 5mm 处，这样压在窗框上的抹灰厚度就超过 10mm，可满足密封和固定窗框的双重要求。在实际施工中，要重点控制一扇塑料窗的左右铰链处的抹灰厚度一致，不要出现一边厚、一边薄的情况，这样才能有效防止出现抹灰透光问题。

（5）密封胶条施工质量控制　密封胶条应在塑料窗固定后塞入，这样可以掌握整个洞口的实际偏差，缝紧的地方可以薄塞，缝松的地方可以厚塞。对于固定片处，如果一侧塞不进，应在另一侧塞条。窗台板处的密封胶条因窗台板要抵紧塑料窗框料，框槽内可用胶贴上一层较薄的（略超出框料）密封条，既不影响窗台板的安装又能提高窗台处的保温性能。

3. 聚苯板外墙外保温系统的塑料窗与墙体间隙的处理

外贴聚苯板因保温材料具有一定的厚度（一般大于 30mm），所以施工时为便于安装，也为保证质量，可采取外墙窗口预留口的做法（图 6-19、图 6-20）。因转角处采用了拼条保温板，所以角部一定范围应采用耐碱玻璃纤维网格布补强加固。

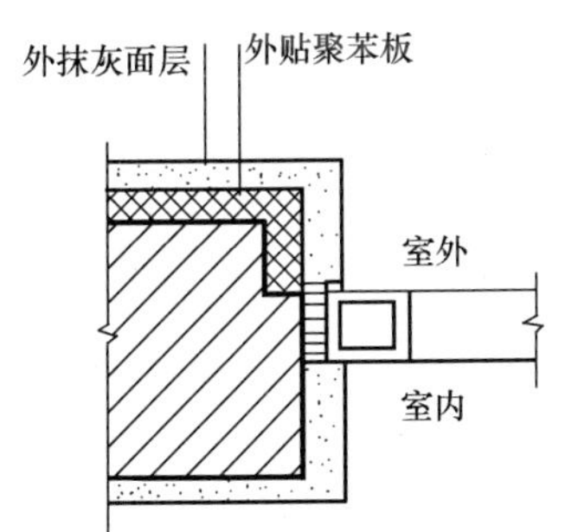

图 6-19　聚苯板外墙外保温系统的塑料窗与墙体间隙的处理示意图（一）

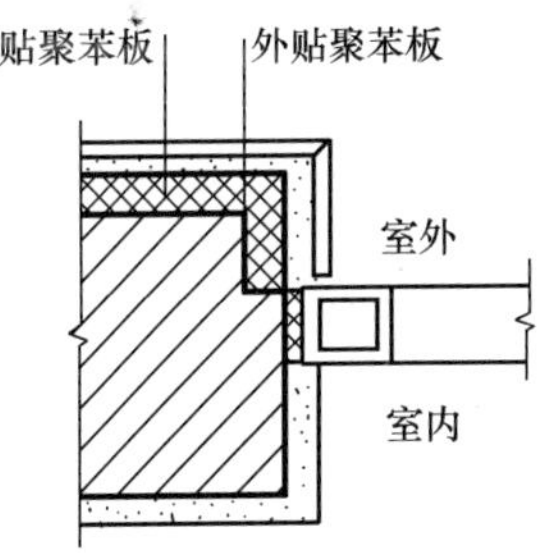

图 6-20　聚苯板外墙外保温系统的塑料窗与墙体间隙的处理示意图（二）

七、铝合金门窗与土建连接收口技术的有关问题[15]

铝合金门窗与墙体的连接方式有湿法连接（铝合金边框与墙体之间通过连接片直接连

接）及干法连接（铝合金边框与墙体之间通过钢副框连接）两种。干法连接能够加快工期、更易实现铝合金框的成品保护等，因而实际中应用得较多。下面介绍干法连接形式的铝合金门窗与土建连接收口技术的有关问题。

1. 连接主件的变化

以前采用射钉固定连接片连接，这对于建筑工程中较薄的混凝土墙，射钉很容易打到混凝土边缘，达不到规范安装要求。后来铝合金门窗工程中有很多采用膨胀螺栓连接方式。

实际工程中如果土建误差过大时，过长的膨胀螺栓的强度及连接均会受到影响，此时采用连接片形式可能会更好些。

有些工程中连接片与钢副框之间采用铝铆钉连接，而铝铆钉的连接强度很低，因而连接片与钢副框之间均应采用不锈钢铆钉，才能保证安装过程中不被施工过程中的应力拉断，保证连接件之间保持稳定可靠的连接。

2. 钢副框的封闭连接

门窗工程中常采用图 6-21（*a*）、（*b*）两种连接封闭方式，这种连接封闭钢副框的方式很容易在铝合金门窗封闭后发生雨水渗漏，且其中空的钢管中部未进行防腐处理的位置会出现返黄现象，使得在铝合金门窗角部的墙面上出现被污染的表面。

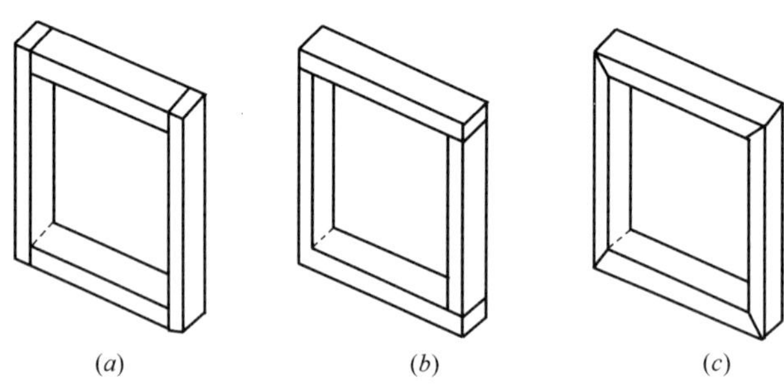

图 6-21　钢副框的三种封闭连接方式示意图

目前有些工程中采用了如图 6-21（*c*）所示的 45°切角形式的钢副框组角。这样就会使钢副框的所有外露表面能够容易地受到防腐处理，不再会出现泛黄。

3. 铝合金门窗工程中室内外与墙体连接的密封胶

如采用酸性密封胶则会使酸性密封胶与碱性土建材料发生化学反应，使胶缝周围发生色彩污染。室外的密封胶应采用中性耐候密封胶，才能满足温度、湿度、紫外线环境对密封胶产生的老化作用。

4. 必须采用调整定位螺钉安装铝合金门窗

在铝合金门窗安装施工中，必须采用调整定位螺钉。如果采用自攻钉与钢副框相连，不但使隔热铝合金门窗在边框连接处失去隔热功能，还不能起到对边框直线度的控制。并导致门窗边框随钢副框的变形而变形；而且铝合金门窗整体的尺寸做不到平直，铝合金门窗的开启附件在铝合金型材的槽口内运动不顺畅；以及铝合金门窗的整体性能显著下降等。

5. 充分发挥聚氨酯发泡剂的密封作用

处于铝合金门窗框周边的聚氨酯发泡剂能够发挥显著的隔声降噪、保温隔热、防水防潮功能。因而，必须重视聚氨酯发泡剂的施涂，保证聚氨酯泡沫能够均匀地填满钢副框与铝合金边框间的缝隙。

八、铝合金推拉窗的质量通病及防治措施[16]

1. 窗扇开启不灵活，锁不到位

(1) 原因分析

1) 窗框、窗扇选料和选型不合理，有的盲目选用厚度薄、断面小的低等级型材，同时在制作时，节点构造质量差，造成窗扇平面刚度差，发生窗扇变形等缺陷，推拉时出现晃动和抖动现象。

2) 窗扇与窗框槽口宽度、高度不配套，间隙超过允许值，同时窗扇顶部限位装置漏放或设置不合理，造成窗扇在推拉过程中，或大风大雨时，发生“脱轨跳槽”现象，开启不灵，严重时甚至窗扇掉落。

3) 采用易损的劣质 PVC 滑轮，推拉不灵活。

4) 采用劣质锁具，锁不到位。

(2) 防治措施

1) 把好窗户质量关，确保窗户制造时使用的型材、玻璃及锁具、滑轮等各种配件的质量。

2) 制作时严格按照设计要求，制作好的门窗在现场组装时，要检查其几何尺寸偏差及壁厚是否符合要求，窗扇下滑道开口是否到位，窗扇及纱扇与上滑道之间间隙是否适当等。

3) 保证安装质量，严格按照相关施工规范进行，安装时首先要检查洞口尺寸是否过小，以免挤压窗框变形，安装中出现大的偏差，窗扇不能到位。

2. 边框渗水

(1) 原因分析

铝合金窗渗漏主要表现在窗框附近的内墙面潮湿、发霉，出现水珠或水印，严重时甚至漏水，以及下框与窗台间的缝隙处渗水等。

1) 窗框铝合金材料与混凝土、砖石等墙材的性质差异较大，它们之间易产生裂缝，缝隙无填塞或填塞不合要求。

2) 铝合金型材本身的截面形式，特别是下轨的截面形式不利于排水，易形成积水。

3) 铝合金窗的节点构造不合理。

4) 铝合金窗的加工制作质量差。

(2) 防治措施

1) 在立面允许时，应尽可能设置雨篷，因为它能隔断墙上流淌的雨水，使雨水不直接流至窗楣上，还能减少窗子直接受雨淋的面积，这是防止铝合金窗渗水的最简单的途径之一。

2) 铝合金窗应退进外墙一定尺寸安装，以居中安装为好，这样从墙上顺流而下的雨水就不会流至铝合金窗与窗洞间的缝隙渗入墙体，引起渗水，而且可在窗楣处设滴水槽或滴水线，这样可防止顺墙而下的雨水沿窗楣倒流，引起窗与洞口间的缝隙处渗水。

3) 窗台应能够顺畅的排水，做到内高外低，且外窗台应有向外的坡度，以利窗台排水。同时应提高窗台的抗渗性能，如窗台最好用细石混凝土浇捣，厚度达到 50mm 左右，或窗台上铺陶瓷面砖等。

4）铝合金窗安装不能采用刚性连接，窗与洞口四周的缝隙要按设计要求处理。设计无要求时，应采用软质保温材料填塞，缝隙外表面留 5～8mm 深的槽口，槽口应填嵌密封防水材料。

5）设计铝合金型材的截面形式时，要考虑窗框的挡水板高度，同等条件下优先选用挡水板高度值较大的框料，此外在下框外窗扇滑道适当钻排水孔或切割排水槽，以提高槽内的排水效果。

6）提高铝合金窗的制作精度。

3. 气密性差

（1）原因分析

1）所用密封毛条、胶条质量差，安装时未压严、未压紧或不到位。

2）窗框窗扇变形，不规方，对角线公差大于 3mm，与洞口配合间隙过大。

（2）防治措施

1）选用弹性较好的多塔级胶条或选用槽条，局部点粘打紧，防止使用时松动脱落。

2）所有毛条、胶条敷设到位。

3）边框与洞口填充料到位填满，外打密封胶填实抹平。

4. 整体外观质量差

原因是多方面的。在制作、运输、存放等各环节应符合相关要求，例如为保护成品表面氧化膜不被擦伤，铝合金外露部分应用胶布、塑料布包贴，防止表面划痕、碰伤现象。安装前应认真检查整窗质量，凡接缝超限，框扇配合不严密，以及起皮、油污的均需认真处理。

总之，应从设计、选材、运输、制作、安装等各个环节防治铝合金推拉窗出现质量问题，保证其良好的使用效果。

九、干挂饰面砖幕墙建筑的外窗与遮阳系统施工技术[17]

1. 工程概况

某公寓工程外墙为外保温干挂饰面砖幕墙系统，其外窗与遮阳系统包括外窗窗框、外窗玻璃和遮阳窗帘等。该系统冬季能将白天的太阳辐射热留在室内，保证室内热量不流失。采用外遮阳卷帘，在夏季能将 80％的烈日辐射挡在窗外，遮挡直接辐射和漫反射，降低制冷负荷。

2. 外窗与遮阳系统结构及性能

（1）外窗　外窗窗框采用三腔断桥隔热复合型材；外窗玻璃采用 6mm 钢化白玻＋12mm 氩气层＋6mm Low-E 玻璃，具有高透射率低辐射率特点。外窗三项物理性能指标分别为：抗风压性能≥3500Pa；空气渗透性能≤0.5m^3/（h・m），雨水渗漏性能≤500Pa，传热系数为 K＝2.1W/（m^2・K），隔声性能为 34dB。

（2）遮阳窗帘　遮阳窗帘由铝合金卷帘板、卷帘束、轴，驱动部分和导轨组成，卷帘板为 ALU-LUX 空心铝合金滚压成型内充发泡聚氨酯页片，基本结构如图 6-22 所示。外遮阳卷帘具有遮阳（对太阳光辐射热的遮挡率达 80％以上）、保温、隔声、遮挡视线、透光等多种功能，可根据个人需要进行调节，使居住环境更加舒适。

3. 外窗安装施工

（1）外窗与饰面砖幕墙连接处安装　由于该工程采用外保温，干挂饰面砖幕墙，故窗洞口与幕墙连接采用收口板型材，在幕墙与窗体之间通过收口板将窗同外幕墙连接起来。

为避免出现热桥，外保温层包裹墙的外边，将窗的三边密封（图 6-23）。

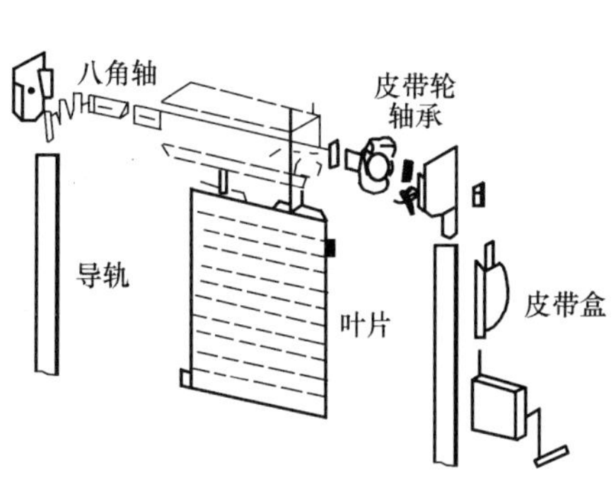

图 6-22　铝合金遮阳卷帘构造示意图

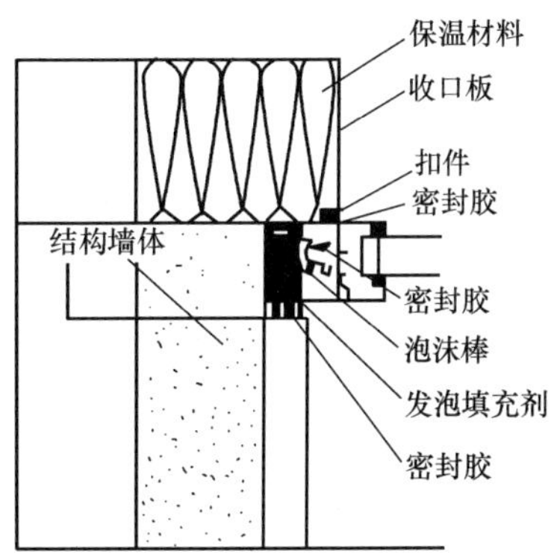

图 6-23　外窗与饰面砖幕墙连接示意图

通过发泡剂及耐候密封胶密封窗周边，形成弹性隔热连接。窗定位随收口板完成，为安装窗提供方便。

（2）外窗与遮阳系统连接安装　窗上部为遮阳卷帘系统。窗与遮阳卷帘的连接方式直接影响整套系统的性能，为此，窗与遮阳帘的连接工艺既要保证美观及使用方便，又要保证系统的整体性不受影响，不产生热桥。铝合金窗框的上部与遮阳系统暗盒相连。为增强暗盒的强度，在暗盒底部增加一根角钢，以固定窗体并增加系统的刚性。

4. 遮阳卷帘安装技术要求

（1）卷帘窗须确保组成卷帘板的叶片间不能相互串动，以保证卷帘装置的正常功能。

（2）手动操作卷帘窗的座条在 750mm 宽度以内时，需安装 1 个限位头，大于此宽度则需安装两个限位头。

（3）卷帘板插入导轨的深度至少应为卷帘板宽度的 1%，且不少于 20mm。

（4）采用皮带驱动时，要保证皮带盘和皮带的导出方向处于同一平面。皮带引导头不允许有尖角。皮带需采用平的织造物，边缘加强，带宽不小于 13mm。

（5）为保证卷帘窗密闭性，座条须与接触面（窗台）密闭。

（6）轴支撑须保证卷动闭合装置作用在轴上时，轴不从支撑内脱落。另外，轴还需承受轴向荷载，以防止运动中轴的抽动。

（7）手动驱动配置的皮带和收带器，须保证窗帘板操作中能停留在任意位置。

5. 遮阳卷帘安装施工

安装工艺流程为：放线定位→打孔、安装膨胀螺栓→固定角码→安装轴调平固定→固定导轨及皮带盒→上卷帘叶片→安装弹簧连接片→上皮带→固定皮带引导头→上限位头→调试至正常使用。下面介绍主要施工。

（1）按图纸放线定位，确定固定端角码位置；

（2）冲击钻打孔，下膨胀螺栓固定角码，每个角码的固定螺栓不得少于 3 个；

（3）安装轴承座、轴承和八角轴，并用水平尺进行水平及垂直度校正，以保证运转顺畅；

（4）将铝合金导轨按卷帘设计图位置固定在窗洞口的侧面收口板上，在导轨上部内侧 10cm 高弯成弧形，以便引导卷帘片进入导轨轨道；

（5）装入八角钢轴，通过调整轴端头使轴长度合适后锁定，安装过程中必须用水平仪校核，以控制钢轴的水平度；

（6）在固定皮带轮前，应事先测量并确定皮带盒位置，使皮带轮与皮带盒在一条垂直线上；

（7）安装卷帘板时将弹簧挂片固定在八角钢轴上，注意不要划伤卷帘板面层；

（8）皮带轮与卷帘片端部间距不小于 10mm，以免帘片卷筒与皮带轮摩擦影响运转；

（9）皮带引导头位置与八角轴平行，以保证拉皮带省力；

（10）反复拉放检查各部位是否运行正常；

（11）确认运行正常后扣卷帘盒处保温板，接缝处用密封条封闭。

第四节　新型节能门窗产品与技术介绍

一、65 三密封平开节能保温窗

65 三密封平开节能保温窗是一种能够更好适应建筑节能法规的高档门窗产品。窗型有固定窗、对开窗、内开翻转窗等。该系统门窗各项性能达到或超过国家标准对高档窗的性能要求，保温性能达到 8 级，特别适用于炎热、严寒地区的建筑物。

1. 65 三密封平开窗系统的组成

（1）型材　型材包括 65 平开框、65 内平开扇、65 平开中梃、65 双玻压条（扇用）、65 双玻压条（框梃用）、65 三玻压条（扇用）、65 三玻压条（框梃用）、65 加强拼条、65 系列 90°转角、65 系列 135°转角等；另外，任意转角和简易拼条可与 60 系列的门窗通用。部分型材的截面结构见图 6-24。

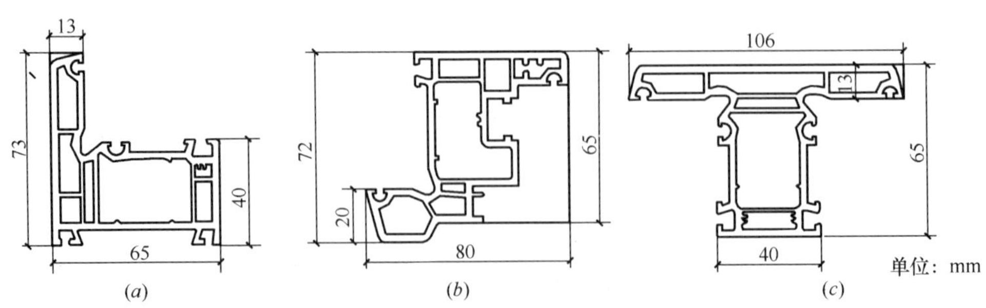

图 6-24　65 三密封平开窗部分型材的截面示意图

（*a*）65 平开框 BST65P-01；（*b*）65 内平开扇 BST65P-02；（*c*）65 平开中梃 BST65P-03

（2）专用配套件　专用配套件包括 65 中间密封胶条、K 型胶条、C 型闭口胶条、框用玻璃垫桥、扇用玻璃垫桥、三玻玻璃垫片、双玻玻璃垫片、65 双向固定片、65 单向固定片、助升滑块、水缝盖，卡式铝纱扇上下卡件及把手等。

（3）通用五金件　包括内平开传动器（中心距14.5mm）、上（中、下）部铰链、摩擦铰链（高度≤17mm）、风撑、内平开下悬五金系统（传动器中心距14.5mm）等。

2. 65三密封平开窗系统的特点

（1）框、扇、梃等主型材为四腔室、三密封结构，与普通平开系列型材相比增加一个隔离腔和一道密封，因此可显著提高保温性能和隔声性能。另外，由于门窗各部分的热损失中玻璃所占的比例最高，因此65三密封平开窗在使用三层玻璃后，可以使K值显著降低，三玻较双玻其K值可降低0.8～1W/（m^2·K），保温性能显著提高。这既可节约能源，又可防止门窗结雾、结霜现象。

（2）该系列的中间密封形式是采用在框上安装一个大胶条（材质为三元乙丙），使窗扇关闭后形成独立的水密室和气密室（图6-25），使水、气分离，这显著提高窗户的水密性、气密性。这种密封形式的优点是，窗户无论是承受正风压还是负风压，密封效果不受影响。

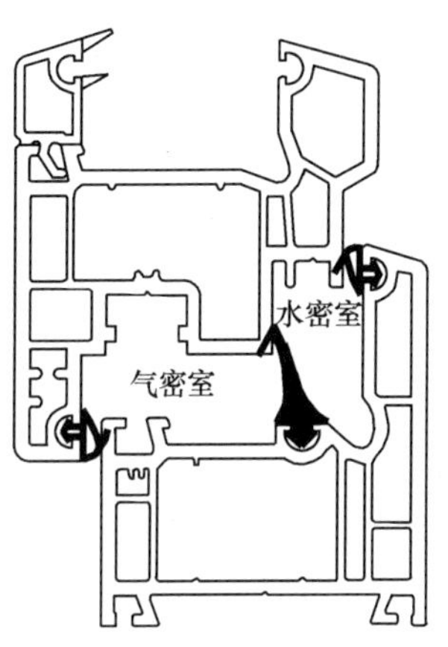

图6-25　65三密封平开窗的密封结构示意

（3）主型材高度为65mm，可视面壁厚3mm，非可视面壁厚2.7mm，内筋1.5mm，达到GB/T 8814—2004规定的A级壁厚要求。主型材的大断面、大壁厚、大惯性矩可保证型材具有非常好的力学性能和物理性能，如刚性好（不易弯曲变形）、强度高（承载能力好）、焊角强度高、抗低温冲击能力强、受冷热变形小等。型材的这些特点是保证成窗具有优良物理力学性能必备的首要条件。

（4）65框的结构可当作固定框使用。这样可减少型材品种，便于生产管理。

（5）65系列的拼接型材设计独特，既可用于65系列的拼接，又可用于60系列的拼接，还可用于65系列与60系列之间的拼接。

（6）配套件设计齐全，根据65系列型材的结构特点，专门设计了65门窗系统配套件。65系列型材与这些配套件配合使用，可有效地保证门窗的组装质量和门窗的各项性能，同时还可方便用户使用，提高组装效率。

（7）65三密封平开系统的框、扇、梃的钢衬可与60系列平开框、扇、梃的钢衬通用。

3. 典型窗型结构

65三密封平开窗的典型窗型结构如图6-26所示。

4. 65三密封平开窗的纱扇方案

65三密封平开窗的纱扇建议采用卡式铝纱扇，该纱扇型材断面小巧、质量轻，纱扇外表面喷塑后和型材颜色一致，美观耐用，装卸方便。其组装图和安装图分别如图6-27、图6-28所示。

5. 65三密封平开窗的物理性能

65三密封平开窗（尺寸1500mm×1500mm，双扇平开，中空玻璃5mm＋12mm＋5mm）的保温性能达到8级［K＝2.1W/（m^2·K）］，隔声性能达到4级（R_W＝36dB），

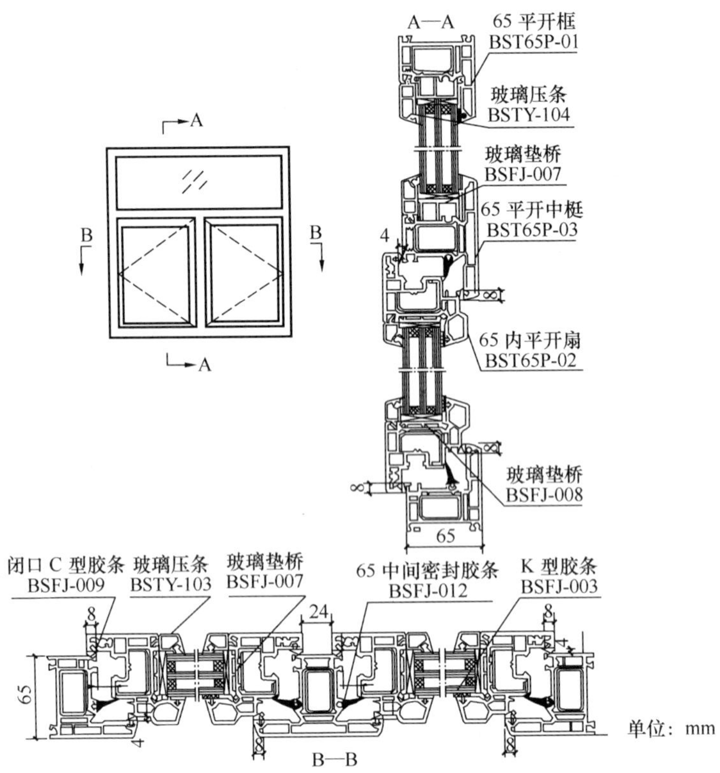

图 6-26　65 三密封平开窗的典型窗型结构示意图

抗风压性能达到 6 级（$P_3=3500$kPa，$-P_3=4800$kPa），水密性能达到 5 级（$\Delta P=667$kPa），气密性能（正负风压）达到 5 级。

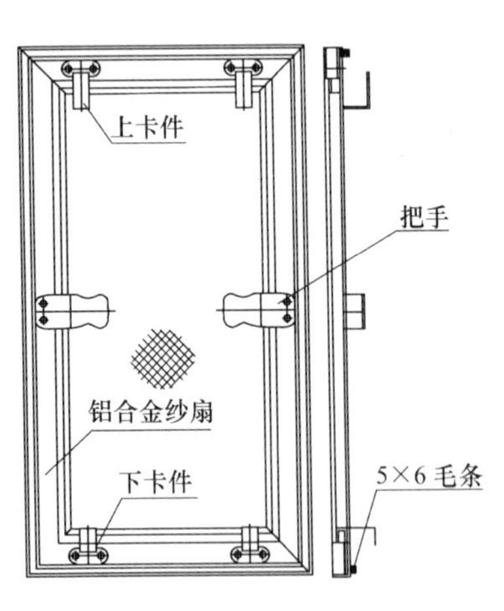

图 6-27　卡式铝纱扇组装示意图（内视图）

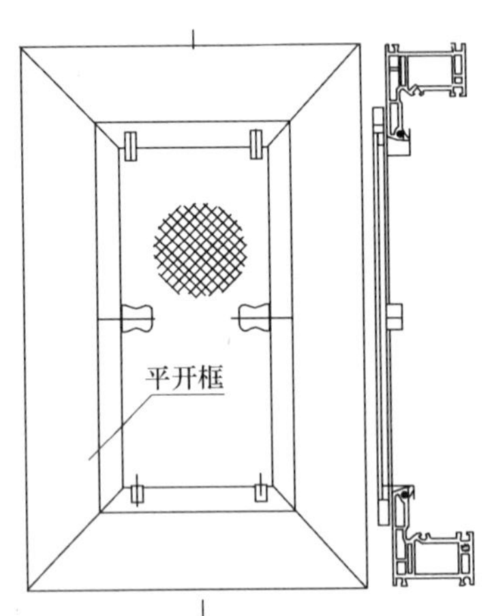

图 6-28　卡式铝纱扇安装示意图（内视图）

二、一种适用于既有建筑门窗节能改造的节能窗罩[19]

我国既有建筑面广量大，绝大多数是单层玻璃窗户，建筑使用能耗高。既有建筑节能改造的重点之一是窗户，将原有窗户更换成新型节能窗户，既费时费力，影响住户正常生活，又因为新型节能窗户价格昂贵，旧窗拆下后用途不大，导致节能改造成本太高。下面介绍一种新型节能窗罩，使用该窗罩，既保持原有窗户不动，又能达到显著节能效果。

1. 技术方案

通过在窗口外侧墙体上安装一个建筑节能窗罩，使窗户具有显著的冬保温夏隔热功能，并且在冬季白天还能够充分利用太阳辐射热取暖，夏季能够遮阳。

(1) 建筑节能窗罩由蓄热保温室和内置窗帘组成，蓄热保温室由正面玻璃窗（站在室内向室外看）、侧面玻璃窗、保温顶板、保温底板组成，内置窗帘由内置保温帘和内置遮阳帘组成，东、西、南向窗户安装内置保温帘和内置遮阳帘，北向窗户只安装内置保温帘。

(2) 正面玻璃窗和侧面玻璃窗相当于阳台窗，安装单层玻璃，正面玻璃窗有开启窗扇、固定窗扇以及纱窗，侧面玻璃窗可只用固定窗扇。

(3) 保温底板和保温顶板可以用玻璃钢制成，通过角钢支架固定在墙体上。

(4) 正面玻璃窗和侧面玻璃窗安装固定在保温底板和保温顶板之间。

(5) 内置窗帘可以是电动的，也可以是手动的，可以是卷帘，也可以是拉帘，安装在原窗户外侧上方或者窗罩内顶板上。

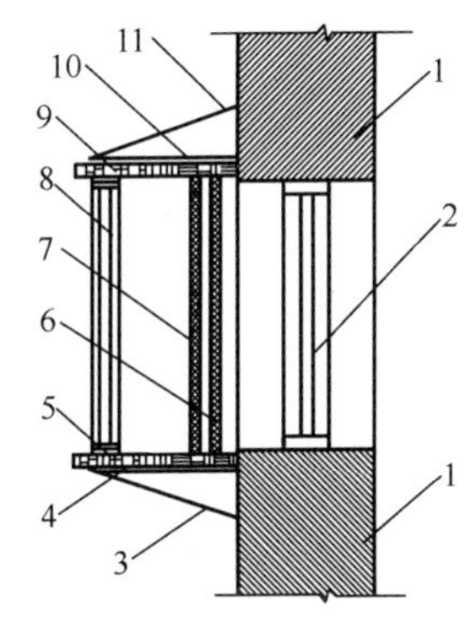

图 6-29　建筑节能窗罩构造示意图

1—墙体；2—原玻璃窗；3—底板斜支撑；4—底板平支撑；5—保温底板；6—内置保温帘；7—内置遮阳帘；8—正面玻璃窗；9—保温顶板；10—顶板平支撑；11—顶板斜支撑

正面玻璃窗和侧面玻璃窗型材以轻为宜，玻璃钢、铝合金以及塑钢等均可；所用玻璃可以是普通透明玻璃，侧面玻璃窗也可以用有机玻璃；所有接缝都要进行密封（图 6-29）；窗罩正面玻璃窗窗扇开启方式为平开或者推拉。

2. 窗罩各部分的作用

(1) 蓄热保温室　它突出取暖作用，以便冬季阳光照射时能够充分利用太阳能取暖，对于节约采暖费用效果显著。另一方面，蓄热保温室又起保温隔热作用，它和原窗户构成双层窗，使室内冬暖夏凉并提高窗户的隔声效果。蓄热保温室顶板在夏季兼做遮阳板，当关闭原窗户后，可对房间起遮阳作用。

(2) 内置保温帘　对于增强窗户的保温性能十分有效，同时能够提高窗户的隔声功能。

3. 窗罩特点

构造简单，特别适合于既有建筑平窗节能改造，冬季取暖功能较佳。

4. 窗罩的节能、隔声和采光效应

(1) 暖棚效应　冬季白天，当阳光照射到窗户上时，打开原窗户，关闭窗罩，太阳能辐射热辐射能够从窗罩的三面进入室内，蓄热取暖。

(2) 保温效应　在冬季，当白天无阳光时，关闭窗罩和原窗户，到了夜间就再拉上内置保温帘，保温效果优于普通双层窗户。

(3) 隔热遮阳效应　在夏季，白天关闭窗罩和原窗户，整个窗户的隔热性能优于普通单层玻璃窗户。另外，蓄热保温室顶板对室内起到遮阳作用，显著减少了太阳辐射热进入室内。

(4) 节能效果分析　以北京地区为计算标准，室外冬季平均温度－1.6℃、夏季平均温度30.2℃；室内冬季18℃、夏季26℃，全天按24h计算。

1) 计算周期　冬季按11月到第2年3月计，共151d；夏季按2个月计，共62d。

2) 晴朗系数　冬季晴朗系数为67%；夏季晴朗系数为50%。

3) 太阳辐射强度　对于南向玻璃窗，冬季阳光入射角小，可直接进入室内，辐射热能较强，有利于获取日光采暖；夏季阳光入射角大，照射阳光大部分被反射，获得的太阳辐射热能反而比冬季少。但是，西向玻璃窗夏季得热情况完全不同，下午受阳光长时间低角度照射的影响，太阳辐射强度比南向玻璃要高得多，西晒感觉强烈。

窗罩采用6mm透明玻璃，冬季每日日光得热近似按6mm透明玻璃计算（实际高于1.6957kW·h，因为三面玻璃受太阳能辐射热），冬季每日室内散热近似按遮阳型Low-E中空玻璃或夏季型Low-E中空玻璃计算；夏季每日日光得热和夏季室内得热都近似按遮阳型Low-E中空玻璃计算（对于南向窗户，因为内层窗的存在，使得蓄热保温室顶板称为原窗户的遮阳板；对于东、西、北向窗户，内置遮阳帘遮阳）。

通过计算得出，对于南向窗户，目前现有窗户能耗比最低的是冬季型Low-E中空玻璃窗，为6.86%，节能93%，满足节能65%要求。但既有建筑安装节能窗罩后，窗户全年总能耗为－60.98kW·h，能耗比－25.46%，节能超过125%，远高于65%要求，而实际节能还要更高一些，因为安装窗罩后，冬季室内散热要小于1.0490（因为是双层玻璃再加1层内置保温窗帘，而普通中空玻璃窗是2层玻璃）。夏季实际日光得热和实际室内得热都很小，使节能效果明显高于125%。由此可见，既有建筑安装窗罩后，在冬季不但不耗能，而且是采暖设备，可以弥补外墙相当一部分散热。

对于西向窗户，既有建筑安装节能窗罩后，全年总能耗77.03kW·h，全年能耗比18.96%，节能81%，远大于节能65%要求，而实际节能还会更高一些，因为冬季室内散热要小于1.0490（因为是双层玻璃再加1kW·h层内置保温窗帘，而普通中空玻璃窗是2层玻璃）。

东向窗户可以和西向窗户同样对待，北向窗户应该重点考虑冬季保温，兼顾夏季遮阳，也可采用本项技术。

(5) 隔声降噪效果分析　既有建筑安装节能窗罩后成为双层窗户并加有吸声材料（内置保温帘），隔声降噪效果明显提高，室内声环境质量改善。

(6) 采光分析　既有建筑安装节能窗罩后，由于窗户采用双层透明玻璃，窗户透光率高于任何类型的中空镀膜玻璃窗。

(7) 增强美化功能分析　既有建筑特别是老建筑，大多采用平窗，安装节能窗罩后，从建筑外观上看，窗户变成了人们喜爱的凸窗（外飘窗），美化了建筑立面，同时人们还可以在节能窗罩上摆放一些花卉、盆景等，对窗户加以点缀，既美化了居室环境，又提高了整幢楼房的外观观赏效果。

三、铝合金遮阳技术及其应用简介[20]

遮阳技术是建筑节能的重要措施之一。遮阳能有效阻挡太阳辐射，调节室内气候和降低空调负荷。常用的遮阳材料有铝合金、帆布篷、玻璃纤维或聚酯纤维织物、不锈钢板、铜板、镀膜玻璃、竹帘、木制品等等，而铝合金材料具有强度好、质量轻、耐腐蚀、表面处理及其颜色多样化、易于工业化批量生产等优势而得到广泛应用。设计合适的铝合金遮阳产品与现代建筑相结合，除节能外更能产生富有变化的立体建筑视觉效果。

1. 铝合金遮阳构造形式及设计

我国的铝合金遮阳产品正日益多样化、系列化、标准化，可根据用户具体需求选择或研发合适产品。一套完整的遮阳产品一般由以下几个部分组成：遮阳叶片（板）构件、叶片支撑构件、连接构件、传动构件、运动执行器、控制系统，其中后三部分用于可调可控系统。而叶片是核心部件，通过对叶片形状、安装位置、布置方式、控制方式的选择和应用，就基本确定了遮阳的构造形式。

（1）遮阳叶片　铝合金遮阳一般通过遮阳叶片或遮阳板来遮挡阳光辐射。遮阳板可看作是叶片的一种特殊形式，在满足所要求的遮阳系数、强度、刚度条件下，叶片可设计成各种形状。而机翼形叶片具有外形美观、强度刚度好、易做成大型遮阳等特点而广泛应用，在设计中又有多种变形，如图6-30所示。

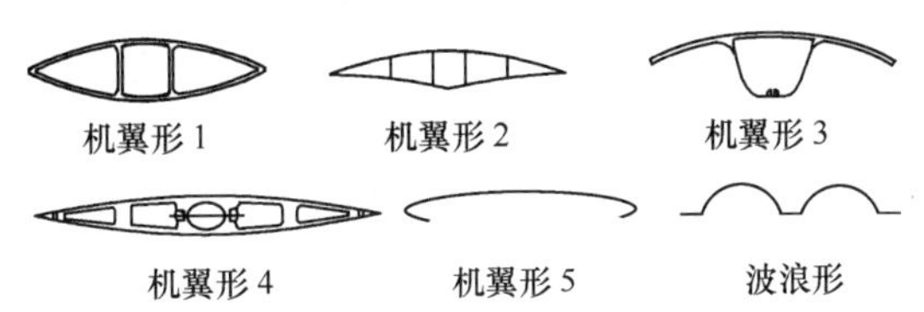

图 6-30　铝合金遮阳叶片形状示意图

波浪形叶片应用也较广泛，特别适合用于穿孔板，通过开孔率来选取合适的遮阳系数。

（2）安装位置　遮阳叶片可安装于室外或室内，室外遮阳比室内遮阳效率高。根据普朗克定律，太阳表面温度很高主要发射短波辐射，一般物体在常温下主要发射长波辐射。而建筑玻璃具有让短波辐射透过而阻挡长波辐射的性能。室外遮阳时，照射到叶片上的阳光一部分被反射，另一部分被遮阳叶片吸收后由叶片进行二次辐射，此部分辐射为长波辐射，难于穿透玻璃进入室内，达到阻隔辐射进入室内的目的。

采用室内遮阳时，以短波辐射为主的阳光透过玻璃照射到叶片上，一部分被叶片反射，另一部分被叶片吸收后同样进行二次长波辐射，此部分长波辐射被阻挡在室内，产生温室效应，增加了室内热量。

据介绍[21]，对东西朝向的玻璃幕墙采用室外遮阳时，空调能耗可减少 50%，而采用室内遮阳，空调能耗仅减少 20%。室外遮阳优势明显，在条件许可时应优先采用室外遮阳。

（3）叶片布置　叶片可水平或垂直布置。太阳照射在建筑物南面时高度角大，采用水平遮阳效果好，而在照射东西墙面时高度角小，采用垂直遮阳更有效。

（4）可调性　按遮阳叶片的可调性可分为固定式及可调式。

1）固定式遮阳叶片的角度不可调整，其一整年对太阳辐射总的遮挡效率一定。这种结构形式简单，制作安装方便，成本低，但由于叶片角度不可调节，而太阳在一年四季中高度角和方位角不停变化，故无法同时实现每个季度的最佳遮阳效果。特别是在夏热冬冷地区，冬季需要更好地利用太阳能取暖时无法控制叶片来使辐射增加。这种结构较适合用于夏热冬暖地区。在设计叶片角度时，应综合考虑四季的遮阳效率，取最合适的角度。

2）可调式通过机构传动方式，根据建筑物与太阳的相对位置来调节叶片的旋转角度，实现最优的遮阳效果。通常有手动可调、电动可调及智能控制可调。手动可调、电动可调一般采用目测来定位叶片位置。而智能控制可调系统附带有多种传感器，如烟雾传感器、风速及风向传感器、光敏传感器、雨雪传感器，可根据实际情况自动调整叶片角度，并与楼宇自动控制系统兼容。

一般根据以下几种情况来实现控制（按优先顺序排列）：

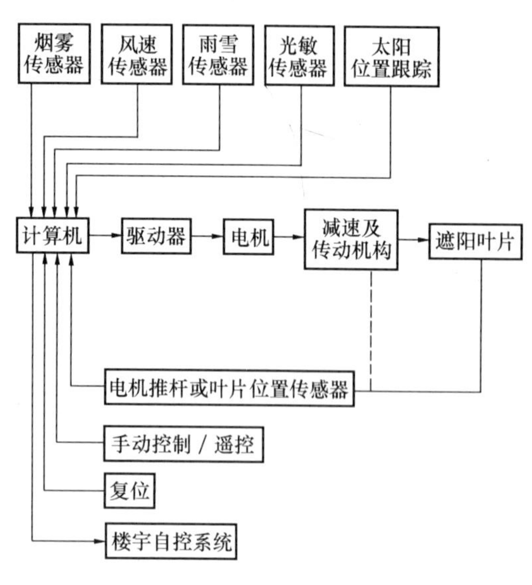

图 6-31　遮阳系统方框图

a. 火警当发生火灾时，烟雾传感器检测信号传输给智能控制器，控制器发出指令，驱动执行机构打开叶片，以便烟雾散出。

b. 台风当风速超过设定值时，自动调整叶片以减小风荷载对遮阳构件的破坏。

c. 室内亮度当室外较暗、室内照明不足时，调整叶片以增加采光面积。

d. 按太阳位置计算根据预先设定的当地经度、纬度、时间、建筑物方位等参数，自动计算当前太阳位置并选择合适的叶片角度。也可根据太阳跟踪器来实现叶片的随动控制。图 6-31 为智能控制遮阳方框图。

（5）承受荷载及结构计算　铝合金遮阳叶片主要承受自重、风荷载、雪荷载及地震荷载，计算时应对各种荷载进行最不利组合，采用极限状态设计法。风荷载为室外遮阳的最主要活动荷载，取值应准确。

对于户外大型遮阳、高层建筑外遮阳等需要考虑 50 年一遇的风荷载。风荷载按下列公式取值

$$W_k = \beta_{gz} \times \mu_s \times \mu_z \times W_0$$

式中　W_k——作用在遮阳叶片上的风荷载标准值，Pa；

β_{gz}——瞬时风压的阵风系数；

μ_s——风荷载体型系数；

μ_z——风压高度变化系数；

W_0——基本风压，Pa。

式中各系数按《建筑结构荷载规范》GB 50009—2001 取值。条件许可时可通过风洞实验或流场模拟来确定风荷载。

根据实际结构形式，确定合理的力学计算模型，设计及校核叶片强度、挠度，安装支座及各种连接件的强度。对可调系统还需确定运动执行器功率、传动方式、传动比，并对传动构件进行强度校核。

2. 铝合金遮阳叶片制造工艺及表面处理

（1）制造工艺　叶片是遮阳系统中最重要的构件之一，其设计及制造方法不断发展并日益成熟。常用的制造工艺有挤压成形、滚压成形、折弯成形、复合成形等。

（2）表面处理　常用的表面处理技术有阳极氧化、电泳涂漆、氟碳喷涂、预滚涂、聚酯喷涂/预滚涂、耐色光处理、木纹转印等。其中氟碳漆具有优良的耐紫外线辐射、耐腐蚀性能，色彩多样化等，应用最为广泛。

3. 铝合金遮阳发展趋势

在技术发达国家，相当重视建筑遮阳的应用和研发，并将遮阳作为建筑不可分割的组成部分。国内也正不断地得到推广和应用，特别是逐渐将遮阳设施列入建筑统一规划、预算、设计、施工及保养。随着节能意识的增强，铝合金遮阳技术会有很大的进步，并不断发展。

（1）功能更加齐全。如具有自洁功能的叶片，减少清洗的难度；具有防盗功能的遮阳，弥补普通玻璃的不足；具有运动机构多样化，能满足用户多种要求：如可收回式的大型户外遮阳系统，不仅可控制叶片角度，还可将叶片收起，增加视野；可滑动遮阳系统，能根据需要自动移动遮阳叶片框架。

（2）先进加工工艺的应用。如通过蜂窝复合板技术的应用，可制造出多种形状的、强度高的叶片。

（3）遮阳系统与光伏发电系统结合。遮阳结构可作为光伏电池的载体，自动跟踪太阳，实现高效的遮阳、高效的光电转换。发出的电可作为遮阳机构的驱动电源，多余的电通过转换可并入电网系统。光伏发电正在大力发展和推广中，遮阳发电将是重要的发展方向。

（4）遮阳系统与LED结合。通过该结合，可实现屏幕显示、夜间装饰功能。

（5）遮阳系统与导光系统相结合。在遮阳的同时，可将阳光反射、漫射传导至室内较深处。

（6）遮阳系统与双层幕墙相结合。双层幕墙是实现建筑节能的另一重要形式，通过与遮阳系统协调工作，实现节能、智能幕墙功能。

（7）先进设计方法的应用。通过计算机建模，可计算遮阳系统在不同时刻、不同角度的遮阳效率，为选取合适遮阳形式提供依据。

四、涂膜反射隔热技术及其在门窗节能中的应用

1. 涂膜反射隔热技术基本原理

涂膜反射隔热技术有透明涂膜和不透明涂膜反射隔热技术两种。在建筑门窗节能中应用的是透明涂膜反射隔热技术。

太阳辐射的能量主要集中在波长为200～250nm的范围内，其中绝大部分分布在可见光和近红外区，而红外区就占一半的能量。红外光对视觉效果没有贡献，若将这一部分能量进行有效阻隔，可以起到很好的隔热效果而不影响玻璃的透明性。纳米透明隔热涂料就是利用这一原理制成的。

纳米级的半导体材料［如氧化铟锡（ITO）、氧化锡锑（ATO）、氧化铝锌（AZO）等］对太阳光谱具有理想的选择性，即对红外光的反射性很强，而在可见光区透过率高，利用这类纳米半导体粉体材料作为功能性填料制备的纳米透明隔热涂料，具有反射红外线而阻隔热量传递，并能够使紫外线透过涂膜，因而具有透明和隔热的双重功能。将这种纳米透明隔热涂料涂覆在透明玻璃上就能够得到纳米透明隔热玻璃，这种玻璃对红外光具有很好的屏蔽性能，而对可见光的透过没有明显影响。

2. 使用纳米透明隔热涂料制备具有透明隔热性能的中空玻璃

将纳米透明隔热涂料涂覆于玻璃的表面，制成纳米隔热玻璃，包括纳米单层隔热玻璃

和纳米中空隔热玻璃。测其光学性质，并与 Low-E 玻璃进行比较，结果如表 6-15 所示。

涂覆纳米隔热涂料的隔热玻璃与 Low-E 玻璃的比较 **表 6-15**

玻 璃 种 类	玻璃结构	透过率（%）	反射率（%）	K 值［W/（m^2·K)］
空白玻璃	单层，厚度 6mm	88	7	5.8
单层纳米透明隔热玻璃	单层，厚度 6mm	82	9.6	4.6
纳米透明中空玻璃（单层涂膜）	6mm-9mm-6mm	73.9	15.4	2.9
单层 Low-E 玻璃	单层，厚度 6mm	81	11	3.6
中空 Low-E 玻璃（单层镀膜）	6mm-9mm-6mm	63	17	2.1

从表 6-15 中可以看出，空白玻璃对可见光和近红外波段都具有很高的透射性。高透型 Low-E 玻璃对可见光的透过率为 81%，而遮阳型 Low-E 玻璃对可见光的透过率只有 63%。

单层 Low-E 玻璃对太阳光的平均遮蔽系数为 0.79。涂覆纳米透明隔热涂料的纳米透明隔热玻璃在可见光区的透过率可达 81%，遮蔽系数为 0.79，隔热性能与 Low-E 玻璃相当。

使用纳米透明隔热涂料制备具有透明隔热性能的纳米透明隔热型中空玻璃，由于涂膜位于玻璃内，克服了涂膜耐磨性不良和受到水、腐蚀性气体、固体和液体材料腐蚀而性能下降影响玻璃使用效果的弊端。同时利用了涂料透明和隔热的功能，构思巧妙可行，生产技术简单。

安徽省某企业生产的纳米透明隔热型中空玻璃其在可见光区平均透过率可达 87.6%，隔热性最高可达 6.7℃，透明和隔热效果均非常明显。该类中空玻璃已在夏热冬冷的合肥市得到很多应用，夏季隔热效果非常显著。

3. 透明反射隔热窗膜

根据纳米透明隔热的应用原理，作者申请了一种用于建筑窗户、能够便于装卸的透明反射隔热窗膜的发明专利，并已得到受理。

使用该透明反射隔热窗膜，能够反射太阳光对窗户辐射的红外热，起到降低室内温度节能隔热和提高室内舒适度的效果。

纳米透明隔热型中空玻璃窗户和封闭阳台虽然在夏季能够反射太阳光对窗户辐射的红外热，但在冬季也将所需要的太阳光对窗户和封闭阳台辐射的红外热反射掉，造成能量损失，增大窗户和封闭阳台在冬季的热损失。显然，这些方法在寒冷、夏热冬冷气候区的应用受到限制。同时，这些技术也无法应用于既有建筑物的窗户和封闭阳台。

透明反射隔热窗膜是使用非柔软性、且具有一定刚度、但能够卷曲的涤纶薄膜、聚酯薄膜或者其他类似的透明塑料薄膜作为基材薄膜，在该基材薄膜表面涂施纳米透明隔热涂料而形成透明反射隔热窗膜。在夏季，使用透明胶带简单安装或者使用简单的机械设置安装于窗玻璃表面；在冬季，在将这种透明反射隔热窗膜拆卸掉，卷曲成圆筒状，便于保存，留待第二年夏季再用。

对于既有建筑物的窗户和封闭阳台，可以使用透明胶带纸简单的安装透明反射隔热窗膜；对于新窗户和封闭阳台，可以在其制造时设计简单的夹持式机械设置，则更方便安装。

透明反射隔热窗膜具有制造成本低、简单、冬季不会造成热损失、除了夏热冬暖气候区外，夏热冬冷甚至寒冷气候区应用也能够取得高效益。同时，可以在既有建筑物的窗户和封闭阳台上使用。

4. 透明反射隔热窗板

透明反射隔热窗板是作者申报、并已经得到受理的另一个发明专利，其应用原理和上述透明反射隔热窗膜一样，即利用纳米透明隔热涂膜的透明隔热作用。不同的是，透明反射隔热窗膜是将涂料涂覆于能够卷曲的刚性薄膜上，而透明反射隔热窗板则是将涂料涂覆于硬质透明有机塑料板上，例如有机玻璃、聚碳酸酯板等。用于透明反射隔热窗板的基材薄板的厚度为0.2～5mm。

在夏季，透明反射隔热窗板可以像纱窗一样安装于正常的塑料窗、铝合金窗上，也可以在普通的塑料窗、铝合金窗上设置一个小机构，以便于将透明反射隔热窗板平贴着塑料窗、铝合金窗的玻璃进行安装。在冬季，再将这种透明反射隔热窗板拆卸掉，包装于塑料薄膜中保存，留待第二年夏季再用。

采用辊涂、淋涂或者喷涂的方法，在刚性塑料薄板表面施涂溶剂型或者水性利用纳米透明反射隔热涂料，涂料干燥固化后即得到透明反射隔热窗板。这种透明反射隔热窗板的几何尺寸可以按照现在的模数化窗玻璃进行生产，也可以生产成较大尺寸产品，然后再裁割成窗玻璃或者封闭阳台的尺寸。

使用的纳米透明隔热涂料可以是以聚丙烯酸酯树脂、聚氨酯树脂或者硅丙树脂等对紫外线透明的树脂为基料，以纳米氧化铟锡（ITO)、氧化锡锑（ATO)、氧化铝锌（AZO)等为功能性填料制备而成。

对于既有建筑物的窗户和封闭阳台，可以采用合适的机制安装透明反射隔热窗板；对于新窗户和封闭阳台，可以在其制造时设计简单的夹持式机械设置，则更方便安装。

显然，透明反射隔热窗板制造成本低、简单、冬季不会造成热损失，除了夏热冬暖气候区外，夏热冬冷甚至寒冷气候区应用也能够取得高效益。同时，可以在既有建筑物的窗户和封闭阳台上使用。

作者认为，上面介绍的透明反射隔热窗膜和透明反射隔热窗板是两种全新的建筑门窗用节能产品，具有简单、实用、高效和适用范围广等特点，对其进一步的开发利用有利于我国大部分地区的建筑节能政策的落实和实施。

参考文献

[1] 王比君，王寿华. 节能门窗的设计与施工. 建筑技术，2006，37（7)：492～494.

[2] 班广生. 建筑节能窗的功能化发展趋势. 新型建筑材料，2004，(5)：57～61.

[3] 中国建筑材料检验认证.

[4] 白胜芳. 应加大节能窗的推广力度. 新型建筑材料，2004，(10)：58～59.

[5] 杨燕萍. 夏热冬冷地区既有建筑门窗的节能改造. 新型建筑材料，2007，(9)：40～42.

[6] 张智强，董孟能，陈熙. 夏热冬冷地区新建住宅节能示范工程门窗节能技术与措施. 新型建筑材料，2001，(10)：29～30.

[7] 张伟民. 节能外窗材料在浙江居住建筑中的应用研究. 新型建筑材料，2008，(6)：32～34.

[8] 王祖光. 06J607《建筑节能门窗（一)》国家建筑标准设计图集简介. 建筑技术，2009，40(3)：258.

[9] 黑增武. 铝合金及塑钢门窗企口后塞安装法. 建筑技术，2006，37 (9)：691～693.

[10] 宗小丹. 严寒与寒冷地区塑料门窗基本安装方法及注意事项. 新型建筑材料，2004， (1)：42～44.

[11] 侯令飞. 推拉门窗雨水渗漏原因分析及解决办法. 中国建筑防水，2008，(5)：20～22.

[12] 王惠朝. 建筑外窗抗风压性能及铝窗钢插芯加固法. 建筑技术，2004，35 (9)：695.

[13] 刘亮晴，严薇. 高层建筑铝合金门窗的防雷接地施工. 建筑技术，2006，37 (8)：619～621.

[14] 董长义，赵华，王洪斌等. 塑料窗安装质量通病及其防治. 建筑技术，2004，35 (4).

[15] 赵丽萍. 铝合金门窗与土建连接收口技术的有关问题. 房材与应用. 2005，33 (3)：47～48.

[16] 蒋冬青. 铝合金推拉窗的质量通病及防治措施. 房材与应用，2006 年，34 (1)：27～29.

[17] 李雁鸣，杨玉苹，刘爱玲等. 外窗与遮阳系统施工技术. 建筑技术，2006，37 (2)：116～117.

[18] 赵晓燕，宋晓红. 新型高性能节能保温窗—65 三密封平开窗系统的开发. 新型建筑材料，2006，(5)：32～34.

[19] 孔凡营，孔凡亭，房辉. 节能窗罩——既有建筑门窗节能改造技术. 新型建筑材料，2008，35 (10)：43～44.

[20] 方立平，黄元庆. 铝合金遮阳技术的应用与发展趋势，新型建筑材料，2006，(11)：30～31.

[21] Werner Lang. Is it all just afacade? The functional energetic and structural aspects of the building skin In Detail building Skins. Birkhauser-Publishers for Architecture Basel，Boston，Berlin. 2001.